fit fürs

abi

Oberstufenwissen

Erdkunde

Schroedel

fit fürs **abi**

Oberstufenwissen

Erdkunde

für Schülerinnen und Schüler zur Vorbereitung auf das Abitur

Winfried Waldeck ist Autor verschiedener Lernhilfen und Unterrichtswerke für die gymnasiale Oberstufe. Als Koordinator an einer UNESCO-Projektschule verfügt er über langjährige Unterrichts- und Abiturerfahrung. Zahlreiche Studienfahrten v.a. ins europäische Ausland. Bildungsreferent im Rahmen des Euro-Arabischen Dialogs der UNESCO-Projektschulen.

Druck [7] / Jahr 2017

Redaktion und Satz: imprint, Zusmarshausen
Kontakt: lernhilfen@schroedel.de
Herstellung: Sandra Grünberg
Umschlaggestaltung und Innenlayout: Janssen Kahlert Design & Kommunikation, Hannover
Umschlagfoto: Getty Images / Cameron Davidson
Druck und Bindung: westermann druck GmbH, Braunschweig

ISBN 978-3-507-**23046**-0

Vorwort – über dieses Buch

Dass ich erkenne, was die Welt
Im Innersten zusammenhält
Goethe: „Faust". Erster Teil

Dieser hohe Anspruch des Dr. Faust in seinem ersten Auftritt des Schauspiels kann mit dem vorliegenden Band **Fit fürs Abi Oberstufenwissen Erdkunde** zumindest teilweise erfüllt werden, und zwar ohne große Probleme, wie noch gezeigt wird. Sie haben sich für ein modernes, mit zahlreichen Abbildungen ausgestattetes und inhaltlich klar gegliedertes Buch entschieden, das Ihnen eine große Hilfe bei der Vorbereitung auf das Abitur sein dürfte. Mit diesem Band wird das erforderliche Fachwissen vermittelt. Da in jeder Abiturprüfung ein umfangreiches eigenes Vorwissen in die Bearbeitung der Aufgaben eingebracht werden muss – als sogenannte Transferleistung –, kommen Sie nicht umhin, sich außerdem durch Mitschrift und Mitarbeit im Erdkundeunterricht schlau zu machen.

Einen **Gesamtüberblick** über das grundlegende Erdkunde-Wissen in der Oberstufe des Gymnasiums bzw. in der Gesamtschule bietet Ihnen dieses Buch, das daher auch für eine Gesamtwiederholung bestens geeignet ist. Die Grafiken und Übersichten ergänzen den Text ideal, indem sie das vermittelte Sachwissen und die Zusammenhänge in anschaulicher Form darstellen. Spezielle Informationskästen (**Geo-Praxis**) vermitteln in knapper Form Methodenkompetenz bzw. vertiefen das eigene Wissen. Abbildungen, Übersichtskästen und Aufzählungen innerhalb des Textes verbessern den intellektuellen Zugang zu den Inhalten, indem sie diese klar gliedern und visualisieren, d. h. grafisch verdeutlichen. Vergleichen Sie ruhig mit anderen Abitur-Hilfen, die zum Teil aus reinen Fließtexten bestehen bzw. äußerst dürftig mit Grafiken ausgestattet sind. Außerdem wird in diesem Band das übersichtliche Doppelseiten-Prinzip verfolgt, das heißt, dass ein Themenbereich zumeist eine Doppelseite einnimmt, in Ausnahmefällen drei bis vier Seiten. Mit einem Umfang von 32 Seiten nimmt das **Glossar** einen breiten Raum ein und ermöglicht das systematische Lernen grundlegender geografischer Fachbegriffe.

Achtung! Das Glossar gibt es als App für Smartphones.

Fürs Nachschlagen und Lernen unterwegs gibt es das **Glossar auch als App für Ihr Smartphone**. Einfach im Apple App Store oder im Google Play Store „Fit fürs Abi" eingeben und kostenlos herunterladen. Die App erklärt wichtige Fachbegriffe nicht nur für das Fach Erdkunde, sondern auch für sieben weitere Abiturfächer. Digitale „Karteikarten" erleichtern das Auswendiglernen.

Über das reine Fachwissen hinaus vermittelt die Geografie ein breites Allgemeinwissen, was schon an den Überschriften im Inhaltsverzeichnis deutlich wird. Diese besondere Funktion des Schulfachs Erdkunde wird auch im Rückblick von ehemaligen Schülerinnen und Schülern immer wieder betont.

Abb. A.1: „Raumschiff Erde“

Mit dem Fach Erdkunde lernen Sie also nicht nur für die Schule, sondern tatsächlich für das Leben; Sie gewinnen räumliche und inhaltliche Orientierung und sind in der Lage, die Zukunft verantwortungsvoll mitzugestalten. Daher werden Ihnen die meisten der hier behandelten Themen zugänglich sein. Wenn bestimmte Themen Sie überhaupt nicht interessieren, fangen Sie zunächst mit den Themen an, die Sie besonders interessieren bzw. die Sie in der Schule unbedingt bearbeiten müssen.

Wichtige Hinweise zum Lernprozess

Im Großhirn gibt es verschiedene Wahrnehmungsfelder, die je nach Eingangskanal aktiviert werden (→ Abb. A.2). Sie leiten die eingegangenen Sinnesreize bzw. Informationen zu sogenannten Assoziationsfeldern weiter (eine Assoziation ist eine gedankliche Verknüpfung), die über die gesamte Großhirnrinde verteilt sind. Dort können sie schließlich als dauerhafte Erinnerung gespeichert werden. Das Gedächtnis besteht nach einer gängigen Vorstellung aus drei verschiedenen Stufen:

Das **sensorische Gedächtnis** registriert alle Reize bzw. Informationen, die der Mensch über seine Sinnesorgane wahrnimmt. Es hält die eingegangenen Informationen maximal 1,5 Sekunden lang bioelektrisch fest, also nur vorübergehend. Beim Lesen z. B. werden die Buchstaben so lange festgehalten, dass sie zusammenhängend als Wörter wahrgenommen und registriert werden können. Durch ständige Kontrollprozesse im Gehirn wird entschieden, ob die Informationen an den nächsten Speicher weitergeleitet werden. Die meisten Reize bzw. Informationen werden aber sofort gelöscht – ähnlich dem Löschen einer unwichtigen digitalen Fotografie.

Das **Kurzzeitgedächtnis** hält die ausgewählten weitergeleiteten Informationen – ebenfalls bioelektrisch – mehrere Sekunden bis zu maximal einer Minute lang fest. Durch bewusste Wiederholung kann die Speicherdauer beliebig verlängert werden. Da die Aufnahmekapazität des Kurzzeitgedächtnisses sehr gering ist, können maximal 7 Elemente aufgenommen werden: 7 Buchstaben – 7 Zahlen – 7 Wörter. Es wird daher auch mit dem begrenzten Arbeitsspeicher eines Computers verglichen.

Erst das **Langzeitgedächtnis** ist das eigentliche Gedächtnis, in dem Informationen auf biochemischem Wege dauerhaft gespeichert werden. Durch biochemische Verbindungen entstehen sogenannte Gedächtnisspuren, die allerdings nicht ständig abrufbar sind, sondern bei Bedarf aktiviert werden müssen. Ähnlich wie beim Computer müssen bestimmte Inhalte in bestimmten Dateien abgespeichert werden, die dann später zufällig oder bewusst geöffnet werden können.

Aus diesem Modell ergibt sich für Ihr eigenes Lernen, dass Sie möglichst ungestört und entspannt arbeiten sollten, um sich völlig auf die Inhalte konzentrieren zu können. Außerdem sollte die Aufnahme der neuen Lerninhalte über möglichst viele Eingangskanäle erfolgen, damit die Verarbeitung an mehreren Stellen im Gehirn gleichzeitig abläuft.

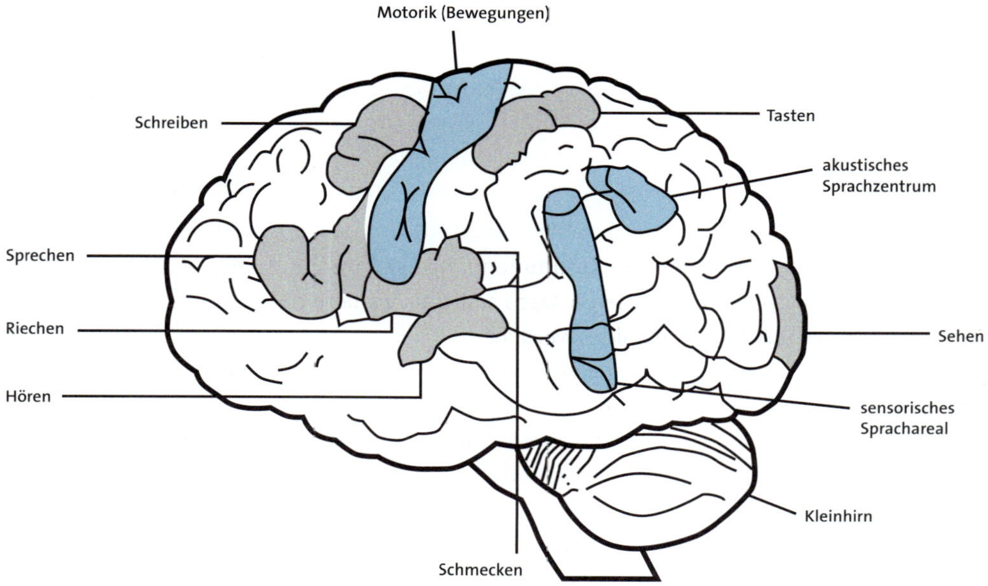

Abb. A.2: Wahrnehmungsfelder im Großhirn

Welcher Lerntyp sind Sie?

Je nachdem, welche Sinneskanäle als Zugang zum Gehirn und dort wiederum zum Langzeitgedächtnis am besten funktionieren, werden folgende Lerntypen unterschieden:

Der visuelle Lerntyp nimmt Informationen am besten durch Sehen bzw. Betrachten auf. Er liest Texte aufmerksam durch und speichert sie zusammen mit den dazugehörigen Abbildungen. Später kann er sich genau an den Seitenaufbau und an die Inhalte erinnern (fotografisches Gedächtnis). Auf diesen weit verbreiteten Lerntyp ist der vorliegende Band von vornherein ausgerichtet durch sein abwechslungsreiches Layout mit Doppelseiten sowie mit verschiedenen Textbausteinen, Aufzählungen und Abbildungen.

Der auditive Lerntyp lernt am besten durch Zuhören. Er bewegt die Lippen beim Lesen, liest sich manchmal Texte auch laut durch und führt Selbstgespräche. Bei Gesprächen mit anderen hört er meist sehr aufmerksam zu, achtet auf die Sprechbewegungen der anderen und registriert die Inhalte zusammen mit der jeweiligen Stimme, an die er sich später sehr gut erinnert. Dieser Lerntyp sollte die Texte des Buches selbst akustisch speichern (z. B. auf einem MP3-Player) und wiederholt hören.

Der motorische Lerntyp lernt am besten durch eigenes Schreiben und durch das Gestalten z. B. von Mindmaps, Übersichten und Lernplakaten. Er bewegt sich gern im Zimmer, wippt auf dem Stuhl und benutzt unbewusst Hände und Füße. Dieser Lerntyp sollte nicht immer ruhig sitzen, sondern sich körperliche Bewegung während des Lernens „genehmigen".

Der kommunikative Lerntyp lernt gewissermaßen nebenbei während des Gedankenaustausches mit anderen Menschen. Er sollte seine Sichtweisen und Ideen vortragen, anderen die Zusammenhänge erklären und über offene Fragen und Probleme diskutieren. Dazu sollte als Vorbereitung auf das Abitur eine feste Lerngruppe gebildet werden.
Hinweis: Langjährige Beobachtungen und Erfahrungen haben ergeben, dass diejenigen Schülerinnen und Schüler, die sich regelmäßig gemeinsam in einer Arbeitsgruppe auf das Abitur vorbereiten, die besten Ergebnisse in den Prüfungen erzielen. Bei dieser gemeinsamen Vorbereitung entsteht eine sogenannte Win-Win-Situation: Die guten Schülerinnen und Schüler sind gezwungen, den Unterrichtsstoff ganz klar zu strukturieren, um ihn den anderen Gruppenmitgliedern erklären zu können. Und die schwächeren Schülerinnen und Schüler können ihn jetzt besser verstehen.

Lernen mit System

Den größten Lernerfolg erzielen Sie, wenn Sie verschiedene Eingangskanäle gleichzeitig nutzen. Denn wir behalten vom Lernstoff
- durch (Zu)Hören etwa 20 %,
- durch Sehen/Betrachten etwa 30 %,
- durch Hören und Sehen etwa 50 %,
- durch Gespräche etwa 70 %,
- durch vielseitige eigene Aktivitäten etwa 90 %.

Daher sollten Sie sich auch aktiv in den Unterricht einschalten, z. B. mit der **TQ3L-Methode:**
- **Tune-In:** Schalten Sie sich aktiv in das Unterrichtsgeschehen ein, machen Sie mit und ziehen Sie sich nicht zurück. Nur durch eine aktive Teilnahme am Unterricht gestalten Sie diesen mit und profitieren davon.
- **Question:** Stellen Sie sinnvolle Fragen. Dadurch erschließen Sie die Inhalte und Probleme am besten und bringen den Unterricht voran.
- **Look at the Speaker:** Halten Sie ständig Blickkontakt zur Lehrkraft, um Ihr Interesse zu signalisieren und um immer ansprechbar zu sein.
- **Listen:** Hören Sie stets aufmerksam und kritisch zu, auch bei Ihren Mitschülerinnen bzw. Mitschülern, um immer auf dem letzten Stand der Diskussion zu sein.
- **Look over:** Stellen Sie gelegentlich für sich selbst Zusammenhänge her, um den inhaltlichen roten Faden zu erkennen und um Inhalte besser einordnen und damit auch abspeichern zu können.

Wichtig: Ordnen Sie ihre Mitschriften und Kopien möglichst noch am selben Tag, spätestens aber am Folgetag.

Die **Notizen**, die Sie während des Unterrichts gemacht haben, sollten möglichst noch am selben Tag durchgearbeitet und übersichtlich in Reinschrift übertragen werden. So profitieren Sie doppelt vom Unterrichtsgeschehen, das beim Durcharbeiten der Notizen nochmals an Ihrem geistigen Auge vorbeizieht. Der Anteil dessen, was Sie dauerhaft im Gedächtnis speichern, wird dadurch erheblich gesteigert. Gliedern Sie Ihre Aufzeichnungen durch deutliche Überschriften und mit farbigen Unterstreichungen. Lassen Sie für Anmerkungen und Notizen einen großzügigen Rand auf der ungelochten Seite (mindestens 5 cm breit). Dann können Sie spätere Ergänzungen und Korrekturen mühelos einarbeiten – eventuell in einer anderen Farbe.

Sortieren Sie Ihre überarbeiteten Mitschriften nach Datum geordnet in einen Schnellhefter (ist besser zu transportieren) oder in einen DIN-A4-Ordner (ist bequemer durchzublättern und zu ergänzen) ein. Benutzen Sie Registerblätter zum schnellen Auffinden bestimmter Themen.

Wiederholen Sie den Lernstoff abschnittsweise in gewissen Abständen schon geraume Zeit vor einer Klausur bzw. vor der eigentlichen Abiturprüfung. Wenn Sie die Unterrichtsnotizen spätestens nach einem Tag überarbeiten, sollten Sie den Stoff in der Regel nach drei bis fünf Tagen nochmals aufmerksam durchlesen bzw. durcharbeiten und nach ein bis zwei Wochen ein drittes Mal.

Nutzen Sie die Möglichkeiten einer **Lernkartei** für geografische Fachbegriffe für Ihre Wiederholung. Übertragen Sie die wichtigsten Fachbegriffe aus dem Unterricht und aus diesem Buch auf Karteikarten (DIN A6, liniert). Auf der Vorderseite steht der Begriff, auf der Rückseite die Definition/Erklärung in Kurzform. Gehen Sie schrittweise alle Karteikarten durch. Stecken Sie die Karteikarten, deren Fachbegriffe Sie beherrschen, nach hinten und lassen Sie die für Sie schwierigen Begriffe vorn. Lernen Sie nicht mehr als 15 bis 20 Fachbegriffe pro Tag.

Um die inhaltlichen Zusammenhänge in diesem Buch besser zu verstehen und sich einzuprägen, nutzen Sie als Lesetechnik die **PQ4R-Methode**:

- **Preview (Vorausschau):** Überfliegen Sie maximal ein Kapitel und verschaffen Sie sich durch diagonales Lesen einen ersten Überblick über den Aufbau und die Inhalte dieses Kapitels. Da dieses Buch klar gegliedert ist, auch innerhalb der Doppelseiten, dürfte Ihnen eine erste Gliederung leichtfallen.
- **Questions (Fragen):** Formulieren Sie nach dem ersten Durchlesen eigene Fragen an den Text. So erfassen Sie das Wesentliche und erkennen eventuell bereits Wissenslücken. Sie können auch den einzelnen Teilabschnitten eigene Überschriften geben.
- **Read (Lesen):** Hiermit ist das genaue, aufmerksame Lesen gemeint, das auch Einzelheiten in den Blick nimmt. Nach jedem Teilabschnitt sollten Sie wieder eigene Fragen schriftlich formulieren. Diese können Sie später – ohne die Textvorlage – sinnvoll zur inhaltlichen Wiederholung nutzen, indem Sie mündlich oder schriftlich Antworten formulieren.
- **Reflect (Nachdenken):** Denken Sie in aller Ruhe über den gelesenen Text nach und stellen Sie Zusammenhänge zwischen den Inhalten her, z. B. grafisch durch ein Wirkungsgefüge oder durch eine Mindmap.
- **Recite (Vortragen):** Tragen Sie die wichtigsten Inhalte des Textes sich selbst laut als Selbstkontrolle vor oder besser noch einer Arbeitsgruppe.
- **Review (Rückblick):** Fassen Sie rückblickend die wichtigsten Inhalte des gelernten Abschnitts in wenigen Sätzen schriftlich zusammen.
  Dadurch schulen Sie auch Ihre Abstraktionsfähigkeit, denn es heißt zu Recht: „Intelligenz ist Erkennen des Wesentlichen“.

1 Physische Geografie

Im ersten Kapitel wird zunächst die Erde mit ihren Nachbarplaneten verglichen, um so ihre Besonderheiten zu verdeutlichen. Danach wird die Theorie der Plattentektonik dargestellt, mit der sich Kontinentalverschiebung, Erdbeben, Vulkanismus und Gebirgsbildung erklären lassen. Es folgen der Kreislauf der Gesteine, der Wasserkreislauf und die atmosphärische Zirkulation. Letztere leitet dann über zum Klimasystem.

1.1 Planet Erde

Im August 2006 wurde Pluto von der International Astronomical Union (IAU) zum Zwergplaneten herabgestuft; seither gibt es nur noch acht „echte" Planeten im Sonnensystem.

Die Erde gehört zu den inneren Planeten des Sonnensystems (→ Abb. 1.1). Um die besonderen Bedingungen für die Entstehung des Lebens auf der Erde deutlich zu machen, bietet sich ein Vergleich mit den Nachbarplaneten an.

Venus: Mit einem Durchmesser von 12100 km am Äquator ist die Venus fast so groß wie die Erde. Die mittlere Entfernung von der Sonne liegt bei 108 Mio. km, die Umlaufzeit beträgt 225 Tage und die Dauer einer Drehung um die eigene Achse (Rotation) 121 Erdentage. Ein Venustag dauert also mehr als 116 Tage. Die Venus rotiert im Gegensatz zu den anderen Planeten gegenläufig, also von Ost nach West. Die Venus empfängt ungefähr die doppelte Strahlung der Erde, ihre Durchschnittstemperatur müsste demnach zwischen 20 und 30 °C liegen. Allerdings besteht die Atmosphäre der Venus zu über 95 % aus Kohlendioxid. Trotz der hohen Abstrahlung in den Weltraum (**Albedo**) aufgrund der geschlossenen Wolkendecke heizt der Treibhauseffekt (→ Seite 31 f.) die untere Atmosphäre auf bis zu 465 °C auf. Die Gashülle des Planeten, die eine Ausdehnung von etwa 100 km hat, übt auf die Oberfläche einen Druck von etwa 90 Atmosphären aus. Dieser Druck herrscht

Abb. 1.1: Planeten im Vergleich

auf der Erde in 900 Meter Wassertiefe. Dazu kommen Niederschläge aus Schwefelsäure-Tröpfchen und Stürme, die sich mit einer Geschwindigkeit von 400 km/h um den Planeten bewegen. Innerhalb von vier Erdentagen umrunden sie einmal die Venus.

Erde: Die Erde hat am Äquator einen Durchmesser von 12 756 km. Die mittlere Entfernung von der Sonne liegt bei 150 Mio. km. Die Umlaufzeit um die Sonne beträgt 365,25 Tage, eine Drehung um die Erdachse (Rotation) dauert 23 h 56 min. 71 % der Erdoberfläche sind von Wasser bedeckt. Die Oberflächentemperatur liegt zwischen –70 bis +56 °C. Die Atmosphäre besteht zu 78 % aus Stickstoff und zu 21 % aus Sauerstoff. Dazu kommen unter anderem Edelgase sowie Kohlendioxid.

Mars: Der Mars hat am Äquator einen Durchmesser von 6800 km. Seine Masse entspricht nur etwa einem Zehntel der Erdmasse. Die mittlere Entfernung von der Sonne liegt bei 228 Mio. km. Die Umlaufzeit um die Sonne beträgt ein Jahr und 321 Tage. Eine Mars-Rotation dauert 24 h 37 min. Die Atmosphäre hat eine sehr geringe Dichte. Ihr Druck an der Oberfläche liegt bei 5 bis 7 Millibar. Sie besteht zu 95 % aus Kohlendioxid. Die Temperatur am Mars-Äquator beträgt mittags +16 bis +24 °C und sinkt nachts bis auf –70 °C ab. Die tiefste Temperatur wird an den Polen gemessen (–130 °C). Da die Marsachse um 25 Grad geneigt ist, besitzt dieser Planet Jahreszeiten wie die Erde (→ Abb. 1.2). Die Pole sind im Winter mit einer dünnen Schicht aus Wassereis und Kohlendioxid-Schnee (Trockeneis) bedeckt. Diese Schicht schmilzt im Sommer ab. Es gibt zahlreiche Krater, erloschene Vulkane (bis 24 km hoch), **Canyons** und Trockentäler. Seit etwa 100 Mio. Jahren gibt es auf dem Mars keinen Vulkanismus, keine Erdbeben und keine Gebirgsbildung mehr, da die Wärmequelle im Marsinneren erloschen ist.

Das „Raumschiff Erde“ bietet also im Vergleich mit den Nachbarplaneten die besten Bedingungen für die Entstehung von Leben. Dazu kommen weitere Vorteile:

- Für alle Planeten gemeinsam (→ Abb. 1.1) gilt, dass der Sonnenwind (solarer Wind), eine Teilchenstrahlung aus Protonen und Elektronen, die energiereiche und lebensbedrohliche kosmische Strahlung bis jenseits des Pluto zurückdrängt, also mehr als sechs Milliarden Kilometer weit.
- Der aus Eisen und Nickel bestehende Erdkern (→ Seite 16) erzeugt wie ein gigantischer Dynamo ein Magnetfeld um die Erde, das diese vor dem Sonnenwind schützt.
- Im Gegensatz zum Mars ist die Masse der Erde – und somit auch ihre Schwerkraft – groß genug, um Wasser und Gase an sich zu binden, die vor

Das „Raumschiff Erde“ rast mit einer durchschnittlichen Bahngeschwindigkeit von 107 000 km/h um die Sonne. Die Rotationsgeschwindigkeit der Erde (um die eigene Achse) liegt auf dem Äquator bei 1670 km/h. Da die Atmosphäre eine schützende Außenhaut bildet, merken wir nichts davon, außer dem Wechsel von Tag und Nacht sowie den Jahreszeiten.

allem aus vulkanischer Aktivität stammen. Daher existieren Ozeane und eine Atmosphäre auf der Erde.

- Die Ozonschicht in der Stratosphäre in 30 bis 50 km Höhe schützt die Erde weitgehend vor der energiereichen UV-Strahlung.
- Das Kohlendioxid der ursprünglichen Erdatmosphäre konnte im Laufe der Erdgeschichte gebunden werden: im Kalkgestein, in den Ozeanen, in den Pflanzen und damit auch in fossilen Brennstoffen sowie im Boden.
- Ohne den **natürlichen Treibhauseffekt** der Atmosphäre hätte die Erde eine mittlere Oberflächentemperatur von −18 °C; tatsächlich aber liegt diese bei +15 °C.
- Unter den herrschenden Temperaturbedingungen kommt auf der Erde Wasser in festem, flüssigem und gasförmigem Zustand vor. Chemische Reaktionen laufen weder zu langsam, noch zu schnell ab, und organische Verbindungen bleiben stabil.
- Durch das System Erde–Mond mit seinem gemeinsamen Schwerpunkt noch im Erdinnern wird die Lage der Erdachse stabilisiert und eine zu rasche Veränderung der Jahreszeiten und damit auch der Temperaturverhältnisse wird verhindert.
- Die Tages- und die Nachtzeiten sind nicht so lang, dass die Unterschiede von Ein- beziehungsweise Ausstrahlung und damit auch die Temperaturunterschiede zu groß werden. Auch die Photosynthese der Pflanzen ist gewährleistet.

Nach der sogenannten Kollisionstheorie soll der Mond durch den Aufprall eines etwa marsgroßen Planeten auf die noch glutflüssige Proto-Erde (= Frühform der Erde) entstanden sein. Da der Aufprall im 45°-Winkel erfolgte, wurden große Materiemengen des Mantels beider Planeten weggeschleudert und bildeten später den Mond. Der größte Teil der beiden Planeten verschmolz zur heutigen Erde

Tag und Nacht entstehen durch die Drehung der Erde um die eigene Achse (von West nach Ost). Daher wird eine Seite von der Sonne beleuchtet, die andere Seite liegt im Schatten. Die Jahreszeiten entstehen dadurch, dass die Erdachse nicht senkrecht zur Umlaufbahn steht, sondern um 23,5 Grad geneigt ist (Schiefe der **Ekliptik**). Während eines Umlaufs der Erde um die Sonne (= 1 Jahr) wird im Nordsommer die Nordhalbkugel stärker beleuchtet und erhält dadurch mehr Wärme-Energie von der Sonne als die Südhalb-

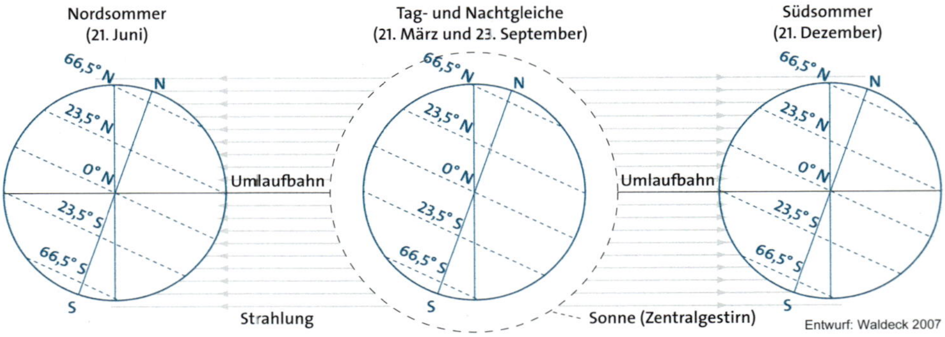

Abb. 1.2: Entstehung der Jahreszeiten

kugel (→ Abb. 1.2). Die Sonne steht am 21. Juni über dem nördlichen Wendekreis (23,5° N) im **Zenit**. Im Nordwinter ist es umgekehrt, und die Sonne steht am 21. Dezember über dem südlichen Wendekreis (23,5° S) im Zenit. Am 21. März und am 23. September steht die Sonne senkrecht über dem Äquator, und Tag und Nacht sind an diesen beiden Tagen überall auf der Erde gleich lang (je 12 Stunden). Durch die **Jahreszeiten** wird das Klima auf unserer Erde entscheidend mitbestimmt.

Genau auf dem nördlichen Polarkreis (66,5 °N) ist am 21. Juni der einzige Polartag: Die Sonne geht nicht unter. Und am 21. Dezember ist dort die einzige Polarnacht: Die Sonne geht nicht auf. Weiter nördlich gibt es zunehmend mehr Polartage bzw. -nächte. Am Nordpol selbst (90°N) geht die Sonne ein halbes Jahr lang nicht unter: vom 21. März bis zum 23. September. Im anschließenden Halbjahr geht sie sechs Monate lang nicht auf.

Mit umgekehrten Vorzeichen gilt dies auch für den südlichen Polarkreis und für den Südpol.

Die Planeten entstanden vor knapp 5 Mrd. Jahren aus dem solaren Restnebel, der nur 5 % der Masse, aber 95 % der Bewegungsenergie unseres Sonnensystems enthält. Die Erde wuchs vor allem durch Kollisionen mit Planetoiden und durch **Meteoriten**einschläge. Dazu kam die Anlagerung von Materie aufgrund der Schwerkraft. Durch die dabei freigesetzte Energie und durch radioaktive Zerfallsprozesse im Erdinnern wurde unser Planet zunächst glutflüssig. In diesem Zustand bildeten sich – abhängig vom spezifischen Gewicht ihrer Bestandteile – die Schalen der Erde aus. So sanken z. B. die Metalle in den Erdkern, und die leichteste Materie bildete die Erdkruste. Die ersten Teile der Erdkruste erkalteten vor ca. vier Milliarden Jahren. Von außen nach innen werden folgende **Schalen** unterschieden:

- **Die Erdkruste** ist die dünne, erkaltete und feste Außenhaut unseres Planeten. Sie umfasst die aus Basalten bestehende, schwere ozeanische Kruste (6 bis 8 km mächtig) und die leichtere, aus Silikatgesteinen zusammengesetzte kontinentale Kruste (bis zu 70 km mächtig). Zusammen mit der obersten, festen Schicht des Erdmantels bildet die Erdkruste die sogenannte **Lithosphäre**, die Gesteinshülle unseres Planeten. Sie ist insgesamt zwischen 80 bis maximal 150 km dick, im kontinentalen Bereich aber dicker als im ozeanischen. Die mobilen Platten der Erde sind Lithosphäre-Platten (→ Abb. 1.5).

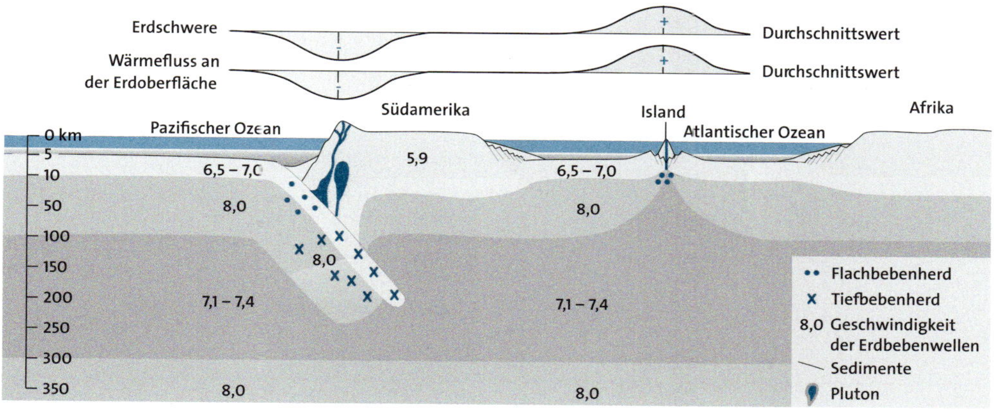

Abb. 1.3: Erdkruste und Oberer Mantel

- **Der Erdmantel:** Die Platten bewegen sich auf der **Asthenosphäre**, einer zähflüssigen und damit beweglichen Schicht mit einer Temperatur von ca. 1200 °C in 300 km Tiefe. Die Asthenosphäre gehört – wie die darüber liegende feste Schicht – zum Oberen Erdmantel. Darunter folgt nach einer Übergangszone (400 bis 660 km) der Untere Erdmantel, der am unteren Rand bis zu 3700 °C heiß ist. Insgesamt reicht der Erdmantel bis in 2900 km Tiefe. Im Erdmantel finden – angetrieben durch radioaktiven Zerfall und durch die hohe Temperatur des Erdkerns – langsame Konvektionsvorgänge statt: Kühlere Gesteinspakete sinken an den Subduktionszonen in die Tiefe, während heißere Gesteinspakete an den ozeanischen Rücken aufsteigen (→ Abb. 1.3). Direkt aus dem Übergangsbereich zwischen Mantel und Kern steigen sogenannte Mantel-Plumes (Konvektionsströme) auf und durchbrechen als **„Hotspots"** die Erdkruste. Bekannte Beispiele sind Island im nördlichen mittelatlantischen Rücken und die Hawaii-Inseln.
- **Der Erdkern** besteht vermutlich überwiegend aus Eisen und Nickel. Im äußeren, flüssigen Erdkern finden starke Konvektionsvorgänge statt, die diesen Bereich durchmischen. Die Temperaturen liegen bei 3700 bis 4600 °C. Der innere Kern ist aufgrund des hohen Drucks von 3,5 Mio. Atmosphären wieder fest. Im Erdkern wird vermutlich durch das „Ausfrieren" von Eisen am festen inneren Kern eine hohe latente Schmelzwärme erzeugt. Eine besondere Bedeutung gewinnt der Erdkern durch die Erzeugung des irdischen Magnetfeldes. Dazu ist eine schnelle Konvektion (Aufstieg von erhitzter Materie) im äußeren Erdkern erforderlich.

Beispiel Hot Spot

Vulkanische Massive der Insel Hawaii („Big Island") – mit maximaler Höhe und vulkanischer Aktivität

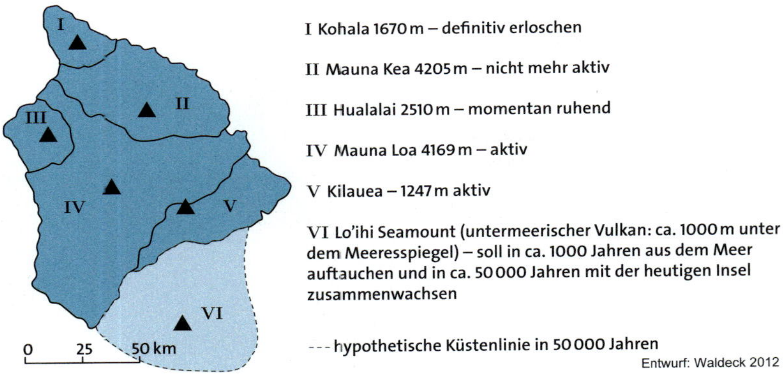

Abb. 1.4: Big Island Hawaii – Beispiel für einen Hotspot

1.2 Plattentektonik

Einführung

Durch ein weltweites Netz von Messstationen konnte die Erdbebenforschung (Seismologie) Erkenntnisse über den Aufbau des Erdinnern gewinnen, besonders über den Bau von Erdkruste und Oberem Erdmantel. Dort, wo eine plötzliche Geschwindigkeitsänderung von Erdbebenwellen auftritt, eine sogenannte **Diskontinuität**, muss ein anderes Gesteinsmaterial vorliegen oder ein Phasenwechsel zwischen fest und flüssig (→ Abb. 1.3). Die Meeresforschung ermittelte schließlich seit den 1960er-Jahren das Alter der Ozeanböden und legte damit den Grundstein für die Theorie der **Plattentektonik**. Die wichtigsten Aussagen dieser Theorie sind:

- Die **Lithosphäre** (Gesteinshülle der Erde) gliedert sich in verschieden große Platten (→ Abb. 1.5), die durch Plattengrenzen voneinander getrennt sind.
- Diese Platten bewegen sich auf der **Asthenosphäre**, der zäh fließenden, plastischen Schicht des Oberen Mantels (→ Abb. 1.3) mit einer durchschnittlichen Geschwindigkeit von etwa 1 bis 10 cm pro Jahr (maximal bis zu 18 cm pro Jahr). In einem kurzen geologischen Zeitraum von einer Million Jahren macht dies bereits 10 bis 100 km aus. Dabei ändern Ozeane und Kontinente ständig ihre Umrisse und ihre geografische Lage verschiebt sich.
- Durch die ständige Neubildung ozeanischer Kruste an den mittelozeanischen Rücken, ausgedehnten untermeerischen Gebirgszügen, dehnen sich die Ozeane einerseits weiter aus. Andererseits muss die ozeanische

ALFRED WEGENER (1880–1930): Der deutsche Geograf und Polarforscher stellte 1912 seine visionäre Kontinentalverschiebungstheorie vor, die allerdings beim damaligen Stand der Forschung noch nicht bewiesen werden konnte, sondern auf verschiedenen Indizien beruhte.

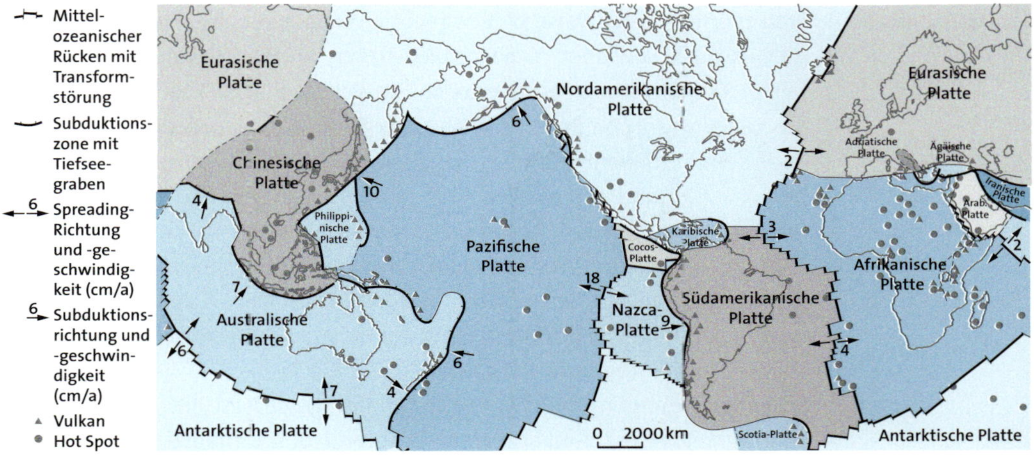

Abb. 1.5: Das Plattenmosaik der Lithosphäre

Kruste unter die Kontinente abtauchen (**Subduktion**), da die Oberfläche der Erde gleich groß bleibt (→ Abb. 1.5). Auch die kontinentale Kruste kann durch **Gebirgsbildung** stark verkürzt werden (→ Seite 21 ff.).

Drei Typen von **Plattengrenzen** werden unterschieden:

① **Divergierende Plattengrenzen.** Diese befinden sich zumeist am Scheitel der bereits erwähnten mittelozeanischen Rücken, aber auch in intrakontinentalen Grabenbrüchen wie dem Ostafrikanischen Graben. Dort wird die Kruste gedehnt und somit Lava gefördert (→ Abb. 1.3)

② **Konvergierende Plattengrenzen.** Wenn sich zwei Platten aufeinander zubewegen, taucht meist die schwerere ozeanische Platte ab und es entsteht ein Tiefseegraben. In größerer Tiefe wird die Platte wieder aufgeschmolzen (→ Abb. 1.3). Hier finden generell Kollisionen statt (→ „Gebirgsbildung" auf Seite 21 ff.).

③ An **Transformgrenzen** werden Platten horizontal gegeneinander verschoben, was aber nicht reibungslos verläuft und starke Erdbeben verursachen kann (Beispiel: San Andreas Fault, Kalifornien).

Erdbeben

Abb. 1.6: Tsunami-Warnschild in Hawaii (Big Island)

Etwa 90 Prozent aller Beben sind tektonische Beben, entstehen also meist an den Plattengrenzen, ganz vereinzelt auch im Innern von Platten. Daher treten sie fast ausschließlich an den mittelozeanischen Rücken (→ Abb. 1.5), an den **Subduktions- und Kompressionszonen** sowie entlang von Transformstörungen (→ Abb. 1.7) auf. Ursache all dieser Beben sind Spannungen zwischen unterschiedlichen Gesteinspaketen an den Plattengrenzen. Die Verschiebung der Platten zueinander verläuft nicht kontinuierlich, sondern meist klemmen die Platten aneinander fest, bis sie sich ruckartig und unter Freisetzung von teilweise großer Energie verschieben. Neben den Erdbeben gibt es auch Seebeben. Gelegentlich treten im Zusammenhang mit Seebeben **Tsunamis** auf, zerstörerische Flutwellen an den Küsten. Dazu muss das untermeerische Beben z. B. an einer Subduktionszone die Wassersäule über dem Erdbebenherd in Schwingung versetzen. Während Tsunamis auf hoher See kaum zu bemerken sind, laufen sie an den flacheren Küsten zu großer Wellenhöhe auf. Auch im Zusammenhang mit Vulkanismus können Erdbeben entstehen: Wenn es beim Aufstieg von Magma zu Spannungen im umgebenden festen Gestein kommt, können sich diese ruckartig lösen. Eine weitere Ursache von Erdbeben kann der Einsturz unterirdischer Hohlräume sein, oft auch infolge von Bergbau.

Erdbeben werden mithilfe von Seismografen gemessen, die nach dem Massenträgheitsgesetz funktionieren: Während das Gehäuse eines Seismografen fest mit dem Untergrund verbunden ist und im Falle eines Bebens mitschwingt, behält eine frei aufgehängte schwere Kugel mit einem Schreiber im Inneren des Gehäuses ihre Ruhelage bei.

Die **Erdbebenwellen** breiten sich vom Erdbebenherd (Hypozentrum) in alle Richtungen aus, größtenteils auch ins Erdinnere, und können damit auch zur Erforschung des Schalenbaus der Erde genutzt werden:

- Die sogenannten **Primärwellen** (P-Wellen) schwingen genau in der Ausbreitungsrichtung. Es kommt abwechselnd zu Phasen der Verdichtung und damit Belastung und zu Phasen der Entspannung des Gesteins.
- Die **Sekundärwellen** (S-Wellen) schwingen senkrecht zur Ausbreitungsrichtung. Es kommt zur wellenförmigen Hebung und Senkung des Untergrunds.
- Die **Langzeitwellen** (L-Wellen) breiten sich mit geringerer Geschwindigkeit nur auf der Erdoberfläche aus.

Auch in Deutschland gibt es Regionen, die durch Erdbeben gefährdet sind. Als besonders gefährdet gilt der südliche Oberrheingraben um die Schweizer Stadt Basel, die 1356 durch ein Beben der Stärke 6 völlig zerstört wurde. Es gab mehrere hundert Tote. Auch die Niederrheinische Bucht zwischen Aachen, Köln und Bonn gilt als stark gefährdet. Dazu kommen Teile der Schwäbischen Alb um Sigmaringen und Hechingen sowie das Vogtland.

Zur Bestimmung der Stärke eines Erdbebens gibt es zwei gebräuchliche Skalen:

- Die nach oben offene **RICHTER-Skala** misst die Energie und damit die Stärke eines Bebens. Die Stärke wird mit einer Dezimalzahl angegeben. Die RICHTER-Skala ist logarithmisch aufgebaut (Zehner-Logarithmus). Daher setzt z. B. ein Erdbeben der Stärke 3 zehnmal soviel Energie frei wie ein Erdbeben der Stärke 2. Das stärkste bislang gemessene Beben hatte die Stärke 8,9 auf der Richterskala.
- Die **MERCALLI-Skala** stuft die Beben dagegen nach ihrer Wahrnehmung durch den Menschen und nach den Auswirkungen auf Gebäude und Landschaften ein.

Beispiel

Ein bekanntes Beispiel für eine Transformgrenze ist die **Nordanatolische Verwerfung** im Norden der Türkei. Sie verläuft vom Osten des Landes bis nach Istanbul und zum Marmara-Meer im Nordwesten. Die Anatolische Platte wird zwischen zwei Großplatten förmlich zerrieben: der Eurasischen Platte mit der eingelagerten Schwarzmeer-Platte im Norden und der Afrikanischen Platte sowie der Arabischen Platte im Süden bzw. Südosten. Dabei wird die Anatolische Platte nach Westen gedrückt und bildet die langgezogene Erdbebenzone im Norden (siehe die Jahreszahlen der Erdbeben).

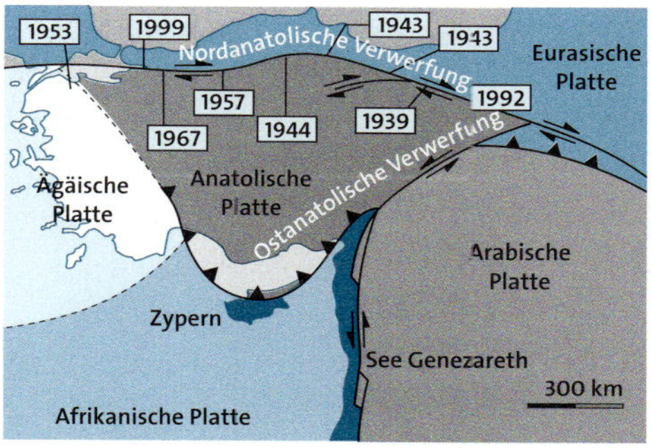

Abb. 1.7: Türkei – Plattengrenzen

Vulkanismus

Ebenso wie die Erdbeben ist auch der Vulkanismus eng mit plattentektonischen Bewegungen verknüpft. Die bedeutendsten vulkanischen Aktivitäten der Erde sind an den Scheitelgräben der mittelozeanischen Rücken zu finden. Letztere haben eine Gesamtlänge von etwa 70 000 Kilometern. Schmelzflüssiges Magma steigt an diesen Dehnungsstrukturen auf (→ Abb. 1.3), erkaltet im Meerwasser und schließt die Lücken, die durch die seitliche Driftbewegung der Platten entstehen. Weltweit werden pro Jahr durchschnittlich ca. 7 km³ Magma gefördert; davon entfallen allein auf die mittelozeanischen Rücken ca. 5 km³. Nur an wenigen Stellen reichen die untermeerischen Vulkane über den Meeresspiegel hinaus.

Abb. 1.8: Zentralspalte in Island; links die Nordamerikanische, rechts die Eurasische Platte

Island gilt als Sonderfall, da dort so viel Magma gefördert wurde, dass eine größere Insel entstanden ist. Daher wird unter Island von vielen Wissenschaftlern ein **„Hotspot“** im Erdinneren vermutet, ein heißer Fleck am Äußeren Erdkern, über dem ständig Magma bis an die Oberfläche aufsteigt. Auf Island lassen sich die typischen Vorgänge an einem mittelozeanischen Rücken gut beobachten: Der **Grabenbruch**, der durch die Insel verläuft und teilweise in der Landschaft sichtbar ist, bildet die geologische Grenze zwischen der Nordamerikanischen Platte und der Eurasischen Platte (→ Abb. 1.5). Auch das Alter der für diesen Vulkanismus typischen, basischen Basaltgesteine nimmt nach außen hin zu. Auf Island dominieren Spaltenvulkane, längliche vulkanische Strukturen. Dazu kommen einzelne Zentralvulkane (s. u.), die zum Teil unter dem größten Gletscher Europas liegen, dem Vatnajökull.

Der **Ätna auf Sizilien** dagegen ist ein komplex aufgebauter Zentralvulkan mit einem ausgeprägten, hohen Vulkankegel (→ Abb. 1.9). Er entstand dort, wo die Afrikanische Platte unter die Eurasische Platte abtaucht und wo sich zugleich verschiedene kleinere Brüche und Bruchsysteme kreuzen. Damit liegt er – wie zahlreiche andere Vulkane weltweit – in einer Subduktionszone (→ Abb. 1.5). Die meisten Vulkane dieses Typs liegen um den Pazifischen Ozean herum im sogenannten „Zirkumpazifi-

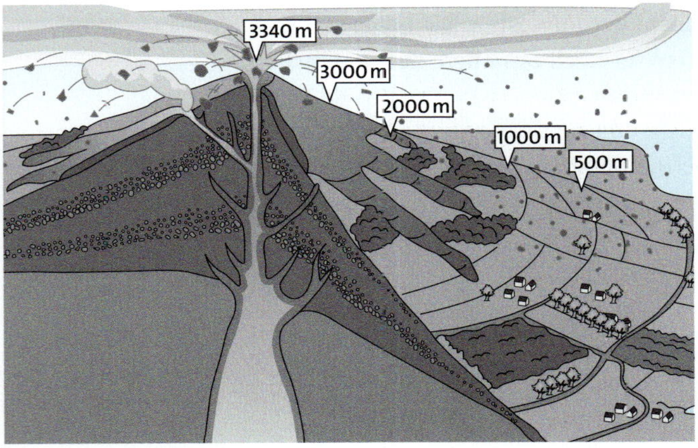

Abb. 1.9: Schnitt durch den Ätna

schen Feuerring". Der vorherrschende Vulkantyp in den Subduktionszonen ist der kegelförmige Schichtvulkan (Stratovulkan), der aus übereinandergeschichteten Lavaströmen und vulkanischen Lockermaterialien (vor allem Asche) besteht. Effusive Ausbrüche (Austritt von Lavaströmen) und explosive Ausbrüche (Asche und vulkanische Bomben werden herausgeschleudert) wechseln einander ab. Damit ist der Ätna keineswegs ein harmloser Vulkan, auch wenn er von den Touristen – im Gegensatz zu den Einheimischen – immer wieder unterschätzt wird. Trotz der damit verbundenen Gefahren – wie vulkanische Beben, Lavaströme, vulkanische Bomben und Glutwolken – werden Vulkanhänge vom Menschen überall dort, wo das klimatisch möglich ist, intensiv agrarisch genutzt. Das liegt an den mineralstoffreichen Böden, die durch vulkanische Asche „gedüngt" werden oder auf älteren Lavaströmen entstanden. So sind nicht nur die Hänge des Ätna dicht besiedelt (→ Abb. 1.9), sondern auch die Vulkaninsel Java in Indonesien, die Philippinen oder Japan. Im Unterschied zu Erdbeben können Vulkanausbrüche mittlerweile mit großer Wahrscheinlichkeit vorhergesagt werden, sodass die Menschen rechtzeitig evakuiert werden können.

Gebirgsbildung

Motor der Gebirgsbildung ist die aus dem Erdinnern stammende Wärmeenergie, die nach oben aufsteigt (Konvektion) und an den Scheitelgräben der mittelozeanischen Rücken als glutflüssiges Magma die Erdkruste nicht nur durchbricht (→ Abb. 1.3), sondern auch ständig neu aufbaut. Da keine ozeanische Platte älter ist als 220 Millionen Jahre, bedeutet dies, dass etwa in diesem Zeitraum die gesamte Fläche der Ozeane und damit 72 Prozent der Erdoberfläche in den Subduktionszonen verschluckt werden. In diesen Bereichen taucht die schwerere ozeanische Platte ab, es kommt zu Erdbeben und Vulkanismus.

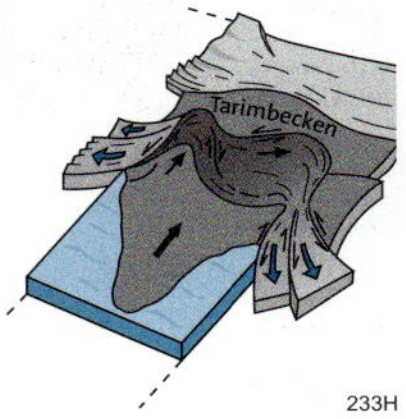

Abb. 1.10: Bildung des Himalaya

Auch innerhalb der Kontinente kann es durch aufsteigendes und aufgestautes Magma zur Dehnung der Erdkruste und zur Bildung von Grabenbrüchen kommen. Beispiele sind der Oberrheingraben und der Ostafrikanische Grabenbruch. Diese Gräben können sich weiter öffnen und schließlich ein schmales Meer bilden, wie z. B. das Rote Meer. Öffnet sich dieses Meer immer weiter (Atlantik), so sinkt die ältere ozeanische Kruste am Rand weiter ab und wird mit Sedimenten bedeckt.

Irgendwann kann sich der Prozess der Öffnung umkehren: Der Ozean wird dann vom Rand her durch Subduktion langsam wieder eingeengt – so wie heute der Pazifik. Die Einengung geht durch die Subduktion der ozeanischen

Kruste immer weiter. So sind das Mittelmeer, das Schwarze Meer und Teile des Kaspischen Meeres Reste der Tethys, eines Randmeeres des früheren Superozeans Panthalassa. Kollidieren schließlich zwei kontinentale Platten, wie die Indische und die Eurasische Platte, dann entstehen hohe Faltengebirge wie der Himalaya.

In 250 Millionen Jahren wird das Mittelmeer vermutlich ganz verschwunden sein und die Afrikanische sowie die Eurasische Platte werden im Bereich eines Hochgebirges zusammengewachsen sein. Der Atlantik könnte dann ein Binnenmeer inmitten eines neuen Superkontinents sein – wie Pangäa (= die gesamte Erde) vor 250 Millionen Jahren. Etwa alle 500 Millionen Jahren sollen sich ein Superkontinent und ein Superozean bilden, bis dann aufgrund des Hitzestaus im Untergrund der riesige Kontinent wieder zerfällt. Dieser Vorgang wird nach einem Wissenschaftler **Wilson-Zyklus** genannt.

Gebirge entstehen also durch Kollision an Plattengrenzen. Dabei gibt es fünf Möglichkeiten:

① Kollision **ozeanische Platte – ozeanische Platte**. Eine der beiden Platten muss abtauchen, und es entstehen Inselbögen, verbunden mit Erdbeben und Vulkanismus. Ein Beispiel sind die Antillen.

② Kollision **ozeanische Platte – kontinentaler Schelf**. Die ozeanische Platte taucht ab, und es entstehen Gruppen größerer Inseln wie Indonesien oder Japan, ebenfalls verbunden mit Erdbeben und Vulkanismus.

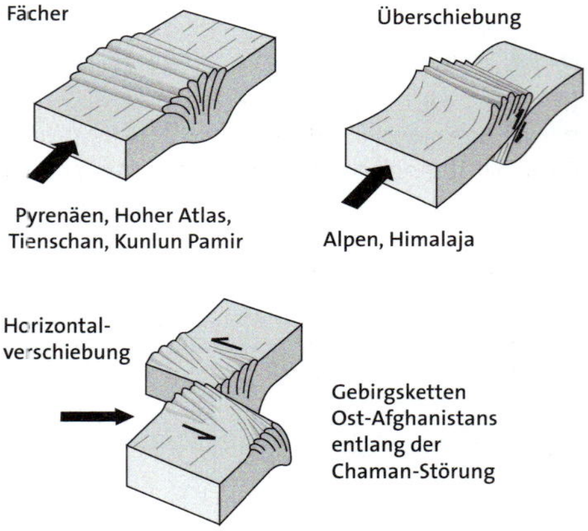

Abb. 1.11: Architektonische Grundbaupläne von Gebirgen

③ Kollision **ozeanische Platte – kontinentale Platte**. Die ozeanische Platte taucht ab, und es entstehen Gebirgsketten wie die Kordilleren an der Westküste Amerikas. Dieser Vorgang ist ebenfalls verbunden mit Erdbeben und Vulkanismus.

④ Kollision **kontinentale Platte – kontinentale Platte**. Bekanntestes Beispiel ist der Himalaya. Da beide Platten etwa gleich schwer sind, kommt es zu einer starken Krustenverdickung, zur Fächerbildung und Faltung oder sogar zur Überschiebung von Gesteinspaketen (→ Abb. 1.11). Dabei treten Erdbeben auf.

⑤ **Horizontalverschiebung kontinentaler Kruste.** Hierbei können – wie im Osten Afghanistans oder im Norden Anatoliens (→ Abb. 1.7) – durch seitlichen Druck Gebirgsketten entstehen.

① Trias (220 Mio. Jahre vor heute)
Alle damaligen Kontinente hängen zusammen und bilden den Superkontinent Pangäa. Ein einziger Superozean, Panthalassa, umgibt Pangäa. Die Tethys ist ein Randmeer dieses Superozeans.

② Obertrias (200 Mio. Jahre vor heute)
Durch den Hitzestau unter dem Superkontinent beginnt dieser entlang von Grabenbrüchen aufzubrechen; Afrika trennt sich ab und wandert zunächst nach Süden.

③ Oberjura (140 Mio. Jahre vor heute)
Der Südpenninische Ozean hat sich entwickelt. Die Adriatische Platte als Sporn der Afrikanischen Platte ragt nach Nordosten. Die Laurasische Platte bricht auseinander.

④ Unterkreide (110 Mio. Jahre vor heute)
Die Adriatische Platte hat sich von der Afrikanischen Platte getrennt und driftet nach Norden. Dabei taucht der Südpenninische Ozean in einer Subduktionszone ab. Der Nordpenninische Ozean hat sich geöffnet und drückt den Mittelpenninischen Mikrokontinent (Terrane) nach Süden.

⑤ Oberkreide (75 Mio. Jahre vor heute)
Die Adriatische Platte und der Mittelpenninische Mikrokontinent kollidieren. Dabei muss der Mikrokontinent abtauchen und wird von der Adriatischen Platte überfahren. Teile der ozeanischen Platte werden bei der Gebirgsfaltung mit hochgeschleppt. In großer Tiefe werden die Gesteine unter hohem Druck und hoher Temperatur umgewandelt (Metamorphose).

⑥ Alttertiär (35 Mio. Jahre vor heute)
Der Nordpenninische Ozean wurde verschluckt und die Adriatische Platte rammt schließlich die Eurasische Platte.

⑦ heute
Die Hebung der Alpen dauert an. Die Eurasische und die Adriatische Platte sind an einer Nahtstelle (Sutur) zusammengeschweißt worden. Im nördlichen und im südlichen Alpenvorland sind große Molassebecken mit mächtigen Sedimentpaketen entstanden.

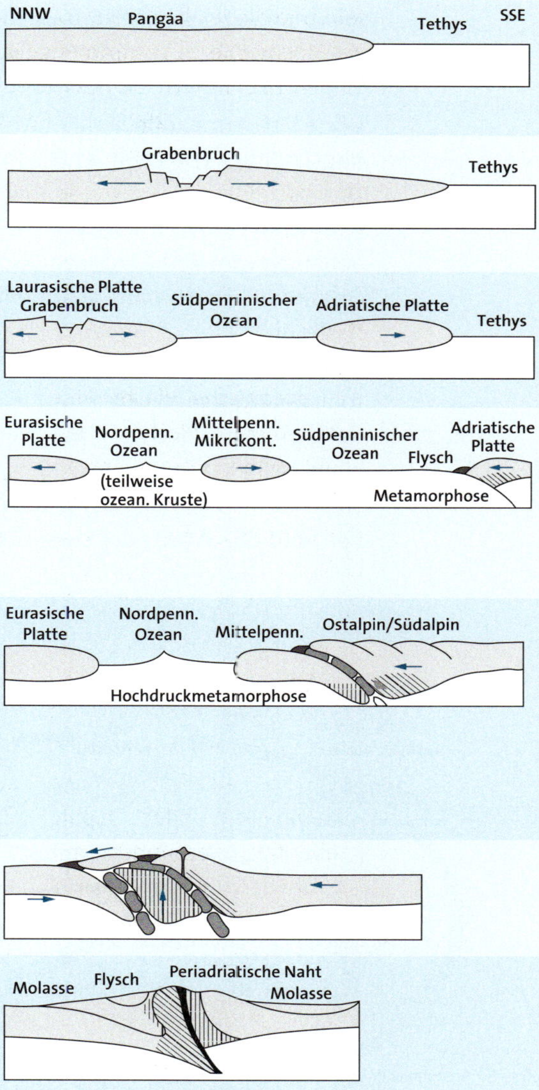

Abb. 1.12: Alpenbildung im Profil

1.3 Kreislauf der Gesteine

Lerntipp zum Gesteinskreislauf: Klären Sie zunächst die Fachbegriffe in der Abb. 1.13 mithilfe von Glossar und Text zu Kapitel 1. Erläutern Sie dann – mündlich oder schriftlich – den Kreislauf der Gesteine, beginnend mit Vulkanismus und Gebirgsbildung als Folge der Plattentektonik.

Der Motor für die Bildung und Abtragung von Gebirgen und damit auch für den **Kreislauf der Gesteine** sind endogene (innenbürtige) Kräfte des Planeten Erde. Sie beruhen auf der Erdwärme aus dem Erdinnern und bewirken an der Erdoberfläche Erdbeben, Vulkanismus und Gebirgsbildung. Dazu kommen die Schwerkraft aufgrund der großen Masse des Planeten und exogene (außenbürtige) Kräfte wie Erosion und Transport von verwittertem Gesteinsmaterial durch fließendes Wasser, Eis und Wind.

Ohne Erdwärme und damit ohne **Plattentektonik** gäbe es keine weitere Gebirgsbildung. Vor etwa 4,1 Milliarden Jahren hatte die Erde ihre höchste Durchschnittstemperatur, seither kühlt sie durch ständige Abgabe von Erdwärme an den Weltraum aus. Der Wärmeverlust eines Himmelskörpers ist abhängig vom Verhältnis der Oberfläche zur Masse. Letztere kann – je nach Größe – eine bestimmte Wärmemenge speichern. Das Verhältnis von Oberfläche zu Masse ist im Vergleich zur Erde (= 1) für den Mond (6) und für den Mars (2,5) wesentlich ungünstiger. Daher kamen auf dem Mond plattentektonische Vorgänge bereits vor etwa einer Milliarde Jahren zum Stillstand, auf dem Mars vor ca. 100 Millionen Jahren. Die Erde befindet sich seit etwa einer Milliarde Jahren in einem plattentektonischen Zeitfenster mit Gesteinskreisläufen, das sich schätzungsweise in 500 Millionen Jahren schließen wird. Das Antlitz der Erde wird dann erstarren.

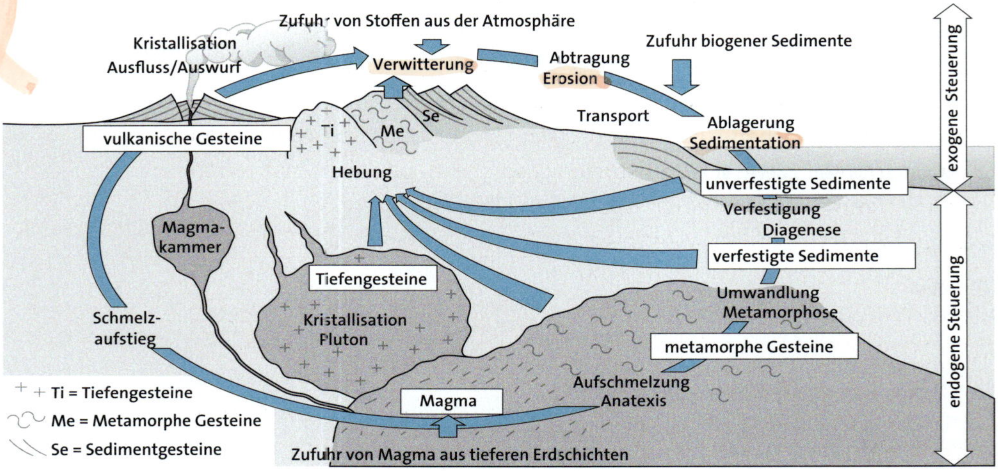

Abb. 1.13: Kreislauf der Gesteine

Mit der Hebung von Gesteinen beginnt ihre **Verwitterung**. Grundsätzlich werden dabei die physikalische und die chemische Verwitterung unterschieden, sind aber nicht immer klar zu trennen:

Ein wichtiger Faktor der physikalischen Verwitterung ist die Druckentlastung bei der Hebung des Gesteins an die Erdoberfläche. Durch die damit verbundene Ausdehnung können sich Brüche und Klüfte im Gestein bilden. Ein weiterer wichtiger Faktor ist die Frostsprengung, da sich Wasser beim Gefrieren um neun Volumenprozente ausdehnt und in Gesteinsklüften und -rissen einen zerstörerischen Druck entwickeln kann, wenn es von oben zufriert. Die Rolle von starken Temperaturwechseln zwischen Tag und Nacht in der Wüste ist noch umstritten. Einen Grenzbereich zur chemischen Verwitterung spielt das Wachstum von Salzkristallen bei der Verdunstung von Lösungen in Gesteinsklüften.
Bei der chemischen Verwitterung wird immer die ursprüngliche chemische Zusammensetzung von Mineralien verändert. Sie läuft fast immer über Substanzen, die in Wasser – auch in Regenwasser – gelöst sind. Beispiele:

- Bei der Oxidation verbinden sich Eisen oder andere Mineralien des Gesteins mit dem Luftsauerstoff.
- Bei der Karbonatisierung werden Kalkgesteine durch Kohlensäure gelöst, die aus Kohlendioxid und Wasser entsteht.
- Bei der Hydrolyse reagiert leicht ionisiertes Wasser mit Silikat-Gesteinen (enthalten SiO_4).

Abb. 1.14: Feuersteinklippen bei Schierke im Ostharz – Wollsackverwitterung im Granit

Wenn Gestein verwittert ist, unterliegen lose Gesteinstrümmer zunächst der **Massenbewegung**, das heißt, dem Transport hangabwärts durch die Schwerkraft. Wasser kann eine wichtige Rolle bei der Massenbewegung spielen, da es sowohl als Schmiermittel dienen als auch das Gewicht der Gesteinstrümmer erhöhen kann und dadurch die Bewegung hangabwärts beschleunigt. Nach der zunehmenden Geschwindigkeit der Gesteinstrümmer wird von Bodenkriechen bzw. Bodenfließen (Solifluktion), von Muren und Schlammströmen sowie von Bergstürzen gesprochen. Fast alle verwitterten Gesteinstrümmer werden durch Flüsse vom Oberlauf bis zur sogenannten **Erosionsbasis** transportiert. Meist bis zum Meer, manchmal nur bis zu einem Binnensee. Im Falle des Rheins ist die erste Erosionsbasis der Bodensee, am Schluss folgt die Nordsee (NN = Normal Null). Sowohl im Bodensee als auch in der Nordsee werden wegen der plötzlich nachlassenden Fließgeschwindigkeit Sedimente an der Mündung abgelagert und es bildet sich ein Flussdelta. Flussaufwärts von der Mündung gräbt sich der Fluss immer tiefer in den Untergrund ein (Tiefenerosion). Als sogenannte Erosionswaffe dient dabei das transportierte Gesteinsmaterial, das sich sogar in Felsen einschneiden kann.

Die eiszeitlichen Gletscher haben die Böden und den Gesteinsuntergrund Skandinaviens flächenhaft abgehobelt und bis zum Rand der Mittelgebirge transportiert (→ Abb. 3.1, Seite 67). Abtragung und Transport durch Wind und Wellen sind dagegen nur von regionaler Bedeutung.

Auf Verwitterung, Abtragung und Transport folgt schließlich die **Sedimentation**:

- Der Wind kann je nach Geschwindigkeit Schluffe bzw. Sande mit einem Korndurchmesser von 0,01 bis hin zu 2 mm transportieren und lagert diese in Form von Dünen ab.
- Die Korngröße der Flusssedimente wird bei abnehmendem Gefälle und damit bei nachlassender Fließgeschwindigkeit immer kleiner. Im Oberlauf werden noch – durch den Transport gerundete Gerölle – abgelagert, flussabwärts folgen Kies, Sand, Schluff und Ton.
- Gletscher übernehmen die Schwerarbeit bei Erosion und Transport. Der größte vom skandinavischen Gletschereis nach Norddeutschland transportierte „erratische Block" oder **Findling** ist der Buskam in der Ostsee vor Rügen mit einem geschätzten Gewicht von 1500 Tonnen und einem Umfang von ca. 40 Metern an der Wasseroberfläche. Durch Gletscherflüsse wurden im unmittelbaren Gletschervorland meist Sande abgelagert, es entstanden **Sanderflächen**.

Abb. 1.15: Findlinge an der Ostseeküste

Nach der Ablagerung (Sedimentation) kann die **Verfestigung der Sedimentgesteine** (Diagenese) durch Auspressung von Wasser bzw. durch Verkittung erfolgen. Wird das Gestein anschließend unter hohem Druck bzw. hoher Temperatur umgewandelt, so liegt eine **Metamorphose** vor. Die völlige oder teilweise Wiederaufschmelzung der Sediment- oder Tiefengesteine wird als Anatexis bezeichnet.

I. Magmatische Gesteine
- Plutonite (Tiefen- oder Intrusivgesteine): Sie sind in der Erdkruste erstarrt und wegen der langsamen Erkaltung grobkörnig. Einzelminerale konnten auskristallisieren und sind erkennbar. Beispiel: Granit – Hauptminerale: Feldspat, Quarz und Glimmer.
- Vulkanite (Erguss- oder Effusivgesteine): Sie sind an der Erdoberfläche erstarrt. Wegen der raschen Erkaltung haben sie eine feinkörnige Grundmasse mit größeren Einsprenglingen. Beispiel: Basalt.

II. Sedimentgesteine
(Aus Ablagerungen entstanden z. B. Sandstein)

III. Metamorphe Gesteine
- Sie entstehen durch Umwandlung von magmatischen und von Sedimentgesteinen unter hohem Druck und hoher Temperatur. Beispiele sind Tonschiefer (aus Tonen und vulkanischen Tuffen), Gneise (aus Graniten) und Marmor (aus Kalksteinen).

Tab. 1.1: Gesteinsarten

1.4 Wasserkreislauf

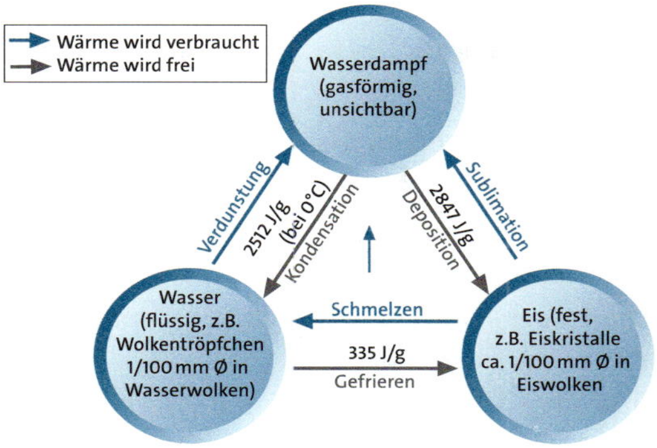

Abb. 1.16: Wasser in der Atmosphäre

Wasser ist in reiner Form eine durchsichtige, geruchslose und geschmacksneutrale Flüssigkeit mit der chemischen Formel H_2O. In natürlichen Vorkommen enthält es Mineralstoffe und Salze in unterschiedlicher Konzentration. Das reinste Wasser nach dem Regenwasser ist das Wasser des Baikalsees in Ostsibirien. Wasser ist die Grundlage des Lebens auf der Erde, denn es ist für alle biochemischen Prozesse erforderlich. Wasser in den Weltmeeren und in der Atmosphäre ist der wichtigste Faktor des Wärmetransports auf der Erde – durch Meeresströmungen und durch die atmosphärische Zirkulation. Außerdem verhindert es durch den **natürlichen Treibhauseffekt** eine zu starke Ausstrahlung in den Weltraum und damit eine zu starke Abkühlung der Erde. Als einziger Planet des Sonnensystems hat die Erde Wasser in allen drei **Aggregatzuständen** (→ Abb. 1.16).

Etwa 97 Prozent des Wassers auf der Erde sind in flüssiger Form in den Ozeanen enthalten, nur drei Prozent sind Süßwasser in Gletschern, Flüssen und Seen sowie im Boden als Grundwasser. Ein großer Teil des Süßwassers ist derzeit in Form von Gletschereis gebunden – vor allem im Antarktischen und im Grönländischen Eisschild. Dass das Wasser auf der Erde überwiegend in flüssiger Form vorkommt, ist für das Leben ein glücklicher und zugleich notwendiger Umstand. Nur maximal zehn Prozent des Süßwassers sind potenziell als **Trinkwasser** und damit als das wichtigste Lebensmittel verfügbar – allerdings nicht überall auf der Welt in gleicher Menge und Qualität. So entfallen z. B. 20 Prozent der **Süßwasserreserven** der Erde allein auf den Baikalsee. Russland insgesamt kontrolliert damit 25 Prozent der globalen Süßwasservorräte. Sauberes Süßwasser gilt wegen seiner regionalen Knappheit als Rohstoff der Zukunft.

Motor für den Wasserkreislauf ist die Sonnenenergie, die für die Verdunstung von Wasser- und Bodenoberflächen sowie von der Vegetationsdecke (Transpiration) verantwortlich ist und das Wasser unter hohem Energieaufwand vom flüssigen in den gasförmigen Zustand umwandelt. So verdunstet jährlich über den Weltmeeren – vor allem in den Tropen – eine Wassermenge von 425 000 km³ (→ Abb. 1.17). Davon fallen nur 385 000 km³ als Niederschlag ins Meer zurück. Die fehlenden 40 000 km³ gehen als Regen oder Schnee über den Kontinenten nieder. Damit wird nicht nur Feuchtigkeit transportiert, sondern auch latente Wärme, die wegen des Energieverbrauchs bei der Verdunstung im Wasserdampf enthalten ist und bei der Kondensation wieder an die Umgebung abgegeben wird. Deshalb ist dieser Teil des Wasserkreislaufs äußerst wichtig für den Wärmetransport z. B. aus den Tropen in die außertropischen Klimazonen.

Über dem Festland selbst werden durch Verdunstung bzw. durch die Transpiration der Pflanzen pro Jahr 71 000 km³ Wasser an die Atmosphäre abgegeben. Somit stehen insgesamt 111 000 km³ Wasser für Niederschläge über den Kontinenten zur Verfügung. Davon fließen etwa 41 000 km³ über die Flüsse und über Grundwasserströme ins Meer zurück. Damit ist der Wasserkreislauf geschlossen.

Ohne den Wasserkreislauf wäre der Gesteinskreislauf mit Verwitterung, Erosion, Transport und Sedimentation nicht denkbar. Wasser – in flüssiger und zum Teil auch in fester Form – ist somit für die Modellierung der Erdoberfläche von herausragender Bedeutung. Für mindestens die letzte Milliarde Jahre, also im plattentektonischen Zeitfenster, war die Wassermenge auf der Erde konstant. Allerdings ist der Wasserkreislauf heute an vielen Stellen durch Eingriffe des Menschen unterbrochen. So mündet z. B. der Gelbe Fluss im Norden Chinas an mehr als 200 Tagen nicht ins Meer, sondern versiegt vorher. Der Rio Grande del Norte zwischen den USA und Mexiko existiert nur noch abschnittsweise.

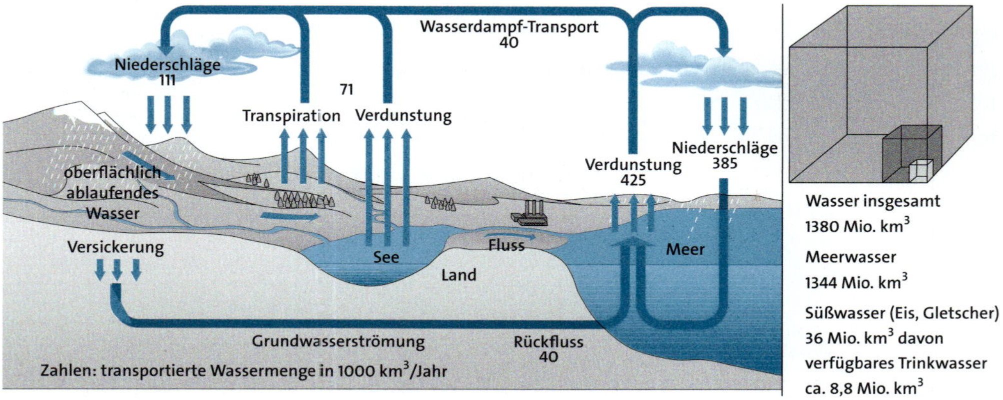

Abb. 1.17: Wasserkreislauf und Wasservorräte

Die Menge Wasserdampf (in g pro m³), die die Luft aufnehmen kann, ist abhängig von ihrer Temperatur. Je wärmer sie ist, desto mehr Feuchtigkeit kann sie aufnehmen. Dieser Zusammenhang wird auch im Alltag beim Föhnen der Haare genutzt. Die Aufnahmekapazität variiert sehr stark: 1,4 g/m³ sind es bei minus 20 °C, knapp 40 g/m³ dagegen bei plus 36 °C.

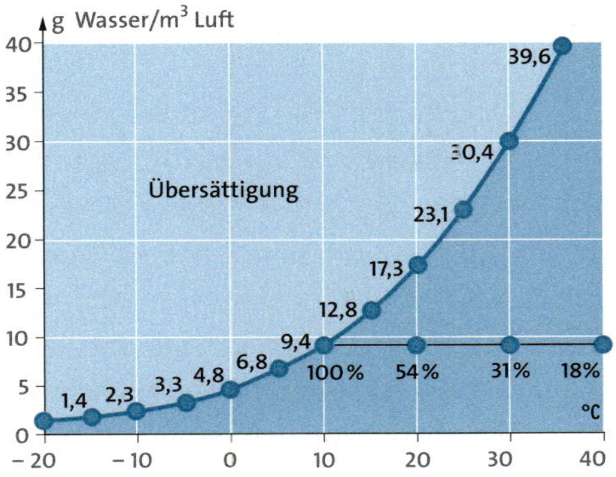

Abb. 1.18: Taupunktkurve

Werden bei einer bestimmten Lufttemperatur 100 Prozent Luftfeuchtigkeit erreicht, so kondensiert der Wasserdampf an **Aerosolen**, kleinsten Partikeln in der Luft. In einem komplexen Wachstumsprozess können sich aus den kleinen Wassertröpfchen (Nebel bzw. Wolken) auch Regentropfen, Schneeflocken oder Hagel bilden, die schließlich als **Niederschlag** fallen.

Ab dem Erreichen des **Kondensationsniveaus** nimmt die Temperatur aufsteigender Luftmassen mit der Höhe nicht mehr trockenadiabatisch ab (minus 1 °C pro 100 m), sondern **feuchtadiabatisch** (minus 0,5 °C pro 100 m → Abb. 1.19). Der Grund für die geringere Temperaturabnahme nach dem Einsetzen der Kondensation liegt im Freiwerden der bei der Verdunstung verbrauchten Energie (→ Abb. 1.16). Haben sich die Luftmassen abgeregnet, so erfolgt der anschließende Temperaturanstieg beim Absinken wieder **trockenadiabatisch** und erzeugt so den Föhneffekt, der auch für die Tropische Zirkulation wichtig ist (→ Abb. 1.25).

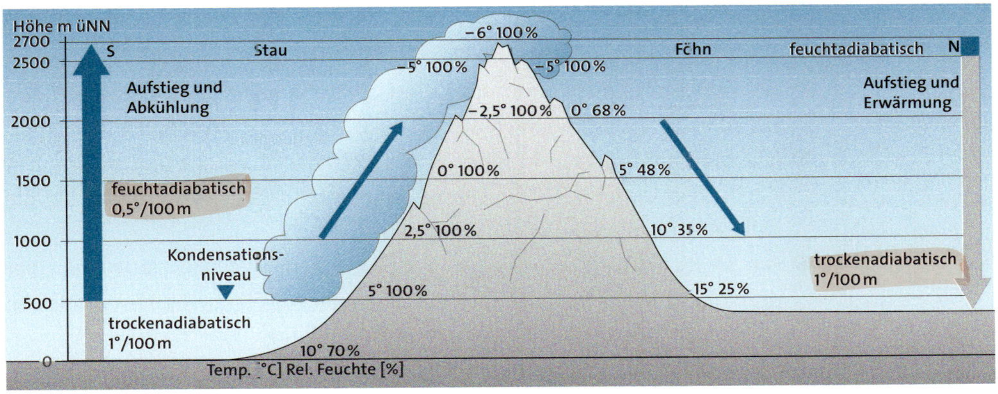

Abb. 1.19: Steigungsregen und Föhn

1.5 Die Atmosphäre

Die Atmosphäre ist die Lufthülle der Erde. Sie wird durch die Schwerkraft festgehalten und macht die Rotationsbewegung der Erde mit. Daher merken wir nicht, dass sich die Erde z. B. am Äquator mit einer Geschwindigkeit von knapp 1700 km/h um ihre Achse dreht. Die Atmosphäre ist auch ein Schutzschild vor kleineren festen Himmelskörpern (Meteoriten), von denen die meisten beim Eintritt in die Erdatmosphäre aufgrund der Reibungshitze verglühen. Sie ist in verschiedene Stockwerke gegliedert, die klar voneinander abgegrenzt sind.

- Die **Exosphäre** beginnt in ca. 400 km Höhe und ist die oberste Schicht der Atmosphäre. In 800 km Höhe werden im Van-Allen-Strahlengürtel Temperaturen von mehreren 1000 Grad Celsius erreicht, hervorgerufen durch den Sonnenwind. In etwa 1000 km Höhe geht die Exosphäre in den luftleeren und extrem kalten Weltraum über.
- Die **Ionosphäre** beginnt in etwa 90 km Höhe. An ihrer Untergrenze beträgt der Luftdruck nur noch ein Hundertstel des Luftdrucks am Boden. Aufgrund der sehr hohen Temperaturen von bis zu 1000 °C wird sie auch als Thermosphäre bezeichnet.

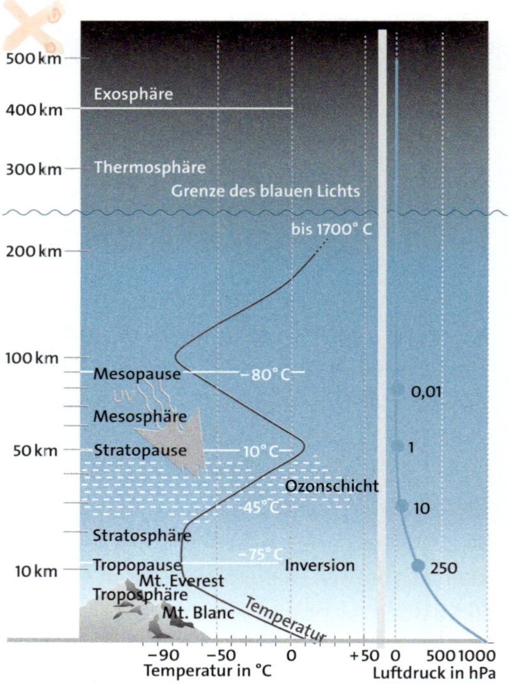

Abb. 1.20: Stockwerkbau der Atmosphäre

- Die **Mesosphäre** liegt in einer Höhe zwischen etwa 50 und 90 km. Mit nach oben abnehmenden Temperaturen bis minus 80 °C bildet sie die kalte mittlere Schicht der Atmosphäre.
- Die **Stratosphäre** beginnt über den Polen in etwa 10 km Höhe und über dem Äquator in etwa 18 km Höhe. Sie reicht bis in 50 km Höhe, wird kaum noch vom Wettergeschehen beeinflusst und ist fast frei von Wasserdampf. Auch die **Ozonschicht** gehört zur Stratosphäre.

Die Atmosphäre, die Gashülle der Erde, ist aus zwei Gründen an den Polen abgeplattet: a. wirkt die Fliehkraft auf die Atmosphäre (mit hoher Rotationsgeschwindigkeit am Äquator) und b. ist die Luft an den Polen kälter und am Äquator wärmer (geringere bzw. stärkere Ausdehnung).

- Die **Troposphäre** ist die unterste Schicht der Atmosphäre, die an den Polen bis in 10 km Höhe, am Äquator bis in 18 km Höhe reicht. Die Troposphäre enthält die atmosphärische Luftfeuchtigkeit und ist der Bereich des Wettergeschehens (Atmosphärische Zirkulation). Die Troposphäre wird kaum von der Sonne direkt erwärmt, sondern in erster Linie von der Erdoberfläche her. Daher nimmt die Temperatur im Mittel um 0,65 °C pro 100 m ab und fällt bis zur Tropopause, der Grenzschicht zur Stratosphäre, auf minus 50 bis minus 80 °C ab.

Ihre **höchste Dichte** hat die Atmosphäre auf Meeresniveau (NN). Dort übt sie – dem Gewicht einer Wassersäule von 10,13 m Höhe entsprechend – einen Druck von 1013 Hektopascal (hPa) aus. In 5500 m Höhe ist nur noch etwa die Hälfte des Normaldrucks vorhanden, in 11 000 m Höhe ein Viertel. Das kann z. B. beim Höhenbergsteigen zu gesundheitlichen Problemen führen, da mit der Höhe der Sauerstoffgehalt der Luft entsprechend abnimmt. In 5500 m Höhe liegt er bei 50 Prozent des Wertes in Meereshöhe. Verkehrsflugzeuge mit einer Flughöhe zwischen 10 000 und 11 000 m benötigen daher spezielle Druckkabinen.

Abb. 1.21: Blick auf den schneebedeckten Hohen Norden Kanadas aus 11 000 Meter Flughöhe

Das Gasgemisch der Atmosphäre besteht in trockenem Zustand aus folgenden Bestandteilen (Volumenprozente; Werte leicht gerundet):
- Stickstoff 78 %
- Sauerstoff 21 %
- Argon 0,94 %
- Kohlendioxid 0,03 %

Dazu kommen sogenannte Spurengase: Neon, Helium, Methan, Krypton, Wasserstoff, Lachgas, Xenon, Kohlenmonoxid, Schwefelwasserstoff und Ozon. Ihre Anteile werden in Millionstel bzw. Milliardstel gemessen (ppm = parts per million oder ppb = parts per billion – amerikanisches Englisch für Milliarde).

Der Wasserdampf aus der Atmosphäre sammelte sich in den Urozeanen. Der **Wasserkreislauf** begann (→ Seite 27). Durch die Niederschläge konnte immer mehr Kohlendioxid aus der Atmosphäre ausgewaschen werden und wurde in den Ozeanen, in kalkigen Sedimentgesteinen, in fossilen Brennstoffen, im Boden und in der Vegetation gelagert. Im Laufe der letzten 3,8 Milliarden Jahren sorgte die pflanzliche Fotosynthese für die Produktion des atmosphärischen Sauerstoffs. Aus freien Sauerstoffatomen konnte sich auch die Ozonschicht der Erde bilden.

Im Zusammenhang mit der Erdatmosphäre ist immer wieder die Rede vom **Treibhauseffekt**. Dieser Begriff ist eine bildhafte Umschreibung für die Erwärmung der Atmosphäre. Die Wirkungen der Treibhausgase der

Atmosphäre sind vom Prinzip her vergleichbar mit der Glasabdeckung eines Treibhauses: Die kurzwellige Sonnenstrahlung kann fast ungehindert durch die Atmosphäre bis zur Erdoberfläche gelangen, wo sie in langwellige Wärmestrahlung umgewandelt wird. Dann geht die Erwärmung der Atmosphäre von der Erdoberfläche aus. Dabei wird durch die **Treibhausgase** verhindert, dass die infrarote Wärmestrahlung komplett an den Weltraum abgegeben wird. Im Unterschied zum Treibhaus ist die Erdatmosphäre nämlich nach oben offen und es kann durchaus Wärmeverluste durch Ausstrahlung geben, besonders in klaren Nächten. Diese Zwischenspeicherung von Wärmeenergie durch den natürlichen Treibhauseffekt war Voraussetzung für die Entstehung von insgesamt gemäßigten, positiven Temperaturen, für den Wasserkreislauf und für die Entstehung des Lebens.

Am **natürlichen Treibhauseffekt** sind vor allem Wasserdampf (zu 65 %), Kohlendioxid (zu 15 %), und Ozon (zu 10 %) beteiligt. Beim sogenannten anthropogenen, also vom Menschen verursachten Treibhauseffekt dagegen spielen die Spurengase Kohlendioxid und Methan sowie die vom Menschen hergestellten, chemisch äußerst stabilen FCKW die Hauptrolle (→ Tab. 1.2). Die FCKW sind Fluorchlorkohlenwasserstoffe, die lange Zeit als Kühlmittel benutzt wurden und inzwischen verboten sind. Sie wirken nicht nur als langlebige Treibhausgase, sondern tragen erheblich zur Zerstörung der Ozonschicht vor allem über den Polargebieten der beiden Erdhalbkugeln bei. Um die Erzeugung von Treibhausgasen vor allem in den Industrieländern zu reduzieren, wurde 1997 das Kioto-Protokoll beschlossen, aber noch nicht überall ratifiziert.

Treibhausgase	**CO_2**	**CH_4**	**N_2O**	**Ozon**	**FCKW**
gegenwärtige Konzentration in ppm	370	1,65	0,31	0,02	0,00052
Verweildauer in der Atmosphäre in Jahren	10	7–10	150	0,10	90
gegenwärtiger atmosph. Trend in %/Jahr	+0,4	+1,10	+0,25	ungewiss	+5
Beitrag zum Treibhauseffekt in %	50	19	4	8	17
Klimawirksamkeit bezogen auf ein Molekül CO_2	1	32	150	2000	16 000
antropogene Quellen	fossile Brennstoffe, Waldrodung, Bodenerosion	Reisanbau, Rinderhaltung, Mülldeponien, Verbrennung von Biomasse, Naturgas	fossile Brennstoffe, Verbrennung von Biomasse, N-haltiger Dünger, Bodenkultivierung	indirekt durch NO_2, CH_4, CO und Kohlenwasserstoff in der Troposphäre	Kältemittel, Verschäumungsmittel, Treibgase

Tab. 1.2: Charakteristische Daten der Treibhausgase

1.6 Atmosphärische Zirkulation

Grundlagen

Den größten Anteil der einfallenden Sonnenenergie erhalten die Tropen. Die Gründe dafür liegen vor allem in der Kugelgestalt der Erde. So fällt die Strahlung in den Tropen fast immer senkrecht bzw. mit einem sehr steilen Winkel ein. Der Flächenanteil zwischen 20° N und 20° S beiderseits des Äquators liegt bei einem Drittel der gesamten Erdoberfläche. Außerdem ist der Meeresanteil in den Tropen relativ hoch, wodurch die Aufnahme von Wärme begünstigt wird. An den Polen dagegen ist die **Rückstrahlungskapazität** (**Albedo**) aufgrund der Eisbedeckung großer Flächen sehr hoch und die Sonne steht selbst während der Polartage nicht sehr hoch am Himmel. Ohne den globalen Wärmetransport durch Luft- und Meeresströmungen läge die Jahresdurchschnittstemperatur am Äquator bei +39 °C und an den Polen bei −44 °C. Tatsächlich aber liegt die Jahresdurchschnittstemperatur am Äquator bei +26 °C, am Nordpol bei −23 °C und am Südpol bei −33 °C.

Wenn z. B. durch den Klimawandel das arktische Meereseis schmilzt, verringert sich die Albedo deutlich, und die Erwärmung des arktischen Meerwassers wird durch die offenen Meeresflächen weiter verstärkt.

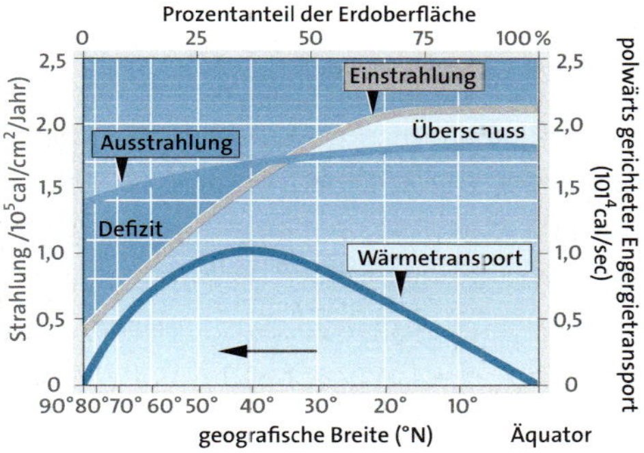

Abb. 1.22: Wärmebilanz und Wärmetransport

Theoretisch müsste die atmosphärische Zirkulation daher einem einfachen Muster folgen: In den Tropen wird die Luft vom Boden her sehr stark erwärmt, dehnt sich aus und steigt auf (Konvektion). Am Boden bildet sich aufgrund des Luftmassendefizits ein Tiefdruckgebiet (Bodentief), die äquatoriale Tiefdruckrinne. In der Höhe entsteht ein Luftmassenüberschuss und dadurch ein Hochdruckgebiet (Höhenhoch). An den Polen kühlt die Luft am Boden aus und wird dichter – es entsteht ein Hochdruckgebiet (Bodenhoch). Aus der Höhe sinkt ständig Luft nach, dort

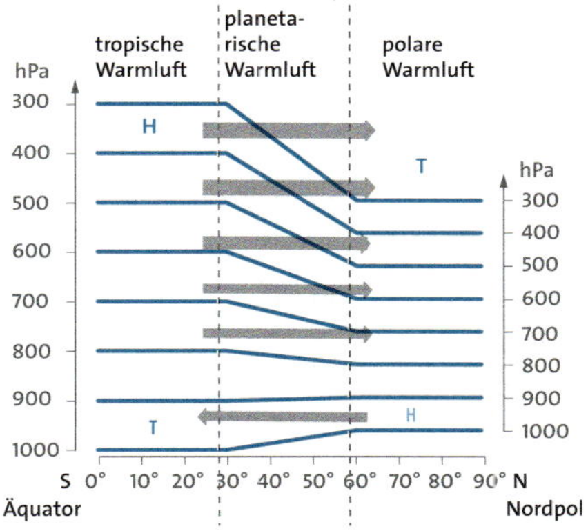

Abb. 1.23: Planetarische Druckverteilung in der Atmosphäre

entsteht ein Tiefdruckgebiet (Höhentief). Da der Wind wegen der Gradientkraft immer vom Hoch zum Tief weht, sollte ein einfacher Kreislauf entstehen (→ Abb. 1.23).

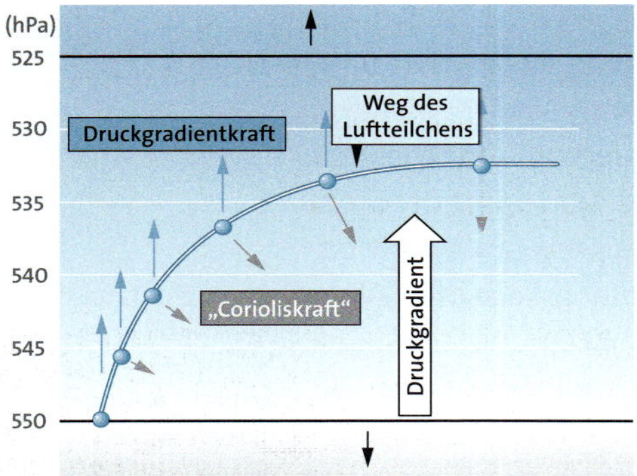

Abb. 1.24: Isobarenparalleler Wind in großer Höhe

Doch so einfach ist es nicht: An der planetarischen Frontalzone, im Bereich des stärksten Luftdruckgefälles in der Höhe – auch wegen der unterschiedlichen Höhenausdehnung der Troposphäre – wird der polwärts wehende Wind durch die **Corioliskraft** nach rechts umgelenkt und weht isobarenparallel (→ Abb. 1.24). Dieser Höhenwind umströmt die Erde als **Jetstream** mit einer Geschwindigkeit von 100 bis 500 km/h und kann auch wellenförmig verlaufen.

In der Realität ergibt sich daher ein komplizierterer Aufbau der atmosphärischen Zirkulation (→ Abb. 1.25): Am Äquator wird der Boden durch die im Zenit stehende Sonne stark aufgeheizt und damit auch die Luft darüber. Diese feuchte Luft steigt auf, und der darin enthaltene Wasserdampf kondensiert und verstärkt den Aufstieg der Luft. Es bilden sich hohe **Gewitterwolken** (Cumulonimbus), zum Teil auch **Gewittercluster** mit einem Durchmesser von 100 und mehr Kilometern, die aus einem weiten Umkreis feuchte Warmluft in die äquatoriale Tiefdruckrinne saugen. Beim **feuchtadiabatischen** Aufstieg kühlt sich die labil geschichteten Luft um 0,5 °C pro 100 Meter ab. In der Höhe strömt die Luft polwärts aus den Gewitterwolken aus und sinkt im Bereich der Wendekreise ab. Beim Absin-

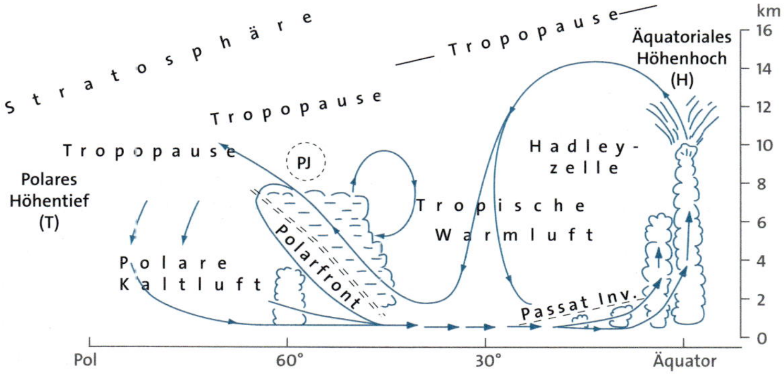

Polares Kältehoch (H)	Subpolare Tiefdruckrinne (T)	Suptropischer Hochdruckgürtel (H)	ITC (T)	Druckgürtel
Polare Ostwinde	Außertropische Westwinde	Passatkreislauf		Windgürtel

Abb. 1.25: Vertikalschnitt durch die meridionale Querzirkulation

ken erwärmt sie sich **trockenadiabatisch**, das heißt um 1 °C pro 100 Meter. Diese sehr warmen, absinkenden Luftmassen liegen wie ein Deckel über den bodennahen Luftschichten, die trotz starker Erwärmung nicht aufsteigen und kondensieren können. Diese Sperrschicht wird als **Passatinversion** bezeichnet. Sie ist der wichtigste Grund für die Entstehung der ausgedehnten Wendekreiswüsten (bekanntestes Beispiel: die Sahara). Die Passate strömen als Nordostpassate (auf der Nordhalbkugel) bzw. als Südostpassate (auf der Südhalbkugel) zur ITC zurück, wo sie aufeinandertreffen. Genau dies meint der Begriff ITC: An der **Innertropischen Konvergenzzone** strömen Nordost- und Südostpassat zusammen und durchbrechen die Passatinversion.

Abb. 1.26: Bis zu 100 Millionen Tonnen Wasser können große Cumulonimbuswolken wie diese über Afrika enthalten. Sie bringen heftige Gewitter.

Auch in den Polargebieten sind die thermischen Prozesse entscheidend: Über der kalten Meeres- oder Eisoberfläche entsteht ein Kältehoch, in der Höhe darüber ein polares Höhentief. Die Durchmischung der tropischen und der polaren Luftmassen wird dagegen durch dynamische Tiefdruckgebiete, wandernde **Zyklonen**, an der planetarischen Frontalzone verursacht (→ Abb. 1.27). Innerhalb der Zyklonen gibt es eine **Warmfront**, an der wärmere Luftmassen auf kühlere aufgleiten, und eine **Kaltfront**, an der kältere polare bzw. subpolare Luftmassen vorstoßen. Die dynamischen Tiefdruckgebiete entstehen unterhalb des **Jetstreams** bei dessen Aufstieg, werden zunächst von diesem mitgerissen und scheren in der Regel polwärts aus der Höhenströmung aus. Voraussetzung für ihre Entstehung ist eine horizontale Temperaturdifferenz von mindestens 6 °C am Boden. Auch dynamische Hochdruckgebiete entstehen unterhalb des Jetstreams – jedoch bei dessen Absinken. Sie scheren in der Regel äquatorwärts aus der Höhenströmung aus und verbinden sich danach mit dem subtropischen Hochdruckgürtel.

Die Zirkulation in den Mittelbreiten

Als Mittelbreiten wird der Bereich zwischen den Subtropen und der subpolaren Zone bezeichnet. Sie werden bestimmt durch den von West nach Ost wehenden Jetstream in etwa 10 km Höhe und durch westliche Winde in den unteren Luftschichten. Hier beherrschen dynamische Tiefdruckgebiete (Zyklonen) mit ergiebigen Niederschlägen das Wettergeschehen im größten Teil des Jahres.

Da die Zyklonen mit der Höhenströmung von West nach Ost wandern und sich gegen den Uhrzeigersinn drehen, ergibt sich für den Beobachter in Westeuropa eine charakteristische Abfolge beim Wettergeschehen:

① An der Warmfront gleitet leichtere Warmluft subtropischen Ursprungs auf kältere stationäre Luftschichten auf. In der Höhe kündigen zunächst dünne Schleierwolken aus Eis, sogenannte Cirren (Einzahl: Cirrus) die herannahende Zyklone an. Anschließend bezieht sich der Himmel mit hoher Schichtbewölkung (Altostratus), zumeist noch ohne Niederschläge. Erst die dann folgende, dichte und tiefer hängende Schichtbewölkung mit hoher vertikaler Erstreckung (Nimbostratus) bringt länger anhaltende, ergiebige Niederschläge in Form des sogenannten Landregens.

② Nach dem Durchzug des ausgedehnten Niederschlagsgebietes folgt auch am Boden der Warmluftsektor. Das Wetter beruhigt sich, die Temperaturen steigen und es können sich verbreitet Schönwetterwolken (Cumuluswolken = Haufenwolken) bilden, ohne dass Niederschläge fallen.

③ Nach der Wetterberuhigung folgt der Vorstoß von frischer, kalter Polarluft in den Warmluftsektor. Die Warmluft wird rasch nach oben verdrängt und es bilden sich hoch reichende Schauerwolken (Cumulonimbus), zum Teil mit Hagel und Gewittern, die den Wetterumschwung begleiten. Die Temperatur sinkt hinter der Kaltfront rasch ab und es bilden sich weiter Regenschauer, bis sich die Wetterlage schließlich wieder stabilisiert.

Wenn die Kaltfront mit ihren dichteren Luftmassen die Warmfront einholt, entsteht eine sogenannte **Okklusion**, ein Zusammenschluss der kälteren Luftmassen am Boden. Die Warmluft wird wie in einer nach oben offenen

Abb. 1.27: Querschnitt durch eine Zyklone

Schale in die Höhe gehoben und es kann sich vorübergehend ein durchgehendes Niederschlagsgebiet oberhalb der Okklusion bilden. Wenn die Temperaturunterschiede völlig ausgeglichen sind, löst sich die Zyklone auf.

Auf der **Bodenwetterkarte** vom 31. Dezember 1993 (→ Abb. 1.28) sind die beiden für Westeuropa wichtigen, gegensätzlichen Druckgebilde gut zu erkennen: das Islandtief im Nordwesten und das Azorenhoch im Südwesten. Außerdem ist im äußersten Norden mit Kern über Spitzbergen ein junges Tiefdruckgebiet zu erkennen. Das Tiefdruckgebiet mit Kern über der Nordsee befindet sich im Reifestadium, da es sowohl Warm- und Kaltfront besitzt als auch teilweise bereits okkludiert ist. Die Okklusion über dem Bottnischen

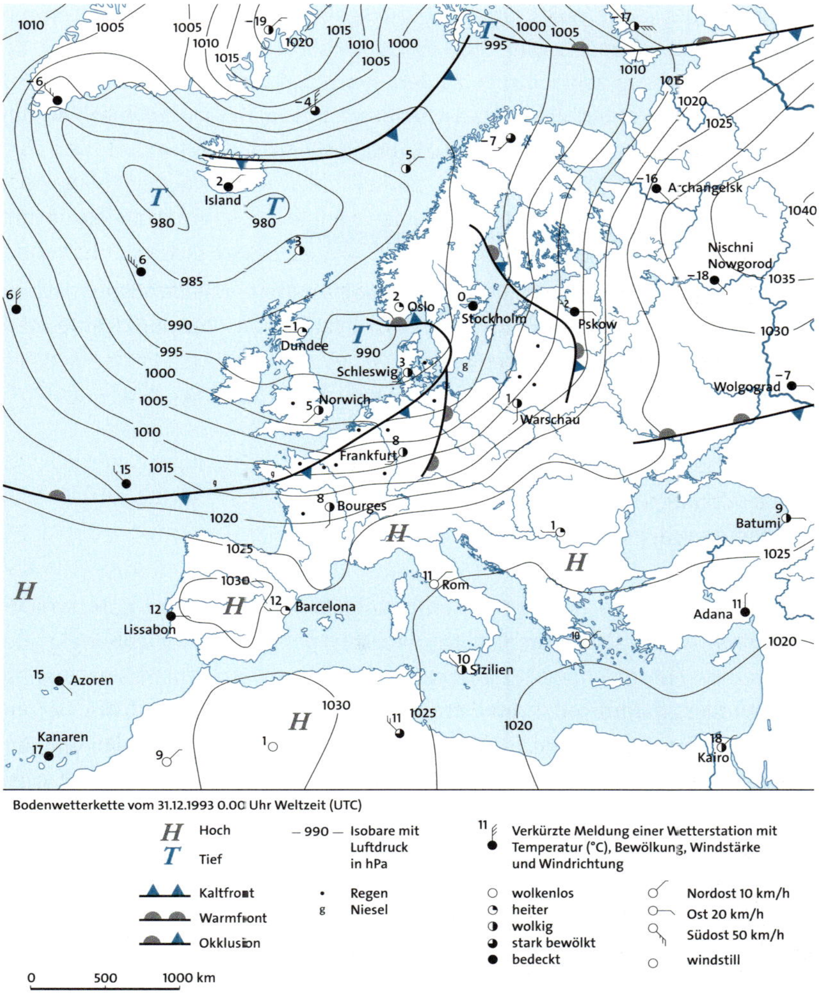

Abb. 1.28: Bodenwetterkarte (31.12.1993)

Meerbusen und dem Baltikum ist als Überrest einer Zyklone anzusehen, die sich schließlich völlig auflösen wird. Die Auflösung wird voraussichtlich über dem Weißen Meer nordwestlich von Archangelsk im Norden Russlands erfolgen. Das Weiße Meer gilt als „Zyklonenfriedhof" Europas. Somit sind auf der Wetterkarte fast alle Entwicklungsstadien einer Zyklone zu erkennen, die auch als „Zyklonenfamilie" bezeichnet werden. Die Hochdruckgebiete im Mittelmeerraum gehören zum subtropischen Hochdruckgürtel und weisen Temperaturen im zweistelligen positiven Bereich auf. Dagegen ist das Hochdruckgebiet im Nordosten Grönlands mit minus 19 °C bereits ein polares Kältehoch. Über der eurasischen Landmasse haben sich aufgrund der geringen Wärmespeicherkapazität der Kontinente und aufgrund der nächtlichen Ausstrahlung in den Weltraum Hochdruckgebiete mit sehr geringen Temperaturen gebildet, so z. B. das Hoch im Osten bei Nischni Nowgorod (–18 °C). Die Windrichtung zeigt immer zu den Symbolen der Stationen hin. In der Regel weht der Wind gegen den Uhrzeigersinn in Tiefdruckgebiete hinein und im Uhrzeigersinn aus Hochdruckgebieten heraus.

Vom Wettergeschehen zum Klimasystem

Wetter kann definiert werden als eine Kombination von atmosphärischen Parametern (Messgrößen), die zu einem bestimmten Zeitpunkt an einem bestimmten Ort gemessen werden:

- Lufttemperatur als Ergebnis von Ein- bzw. Ausstrahlung
- Luftdruck und Drucksystem
- Relative Luftfeuchtigkeit und Verdunstung
- Bewölkung und Niederschlag
- Windgeschwindigkeit und -richtung

Es gibt ein objektives (messbares) und subjektives (individuell unterschiedlich empfundenes) Wetter. Die gefühlte Temperatur z. B. ist abhängig von der gemessenen Temperatur einerseits und von der auskühlenden Wirkung des Windes andererseits, dem sogenannten Wind-Chill-Faktor, der besonders bei negativen Außentemperaturen wirksam wird und sowohl von der Windstärke als auch von der Luftfeuchtigkeit abhängt. Mit dem Begriff Wetterlage wird das aktuelle Wettergeschehen in einer größeren Region zusammengefasst, z. B.:

- Niederschlags- und Temperaturverhältnisse
- Drucksystem (Hoch- oder Tiefdruckgebiet)
- Luftströmung (Richtung u. Geschwindigkeit)
- Bewölkungsgrad und Strahlungsintensität

Mit dem Begriff **Klima** werden die für eine Klimastation bzw. für eine unterschiedlich große Region typischen atmosphärischen Parameter und bodennahen Witterungsbedingungen für einen längeren Zeitraum zusammengefasst – in der Regel für mindestens 30 Jahre. Dabei werden vor allem die Durchschnittswerte der Temperatur und die Niederschlagssummen aufgezeichnet. Auch Extremwerte werden erfasst, fallen aber wegen der Bildung von Mittelwerten über einen längeren Zeitraum nicht so stark ins Gewicht.

Am weitesten verbreitet ist die sogenannte **effektive Klimaklassifikation**, die auf den beiden wichtigsten Messgrößen beruht, Temperatur und Niederschlag. Die **genetische Klimaklassifikation** unterscheidet dagegen die Klimate nach ihrer Entstehung im System der atmosphärischen Zirkulation. Die genetische Klimaklassifikation kann stark vereinfacht in einem Modell dargestellt werden:

Der Begriff **Witterung** umfasst einen längeren Zeitraum (mind. mehrere Tage) innerhalb einer für die jeweilige Jahreszeit charakteristischen Großwetterlage, wie z. B. kaltes Hochdruckwetter mit Frosttagen im mitteleuropäischen Winter. Da die Witterungsperioden eines Jahres von den Einstrahlungsbedingungen (Sonnenstand und Bewölkung) sowie von der atmosphärischen Zirkulation bestimmt werden, leitet der Begriff Witterung über zu dem des Klimas.

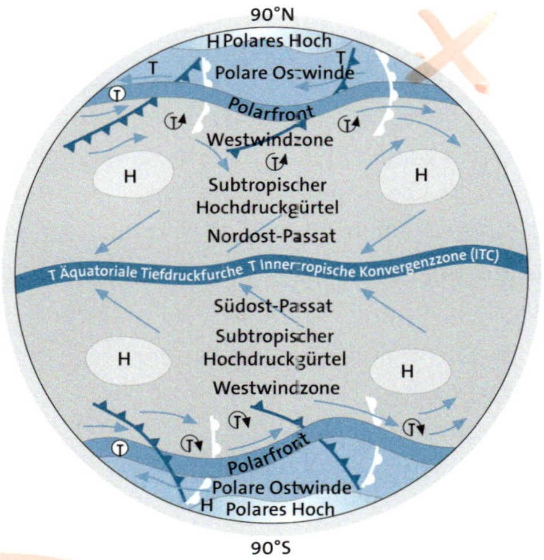

Drucksystem:	Windgürtel:
Polares Kältehoch	---
---	Polare Ostwinde
Subpolare Tiefdruckrinne	---
---	Westwindzone
Subtropischer Hochdruckgürtel	---
---	Passatwinde
Äquatoriale Tiefdruckrinne	---

Abb. 1.29: Luftdruckgebiete und Windgürtel der Erde im März und im September

Durch die jahreszeitliche Verschiebung der **Windgürtel**, durch die unterschiedliche Verteilung von Land und Meer auf der Erde, durch warme bzw. kalte Meeresströmungen sowie durch die Lage und Höhe von Gebirgen wird dieses Modell in der Realität stärker differenziert.

Überblick

Nach der Arbeit mit diesem Kapitel können Sie das Bild vom „Raumschiff Erde" erklären. Außerdem sind Sie in der Lage, die Entstehung endogener Naturkatastrophen sowie der Gebirgsbildung zu erläutern. Sie können den Gesteinskreislauf und den Wasserkreislauf beschreiben. Ferner können Sie die Entstehung und Bedeutung des Treibhauseffektes beurteilen. Schließlich können Sie die Entstehung von Wetter und Klima erklären.

2 Geozonen

Die Lage eines Ortes, einer Region oder eines Staates in einer bestimmten Geozone ist entscheidend für die Lebensbedingungen der dort lebenden Menschen: Je nach Geozone unterscheiden sich die klimatischen Bedingungen und somit auch Pflanzen- und Tierwelt, Bodentyp und agrarisches Potenzial.
Eingriffe des Menschen in das Ökosystem können zu schwerwiegenden, irreparablen Schäden führen (Syndrom-Konzept).

2.1 Ökosysteme und ihre Gefährdung

Unter einem **Ökosystem** versteht man die Wechselwirkungen zwischen Lebewesen und ihrem Lebensraum. Der Lebensraum von Pflanzen und Tieren (Flora und Fauna) wird als **Biotop** oder Habitat bezeichnet. Einerseits leben Pflanzen und Tiere – darunter auch die Bodenlebewesen – in Abhängigkeit von folgenden abiotischen oder leblosen Faktoren: Bodensubstrat (als Verwitterungsprodukt des Ausgangsgesteins), Relief, Wasser und Klima. Andererseits können sie ihren Lebensraum auch entscheidend verändern. So sind z. B. für die Bildung und Entwicklung von Böden Bodenlebewesen erforderlich, und das Klima wird durch Art und Dichte der Vegetationsdecke entscheidend beeinflusst (vgl. Abb. 2.12 und Abb. 2.13).

Die Zusammenhänge zwischen den Lebewesen und ihrer natürlichen Umwelt können in einem ganz einfachen Modell dargestellt werden (→ Abb. 2.1). Dabei bildet die waagerechte mittlere Fläche einen Landschaftsausschnitt der Erdoberfläche und mithin ein Biotop. Das Klima steuert die Entwicklung des Ökosystems dieses Landschaftsausschnittes, der auf einem bestimmten geologischen Bau basiert. Klima und geologischer Bau gemeinsam steuern die Entwicklung des Reliefs. Die Verbindungen zwischen den sechs grundlegenden Strukturelementen dieses Modells stehen für die wechselseitigen bzw. einseitigen Beziehungen innerhalb eines Systems. Das Modell besticht durch seine klare und einfache Form und prägt sich daher besonders gut ins Gedächtnis ein.

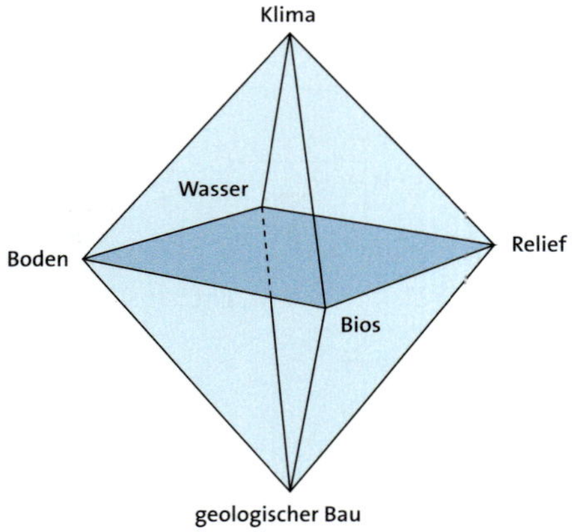

Abb. 2.1: Allgemeines Strukturmodell der Landschaft

Komplexer ist demgegenüber das zweite Modell (→ Abb. 2.2), in dem Relief und Gesteine als geologischer Bau herausgezogen werden. Dafür wird das Klima in das Modell integriert und der Begriff Bios wird in der Klammer als Vegetation bzw. Tierwelt erläutert. Die ausschlaggebenden Prozesse sind weit nach oben bzw. unten versetzt worden: die von der Sonne als gigantischem Kernfusionsreaktor ausgehende Globalstrahlung und die von der Erdwärme – Restwärme aus der Entstehungszeit der Erde und radioaktive Zerfallsprozesse – angetriebene Plattentektonik. Letztere ist sowohl für die Gebirgsbildung (Relief) als auch für die Ausgangsgesteine in einer Landschaft verantwortlich. Die wichtigsten Verflechtungen im natürlichen Ökosystem werden durch Pfeile gekennzeichnet.

Als weiteres, die Landschaft gestaltendes bzw. zerstörendes Element taucht in diesem Modell der **Mensch** als gesonderter Faktor auf. Seit dem Erscheinen des Menschen werden Landschaften und damit auch Ökosysteme grundlegend verändert bzw. zerstört, zunächst durch das Feuer, später dann durch die Viehzucht (anfangs als Nomadismus) und – noch wichtiger – durch den Ackerbau seit der sogenannten neolithischen Revolution in der Jungsteinzeit. Durch die Landwirtschaft entstehen Kulturanstelle der Naturlandschaften. Auch ökologische Probleme treten bereits früh auf, so z.B. durch den Holzraubbau der Antike im Mittelmeerraum. Mit der industriellen Revolution, mit der Bevölkerungsexplosion und mit der weltweiten Verstädterung beginnt die grundlegende Umgestaltung weiter Teile der Erde zu einer technisch geprägten künstlichen Umwelt: Eisenbahnen, Autobahnen, Kanäle, Industrie- und Stadtlandschaften. Fossile Brennstoffe wie Steinkohle, Erdöl und Erdgas werden innerhalb kürzester geologischer Zeiträume zur Energiegewinnung verbrannt. Dadurch werden Luftschadstoffe und Treibhausgase freigesetzt, die das globale ökologische Gleichgewicht gefährden. Die massiven Eingriffe des Menschen in die natürlichen Ökosysteme werden vom „Wissenschaftlichen Beirat der Bundesregierung Globale Umweltveränderungen (WBGU)" als **Syndrome** bezeichnet, als anthropogene Schädigungsmuster. Diese Schädigungsmuster stehen einer nachhaltigen, zukunftsorientierten Nutzung entgegen und sind

Die Eingriffe des Menschen in die natürliche Umwelt sind so stark, dass man inzwischen in der Geologie auch vom **Anthropozän** spricht (= Zeitalter des Menschen).

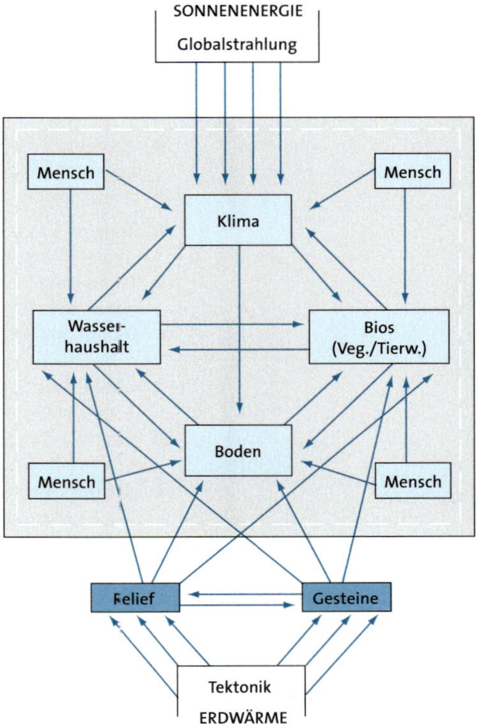

Abb. 2.2: Wirkungsgefüge der Landschaft

zumeist auf komplexe Ursachen zurückzuführen. Dabei werden **sechs drängende globale Umweltprobleme** genannt:

- Klimawandel (anthropogener Treibhauseffekt)
- Umweltschäden durch Chemikalien: Ozonabbau in der Stratosphäre und Eintrag langlebiger organischer Schadstoffe in die Umwelt
- Gefährdung der Weltmeere
- Verlust biologischer Vielfalt und Entwaldung
- Bodendegradation (= Bodenschädigung oder sogar Bodenzerstörung)
- Verknappung und Verschmutzung der Süßwasserreserven

Viele Syndrome (wörtlich: Krankheitsbilder) der Erde lassen sich am deutlichsten aus dem Weltall erkennen, mithilfe von Satellitenbildern, so z.B. die Schrumpfung des Aralsees, die Abholzung der Regenwälder oder die flächenhafte Ausbreitung der Megastädte.

Sechzehn wichtige Schädigungsmuster, die auf Übernutzung, Fehlentwicklungen oder Entsorgungsprobleme zurückzuführen sind, werden mit einprägsamen geografischen bzw. inhaltlichen Bezeichnungen aufgelistet (→ Tab. 2.1). Am bekanntesten dürfte aus dem Erdkunde-Unterricht das sogenannte **Sahel-Syndrom** sein, das nach der gleichnamigen Ökozone in Westafrika benannt wurde.

Übernutzungssyndrome	① **Sahel-Syndrom:** landwirtschaftliche Übernutzung marginaler Standorte ② **Raubbau-Syndrom:** Raubbau an natürlichen Ökosystemen ③ **Landflucht-Syndrom:** Umweltdegradation durch Strukturwandel traditioneller Anbaumethoden ④ **Dust-Bowl-Syndrom:** nichtnachhaltige industrielle Bewirtschaftung von Böden und Gewässern ⑤ **Katanga-Syndrom:** Umweltdegradation infolge Extraktion nicht erneuerbarer Ressourcen ⑥ **Massentourismus-Syndrom:** Umweltdegradation durch Erschließung und Umgestaltung von Naturregionen für Tourismus ⑦ **Verbrannte-Erde-Syndrom:** Umweltdegradation durch militärische Nutzung
Entwicklungssyndrome	⑧ **Aralsee-Syndrom:** fehlgeleitete oder gescheiterte Großprojekte mit zielgerichteter Umgestaltung der Umwelt ⑨ **Grüne-Revolution-Syndrom:** Umweltdegradation durch Transfer standortfremder landwirtschaftlicher Produktionsmethoden ⑩ **Kleine-Tiger-Syndrom:** Umweltdegradation durch Wirtschaftswachstum mit hoher Eigendynamik ⑪ **Favela-Syndrom:** Urbanisierung und umweltgefährdendes Verhalten in menschlichen Siedlungen ⑫ **Suburbia-Syndrom:** Zersiedelung und Ausweitung von Infrastruktur als Kennzeichen umweltbelastender Agglomeration ⑬ **Havarie-Syndrom:** lokale, singuläre Industriekatastrophen mit längerfristigen Auswirkungen
Entsorgungssyndrome	⑭ **Hohe-Schornstein-Syndrom:** Umweltdegradation infolge Entsorgung durch Verdünnung von Schadstoffen in Luft und Wasser ⑮ **Müllkippen-Syndrom:** Umweltprobleme bei Entsorgung durch Verdichtung und Deponierung von Abfallstoffen ⑯ **Altlasten-Syndrom:** Umweltdegradation durch lokale Kontamination, Abfallakkumulation und Altlasten

Tab. 2.1: Übersicht über die Syndrome des globalen Wandels
Quelle: WBGU Jahresgutachten 1999

2.2 Geozonen und ihre Gefährdung

Eine Geozone oder Landschaftszone ist ein Großraum der Erde in einer bestimmten geografischen Breitenlage mit weitgehend einheitlichen Bedingungen für Flora und Fauna sowie für den wirtschaftenden Menschen. Dass die Anordnung der Geozonen von der Breitenlage abhängt, liegt an der Kugelgestalt der Erde und an der Schiefe der Ekliptik, der Neigung der Erdachse gegenüber der Erdbahnebene um 23,5° (→ Abb. 1.2, Seite 14). So erhalten die mathematischen Tropen (von 23,5° N bis 23,5° S) den höchsten Anteil der Strahlungsenergie von der Sonne. Über diesem Bereich der Erdoberfläche steht die Sonne immer fast senkrecht, zweimal im Jahr sogar genau senkrecht (Zenitstand). Genau über den Wendekreisen steht sie jeweils nur einmal im Jahr im Zenit, außerhalb der Tropen nie. In den Polargebieten (66,5–90° Nord bzw. Süd) geht die Sonne mindestens einen Tag lang nicht auf (Polarnacht) bzw. nicht unter (Polartag). An den Polen selbst geht sie ein halbes Jahr nicht auf und ein halbes Jahr nicht unter. In dem Zeitraum, in dem sie nicht untergeht, steht sie in einem so flachen Winkel am Himmel, dass die Sonnenstrahlen einen weitaus längeren Weg durch die Atmosphäre haben als in den Mittelbreiten oder gar in den Tropen. Aus den bislang genannten Gründen ergibt sich die einfachste Gliederung der Erde in mathematisch abgegrenzte Klimazonen:

- Tropen: 0–23,5° Nord bzw. Süd
- Mittelbreiten: 23,5–66,5° Nord bzw. Süd
- Polargebiete: 66,5–90° Nord bzw. Süd

Aufgrund des Wärmetransportes und des jahreszeitlich wechselnden Sonnenstandes entstehen in der Realität mindestens vier große thermische Klimazonen:

- Polare und subpolare Klimate: Jahresmitteltemperatur um und unter 0 °C
- Klima der gemäßigten Breiten: Jahresmitteltemperatur um 8 °C
- Subtropisches Klima: Jahresmitteltemperatur um 18 °C
- Tropisches Klima: Jahresmitteltemperatur um 25 °C

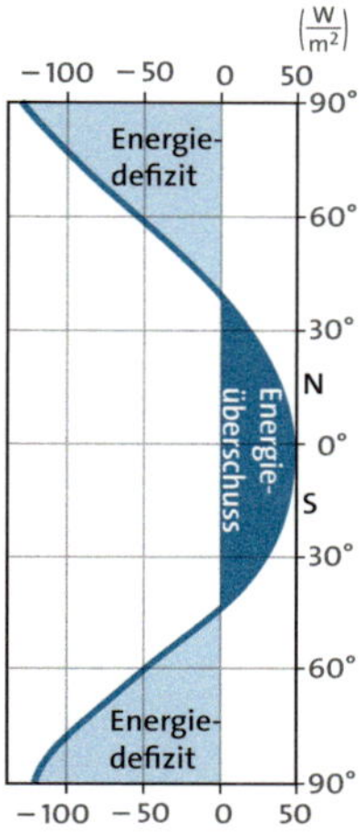

Abb. 2.3: Strahlungsbilanz der Erde (Nettostrahlung)

Werden diese Klimazonen weiter nach ökologischen Merkmalen und damit Bedingungen unterteilt, so ergeben sich **neun Geozonen** der Erde (→ Abb. 2.4). Diese Einteilung ist das einfachste und zugleich noch realistische Modell der Geozonen. Es lässt sich wegen seiner Anschaulichkeit gut einprägen. Die wichtigsten Merkmale der neun Klima- bzw. Geozonen werden in Form einer Tabelle aufgelistet (Tab. 2.2). Einzelne dieser Geozonen werden im Laufe dieses Kapitels noch genauer betrachtet. Im vorliegenden, stark vereinfachten Modell kommen bereits die Form und Größe der Kontinente, das Relief und der Einfluss der Meeresströmungen zum Tragen.

So fehlt z.B. auf den Südkontinenten die boreale (nördliche) Nadelwaldzone, die sich auf den großen Landmassen der Nordkontinente durch deren schnelle Erwärmung im Sommer als breiter Gürtel herausbildet.

Aus Gründen der Anschaulichkeit wurde bei den Subtropen nicht unterschieden zwischen dem Westseiten- bzw. Mittelmeerklima (mit Winterregen und trockenen Sommern) einerseits und dem Ostseitenklima (mit ganzjährig auftretenden Niederschlägen und vor allem mit feuchten, warmen Sommern) andererseits.

- **Westseitenklima** oder **mediterranes Klima**: Mittelmeerraum und Teile des Nahen Ostens, Kalifornien, Mittelchile, Kapland in Südafrika, Südwest- und Südaustralien
- **Ostseitenklima**: Südchina, Südosten der USA, Südbrasilien, Uruguay und Argentinien um den Rio de la Plata, Ostküste der Republik Südafrika, Südostaustralien und die Nordinsel Neuseelands

Auf das Westseitenklima folgen die subtropischen Steppen, z.B. in Nordafrika, dann die subtropischen Bereiche der Wüsten, in denen nachts auch Fröste auftreten können. Im vorliegenden, stark vereinfachten Modell wurden die subtropische und die tropische Trockenzone unter Einschluss der Halbwüsten und der Dornsavanne zu den großen Wüsten bzw. Halbwüstengebieten im Bereich der Wendekreise zusammengefasst. Feucht- und Trockensavannen wurden zur sogenannten wechselfeuchten Tropenzone zusammengefasst. Höhenstufen (→ Glossar) der Vegetation fehlen aus Gründen der Übersichtlichkeit in dieser Darstellung ganz.

Atlas

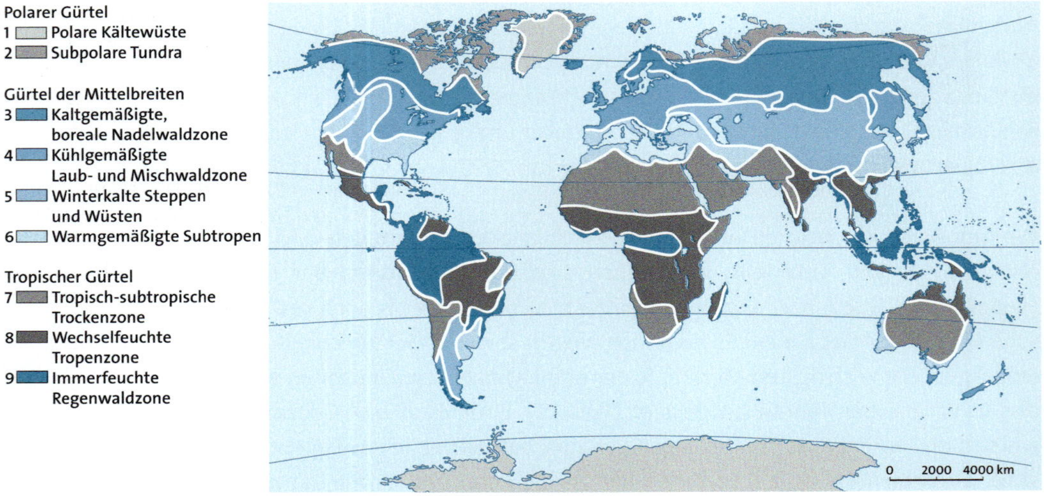

Abb. 2.4: Geozonen im Überblick

Atlas

geogr. Gürtel	Geozone	Klimazone JT (°C) NS (mm)	humide Monate	Boden	natürliche Vegetation	agrare und forstliche Nutzung
polarer Gürtel	polare Kältewüste	polares Eisklima < −15 < 200	12	Strukturböden weitgehend ohne Bodenbildung	weitgehend pflanzenfrei; Kältewinde	ohne landwirtschaftliche Nutzung
polarer Gürtel	subpolare Tundra	subpolares Klima < −10 < 300	12	Tundragley und braune arktische Böden, Moorböden	Tundra; subpolare Wiesen flechtenreich	ohne Anbau; nomadische Weidewirtschaft
polarer Gürtel	kaltgemäßigte boreale Nadelwaldzone	kaltgemäßigte Zone ± 0 300–600	12	Podsole und Moorböden	Taiga; artenarme Nadelwälder, Moore	Waldwirtschaft; kleinflächige Landwirtschaft mit schnellreifenden Kulturpflanzen (Roggen, Kartoffeln)
Gürtel der Mittelbreiten – gemäßigte Zone	kühlgemäßigte Laub- und Mischwaldzone	kühlgemäßigte Zone 6–12 400–700	12	Braunerde, Lessiv (Fahlerde), Rendzina	sommergrüne Laub- und Mischwälder mit Heiden	großflächig Ackerbau, Milchviehhaltung, Waldwirtschaft, Sonderkulturen
Gürtel der Mittelbreiten – gemäßigte Zone	winterkalte Steppen und Wüsten	kühlgemäßigte Steppen und Wüstenklimate 5–15 100–500	2–8	Schwarzerden, Salzböden, Wüstenböden	kalte Steppen (artenreich, Gräser und Kräuter bis Zwergstrauch), Halbwüsten	großflächig Ackerbau, Getreide und Sonderkulturen, extensive Weidewirtschaft
Gürtel der Mittelbreiten – subtropische Zone	warmgemäßigte Subtropen	warmgemäßigte Subtropenzone 12–21 400–1200	6–12	braune und rote mediterrane Böden, Rendzina	artenreiche Hartlaubflora, Hochgrasfluren	Landwirtschaft mit frostempfindlichen und trockenresistenten Kulturen, z. T. Bewässerungswirtschaft
Gürtel der Mittelbreiten – subtropische Zone	tropisch-subtropische Trockenzonen	subtropisch-tropische Trockenklimate 18–28 100–400	0–4	braune und rotbraune Böden, Vertisole, Wüsten- und Halbwüstenboden	Dornstrauch- und Sukkulentenflora, artenarm, offene Kurzgrasfluren	Anbau mit Bewässerungswirtschaft, nomadische Viehhaltung, Anbau trockenheitsresistenter Kultupflanzen
tropischer Gürtel	wechselfeuchte Tropenzonenv	sommerfeuchtes Tropenklima 21–28 400–1000	4–10	rotbraune Böden, Roterden	Trocken- und Feuchtsavanne mit halbimmergrünen Regenwäldern, Hochgrasfluren	Wanderfeldbau, Mischkulturen mit wärmeliebenden Kulturpflanzen
tropischer Gürtel	immerfeuchte Regenwaldzone	tropisches Regenwaldklima 26–29 > 1500	12	Rotlehme, Laterite	artenreicher, immergrüner Regenwald, Mangrove	Wanderfeldbau, Plantagenwirtschaft, feuchte- und wärmeliebende Kulturpflanzen

Tab. 2.2: Die Geozonen der Erde im Überblick

Tipp

Damit Sie sich die Karte auf Seite 44 besser einprägen können, sollten Sie den jeweiligen Geozonen mithilfe von geeigneten Atlaskarten wichtige Staaten bzw. Großlandschaften zuordnen. Beispiele für die immerfeuchte Regenwaldzone: Kolumbien, Ecuador, Peru, Brasilien (Amazonien), D.R. Kongo, Indonesien

2.3 Bodenbildung und Bodentypen

Böden entstehen auf verwittertem Ausgangsgestein unter dem Einfluss von Klima und Vegetation. Sie bilden die oberste, belebte Schicht der Erdkruste zwischen Lithosphäre (Gesteinshülle) und Atmosphäre. Diese **Pedosphäre** (Bodenschicht) ist die dünnste aller Schichten bzw. Hüllen der Erde. Dennoch ist sie von herausragender Bedeutung als Standort der Pflanzen (Produzenten) und damit als Lebensgrundlage für Tiere und Menschen (Konsumenten). Zugleich enthalten die Böden eine Vielzahl von Bodenlebewesen als sogenannte Destruenten, die das anfallende organische Material wieder abbauen und für den Nährstoffkreislauf aufbereiten. Böden sind darüber hinaus wichtig als Filter für die Neubildung von Grundwasser mit Trinkwasserqualität durch Versickerung.

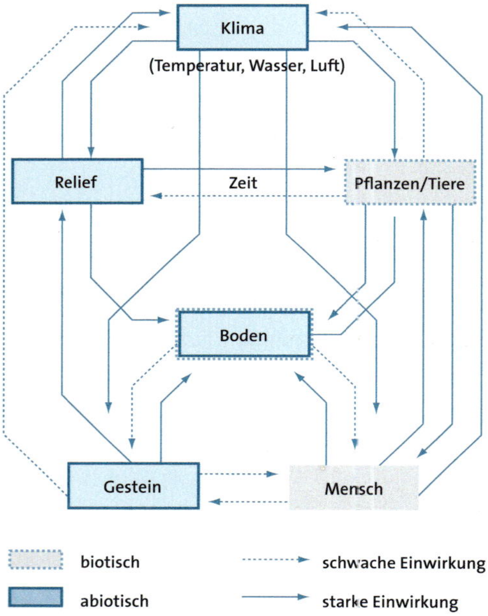

Abb. 2.5: Bodenbildende Faktoren

Die **Bodenbildung** ist ein extrem langsamer Vorgang, denn die Entwicklung von einem Zentimeter Humusschicht benötigt 100 bis 300 Jahre. Daher hat die Entstehung eines fruchtbaren Ackerbodens in Mitteleuropa mit einer Humusschicht von 30–40 cm Mächtigkeit mindestens 3000 Jahre erfordert. Angesichts der langsamen Bodenentwicklung stellt die **Bodenerosion**, die Abtragung der fruchtbaren Ackerkrume, vor allem durch Wasser, aber auch durch Wind, ein gravierendes Problem dar. Ebenso stellt die Vergiftung der Böden durch Schadstoffe aus

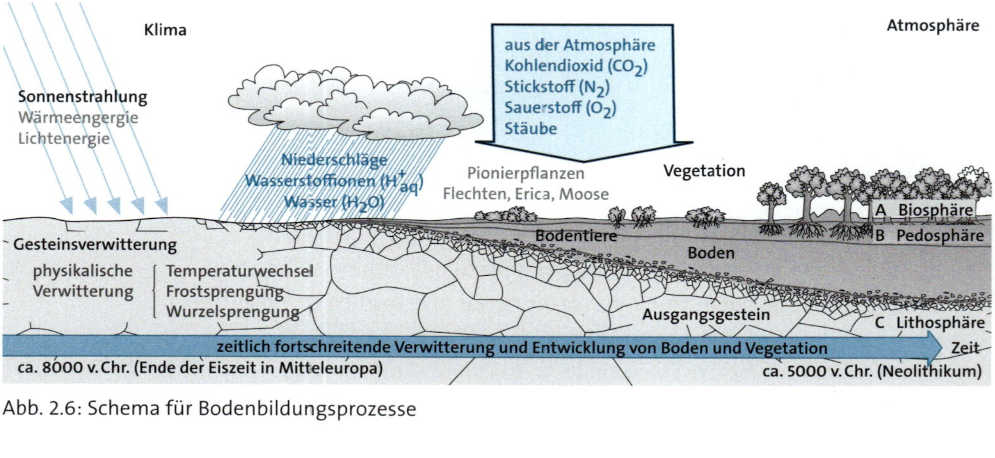

Abb. 2.6: Schema für Bodenbildungsprozesse

der Industrie, aus dem Verkehr und aus der modernen Landwirtschaft die Lebensgrundlage der Menschheit infrage.

Nach dem Durchmesser des verwitterten Materials werden die **Bodenarten** unterschieden:

- Steinböden (> 200 mm)
- Kiesböden (2–200 mm)
- Sandböden (0,02–2 mm)
- Schluff- und Tonböden (> 0,02 mm)

Lehmböden enthalten Sand sowie 20–50 % Schluff und Ton. Mergel und Löss haben einen Kalkanteil von 20–40 % und sind daher sehr fruchtbar. Kalkböden (Rendzina, Plural: Rendzinen) haben zwar einen Kalkanteil von mehr als 40 %, sind aber nicht so fruchtbar wie Mergel bzw. Löss.

Humus besteht aus umgebauter organischer Substanz und aus anorganischen Verwitterungsprodukten, vor allem aus Tonmineralen. Zusammen bilden sie große und stabile Ton-Humus-Komplexe, die in der Lage sind, Ionen anzulagern und damit Nährstoffe vorübergehend an sich binden zu können, sie also pflanzenverfügbar zu machen. Bei den Tonmineralen wird zwischen Zweischicht- und Dreischicht-Tonmineralen unterschieden:

- Die **Zweischicht-Tonminerale** der Tropen können nur an ihren Außenflächen Kationen als Nährstoffe für Pflanzen vorübergehend an sich binden. Daher ist ihre Kationen-Austausch-Kapazität (KAK) und somit ihre Fruchtbarkeit gering.
- Die **Dreischicht-Tonminerale** der gemäßigten Breiten können dagegen sowohl an den Innenflächen, als auch an den Außen- und Bruchflächen Kationen vorübergehend absorbieren. Ihre Kationen-Austausch-Kapazität ist hoch und somit auch ihre Fruchtbarkeit.

Zweischicht-Tonmineral	Dreischicht-Tonmineral
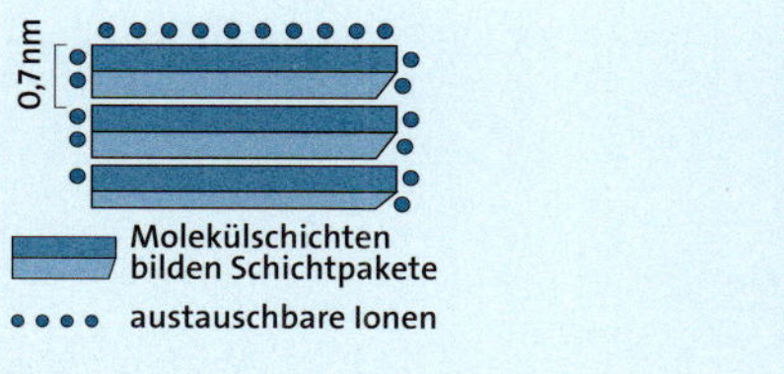	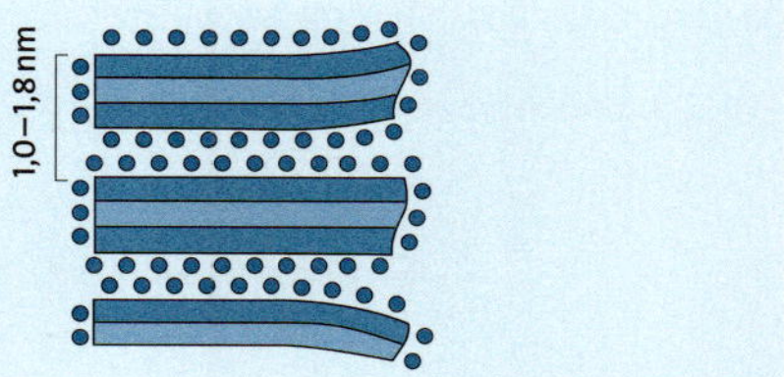
z. B. Kaolinit (von Kau ling, Berg in China, Fundort von Porzellanerde = Kaolin)	z. B. Montmorillonit (von Montmorillon, Ort in Frankreich, hier erstmals festgestellt)
Schichtenabstand nicht variabel, nicht quellbar, Ionen-Adsorption nur an Außen- und Bruchflächen	Schichtflächenabstand variabel, gut quellbar durch Eintritt von Wasser, Ionen-Adsorption vorwiegend an „inneren" Oberflächen sowie an Außen- und Bruchflächen

Abb. 2.7: Tonminerale

A-Horizont
= Oberboden
B-Horizont
= Unterboden
C-Horizont
= Ausgangsmaterial

Beispiel Podsolboden:

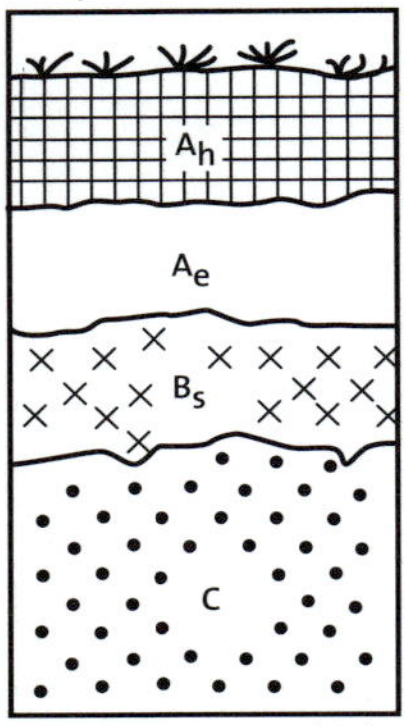

A_h = Rohhumusschicht
A_e = Bleichhorizont
B_s = Ortsteinschicht
C = Sandiger Untergrund

Die wichtigsten **Bodenhorizonte** sind der A-, der B- und der C-Horizont. Entscheidend für die Fruchtbarkeit ist der A-Horizont (→ Abb. 2.6). Nach der Art und Abfolge der Bodenhorizonte werden die **Bodentypen** der großen Klimazonen unterschieden (→ Tab. 2.3).

Podsol – boreale Nadelwälder und kühl-humide Bereiche der Mittelbreiten
Russisch für Bleicherde. Voraussetzung für die Entstehung sind niedrige Temperaturen und hohe Niederschläge, eine saure Rohhumusschicht (besonders bei Nadelwäldern) und ein nährstoffarmes Ausgangsgestein. Die Rohhumusschicht wird kaum zersetzt, die Huminsäuren schwemmen Nährstoffe, Tonminerale sowie Eisen- und Aluminiumverbindungen aus dem Oberboden (Bleichhorizont) in den Unterboden, wo sie eine harte, wasserundurchlässige und nicht durchwurzelbare Ortsteinschicht bilden.

Braunerde – feuchte Mittelbreiten
Diese Böden bilden sich auf kalkarmen Ausgangsgesteinen. Aus eisenhaltigen Mineralien entstehen Eisenoxide bzw. -hydroxide, die für die braune Färbung sorgen. **Dreischicht-Tonminerale** dominieren. Auf die dunkle Humusdecke (A-Horizont) folgt ein brauner, verlehmter Oberboden (B-Horizont), der kaum merklich in das Ausgangsgestein (C-Horizont) übergeht.

Schwarzerden – kontinentale winterkalte Steppen der Mittelbreiten
Die Schwarzerden gelten als fruchtbarste Böden der Erde. Sie entstehen v. a. auf mineral- und kalkreichem, feinkörnigem Löss. Die Gras- und Krautvegetation liefert im Frühjahr und Frühsommer eine große Menge leicht zersetzbaren organischen Materials, das im Laufe der Zeit einen bis zu 80 cm mächtigen humosen A-Horizont bildet. Dreischicht-Tonminerale, mächtige Tonhumus-Komplexe und Kalkgehalt sorgen für die hohe Bodenfruchtbarkeit. Auswaschung und Zersetzung sind wegen des niederschlagsarmen Klimas begrenzt.

Rotbraune Savannenböden – Tropen: wechselfeuchte Savannen
Die in der Regenzeit vorherrschende chemische Verwitterung zersetzt das Ausgangsgestein tiefgründig. Zweischicht-Tonminerale wie Kaolinit herrschen vor. Eisen und Aluminium bleiben im Oberboden und sorgen für die Färbung. Da auch Silikat-Verbindungen im Oberboden erhalten bleiben, sind sie fruchtbarer als die Tropischen Roterden. Bezeichnung: Fersiallitische Böden (Ferrum-Silizium-Aluminium)

Tropische Roterden – immerfeuchte Tropen und Feuchtsavannen mit kurzer Trockenperiode
Hohe Niederschläge und hohe Temperaturen sorgen für eine tiefgründige chemische Verwitterung des Ausgangsgesteins (bis 50 m tief). Auch Silikate werden zersetzt und vom ständigen Sickerwasserstrom ausgewaschen, ebenso die Nährstoffe. Aluminium- und Eisenoxide reichern sich im Oberboden an, daher auch die Bezeichnung ferrallitische Böden. Zweischicht-Tonminerale mit geringer Bodenfruchtbarkeit entstehen.

Tab. 2.3: Bodentypen

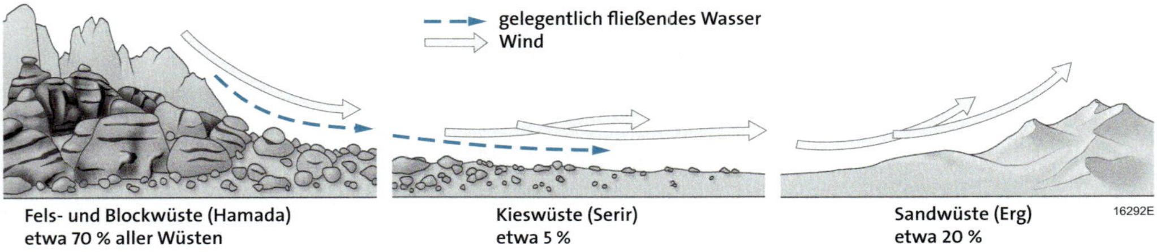

Abb. 2.8: Wüstenformen und Skelettböden ohne Bodenhorizonte in der Sahara

2.4 Tropischer Regenwald

Das Ökosystem

Der tropische Regenwald liegt in den immerfeuchten Gebieten beiderseits des Äquators. Die Niederschläge erreichen meist Werte von 2000 bis 4000 mm/Jahr. Die Maxima liegen kurz nach dem Zenitstand der Sonne im April bzw. im Oktober, also nach der Tag- und Nachtgleiche am 21. März bzw. 23. September eines Jahres. Die mittleren Tagestemperaturen betragen zwischen 25 und 27 °C. Alle Tage sind wegen der äquatornahen Lage fast gleich lang. Mit einer Fläche von rund 12,5 Mio. km^2 nahm der tropische Regenwald zu Beginn des 20. Jahrhunderts noch 8,4 % des Festlandanteils der Erde ein. Noch heute sind hier rund 60 % aller Pflanzenarten, 80 % aller Insektenarten und 90 % aller Primatenarten der Erde zu finden. 25 % aller Arten kommen nur in den tropischen Regenwäldern vor. Wegen ihrer biologischen Vielfalt (Fachbegriff: **Biodiversität**) gelten die tropischen Regenwälder als **biologische Hotspots** der Erde.

Mit der Vernichtung des tropischen Regenwaldes sterben vermutlich bis zu 50 000 Arten pro Jahr aus. Viele von diesen Arten sind noch nicht erforscht und hätten aufgrund der in ihnen enthaltenen Wirkstoffe vielleicht eine wichtige Rolle in der Medizin spielen können. So ist z. B. das Chinin aus dem Chinarindenbaum in Amazonien seit langem ein bekanntes Heilmittel gegen Malaria.

Wegen der starken Bewölkung und des hohen Wasserdampfgehaltes in der Luft ist der Anteil der diffusen Sonneneinstrahlung mit 40 % sehr hoch. Der

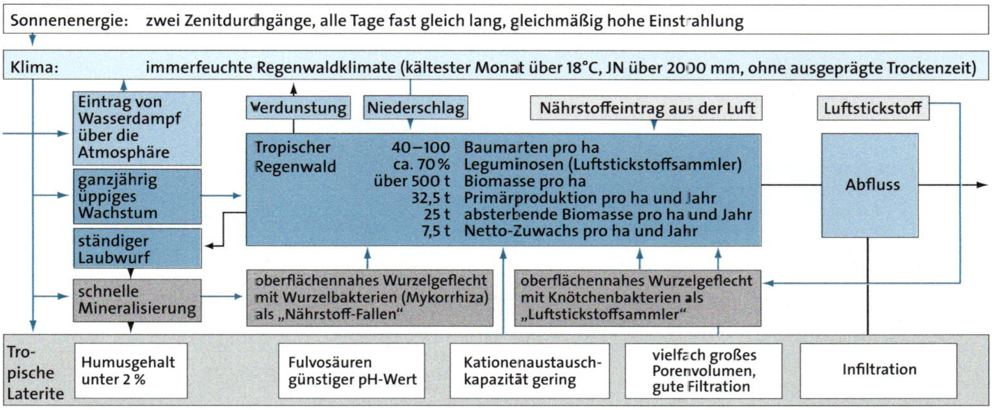

Abb. 2.9: Ökosystem tropischer Regenwald

weitaus größte Teil der hohen Einstrahlung dient wiederum der Verdunstung, die mehr als 1000 mm/Jahr erreicht, maximal 1200 mm. Damit enthält die Luft in den immerfeuchten Tropen sehr viel Verdunstungswärme (latente Wärme). Fast täglich entstehen hohe Gewitterwolken (Cumulonimbus) oder sogar mächtige Gewittercluster, aus denen Tagesniederschläge von bis zu 50 mm fallen können. Das feuchtwarme Klima ruft ein üppiges Pflanzenwachstum mit einem Trockengewicht der Pflanzenmasse von 21–29 Tonnen pro Hektar und Jahr hervor. In diesem Zusammenhang wird auch von einer hohen **Phytomassenproduktion** gesprochen. Zum Vergleich: In den Wäldern der feuchten Mittelbreiten West- und Mitteleuropas liegt dieser Wert bei 8–13 t/ha/a, in den Nadelwäldern der Borealen Zone bei 4–8 t. Der **Blattflächenindex**, also die (einseitige) Blattfläche in Quadratmetern bezogen auf die Grundfläche in Quadratmetern, liegt im tropischen Regenwald bei 8–12. Charakteristisch sind der Stockwerk-Aufbau und die Brettwurzeln (→ Abb. 2.10) sowie zwei besondere Pflanzenarten:

- **Lianen** sind holzige Rankgewächse, die mit geringem Stoffumsatz große Höhen und damit günstige Lichtverhältnisse erreichen, da sie sich auf hohe Bäume stützen.
- **Epiphyten** sind Aufsitzerpflanzen wie die Orchideen oder Bromelien, die vor allem auf Ästen wachsen und von der hohen Luftfeuchtigkeit profitieren.

Unter den Klimabedingungen der immerfeuchten Tropen findet eine tiefgründige **chemische Verwitterung** des Ausgangsgesteins statt. Bis in 30 m Tiefe entstehen als Umwandlungsprodukte sowohl Eisen- und Aluminium-Oxide als auch Tonerden aus Zweischicht-Tonmineralen, wie z. B. Kaolinit. Das unverwitterte Ausgangsgestein mit Silikatverbindungen steht erst in Tiefen von 50 bis maximal 100 m an. Der vorherrschende Umwandlungsprozess der chemischen Verwitterung im sauren und daher aggressiven Sickerwasserstrom ist der Abbau von Silikaten (Desilifizierung). Die tropi-

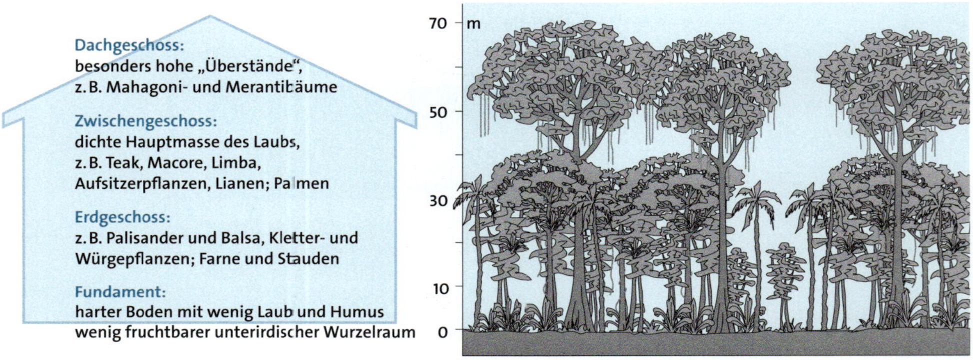

Abb. 2.10: Stockwerk-Aufbau des Regenwaldes

schen Böden sind daher chemisch sauer bis sehr sauer, und die Aluminium-Oxide wirken toxisch auf die Pflanzen. Die Bodenfruchtbarkeit ist gering. Die Nachlieferung mineralischer Nährstoffe erfolgt nur in Gebieten mit aktivem Vulkanismus oder durch Zersetzung von Laub und anderen Pflanzenresten bzw. durch Nährstoffeinträge aus der Luft. So konnte z. B. festgestellt werden, dass Wüstenstaub aus der Sahara den Amazonas-Regenwald düngt. Der kräftige Nordostpassat weht den aufgewirbelten Staub nach Westen auf den Atlantik hinaus und bis nach Südamerika, wo er von den Gewitterzellen über dem tropischen Regenwald angesaugt wird. Die Staub- und Sandpartikel bestehen aus verwittertem und zerriebenem Gestein sowie aus Resten organischer Substanzen, sind also sehr fruchtbar. Schätzungsweise 500 Mio. t Staub werden jährlich von Nordafrika über den Atlantik nach Südamerika verfrachtet. Nur so können letztlich die hohen Verluste im angeblich „geschlossenen Nährstoffkreislauf" des tropischen Regenwaldes ausgeglichen werden.

Geo-Praxis: Diagramm auswerten

Thermoisoplethendiagramme sind eine besondere Form des Flächendiagramms, die auch in Abiturprüfungen vorgelegt wird. Innerhalb des Diagramms kann für jede beliebige Tages- und Jahreszeit einer Klimastation die Durchschnittstemperatur abgelesen werden. Auf der x-Achse sind alle Monate des Jahres eingetragen, auf der y-Achse ist die Uhrzeit von 0 bis 24 Uhr eingetragen. Die Zeitpunkte mit gleicher Temperatur sind durch Linien (Isoplethen) miteinander verbunden. Aus Gründen der Übersichtlichkeit werden die Flächen zwischen den Isoplethen meist farbig abgestuft.

Bei **Pará** handelt es sich um ein **Tageszeitenklima** der Innertropen, denn die Temperaturunterschiede innerhalb eines Tages sind größer als innerhalb eines Jahres (7 °C gegenüber 2–3 °C). Die Tageszeiten von Sonnenaufgang, Sonnenhöchststand und Sonnenuntergang sind durch waagerechte, gestrichelte Hilfslinien angegeben, der Zenitstand der Sonne (zweimal im Jahr) durch senkrechte, punktierte Linien.

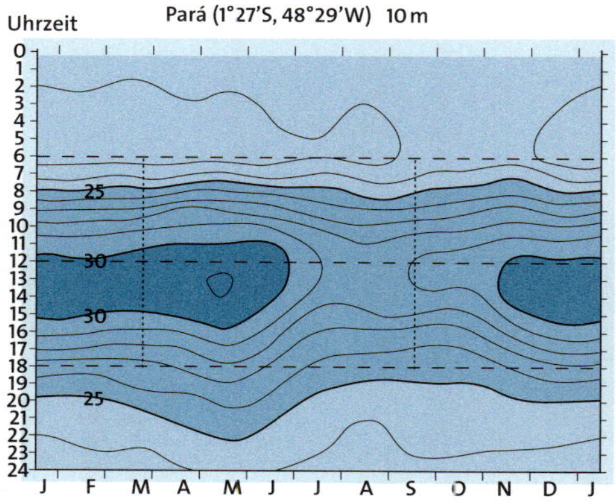

Abb. 2.11: Thermoisopletendiagramm Pará

Abholzung des Regenwaldes – das Raubbau-Syndrom

Von der einfallenden Globalstrahlung (= 100 %) gehen im geschlossenen Regenwald 75 % in die Verdunstung, in die Transpiration der Pflanzen und in den Wärmetransport. Nur 15 % werden in den Weltraum reflektiert, 10 % gehen als langwellige Wärmestrahlung in den Weltraum verloren (= Ausstrahlung, → Abb. 2.12). Vom gesamten Jahresniederschlag fließen nur 5 % oberflächlich ab, 35 % versickern. Der geringe Anteil des Oberflächenabflusses ist auf die **Interzeption** zurückzuführen, das Auffangen der Niederschläge durch das geschlossene und mehrfach übereinander gestaffelte Blätterdach der dichten Vegetation (→ Stockwerk-Aufbau, Abb. 2.10). Damit ist auch die Erosionsrate sehr gering. Kohlendioxid wird hauptsächlich in der großen Pflanzenmasse gebunden und gespeichert.

Wird der Regenwald abgeholzt und großflächig für den Ackerbau mit einjährigen Kulturen genutzt, wie z. B. Reis, Mais, Hirse, Maniok oder Yams, so ist das ökologische Gleichgewicht gestört (→ Abb. 2.13). Von der einfallenden Globalstrahlung werden nun je 25 % reflektiert bzw. ausgestrahlt. Es fällt weniger als die Hälfte der vorherigen Niederschläge (45 %). Je fast die Hälfte davon versickert bzw. fließt oberflächlich ab und trägt den tiefgründig verwitterten Boden ab. Die Erosionsrate liegt bei 2 – 5 t/ha/a. Die Flüsse trüben sich durch die Sedimentfracht. Auf den kahlen, abgeholzten und abgeernteten Flächen bilden sich Windhosen, die die oberste dünne Bodenkrume forttragen (**Deflation**). Außerdem wird durch die Brandrodung Kohlendioxid an die Atmosphäre abgegeben und verstärkt den Treibhauseffekt.

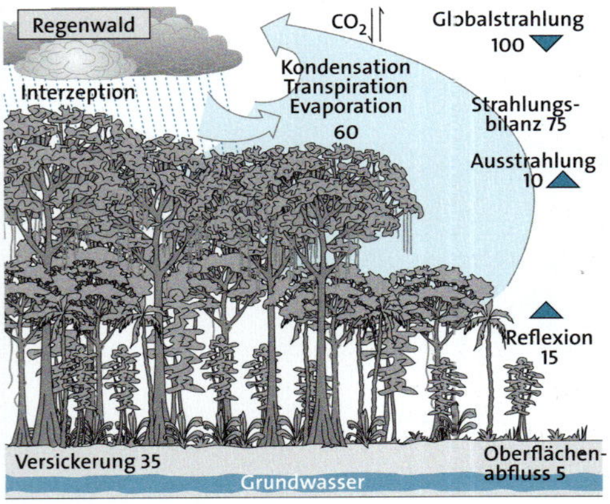

Abb. 2.12: Wasserkreislauf und Strahlungsbilanz vor ...

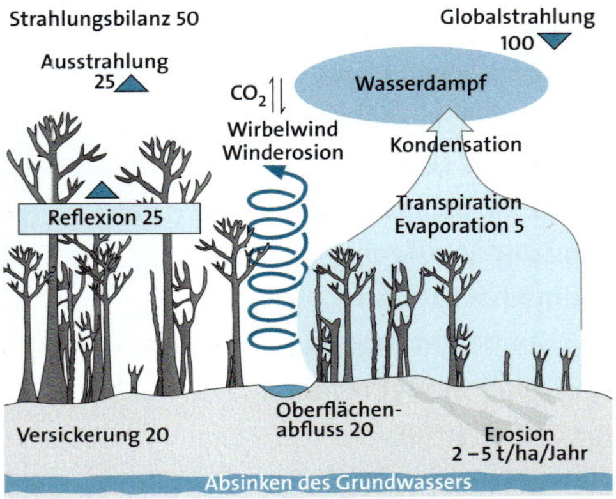

Abb. 2.13: ... und nach der Abholzung

Die Vernichtung des tropischen Regenwaldes schreitet unaufhaltsam voran. So übertraf im Jahr 2004 allein die abgeholzte Regenwaldfläche in Brasilien die Gesamtfläche Belgiens (30 500 km²). Auf den Plätzen zwei und drei folgten Indonesien mit 11 000 km² und die Demokratische Republik Kongo mit 7500 km². Die Insel Borneo (Kalimantan) gehört zu drei Staaten (Atlas): zu Malaysia und Brunei im Norden sowie zu Indonesien im Süden.

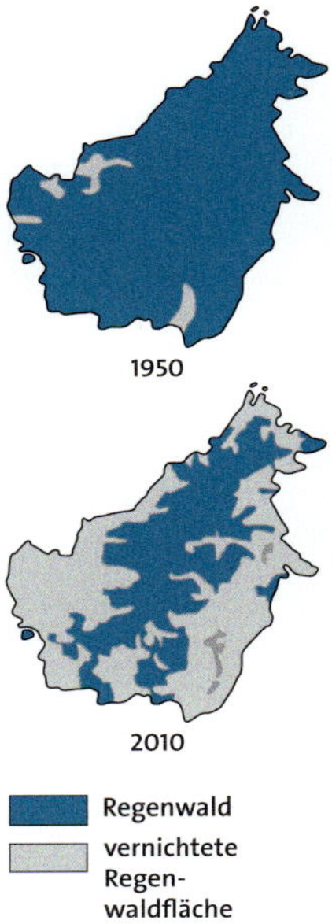

Abb. 2.14: Regenwald-Abholzung in Borneo

Für die Abholzung gibt es verschiedene **Ursachen**:

- Das hohe Bevölkerungswachstum und die weit verbreitete Armut in allen tropischen Entwicklungsländern, die ungerechte Landbesitzverteilung v. a. in Brasilien und die ungleiche Bevölkerungsverteilung in Indonesien sind wichtige Gründe für den zunehmenden **Siedlungsdruck** auf die letzten verbliebenen Regenwaldflächen unseres Planeten.
- Straßenbauprojekte und die forstwirtschaftliche Nutzung zuvor unerschlossener Regenwaldgebiete machen den Weg frei für den **Brandrodungswanderfeldbau** durch Kleinbauern oder ehemals Landlose. In Indonesien wird die Agrarkolonisation der Regenwaldgebiete im Transmigrasi-Programm sogar staatlich gefördert.
- Bei zu kurzen Brachezeiten – je nach Bodenqualität sind 8 bis 30 Jahre erforderlich – verringert sich die **Bodenfruchtbarkeit** drastisch und viele Kleinbauern müssen abwandern.
- Vor allem in Amazonien roden große **Viehwirtschaftsbetriebe** den Regenwald vom Rand her, von der Feuchtsavanne, um den wachsenden und lukrativen Markt für Rindfleisch zu bedienen. Durch die Viehweiden wird die Biomasse pro Hektar auf 20 Tonnen reduziert. Dabei ernährt ein Hektar weniger als ein Rind.
- In Südostasien werden große Regenwaldflächen abgeholzt und anschließend in Palmöl-Plantagen umgewandelt, da die Nachfrage nach **Palmöl** für die Nahrungsmittel- und vor allem für die Kosmetikindustrie weltweit stark steigt. Inzwischen werden die Regenwälder verstärkt für die Gewinnung von Biodiesel aus Palmöl gerodet: Weltweit werden pro Jahr 45 Millionen Tonnen Palmöl produziert, 46 Prozent davon in Indonesien, 41 Prozent in Malaysia. Europa kauft 28 Prozent der Ölmenge. Problematisch ist die Ökobilanz der Palmölproduktion: Bei der Brandrodung von Regenwaldflächen wird so viel CO_2 frei, wie der erzeugte Biodiesel in 300 Jahren theoretisch einsparen könnte.
- Der Bau von **Staudämmen** und der Abbau von **Bodenschätzen** – so z. B. im Gebiet von Grande Carajas in Brasilien – verursacht regional eine erhebliche Zerstörung des tropischen Regenwaldes. Bei der Goldgewinnung wird zumeist Quecksilber verwendet, das zunächst die Flüsse, dann die Fische und schließlich die Menschen vergiftet.

2.5 Desertifikation – Sahel-Syndrom

Ökosystem Sahelzone

Sahel (arabisch: Ufer) nannten Karawanenreisende den Raum südlich der Sahara, der ihnen nach der gefahrvollen Durchquerung der größten Wüste der Erde wie ein rettendes Ufer vorkam. Als **Sahelzone** im engeren Sinne gilt der Bereich der Dornsavanne (→ Kasten „Savannen" und Abb. 2.15).

Im weitesten Sinne reicht die Sahelzone von der Halbwüste im Norden bis weit in die Trockensavanne im Süden hinein. Als ungefähre Grenzlinien werden dann die 100-mm-Isohyete im Norden und die 1000-mm-Isohyete im Süden verwendet. Dabei ist allerdings zu beachten, dass gerade die hohe Niederschlagsvariabilität, die Schwankung der Niederschlagsmenge von Jahr zu Jahr oder zwischen gewissen Zeiträumen (Dürrejahre bzw. Feuchtjahre), das wichtigste klimatische Merkmal der Sahelzone ist und zugleich das größte Problem für die agrarische Nutzung.

Ursache für die hohe Niederschlagsvariabilität ist das unterschiedlich weite Vorrücken der Innertropischen Konvergenzzone (ITC) mit ihren Gewitterzellen und den feuchten äquatorialen Luftmassen von der Guineaküste nach Norden ins Innere Westafrikas. Eine mittlere Niederschlagsvariabilität von 20–30 % ist kennzeichnend für den nördlichen Kernraum der Sahelzone, insbesondere für die Dornsavanne. Das semiaride Klima schränkt die Nutzungsmöglichkeiten durch den Menschen erheblich ein. Erst ab mindestens vier Regenmonaten mit zusammen mindestens 400 mm Niederschlag ist Ackerbau möglich.

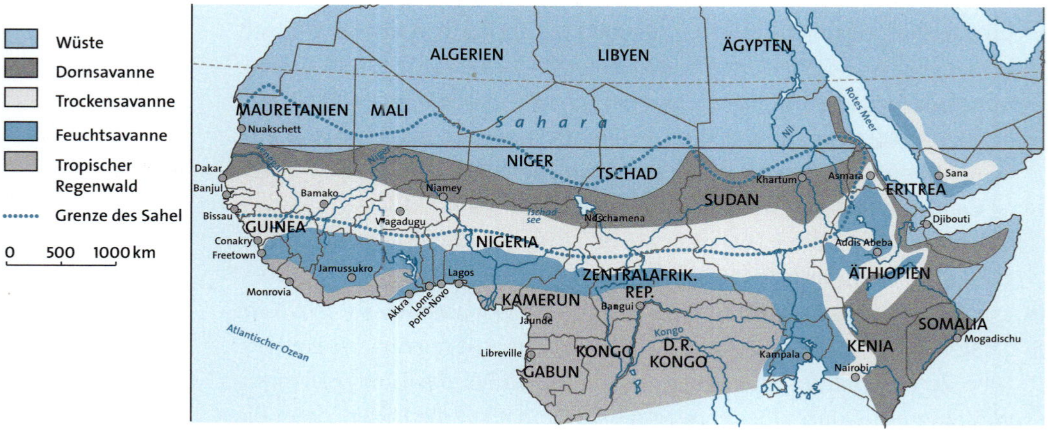

Abb. 2.15: Sahelzone

Savannen

Dornsavanne
- 2 bis 4,5 Monate humid
- 300 bis 500 mm Niederschlag pro Jahr
- fersiallitische Böden (enthalten Eisen, Aluminium und Silikate)
- Vegetation: Dornwälder und Dornsavannen mit kleinen Blättern (z. B. Mimosen) und/oder der Reduktion von Blättern zu Dornen; Wasserspeicherung bei Flaschenbäumen und Euphorbien; Gräser maximal 0,8 m hoch

Trockensavanne
- 4,5 bis 7 Monate humid
- 500 bis 1000 mm Niederschlag pro Jahr
- fersiallitische Böden (s. o.)
- Vegetation: Regengrüne Trockenwälder und Trockensavannen (Savanne = Grasland); tief wurzelnde Bäume können das Grundwasser erreichen und bleiben das ganze Jahr grün (Baumsavanne); Gräser maximal 1 m hoch (Kurzgrassavanne)

Feuchtsavanne
- 7 bis 9,5 Monate humid
- 1000 bis 2000 mm Niederschlag/Jahr
- fersiallitische Böden (s. o.), im feuchteren äquatorialen Klima auch extrem unfruchtbare ferrallitische Böden (Fe und Al, ohne Silikate)
- Vegetation: Regen- und immergrüne Savannen und Feuchtwälder; Baumwuchs höher als in Trockensavanne; Artenvielfalt größer; Graswuchs > 1 m, z. T. über 2 m („Elefantengras") = Hochgrassavanne

Die **Desertifikation** ist der vom Menschen verursachte Landschaftswandel im Randbereich zu den Trockengebieten der Erde durch agrarische Übernutzung und durch Abholzung, der zur flächenhaften Verwüstung ganzer Landstriche führt (= **Sahel-Syndrom**).

In einer **Strukturskizze** können die wichtigsten Kausalketten, die zur flächenhaften Desertifikation in der Sahelzone führen, anschaulich dargestellt werden (→ Abb. 2.16). Eine Strukturskizze entsteht meist als Ergebnis einer Sachtext-Erschließung. Dabei werden die wichtigsten Fachbegriffe im Sachtext markiert, inhaltlich geklärt und dann in einer verallgemeinernden und zugleich übersichtlichen Strukturskizze dargestellt. Logische Zusammenhänge (Ursachen – Folgen – Randbedingungen) werden durch Pfeile oder Verbindungslinien verdeutlicht. Zur vereinfachten Darstellung komplexer Zusammenhänge und auch als visuelle Unterstützung für das Gedächtnis eignen sich Strukturskizzen daher besonders gut.

Jahr	Einwohner (in Mio.)
1950	2,6
1970	4,3
1990	7,3
2010	12,5
2025	*17,9
2050	*28,6

* Bevölkerungsprojektion nach DSW-Datenreport 2011

Tab. 2.4: Bevölkerungsentwicklung Senegal

Allerdings kann eine solche Vereinfachung auch andere Erklärungsansätze für eine Problematik völlig ausblenden, wenn sie nur auf dem Sachtext eines Autors mit einer ganz besonderen Sichtweise bzw. Erklärung der Problemzusammenhänge beruht. Eindimensionale Erklärungsansätze berücksichtigen z. B. nur die klimatischen bzw. naturräumlichen Bedingungen (**geodeterministischer Ansatz**). Oder aber sie stellen – wie im vorliegenden Fall – das Bevölkerungswachstum als Hauptursache der Desertifikation heraus. Komplexere Erklärungsansätze für die Sahel-Problematik berücksichtigen darüber hinaus folgende Zusammenhänge:

- Zusammenwirken physisch-geografischer (naturräumlicher) und anthropogener (vom Menschen verursachter) Faktoren
- Einflüsse historisch-politischer Faktoren, z. B. die Rolle der Kolonialmacht Frankreich
- Bedeutung interner und externer Ursachen für die gesellschaftliche, wirtschaftliche und politische Entwicklung in den Sahelstaaten
- Erklärung der regionalen Umweltzerstörung in der Sahelzone durch globale wirtschaftliche und politische Entwicklungen (= Syndrom-Ansatz)

Trotz dieser Einwände ist die vorliegende Strukturskizze durchaus berechtigt, da sie die Einflüsse des Bevölkerungswachstum auf die Desertifikationsprozesse im Ökosystem Sahelzone erläutert.

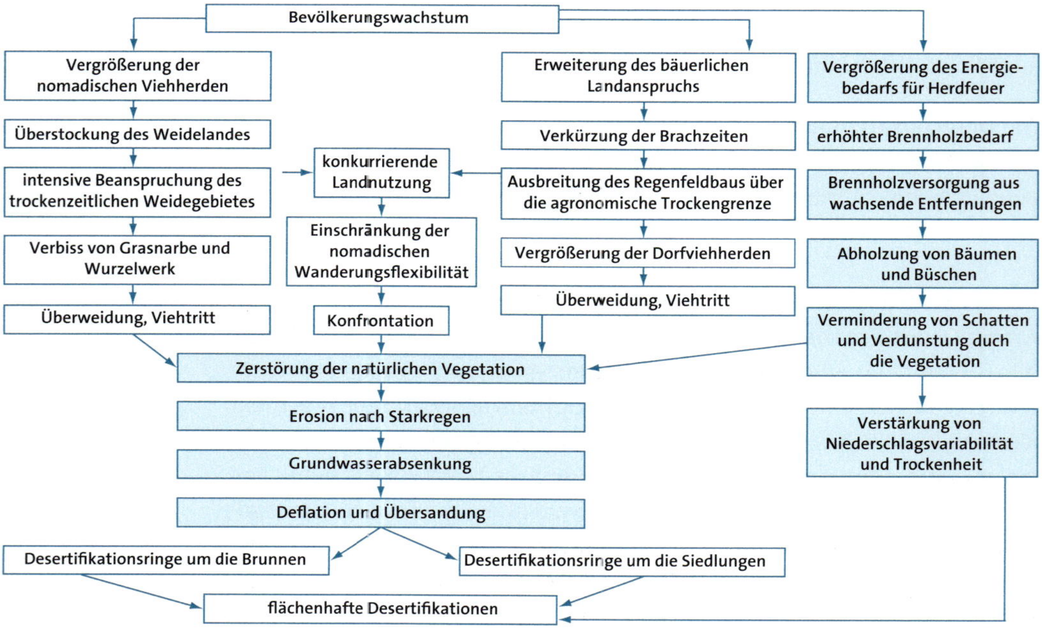

Abb. 2.16: Sahelzone und Desertifikation – Strukturskizze

2.6 Mediterrane Subtropen

Mittelmeerraum

Die natürliche Vegetation des Mittelmeerraumes wurde durch Abholzung, Ackerbau und Weidewirtschaft vor allem seit der Antike sowohl zurückgedrängt als auch verändert. Die gesamte Waldfläche ging in den letzten zwei Jahrtausenden um etwa zwei Drittel zurück. Eine Übernutzung durch ungeregelte Abholzung und Weidewirtschaft führte zu einer **Degradation** der natürlichen Vegetation, also zu einer stufenweise erfolgenden Verarmung. Folgende Stufen der Degradation werden unterschieden:

- Hartlaubwälder
- Strauchgesellschaften (Macchie)
- Zwergstrauchgesellschaften (Garrigue)
- Kraut- und Grasgesellschaften (Trift)
- vegetationsarme Felsfluren
- vegetationsfreie Felsfluren

Wird die übermäßige Nutzung eingestellt, so kann in langen Zeiträumen wieder eine schrittweise **Sukzession** der Vegetationsformationen erfolgen. Die vegetationsarmen bzw. -freien Stufen werden auch als **Verkarstung** bezeichnet, wegen der im Mittelmeerraum vorherrschenden und dann (fast) völlig freiliegenden Flächen aus hellem Kalkstein. Durch Lösungsvorgänge im Gestein entstanden und entstehen weiterhin die typischen Landschaftformen des Karstes. Die Böden wurden im Laufe der Zeit durch die beträchtlichen winterlichen Niederschläge abgetragen (erodiert), sodass sowohl die natürliche Sukzession als auch die anthropogene Aufforstung stark erschwert werden. Aufforstungen erfolgten zumeist durch teilweise exotische Kiefernarten oder durch trockenheitsresistente Eukalyptusarten aus Australien.

Das Ökosystem

Keine andere Geozone ist so kleinräumig und zugleich so weit über die Erde verteilt wie die **mediterranen Subtropen**. Ihr Vorkommen beschränkt sich auf die Westseite der Kontinente zwischen 30° und 45° Nord bzw. zwischen 30° und 38° Süd. Das größte zusammenhängende Teilgebiet bildet der gesamte **Mittelmeerraum**, nach dem diese Klimazone benannt wurde. Im Gegensatz zu den Tropen herrscht hier ein Jahreszeitenklima mit deutlichen Unterschieden in der Tageslänge zwischen den heißen Sommern und den relativ milden Wintern. Um das subtropische Klima gegen die Tropen abzugrenzen, wird die 13°-Isotherme des kältesten Monats herangezogen. Als Abgrenzung gegen die gemäßigten Breiten gilt dagegen die 2°-Isotherme des

Weitere Regionen mit Mittelmeerklima sind: Kalifornien, Mittelchile, Südafrika (Kapland) und Südwestaustralien (um Perth).

kältesten Monats. In den mediterranen Subtropen gibt es neben den genannten thermischen auch **hygrische Jahreszeiten**, also Jahreszeiten, die durch das unterschiedliche Niederschlagsangebot bestimmt werden: In den heißen und trockenen Sommermonaten stehen sie unter dem Einfluss der tropisch-subtropischen Hochdruckgürtel, in den milden und regenreichen Wintern dagegen beherrschen wandernde Tiefdruckgebiete (Zyklonen) der subpolaren Tiefdruckrinne das Wettergeschehen.

Die Vegetation musste sich an diese ungünstigen klimatischen Bedingungen anpassen, denn im Sommer, zur Zeit der hohen Temperaturen, fallen keine Niederschläge. In den relativ milden Wintern können dennoch Fröste und Schneefall bis in die Ebenen auftreten. Als Anpassung entwickelte sich die sogenannte **Hartlaubvegetation**, deren Blätter die Transpiration, die Wasserabgabe zur Kühlung, im Sommer auf ein Minimum reduzieren können. Die dicke und verdichtete Blattoberseite schützt die Pflanzen sowohl vor Verdunstung als auch vor Frösten. Die Spaltöffnungen auf der Blattunterseite sind als Schutz vor Verdunstung verengt und tief versenkt. Zugleich können die Pflanzen im Sommer ihre Zellsaftkonzentration erhöhen und damit Wasser auch aus trockeneren Bodenschichten bzw. aus tieferen Bodenschichten ziehen. Wichtige Vertreter der Hartlaubvegetation sind der Ölbaum als Charakterpflanze des Mittelmeerklimas schlechthin, die Steineiche und der Oleander. Andere Anpassungsformen an die Sommerhitze und -trockenheit sind schirmähnliche Kronen sowie Nadeln bei der Pinie, kleine Blätter wie bei der Zypresse oder ein Verdunstungsschutz aus Wachs wie beim Lorbeer.

Wichtige traditionelle **Nutzpflanzen** sind der Ölbaum (s. o.) und die Weinrebe, die als Tiefwurzler Feuchtigkeit aus tieferen Bodenschichten zu ziehen vermag. Der Hartweizen entwickelt sich im relativ milden Winter aus dem Samenkorn zur Pflanze und ist im Frühling oder Frühsommer erntereif, bevor die oberen Bodenschichten wieder völlig ausgetrocknet sind. Durch die Mauren wurde der ausgeklügelte traditionelle Bewässerungsfeldbau eingeführt. Seither werden im Mittelmeerraum auch Nutzpflanzen mit hohem

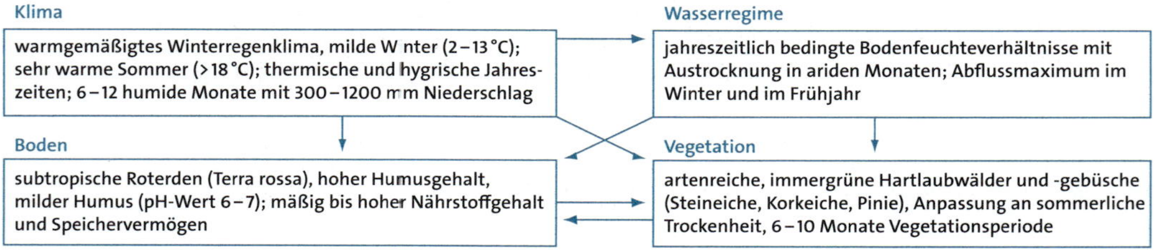

Abb. 2.17: Ökologische Faktoren „mediterrane Subtropen“

Wasserbedarf im Sommer kultiviert, wie Orangen oder Tomaten. Neuere Entwicklungen der Landwirtschaft sind Foliengewächshäuser mit dem Anbau von Salat und Gemüse auch im Winter und der Einsatz von motorbetriebenen Tiefpumpen, so z. B. in der Region um Almería (Spanien).

Beispiel

Das Klimadiagramm von Valencia an der spanischen Mittelmeerküste zeigt die Merkmale des mediterranen Klimas und die agrarischen Nutzungsmöglichkeiten sehr deutlich. Mit einem Mittelwert von 10 °C im Januar und 24 °C im August kann das Klima von Valencia als ausgesprochen mild bezeichnet werden. Allerdings ist der Zeitraum von Anfang Mai bis Anfang September zu trocken für die Landwirtschaft. Das größte Niederschlagsdefizit (V > N) herrscht im Juli. Die mittlere Niederschlagssumme liegt mit 422 mm knapp über dem Grenzwert für den Regenfeldbau (Hartweizen), wobei die Niederschlagsvariabilität ein Problem darstellt. Prinzipiell ist die Region für den Bewässerungsfeldbau geeignet, es fehlen aber die ständig Wasser führenden Flüsse. Auch die Versorgung der städtischen Bevölkerung und der Industrie mit Trink- bzw. Brauchwasser ist in einer Großstadt mit knapp 800 000 Einwohnern ein großes Problem.

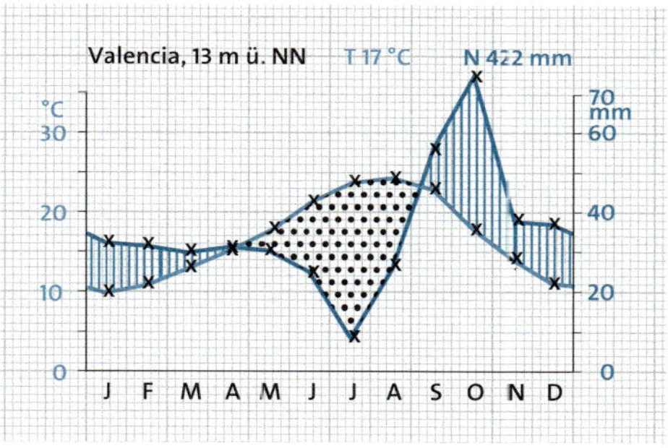

Abb. 2.18: Klimadiagramm von Valencia

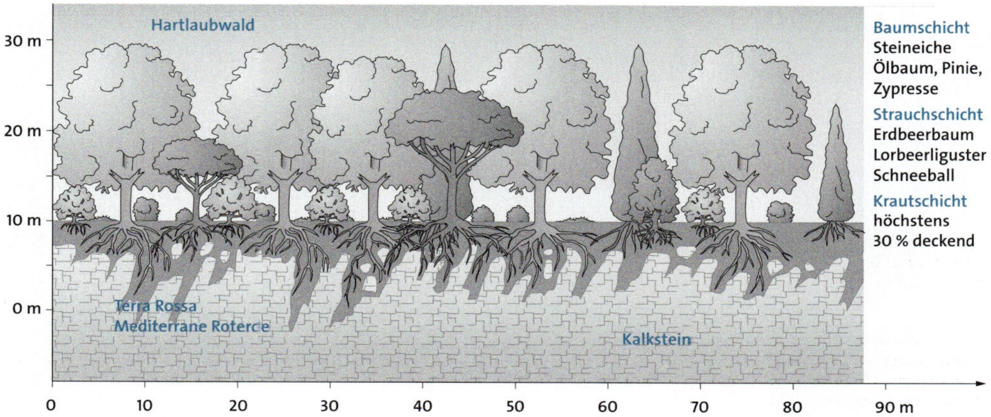

Abb. 2.19: Vegetation und Boden in den mediterranen Subtropen

Massentourismus im Mittelmeerraum

Abb. 2.20: UNESCO-Weltkulturerbe San Gimignano/Toskana – das „Manhattan des Mittelalters“

Nach dem Zweiten Weltkrieg entwickelte sich der Mittelmeerraum schrittweise zum wichtigsten Urlaubsziel Europas. Inzwischen besuchen jährlich mehr als 100 Mio. Touristen die Küsten des Mittelmeeres, das zur „Badewanne Europas“ wurde. Mehrere Voraussetzungen waren für diese Entwicklung erforderlich:

- Die Einführung des bezahlten Urlaubs und die wachsende Urlaubszeit,
- der langsam steigende Wohlstand in Westeuropa nach 1950 (Massenkonsumgesellschaft),
- die mit dem wachsenden Wohlstand einsetzende Motorisierung breiter Bevölkerungsschichten in Verbindung mit einem niedrigen Öl- und damit auch Benzinpreis,
- der Bau von Autobahnen v. a. in Frankreich, Italien und Spanien sowie die Entwicklung komfortabler Wohnwagen und Wohnmobile,
- der seit 1965 einsetzende Charterflugverkehr zusammen mit dem Angebot von Pauschalreisen; dadurch Reduzierung der Reisezeiten, der Reisekosten und der Übernachtungskosten; ebenso Erweiterung der Reisedistanzen,
- weitere Kostensenkung durch Billigflugangebote v. a. auf den Mittelstrecken seit etwa 2000,
- Preissenkungen durch großes Hotelangebot und Konkurrenz sowohl der Zielländer am Mittelmeer als auch der Reiseanbieter untereinander.

Heute ist beispielsweise fast die gesamte spanische Mittelmeerküste von der Costa Brava (Wilde Küste) im Norden bis zur Costa del Sol (Sonnenküste)

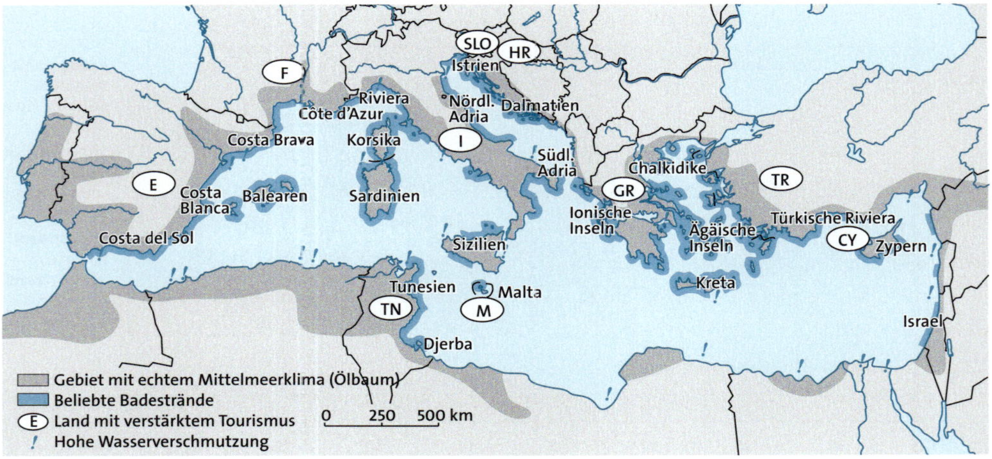

Abb. 2.21: Mittelmeerraum: beliebte Ferienziele und Wasserqualität

im Süden für den Tourismus erschlossen (→ Abb. 2.21). Dort reihen sich Campingplätze, Ferienhaussiedlungen, Zweitwohnsitze, Apartmentanlagen, Yachthäfen, Hotels, Pensionen, Restaurants, Bars und Diskotheken scheinbar endlos aneinander und verdichten sich örtlich zu regelrechten **Bandstädten** mit Hochhauskomplexen, wie z. B. Benidorm. Infolge der Übererschließung ergeben sich folgende Probleme im Mittelmeerraum:

- **Ökologische Probleme** entstehen durch den hohen Wasser- und Energieverbrauch der Urlauber, durch den anfallenden Müll, durch das Abwasser und durch die Luftverschmutzung infolge des motorisierten Individualverkehrs (z. B. Mietwagen). Auch die Ökobilanz der Urlaubsflüge gilt als problematisch. Dazu kommen die **Flächenversiegelung** durch Bebauung, Straßen und Autobahnen sowie der Verlust natürlicher Lebensräume entlang der Küste.
- **Wirtschaftliche Probleme** in den Zielgebieten entstehen durch die marktbeherrschende Stellung der großen Reisekonzerne, durch die Konkurrenz der Zielländer untereinander und durch die Abhängigkeit von der Konjunktur und vom Ölpreis.

Das Massentourismus-Syndrom lässt sich gut verdeutlichen an Inseln wie z.B. Mallorca oder auch Malta mit ihren klar abgegrenzten Ökosystemen und mit ihren begrenzten Ressourcen (Wasser, Nahrungsmittel, Energie). Dabei ist die Situation auf Malta mit seiner extrem kleinen Fläche und mit seinen begrenzten Grundwasservorräten noch kritischer als auf Mallorca.

Geo-Praxis: Texte und Bilder auswerten

Massentourismussyndrom – Fallbeispiel Benidorm

Der folgende journalistische Text setzt sich mit dem **Massentourismus** in Benidorm an der Costa Blanca (Weiße Küste) im Südosten Spaniens auseinander. Im Gegensatz zu einem normalen Sachtext werden bildhafte Ausdrücke und ein subjektiver Stil verwendet. Der Text enthält aber viele grundlegende Informationen zum Massentourismus am Beispiel von Benidorm:

Wenn es Nacht wird an der spanischen Mittelmeerküste, bleibt ein zwölf Kilometer langer Streifen taghell. Darüber schwebt wie eine rosa Wolke der Widerschein von Abermillionen Lichtern aus Hochhäusern, Straßenschluchten, Disco-Gärten und von Restaurant-Terrassen.
In Benidorm geht nie die Sonne unter. Hatte das Fischerstädtchen bis Anfang der 1950er-Jahre noch 2700 Einwohner, so sind heute in Benidorm 62 000 Bürger gemeldet. Auf 3788 Hektar Stadtgebiet existieren 135 Hotels, Apartmenttürme mit einer Kapazität von über 60 000 Gästebetten. An manchem August-Tag vergnügen sich 400 000 Touristen an den beiden nach Süden gerichteten Sandstränden, in Cafés und beim Shopping. Der Moloch verbuchte im vergangenen Jahr fast 10,2 Millionen Übernachtungen.
Heute sind die Quartiere sogar im schlechtesten Monat Dezember zu drei Vierteln belegt. Und im Unterschied etwa zu Teneriffa ist Benidorm keineswegs von Rentnern übervölkert. Es liegt im Trend, gerade auch

>>

>> Geo-Praxis: Texte und Bilder auswerten

bei jugendlichen Disko-Freaks. Noch sind 40 Prozent der Urlauber Spanier und 36 Prozent Briten. Aber auch immer mehr Deutsche entdecken Benidorm, denn es gilt als chic.
Die an Manhattan erinnernde Wolkenkratzer-Silhouette Benidorms und das gepflegte Ambiente gefallen gerade Kleinstädtern. Geschwader von Müllmännern säubern den Sand zwischen den adretten blau-weißen Liegen und Schirmen von Hand. 250 Polizisten in kurzen Hosen geben Fremden ein Gefühl von Sicherheit. „Wir leben von der Mittelklasse", sagt Bürgermeister Pérez Devesa, und er möchte das Publikum nicht austauschen, höchstens „verbessern". Sein Ziel: eine „Galaxie der Qualität". Seine Zielgruppe: all jene Europäer, die sich den Traum von der weißen Villa in einer entlegenen Bucht nicht leisten können und stattdessen im Hochhaus-Dschungel von Benidorm und an vollen Stränden kontrollierbare Erlebnisse suchen.
Das Konzept geht auf. Die Gemeinde empfing im vergangenen Jahr elf Prozent aller Touristen Spaniens und kassierte 3,6 Milliarden Euro, ein Zehntel der im Land erzielten Tourismuseinnahmen. Dabei ist der Moloch umweltfreundlich. Nur 140 Liter Wasser verbraucht ein Gast pro Tag (in Orten mit Chalet-Bebauung sind es 600 Liter). 97 Prozent davon werden als Brauchwasser wieder verwendet. Benidorm sei „die effizienteste Maschine des Massentourismus in Spanien", befindet das renommierte Rotterdamer Architektenbüro MVRDV.

Nach: Helene Zuber: Galaxie der Qualität. In: „Der Spiegel", Nr. 20/2002, Seite 151

Abb. 2.22: Benidorm

2.7 Borealer Nadelwald

Das Ökosystem des borealen Nadelwaldes

Mit einer Fläche von knapp 20 Mio. km² und einem Festlandsanteil von rund 13 % bildet die boreale Klimazone eine der größeren Geozonen. Als einzige Ökozone kommt sie nur auf der Nordhalbkugel der Erde vor, die sie in einem Gürtel von 700 bis maximal 2000 km Breite (Nord–Süd) völlig umspannt. Dass sie nur auf der Nordhalbkugel vorkommt, liegt an der Verteilung der Landmassen: Mit Nordamerika und der eurasischen Landmasse konzentrieren sich die Festländer der Erde auf der Nordhalbkugel. Das Festland erwärmt sich im Sommer so schnell, dass die Wachstumszeit (100 bis 170 Tage mit mehr als 5 °C) trotz des kalten Winters für die Entstehung ausgedehnter Nadelwälder ausreicht. Die immergrünen Nadelbäume der borealen Klimazone besitzen kälte- und trockenheitsresistente Nadeln, die mindestens zwei Jahre am Baum bleiben. Die Nadeln können sofort zu Beginn des kurzen, aber warmen Sommers (→ Abb. 2.25) mit der Photosynthese beginnen. Durch eine Frosthärtung im Spätherbst können die Nadeln Wintertemperaturen von bis zu −40 °C aushalten – statt normalerweise maximal −7 °C. Im Frühjahr findet dann eine Enthärtung statt und die Photosynthese beginnt. Dort, wo die Wintertemperaturen unter −40 °C liegen, werden die Fichten

Abb. 2.23: Boden und Vegetation im borealen Nadelwald

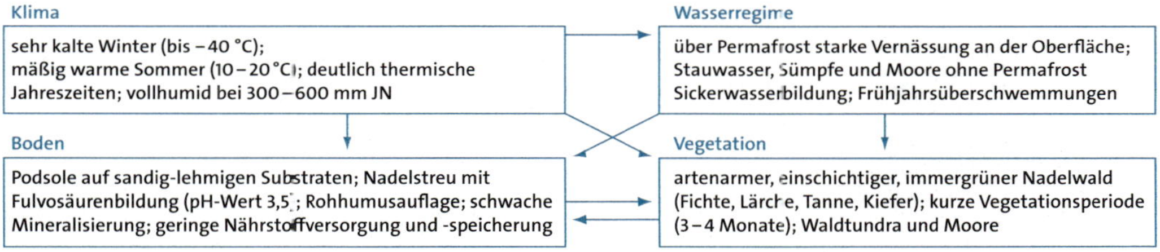

Abb. 2.24: ökologische Faktoren der borealen Nadelwaldzone

und Kiefern durch nadelabwerfende Lärchen abgelöst, die in Ostsibirien und vor allem in Jakutien ein großes Verbreitungsgebiet besitzen. Die winterliche Schneedecke schützt die Wurzeln vor der extrem niedrigen Lufttemperatur. Große Gebiete besonders im Norden des borealen Nadelwaldes liegen im Bereich des Dauerfrost- oder Permafrostbodens. Dieser schadet dem Wald nicht, sondern reguliert in kontinentalen Gebieten mit relativ geringen Niederschläger von 200–500 mm den Wasserhaushalt der Pflanzen. Die Herbstniederschläge werden über den Winter im Dauerfrostboden gebunden und erst im frühen Sommer, wenn die obere Bodenschicht taut, wieder an die Baumwurzeln abgegeben. Durch die isolierende Wirkung schützen der Nadelwald und die teils mächtige Streuauflage den Permafrostboden vor der starken sommerlichen Einstrahlung und damit vor dem tiefgründigen Auftauen. Wenn der Wald durch Abholzung oder durch Feuer vernichtet wird, kann es in Permafrostgebieten zur Bildung von Sümpfen und Seen kommen.

Der größte Teil des borealen Nadelwaldgürtels liegt auf ehemals vergletscherten Gebieten, die keinen oder nur einen dünnen mineralischen Oberboden besitzen. Die meisten Nährstoffe sind in der Streuschicht gebunden, die wegen der Gerbstoffe bzw. Harze der Nadeln Fulvosäuren bildet, Huminsäuren mit gelbbrauner oder rotbrauner Färbung. Durch den sauren Sickerwasserstrom werden die Eisen- und Aluminiumoxide im Boden gelöst und abwärts transportiert. Es entstehen die für diese Klimazone charakteristischen Podsolböden. Die Zersetzung der Nadelstreu dauert mit rund 350 Jahren fast hundertmal so lange wie in Laubwäldern der gemäßigten Breiten. Daher spielen natürlich entstandene Feuer – z. B. durch Blitzschläge – eine wichtige Rolle für die Freisetzung der in der Streu enthaltenen Nährstoffe (u. a. Stickstoff) und für die Regeneration des Ökosystems.

Beispiel

Das **Thermoisoplethendiagramm** von Irkutsk zeigt die mittleren Temperaturen nach Jahreszeit bzw. Tageszeit. Es handelt sich um ein typisches Jahreszeitenklima, denn die Temperaturunterschiede innerhalb eines Jahres sind sehr viel höher als die innerhalb eines Tages. Erkennbar ist das am fast senkrechten Verlauf der Linien gleicher Temperatur innerhalb des Diagramms.

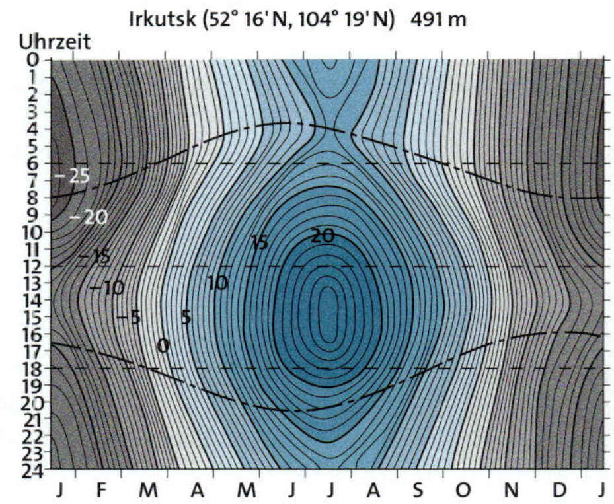

Abb. 2.25: Irkutsk

>>

>> Beispiel

Als mittleres Maximum werden im Juli mehr als +25 °C am frühen Nachmittag erreicht. Das Minimum der mittleren Temperaturen liegt bei −26 °C frühmorgens Anfang Januar. Die **Temperaturamplitude** zwischen Sommer und Winter liegt also bei 50 K, daher handelt es sich um ein hochkontinentales Klima mit starker Auskühlung im Winter und schneller Erwärmung im Sommer. Der Grund: Irkutsk liegt inmitten der größten Landmasse der Erde, in Asien, auf 52° 16′ Nord. Die Jahresmitteltemperatur liegt bei nur −1 °C, daher gehört Irkutsk zur Klimazone des **borealen Nadelwaldes**.

Taiga in Gefahr

Die Bezeichnung **Taiga** für den borealen Nadelwald Russlands stammt aus dem Jakutischen, einer Turksprache in Ostsibirien. Das Holz der Taiga ist eine der wertvollsten natürlichen **Ressourcen** Russlands. Problematisch ist die Abholzung der Taiga im Kahlschlagverfahren in Sibirien und im Fernen Osten des Landes. Dieser Ausverkauf der natürlichen Ressourcen Russlands ist auch aus ökologischer Sicht zu kritisieren: In den Permafrostgebieten hat sich schon die Hälfte der abgeholzten Flächen in Sumpfland verwandelt, und bei stärkerer Hangneigung wird die dünne Bodendecke schnell abgetragen. Eine Regeneration des ursprünglichen borealen Nadelwaldes ist nach der Versumpfung bzw. **Bodenerosion** nicht mehr bzw. nur in sehr langen Zeiträumen möglich.

Weitere Gefahren drohen der Taiga durch das Waldsterben, also vor allem durch Emissionen von Schwefeldioxid, Stickoxiden, Fluorwasserstoff und Ammoniak aus veralteten Industriebetrieben. Durch die Schadstoffe wird der ohnehin schon saure Podsolboden noch saurer und aggressiver, die Feinwurzeln werden geschädigt und der Nährstofftransport zu den Nadeln wird gestört. Durch die Bildung von schwefliger Säure bei Niederschlägen werden die Nadeln direkt geschädigt. Da die Taiga allein in Sibirien und im Fernen Osten doppelt so groß ist wie der Regenwald am Amazonas, haben Eingriffe in dieses Ökosystem Folgen für das Weltklima, denn die Nadelbäume und die Streuschicht sind wichtige Senken für Kohlendioxid.

Überblick

Nach der Arbeit mit diesem Kapitel können Sie allgemeine Zusammenhänge zwischen verschiedenen Geofaktoren in einem Ökosystem beschreiben. Außerdem sind Sie in der Lage, Bodenbildungsprozesse und typische Bodentypen zu erläutern sowie die ökologischen Bedingungen in ausgewählten Geozonen zu analysieren. Auf der Grundlage dieser Fähigkeiten können Sie die Auswirkungen menschlicher Eingriffe auf verschiedene Ökosysteme bewerten (Syndrome des globalen Wandels).

3 Deutschland

Deutschland besitzt in Europa die größte Wirtschaftskraft sowie – nach Russland – die zweitgrößte Bevölkerung. Am Anfang dieses Kapitels werden der Aufbau, die Entwicklung und die Verteilung der Bevölkerung in Deutschland vorgestellt. Anschließend wird das Problem der räumlichen Disparitäten in vorgestellt, mit der Theorie der zentralen Orte erweitert und anhand verschiedener Raumtypen vertieft. Auch im Bereich der Landwirtschaft sind räumliche Disparitäten festzustellen.

3.1 Naturraum und Naturschutz

Um die folgenden Beschreibungen richtig zu verstehen, werden eine physisch-geografische und eine geologische Karte von Deutschland benötigt. Beide finden sich in jedem guten Schulatlas.

Ganz vereinfacht gesehen kann Deutschland von Norden nach Süden in vier große naturräumliche Einheiten gegliedert werden: Norddeutsches Tiefland, Mittelgebirgsschwelle, Alpenvorland und Nördliche Kalkalpen.

An der **Nordseeküste** liegen Düneninseln, zum Teil mit Geestkernen, die zu den touristisch attraktivsten Landschaften Deutschlands gehören. Zwischen den Inseln und dem durch Seedeiche gegen Sturmfluten geschützten Festland liegt das einzigartige **Wattenmeer**, das in Deutschland als **Nationalpark** geschützt ist. Die eingedeichten Küstengebiete der Nordsee bestehen aus Meeresablagerungen. Es handelt sich um die teilweise unter dem Meeresspiegel liegenden Marschgebiete. Auch die **Ostseeküste** weist streckenweise eine Dünenküste mit Sandstränden auf, die ebenfalls intensiv touristisch genutzt wird. Der größte Teil des **Norddeutschen Tieflandes** wurde erst in den Eiszeiten durch Gletscherablagerungen aus Skandinavien aufgebaut (→ Abb. 3.1). Die Ablagerungen des Gletschers werden als **Moränen** bezeichnet. Nach der Entstehungszeit werden folgende Gebiete unterschieden:

- Das **Jungmoränenland** mit dem Nördlichen Landrücken und einem bewegten Relief entstand in der Weichsel-Eiszeit (Alpenraum: Würm-Eiszeit) von 72 000 bis 8000 vor Christus.
- Das **Altmoränenland** mit dem Südlichen Landrücken und einem ausgeglicheneren Relief entstand in der Saale-Eiszeit (Alpenraum: Riß-Eiszeit) von 280 000 bis 125 000 vor Christus.

Die typische Landschaftsabfolge in einem durch Eiszeiten geprägten Raum wird als **glaziale Serie** bezeichnet (→ Abb. 3.1):

- Die flache bis kuppige **Grundmoränenlandschaft** lag unter dem Gletscher und weist vor allem wenig entkalkte, fruchtbare Böden auf.
- Im Bereich der **Endmoränenzüge**, die die Eisrandlagen markieren und vor allem beim Vorstoß der Gletscher aufgeschoben wurden, entstanden durch die Gletscherzungen auch Vertiefungen, die zum Teil bis heute von Seen gefüllt sind, sogenannten **Zungenbeckenseen**. Diese Seen bilden zusammen mit den Höhenzügen der Endmoränen touristisch attraktive

Landschaften, wie z.B. die Mecklenburgische Seenplatte. Die Böden sind größtenteils sandig bis steinig. Daher herrschen hier Waldgebiete vor.

- Vor den Endmoränenzügen wurden durch die Gletscherflüsse im Sommer bzw. am Ende der Eiszeiten die flach geneigten **Sanderflächen** aufgeschüttet, die nur sehr karge Sandböden besitzen.
- Die Gletscherflüsse mündeten in die breiten **Urstromtäler**, die das Norddeutsche Tiefland in die Nordsee entwässerten und teilweise noch heute entwässern, wie das Elbe-Urstromtal. Die Sand- und Moorböden sind zum Teil vernässt und von Dauergrünland, Wald und Mooren bedeckt. Viele Abschnitte dieser Urstromtäler sind heute wichtige **Feuchtbiotope** und **Biosphärenreservate**.
- Am Rand der Mittelgebirge und in deren Senken wurde von den Gletscherwinden feiner Sand und Staub abgelagert, der sogenannte Löss. Die **Lössbörden** gehören zu den fruchtbarsten Agrarräumen Deutschlands.

Die geologisch ältesten und am höchsten aufragenden Teile der **Mittelgebirgsschwelle** gehören dem sogenannten **Grundgebirge** an und bestehen aus Granit, Gneis und Schiefer.

- Der Harz mit dem 1142 m hohen Brocken ragt weit aus der Norddeutschen Tiefebene heraus und ist touristisch gut erschlossen.
- Das **Rheinische Schiefergebirge** gliedert sich in Sauerland, Rothaargebirge, Westerwald und Taunus östlich des Mittelrheins sowie Eifel und Hunsrück westlich davon.
- Im Osten bzw. Südosten Deutschlands bilden Erzgebirge, Thüringer Wald, Fichtelgebirge, Oberpfälzer Wald und Bayerischer Wald die markantesten

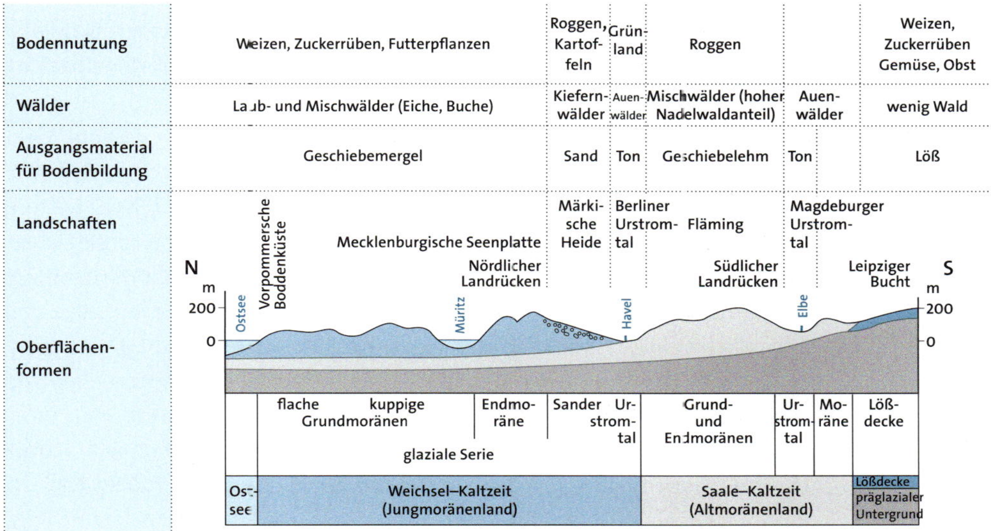

Abb. 3.1: Schematisches Profil durch das norddeutsche Tiefland

und zugleich höchsten Mittelgebirgszüge. Im Bayerischen Wald liegt an der Tschechischen Grenze der gleichnamige Nationalpark.

- Schwarzwald und Odenwald bilden im Südwesten eine scharfe Begrenzung zum Grabenbruch der Oberrheinischen Tiefebene.

Große Gebiete der Mittelgebirgsschwelle entstanden erst später, im **Erdmittelalter**:

- Teile des Weserberglandes (unter anderem der Solling), Hessisches Bergland und Pfälzerwald werden aus Buntsandstein aufgebaut, der unter Wüstenbedingungen entstanden ist und nur unfruchtbare Böden besitzt.
- Teile der **Buntsandsteingebiete** bilden zusammen mit Muschelkalk-, Keuper- und Juraschichten das Schwäbisch-Fränkische Schichtstufenland. Schwäbische und Fränkische Alb begrenzen die Mittelgebirgsschwelle nach Südosten.

Der **Grabenbruch der Oberrheinischen Tiefebene** setzt sich über die Hessische Senke und den Leinegraben (Raum Göttingen) nach Norden fort und bildet neben dem tief eingeschnittenen Tal des Mittelrheins und dem Elbtal bei Dresden eine der wichtigsten Leitlinien des Nord-Süd-Verkehrs in Deutschland. Die Oberrheinische Tiefebene und ihre Randgebiete sind neben der **Niederrheinischen Bucht** bei Köln und dem **Zollernalbgraben** auf der Schwäbischen Alb die am stärksten durch **Erdbeben** gefährdeten Regionen Deutschlands.

Das jüngste und noch immer aktive **Vulkangebiet** ist die Eifel, insbesondere der Bereich um den Laacher See. Weitere Vulkangebiete sind z. B. der Westerwald, die große Vulkanruine des Vogelsberges in Mittelhessen und der Kaiserstuhl bei Freiburg im Breisgau.

Eine geologische Besonderheit ist das Nördlinger Ries zwischen Schwäbischer und Fränkischer Alb: Es entstand durch einen **Meteoriteneinschlag (Impact-Struktur)**.

Das **Alpenvorland** war im Tertiär Senkungsgebiet und zeitweise vom Meer bedeckt. Es wurde durch Sedimente aus dem Alpenraum aufgeschüttet (Molassebecken), die am Alpenrand eine Mächtigkeit von bis zu 5000 Metern erreichen. Im Süden überprägte der jüngste Eisvorstoß aus den vergletscherten Alpen, die Würmeiszeit (s. o.), die Landschaft. Es entstanden fruchtbare Grundmoränengebiete, markante Endmoränenzüge und Schotter, Kies- und Sandablagerungen als Teile der glazialen Serie (s. o.). Wichtige Zungenbeckenseen des Alpenvorlandes sind der Bodensee, der Starnberger See und der Chiemsee, die heute touristische **Schwerpunkträume** bilden.

In den schroffen **Nördlichen Kalkalpen**, einer für den Tourismus sehr attraktiven Hochgebirgslandschaft, wird mit der Zugspitze (2963 m über NN) die größte Höhe in Deutschland erreicht.

3.2 Disparitäten in der Landwirtschaft

Die Landwirtschaft in Deutschland ist gekennzeichnet durch große Unterschiede in den naturräumlichen Voraussetzungen, in der Betriebsgrößenstruktur und in den Betriebsformen.

Naturräumliche Vorraussetzungen

Der fruchtbarste Bodentyp ist die Schwarzerde, die in Deutschland in einem Gebiet von Braunschweig und Magdeburg im Norden bis nach Leipzig und Erfurt im Süden reicht. Wichtige Voraussetzung für ihre Entstehung waren geringe Niederschläge von unter 500 mm/Jahr (Regenschatten des Harzes) und feinkörnige, kalkreiche Lössablagerungen der letzten Vereisung als Ausgangsmaterial für die Bodenbildung.

In der Magdeburger Börde werden die höchsten Bodenwertzahlen in Deutschland erreicht, die den Wert 100 (= 100 % natürliche Ertragsfähigkeit) erhielten. Alle anderen Böden haben eine geringere Ertragsfähigkeit, und halbwegs akzeptable Bodenwertzahlen liegen bei mindestens 40–50. Böden mit geringen Bodenwertzahlen erfordern hohe Düngergaben, was die Betriebskosten erhöht und gegebenenfalls die Frage nach der Rentabilität eines Betriebes aufwirft.

Sind die Bodenwertzahlen sehr gering (unter 40), so spricht man von **Grenzertragsböden**. Dies sind vor allem Podsolböden auf sandigen Ablagerungen der Geest in Norddeutschland. Zum Bodenprofil des Podsolbodens vergleiche die Abbildung auf Seite 48.

Auch die Höhenlagen der Mittelgebirge leiden unter hohen Niederschlägen mit starker Nährstoffauswaschung sowie unter einer kurzen Vegetationszeit (Frostgefahr im Frühjahr und im Herbst: Spätfröste bzw. Frühfröste).

Die Höhenlagen über 500 m haben z. B. in Frankreich den Status benachteiligter Berggebiete mit entsprechenden Fördermaßnahmen.

Abb. 3.2: Börden- und Gäulandschaften in Deutschland

Börden- und Gäulandschaften

Löss ist ein extrem feinkörniges (Schluff), gelblich-braunes und kalkhaltiges Lockersediment, das während der Eiszeiten aus dem Moränenschutt des Gletschervorlandes durch heftige, von den Gletscherflächen stammende Fallwinde ausgeweht wurde. Am Rand der Mittelgebirge oder in Beckenlandschaften innerhalb der Mittelgebirge wurde das äolische Sediment bei nachlassender Windgeschwindigkeit abgelagert. In den letzten 10.000 Jahren verwitterte der Lössstaub zu fruchtbarem Lösslehm mit hohen Bodenwertzahlen. Lössböden sind reich an Mineralstoffen und können sehr gut Wasser speichern. Da die **Zuckerrübe** hohe Ansprüche an die Bodenqualität stellt, findet sie in den Gäulandschaften Süddeutschlands bzw. in den Lössbörden Norddeutschlands optimale Anbaubedingungen. Wegen der hohen Subventionen im Rahmen der EU-Zuckermarktverordnung steht der Zuckerrübenanbau in Europa in der Kritik. So werden auf den deutlich billigeren, importierten Rohrzucker hohe Zölle erhoben. Allerdings werden für den Anbau z. B. des brasilianischen Zuckerrohrs weiterhin Regenwälder gerodet.

Geo-Praxis: Lorenzkurven-Diagramm

Die **Lorenzkurve** ist eine bekannte Form des Diagramms, die die Konzentration bestimmter Sachverhalte aufzeigt. Sie ist am leichtesten von den beiden Enden her zu verstehen: Am unteren Ende stehen die Kleinbetriebe ① von 2 bis 10 ha, die 34 % aller Betriebe ausmachen, aber zusammen nur 4 % der landwirtschaftlichen Nutzfläche (LF) besitzen. Am oberen Ende stehen die Großbetriebe ⑤ mit 100 ha und mehr, die nur 7 % aller Betriebe ausmachen, aber 48 % der LF besitzen. Das ausgeglichenste Verhältnis besteht bei der Gruppe ③ (20 bis 50 ha): 24 % der Betriebe besitzen 18 % der LF. Hätten alle Betriebe gleich viel Land, also z. B. 50 % der Betriebe 50 % der LF, so wäre die Lorenzkurve identisch mit der Geraden der Gleichverteilung. Je weiter die Lorenzkurve von der Gerade entfernt ist und sich den Achsen annähert, desto ungleicher ist die Besitzgrößenverteilung in der Landwirtschaft und desto größer ist auch der **Gini-Koeffizient**.

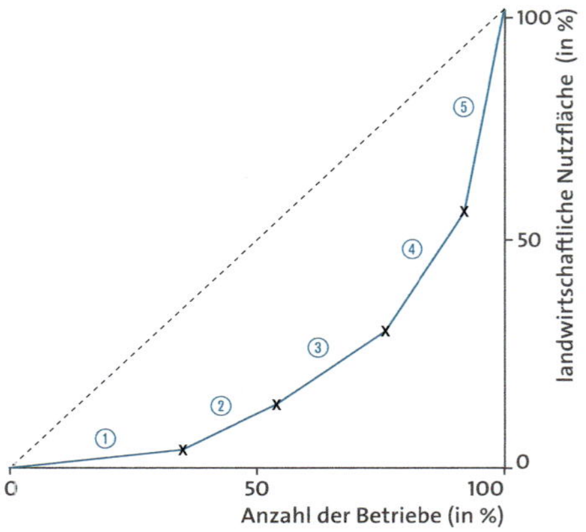

Abb. 3.3: Lorenzkurve: Betriebsgrößenkonzentration

Betriebsgrößenstruktur

Die **Betriebsgrößenkonzentration** in der Landwirtschaft nimmt weiter zu. Inzwischen werden nur noch Betriebe mit einer landwirtschaftlichen Nutzfläche (LF) von mehr als 100 Hektar (ha) als zukunftsfähig eingeschätzt. Regional variiert die durchschnittliche Betriebsgröße zwischen 25 ha im Südwesten und ca. 270 ha im Nordosten (Vorpommern). Mit der wachsenden Flächengröße stellt sich auch die Frage nach der Zukunft des landwirtschaftlichen **Familienbetriebes**. Schon heute stammen viele billige Nahrungsmittel in den Supermärkten und Discountern aus sogenannten Agrarfabriken. Dies gilt insbesondere für Eier und Geflügel (Brathähnchen und Putensteaks) sowie für Schweinefleisch. Nach dem Wunsch der meisten Verbraucher dürfen Nahrungsmittel kaum etwas kosten. Die sogenannte **Massentierhaltung** führt aber zur schnellen Ausbreitung von Tierseuchen, zu ethischen Problemen bei der engen Stallhaltung und nicht zuletzt zu ökologischen Problemen im Zusammenhang mit der Entsorgung der in großen Mengen anfallenden Gülle.

Betriebsformen

Konventionelle Großbetriebe produzieren als **offene Systeme**. Sie kaufen in großem Umfang Futtermittel zu, die meist nicht aus der Region, sondern, wie z. B. Soja, aus den USA oder aus Brasilien stammen. Soja aus den USA kann gentechnisch verändert sein und der Sojaanbau in Südbrasilien verdrängt dort die Kleinbauern. Diese wiederum sind bereits zahlreich nach Amazonien abgewandert und haben dort Teile des Regenwaldes gerodet (Brandrodung).

Die **ökologische Landwirtschaft** dagegen strebt **geschlossene Kreisläufe** an, um dadurch die Umwelt zu entlasten.

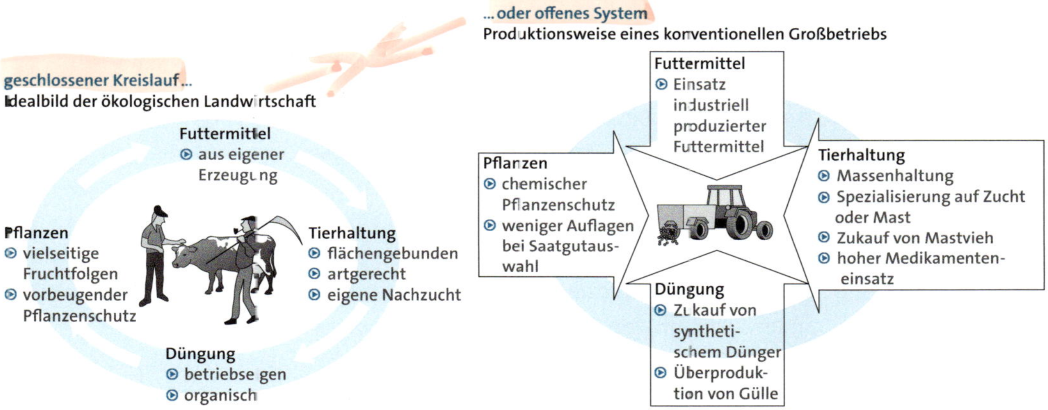

Abb. 3.4: Geschlossener und offener Kreislauf

3.3 Bevölkerung

Nach der Russischen Föderation mit rund 142 Millionen Einwohnern ist Deutschland mit 81,8 Millionen Einwohnern (2011) der bevölkerungsreichste Staat Europas. Allerdings ist die Bevölkerungszahl rückläufig. Bevölkerungsprognosen unter Einbeziehung einer kontinuierlichen Zuwanderung sehen folgende Einwohnerzahlen für Deutschland voraus:

- 79 Mio. Einwohner (2025)
- 69 Mio. Einwohner (2040)

Als entscheidend für die Bevölkerungsentwicklung eines Staates gilt die **Gesamtfruchtbarkeitsrate** *(Total Fertility Rate – TFR)*. Diese Rate steht für die tatsächliche Zahl der Geburten pro Frau in der reproduktiven Altersphase von 15 bis 45 Jahren. Um die Bevölkerungszahl stabil zu halten, ist eine TFR von 2,1 erforderlich. In Deutschland liegt die TFR nur bei 1,4. Die Geburtenrate liegt bei 8 Promille, die Sterberate dagegen bei 10 Promille. Daraus resultiert ein negativer Bevölkerungssaldo von minus 0,2 Prozent. Viele junge Menschen – Frauen *und* Männer – entscheiden sich für Kinderlosigkeit oder aber für ein bis maximal zwei Kinder. Der Hauptgrund für diese Entscheidung sind die sogenannten **„Opportunitätskosten"**, das heißt, die Einkommensverluste durch die Erziehungszeiten und den finanziellen Versorgungsaufwand für die Kinder. Damit verbunden sind Einbußen beim Lebensstandard sowie Einschränkungen beim Lebensstil.
Die durchschnittliche **Lebenserwartung** lag im Jahr 2011 bei 80 Jahren (männlich: 77 Jahre/weiblich: 83 Jahre).

Mit sinkender Geburtenrate wird die **Überalterung** weiter zunehmen. Schon heute ist der Anteil älterer Menschen in Deutschland sehr hoch. So war im Jahr 2010 ein knappes Drittel der Bevölkerung älter als 48 Jahre, etwa ein Viertel war älter als 60 Jahre. Diese Zahlen entsprechen in etwa auch den Angaben im Bevölkerungsdiagramm (→ Wissenskasten „Altersaufbau", → Abb. 3.5) für das Jahr 2000. Nach Prognosen des Statistischen Bundesamtes wird 2050 mehr als die Hälfte der deutschen Bevölkerung älter als 48 Jahre sein und etwa ein Drittel 60 Jahre und älter (→ Wissenskasten „Altersaufbau", → Abb. 3.6). In der Zukunft verschlechtert sich daher der sogenannte **Altersquotient**, die Relation der 15 bis 64-Jährigen (= Bevölkerung im erwerbsfähigen Alter) zu den über 65-Jährigen (= Rentner). Während der Altersquotient 1995 noch 4,4 betrug, so wird er im Jahr 2050 ohne Zuwanderung bei 1,8, mit einer Nettozuwanderung von 200 000 bis 250 000 Personen pro Jahr bei 2,1 liegen. Das bedeutet zugleich hohe Lasten für die erwerbstätige Bevölkerung: Auf je zwei Erwerbstätige kommt 2050 rechnerisch ein

Rentner, bei hoher Arbeitslosigkeit sind es entsprechend mehr. Daher ist eine gezielte Einwanderungs- und Integrationspolitik von großer Bedeutung für die Bevölkerungsentwicklung.

Altersaufbau

Der Altersaufbau eines Staates wird in der Regel mit einem speziellen Balkendiagramm dargestellt, das die prozentuale oder absolute Verteilung nach Altersgruppen zeigt.
Die sogenannte **Urnenform** (links) ist typisch für hoch entwickelte Industrieländer oder Massenkonsumgesellschaften wie Deutschland (2000) oder Japan mit stark sinkender Geburtenrate und hoher Lebenserwartung.
Bei der **Pilzform** (rechts) mit starker Überalterung handelt es sich für Deutschland um eine reine Prognose für das Jahr 2050. Die Bevölkerungszahlen des Jahres 2000 wurden fortgeschrieben, ohne allerdings die mögliche Zuwanderung zu berücksichtigen.

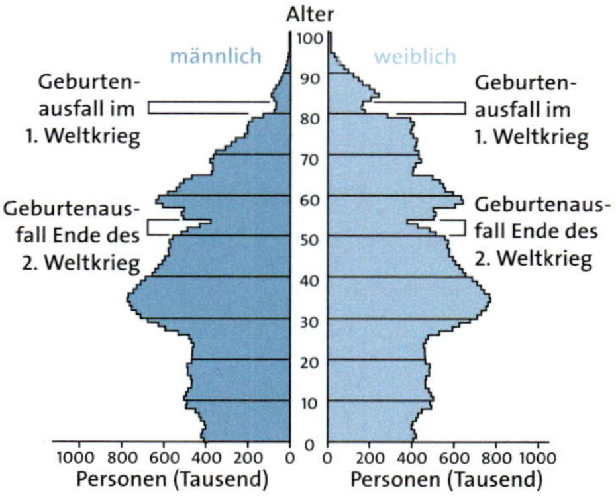

Abb. 3.5: Altersaufbbau 2000 ...

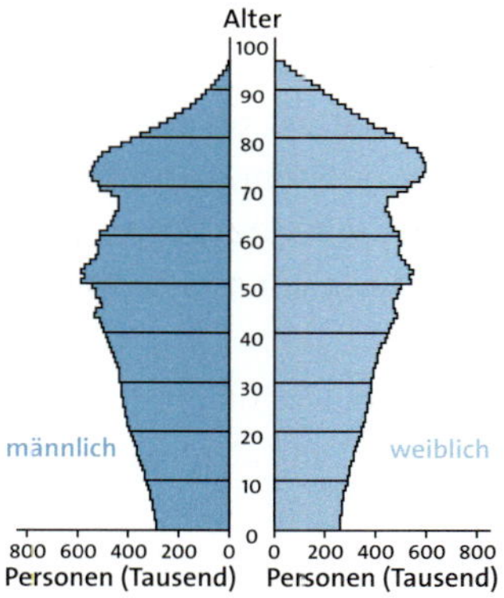

Abb. 3.6: ... und 2050

Ende 2010 lag der **Ausländeranteil** in Deutschland bei 8,8 % der Gesamtbevölkerung (Schweiz: 22,5 %). Von den 6 754 000 in Deutschland lebenden Ausländern stammen die meisten aus folgenden Staaten (Angaben gerundet auf volle 1000):

- Türkei 1 628 000 (24,1 %)
- Italien 520 000 (7,7 %)
- Polen 419 000 (6,2 %)
- Griechenland 277 000 (4,1 %)
- Serbien (einschl. Montenegro) 270 000 (4,1 %)
- Kroatien 223 000 (3,3 %)
- Russland 189 000 (2,8 %)
- Österreich 176 000 (2,6 %)

Demografisches Gewicht

Der demographische Wandel wird innerhalb Deutschlands regional sehr unterschiedlich ausfallen (→ Abb. 3.7):

- In einem breiten Keil von Rostock über Hannover bis ins Ruhrgebiet und von dort aus über die Rhön bis nach Passau wird die Bevölkerung bis 2025 deutlich abnehmen. Dasselbe gilt für periphere Küstenräume am der Nordsee, das Saarland und die Pfalz sowie den mittleren Schwarzwald. In diesen Räumen wird es schwer werden, die bestehende Infrastruktur zu sichern (Schulen, Krankenhäuser, ÖPNV), Städte werden drastisch schrumpfen (Shrinking Cities) und teilweise verfallen. Zugleich sinken dort die Immobilienpreise.
- In einem Streifen von den Niederlanden über Bremen und Hamburg bis Ostholstein wird die Bevölkerung deutlich zunehmen. Dasselbe gilt für die Rheinschiene in Nordrhein-Westfalen sowie für die Ballungsräume Rhein-Main, Rhein-Neckar und Mittlerer Neckar. Dazu kommen u. a. Ober- und Niederbayern. Hier kann die Infrastruktur eher aufrechterhalten werden, und die Immobilienpreise dürften hoch bleiben.
- In weiten Gebieten Deutschlands wird die Zahl der Hochbetagten massiv zunehmen und damit auch der Pflegebedarf und die Kosten für das Gesundheitssystem. Viele Großstädte werden vor allem durch Zuwanderung aus dem Ausland wachsen und dadurch internationaler.

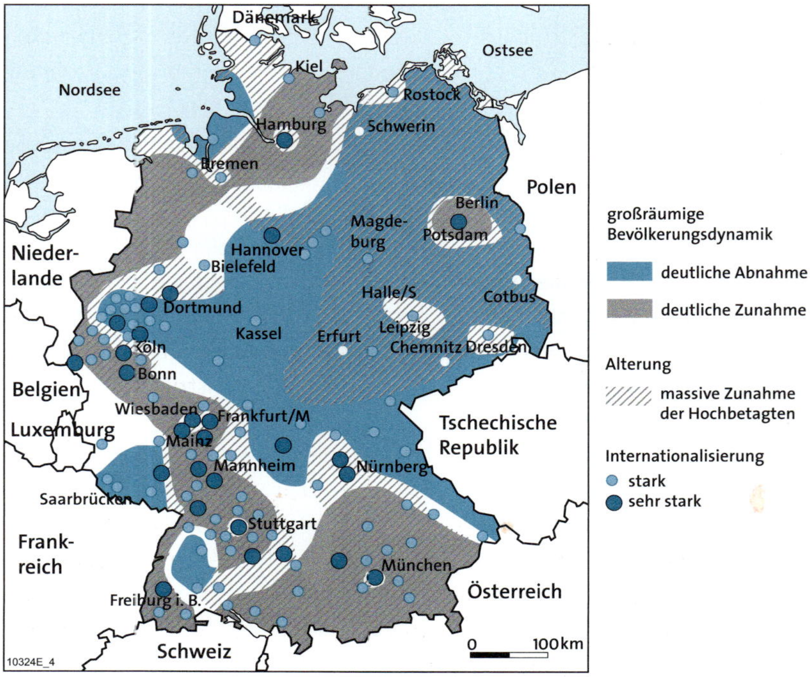

Abb. 3.7: Ausprägung von Komponenten des demografischen Wandels bis 2025
Quelle: BBR-Bevölkerungsprognose 2005–2025/bbw

3.4 Räumliche Disparitäten

Einführung und Überblick

Räumliche Disparitäten

Unter dem Begriff „räumliche Disparitäten" versteht man jene Unterschiede in der Entwicklung von Staaten bzw. Regionen, die sich entscheidend auf Lebenserwartung, Lebenschancen, Lebensstandard, Lebensqualität und Lebensstil ihrer Bewohner auswirken.

Wichtige Ursachen für die Entstehung räumlicher Disparitäten sind Ungleichheiten zwischen Staaten bzw. Regionen

- in der naturräumlichen Ausstattung (Klima, Böden, Ressourcen);
- in der infrastrukturellen Ausstattung (Autobahnen, schnelle Bahnverbindungen, Flughäfen, Güterverteilzentren, Datenautobahnen);
- in der zentralörtlichen Ausstattung (Dienstleistungs- und Versorgungsangebot, Arbeitsplatzangebot, Bildung und Kultur);
- in der wirtschaftlichen Entwicklung (Bedeutung der Wirtschaftssektoren, Branchenstruktur und -vielfalt);
- in den politischen Einfluss- und Durchsetzungsmöglichkeiten (Wählerpotenzial, damit Zahl der politischen Repräsentanten).

Räumliche Disparitäten sind historisch gewachsen und wirken sich nachhaltig – in Entwicklungsländern sogar existenziell – auf die Lebensbedingungen der Menschen in verschiedenen Staaten bzw. Regionen aus. Die räumlichen Disparitäten sind nicht statisch zu betrachten, sondern sie können sich durch selbstverstärkende wirtschaftliche Prozesse verschärfen oder aber durch neuere wirtschaftliche Entwicklungen verringern.

Auch durch das politische System eines Staates können räumliche Disparitäten eher verstärkt (Zentralismus) oder eher abgebaut werden (Föderalismus). Die Wirksamkeit von Raumplanung und Subventionen in Bezug auf den Abbau räumlicher Disparitäten ist aber durchaus umstritten.

Räumliche Disparitäten existieren auf verschiedenen räumlichen Ebenen: global, zwischen verschiedenen Staaten, regional, intraregional und – innerhalb von Städten – auch lokal. Im letzteren Fall spricht man von **sozialräumlichen Disparitäten**. Ihre Erfassung ist abhängig von der Qualität der statistischen Daten und ihrer räumlichen Basis. Die beiden Karten Abb. 3.7 und Abb. 3.8 bieten einen guten Überblick über das Problem der räumlichen Disparitäten in Deutschland. In beiden Karten ist die Hauptwirtschaftsachse von Köln bis nach München zu erkennen.

Wichtige ökonomische, soziale und demografische **Indikatoren** für die Beschreibung und Analyse räumlicher Disparitäten sind unter anderem folgende:

- BIP absolut und pro Einwohner
- Anteil der Wirtschaftssektoren am BIP
- Anteile der Beschäftigten in den Wirtschaftssektoren
- Branchenstruktur in Industrie und Dienstleistungen
- Arbeitslosenquote und Sozialhilfequote
- Lebenserwartung und Kindersterblichkeit
- Einwohner pro Krankenhaus/Arzt/Facharzt
- Analphabetenrate sowie Anteile mittlerer bzw. höherer Bildungsabschlüsse (z. B. Abitur oder Universitätsabschluss)
- Erreichbarkeit zentralörtlicher Einrichtungen (Entfernung in km bzw. Zeitaufwand)
- Bevölkerungszahl absolut und Bevölkerungsdichte
- Altersstruktur (Bevölkerungsaufbau)
- Natürlicher Bevölkerungssaldo (Geburten minus Sterberate) und Wanderungssaldo (Zuwanderung minus Abwanderung)

In der → Abb. 3.8 werden drei Raumkategorien unterschieden. Kriterien der Abgrenzung sind die Erreichbarkeit der Zentren, vor allem der wichtigeren Zentren mit bedeutenden Metropolfunktionen, und die Bevölkerungsdichte, die für die Entstehung eines kreativen Milieus (→ Seite 90) benötigt wird.

Der größte **Zentralraum** ist die Metropolregion Rhein-Ruhr im Westen, innerhalb derer Düsseldorf, Köln, Bonn und Essen die meisten Metropolfunktionen besitzen. Es folgen die Ballungsräume Rhein-Main um Frankfurt, Mittlerer Neckar um Stuttgart und München im Süden. Die meisten Metropolfunktionen besitzen im Norden Berlin, Hamburg und Hannover. Zu erwähnen ist auch noch Leipzig. Alle anderen Metropolregionen sind dagegen eher zweitrangig.

Zwischenräume haben eine hohe Bevölkerungsdichte und gute Verkehrsverbindungen zu den Zentren. In diesen Zwischenräumen, die auch als **intermediäre Räume** bezeichnet werden, sind die Lebensbedingungen oftmals besser als in den großen Zentren selbst mit ihren Umweltproblemen und sozialen Spannungen.

Peripherräume mit dünner Besiedlung und schlechter Verkehrsanbindung nehmen die größte Fläche in Deutschland ein. Sie haben keine bedeutenden Städte und gelten als **Passivräume**.

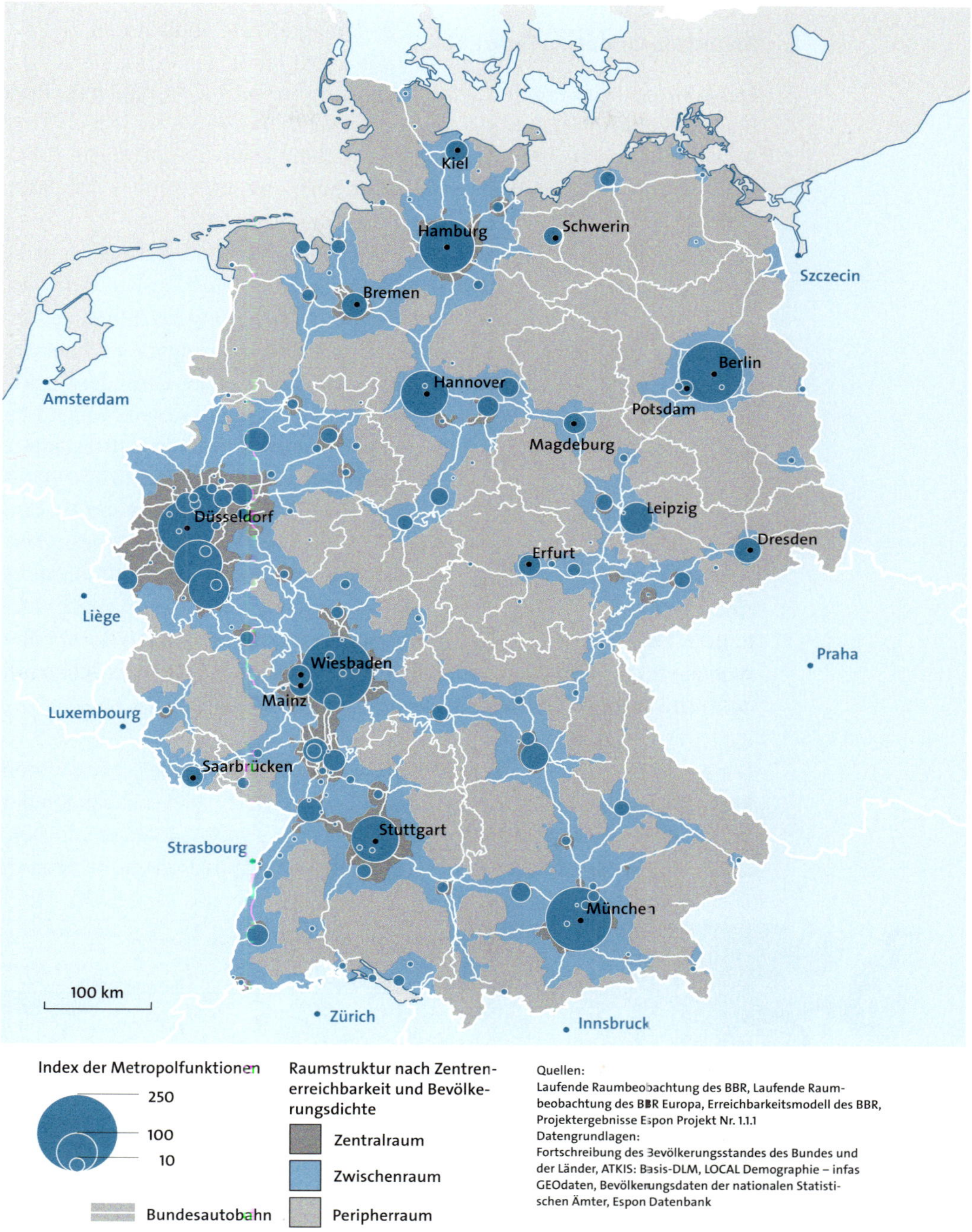

Quellen:
Laufende Raumbeobachtung des BBR, Laufende Raumbeobachtung des BBR Europa, Erreichbarkeitsmodell des BBR, Projektergebnisse Espon Projekt Nr. 1.1.1
Datengrundlagen:
Fortschreibung des Bevölkerungsstandes des Bundes und der Länder, ATKIS: Basis-DLM, LOCAL Demographie – infas GEOdaten, Bevölkerungsdaten der nationalen Statistischen Ämter, Espon Datenbank

Abb. 3.8: Metropolfunktionen von Städten
Quelle: BBR Bonn 2004 – Informationen zur Raumentwicklung – Heft 7.2005

Strukturwandel im Ruhrgebiet

Das Ruhrgebiet im engeren Sinne umfasst die polyzentrische **Agglomeration** – also den Ballungsraum mit vielen städtischen Zentren – zwischen Moers im Westen und Hamm im Osten. Dazwischen liegen als wichtigste Großstädte Duisburg, Essen, Bochum und Dortmund (→ Abb. 3.9 und → Abb. 3.10).

Um 1840, also vor Beginn der Industrialisierung, lebten im Ruhrgebiet etwa 230 000 Menschen. Die meisten von ihnen waren noch in der Landwirtschaft tätig. Erst mit der beginnenden Industrialisierung nach 1850 auf der Grundlage des Steinkohlenbergbaus stieg die Bevölkerungszahl schnell an, insbesondere durch die Zuwanderung von Arbeitskräften aus dem ostelbischen Preußen und aus dem heutigen Polen. Frühere Ackerbürgerstädte wie Essen, Bochum oder Dortmund entwickelten sich zu Industriestädten. So wuchs z. B. die Bevölkerungszahl der Stadt Essen von gut 10 000 (1852) über 65 000 (1885) und 230 000 (1905) auf ein Maximum von knapp 750 000 (1961). Seit 1961 ist die Bevölkerungszahl wieder auf 576 000 (2010) gesunken. Andere Städte entstanden quasi aus dem Nichts, so z. B. Oberhausen, das es 1852 noch nicht gab und dessen Bevölkerungszahl von 20 000 (1885) über 52 000 (1905) bis auf 257 000 (1961) stieg. Heute hat Oberhausen 214 000 Einwohner. Insgesamt leben heute im Ruhrgebiet rund 5,2 Mio. Menschen auf 4400 km^2 – die größte Ballung von Großstädten in Europa.

Die gesamte Agglomeration Rhein-Ruhr unter Einschluss der sogenannten **Rheinschiene** mit Düsseldorf, Köln und Bonn ist nach Paris und London der größte Ballungsraum in Europa. Sie besitzt aber – mit Ausnahme von Düsseldorf für Nordrhein-Westfalen – keine Hauptstadtfunktion und keine auch

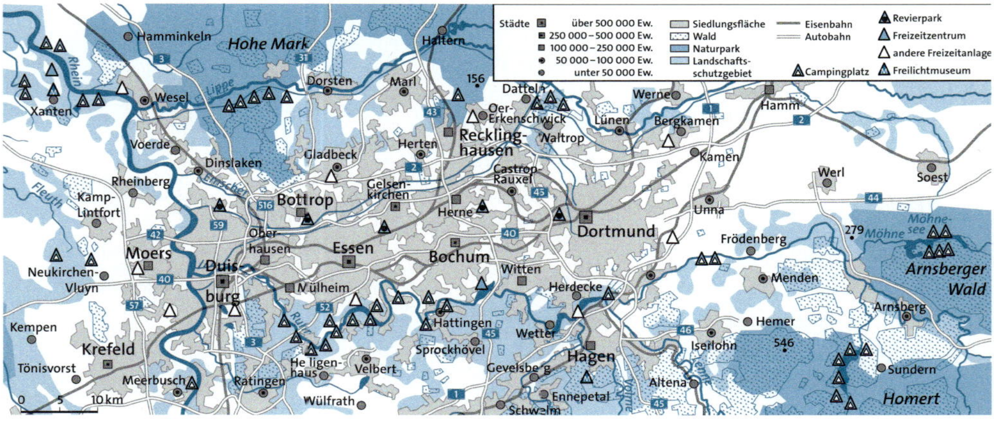

Abb. 3.9: Das Ruhrgebiet

nur ansatzweise vergleichbare politische oder wirtschaftliche Entscheidungskompetenz wie Paris oder London. Dazu kommt die administrative Zersplitterung in viele selbstständige Städte, Kreise und Gemeinden sowie die Zugehörigkeit zu verschiedenen Regierungsbezirken.

Nur wenige Großstädte des eigentlichen Ruhrgebiets haben bedeutende metropolitane Funktionen und spielen eine Rolle auch über ihren engeren Einzugsbereich hinaus, vor allem Essen und Dortmund. Lange Zeit wurden dem Ruhrgebiet Universitäten und Fachhochschulen vorenthalten, denn ein hoher Bildungsstand wurde in Preußen und danach im Dritten Reich als Gefahr für die bestehenden Herrschaftsverhältnisse angesehen. Erst 1965 begannen an der Ruhr-Universität in Bochum die ersten Lehrveranstaltungen. Doch auch der wirtschaftliche Strukturwandel – die industrielle Diversifizierung und die Tertiärisierung – wurde lange hinausgezögert, da er nicht im Interesse der vorherrschenden Montanindustrie lag. Die Angst vor Veränderungen leitete das wirtschaftliche und politische Handeln. Das Image des Ruhrgebiets wurde daher bis in die jüngere Vergangenheit durch den Steinkohlenbergbau und die Stahlindustrie geprägt (→ Abb. 3.10).

Die **Krise des Steinkohlenbergbaus** im Ruhrgebiet begann nach 1957 und hatte verschiedene Ursachen:

- Importkohle aus Übersee, zunächst vor allem aus den USA, war wesentlich leichter abzubauen – oft im Tagebau – und konnte daher trotz des weiten Transportweges noch im Ruhrgebiet billiger angeboten werden als die Ruhrkohle.
- Mit der Nordwanderung des Bergbaus im Ruhrgebiet musste die Kohle in immer größerer Tiefe abgebaut werden – derzeit bei mehr als 1000 Meter

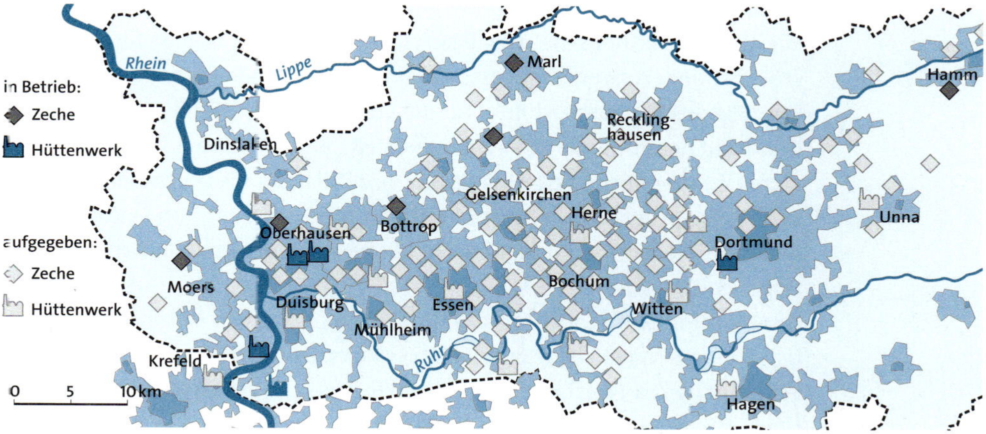

Abb. 3.10: Entwicklung der Zechen- und Hüttenstandorte im Ruhrgebiet

Tiefe. Außerdem sind die Kohle führenden Schichten, die **Flöze**, sehr dünn und kompliziert gelagert (Faltungen und Verwerfungen der Gesteinsschichten im Untergrund).

- Die Lohnkosten waren und sind im internationalen Vergleich sehr hoch.
- Die Nachfrage nach Kohle sank aufgrund des Einsatzes neuer Technologien in Kraftwerken, des sinkenden Koksbedarfs in der schrumpfenden Stahlindustrie und wegen der Elektrifizierung der Eisenbahn.
- Um 1970 war die Steinkohle als Energieträger vom Erdöl und um 1995 auch vom Erdgas überrundet worden.

Trotz hoher **staatlicher Subventionen** war und ist die Steinkohle auf dem heimischen Energiemarkt schon seit langem nicht mehr konkurrenzfähig. Lagen die Subventionen 1998 noch bei 5 Milliarden Euro pro Jahr, so wurden sie bis 2011 auf rund 2 Milliarden Euro pro Jahr heruntergefahren.

Standorttheorie nach WEBER

Am Beispiel der Eisen- und Stahlindustrie lässt sich die große Bedeutung der Transportkosten für die Standortwahl eines Unternehmens sehr gut aufzeigen. Der deutsche Ökonom ALFRED WEBER veröffentlichte im Jahr 1909 seine **grundlegende Standorttheorie**. Der sogenannte Transportkostenminimalpunkt liegt in der Regel zwischen Rohstoffquellen und Absatzmarkt (→ Abb. 3.11). Werden allerdings sogenannte Gewichtsverlustmaterialien für die Produktion benötigt, die hohe Transportkosten verursachen, so rückt der optimale Standort des Unternehmens näher an die Rohstoffquellen (Rohstofforientierung). Umgekehrt rückt bei Reingewichtsmaterialien mit relativ geringen Transportkosten der Produktionsstandort näher an den Absatzmarkt (Marktorientierung).

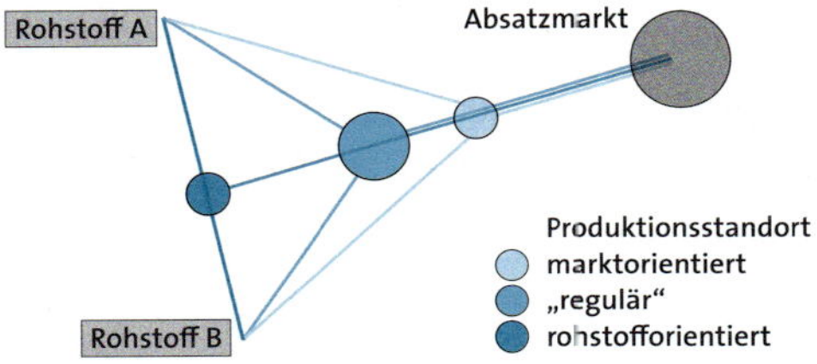

Abb. 3.11: Standortdreieck nach WEBER (verändert)

Für die „Schwerindustrie“ ergab sich im Laufe der Zeit infolge technologischer Veränderungen eine Verschiebung des optimalen Standorts:
Um 1850 wurden noch 4 t Koks für die Erzeugung von 1 t Roheisen benötigt. Daher lag der optimale Standort seinerzeit „auf der Kohle“. Im Ruhrgebiet waren das vor allem die Hellwegzone von Duisburg bis Dortmund.
Um 1900 wurden immer noch 2 t Koks für die Erzeugung von 1 t Roheisen benötigt. Die Eisen- und Stahlwerke blieben „auf der Kohle“ an ihren traditionellen Standorten.
Um 1950 wurde nur noch 1 t Koks für die Erzeugung von 1 t Roheisen benötigt, 1990 waren es sogar nur noch 0,5 t Koks. Die Hütten wanderten „dem Erz entgegen“ an Küstenstandorte wie Bremen. Zum günstigsten Hüttenstandort im Ruhrgebiet wurde Duisburg an der „Rheinschiene“.

Die **Krise der Eisen- und Stahlindustrie** begann ab 1975 mit einem deutlichen Rückgang der Nachfrage nach deutschem Stahl. Dieser Nachfragerückgang hatte verschiedene Ursachen:

- Viele Länder der Dritten Welt hatten nach der Unabhängigkeit eigene Stahlindustrien aufgebaut, so z. B. Indien. Daher gingen traditionelle Absatzmärkte verloren.
- Gleichzeitig stieg der Importanteil z. B. von Walzstahl auf dem deutschen Markt von 24 % (1973) auf fast 50 % (1993). Vor allem die staatlichen Subventionen der Stahlindustrie in Frankreich und Italien verzerrten den Wettbewerb innerhalb der EU.
- Auch regionale Subventionen der Stahlwirtschaft durch das Saarland (Saarstahl), Bayern (Maxhütte), Bremen (Klöckner) und Niedersachsen (Georgsmarienhütte) waren problematisch und erzwangen einen Schrumpfungs- und Konzentrationsprozess im Ruhrgebiet: Fusion Krupp – Klöckner 1984, Krupp – Hoesch 1991 und Krupp – Thyssen 1998.
- Gleichzeitig erfolgte eine Spezialisierung auf hochwertige Stahlsorten und eine räumliche Konzentration auf die Rheinschiene (Duisburg). Dort konnten die Eisenerze aus Übersee mit Schubschiffen von Rotterdam direkt zu Hochöfen transportiert werden.
- Nicht zuletzt wurde Stahl im Laufe der Zeit durch andere Materialien wie Kunststoffe, Keramik oder Aluminium ersetzt. Erst nach 2005 stieg die weltweite Nachfrage nach Stahl wegen des chinesischen Wirtschaftsbooms wieder an.

Abb. 3.12: Stillgelegte Zeche Zollverein (UNESCO-Welterbe)

Der **wirtschaftliche und soziale Strukturwandel** im Ruhrgebiet war einschneidend und kam in einigen Gebieten einer **Deindustrialisierung** gleich, ohne dass die entsprechende Zahl von Ersatzarbeitsplätzen im Tertiären Sektor geschaffen werden konnte. Prozentual ergab sich folgende Verschiebung der Anteile der **Wirtschaftssektoren** in Prozent (I = Primärer Sektor; II = Sekundärer Sektor; III = Tertiärer Sektor):

- 1960: I = 2 II = 61 III = 37
- 1980: I = 1 II = 52 III = 47
- 2010: I = 0 II = 28 III = 72

Parallel zum industriellen Schrumpfungsprozess sank die Bevölkerungszahl des Ruhrgebiets von 5,7 Mio. (1961) über 5,6 Mio. (1980) auf zuletzt 5,2 Mio. (2010). Für das Jahr 2020 wird mit einer Bevölkerungszahl von 5,0 Mio. gerechnet. Durch die Abwanderung besonders von jungen, gut ausgebildeten Menschen ergeben sich negative Folgen sowohl für die Bevölkerungsstruktur und -entwicklung als auch für die künftige wirtschaftliche Entwicklung der Region. Städten und Gemeinden gehen Kaufkraft und Steuereinnahmen

Abb. 3.13: Der Tetraeder – eine Landmarke auf einer Bergehalde (Abraumhalde)

verloren, gleichzeitig steigen die Ausgaben für Sozialhilfeempfänger. Zukunftsinvestitionen in die Infrastruktur sind nur noch eingeschränkt möglich, sodass die Wettbewerbsfähigkeit des Ruhrgebiets im Vergleich mit anderen deutschen und europäischen Regionen abnimmt. Besonders betroffen von einer hohen Arbeitslosigkeit sind Duisburg, Gelsenkirchen und Dortmund mit einer Arbeitslosenquote von 13 % und mehr (2010). Damit ist die Problematik der hohen Arbeitslosigkeit im Ruhrgebiet durchaus vergleichbar mit der in den neuen Bundesländern.

Ursprünglich aufbauend auf der Kohlechemie, haben sich an einigen Standorten im Norden des Ruhrgebiets chemische Industrien entwickelt. Diese wurden zumeist in petrochemische Betriebe mit dem Grundstoff Erdöl umgewandelt. Wichtig ist weiterhin die „Verstromung“ der Kohle, also ihre Umwandlung in elektrische Energie in Kohlekraftwerken. Große Energiekonzerne im Ruhrgebiet sind heute EON-Ruhrgas, die Ruhrkohle AG (RAG) und die Rheinisch-Westfälischen Elektrizitätswerke (RWE) mit Verwaltungssitz in Essen. In Essen werden 60 % des deutschen Energieverbrauchs abgerechnet.

Auf der **Tertiärisierung des Ruhrgebiets** ruhen die größten Hoffnungen für die Zukunft. Mit erheblichen Anstrengungen wurde eine dichte Hochschullandschaft geschaffen. Nach der Ruhr-Universität Bochum (s. o.) entstanden die Universität Dortmund und die Gesamthochschulen Essen und Duisburg. Letztere wurden zur Universität Duisburg-Essen zusammengelegt. 1974 wurde die FernUniversität Hagen gegründet, mit bundesweit 75 000 eingeschriebenen Studierenden (2011) die größte Hochschule nicht nur des Ruhrgebiets, sondern ganz Deutschlands. Zu den sechs Universitäten kommen die Folkwang-Hochschule für Musik, Theater und Tanz in Essen sowie acht Fachhochschulen mit Abteilungen in verschiedenen Städten des Ruhrgebiets. Damit entstand hier die dichteste Hochschullandschaft in Europa mit über 160 000 Studierenden. Von diesen stammen 80 % aus der Region, 10 % kommen aus dem Ausland. Allerdings hat nur etwa ein Drittel der Unternehmen im Ruhrgebiet Kontakte zu den Forschungsbereichen von Hochschulen, die meisten von ihnen sogar nur zu Hochschulen außerhalb des Ruhrgebiets. Trotz der zahlreichen Technologie- und Gründerzentren im Ruhrgebiet mangelt es daher weiterhin an einer sinnvollen Zusammenarbeit von Wirtschaft und Forschung im Ruhrgebiet.

Dagegen begann während der Laufzeit der Internationalen Bauausstellung (IBA) Emscherpark von 1989 bis 1999 die konsequente Umwandlung des Ruhrgebiets in eine **Freizeit- und Erholungslandschaft**. Dazu gehörte die Einrichtung des Emscher Landschaftsparks mit einer Fläche von 320 km^2, n dem die Emscher ökologisch umgebaut wurde, Biotop-Verbundsysteme geschaffen, Industriebrachen entsiegelt und renaturiert wurden sowie Industriedenkmäler erhalten und nachgenutzt werden. Image-Kampagnen des Kommunalverbandes Ruhrgebiet (KVR) zielen auf eine veränderte Außenwahrnehmung des Ruhrgebiets.

Das bekannteste Beispiel für die jüngste Entwicklung im Ruhrgebiet ist die „Neue Mitte Oberhausen", mit der Kurzbezeichnung „CentrO". Auf der Fläche eines 1979 stillgelegten Stahlwerks entstand ein Einkaufszentrum mit drei Warenhäusern und 200 Einzelhandelsgeschäften als **Urban Entertainment Center (UEC)**.

Dieses Einkaufszentrum auf einer Industriebrache ersetzt eine innerstädtische Einkaufszone und übernimmt zentralörtliche Funktionen, ähnlich wie eine nordamerikanische Mall (vgl. S. 153).

Das **Flächendiagramm** (→ Abb. 3.14) zeigt die Entwicklung der Beschäftigtenanteile in den drei Wirtschaftssektoren:

- Primärer Sektor: Land- und Forstwirtschaft, Fischfang sowie – nicht immer – Bergbau
- Sekundärer Sektor: Bergbau (s. o.) und Energie, Handwerk und Industrie
- Tertiärer Sektor: Verkehr, Handel und Dienstleistungen

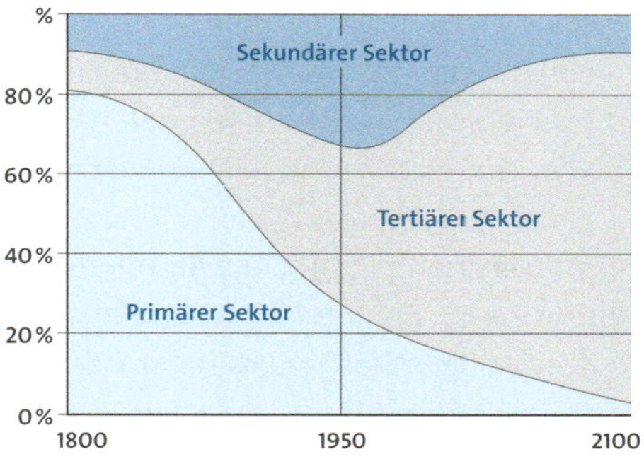

Abb. 3.14: Entwicklung der Beschäftigtenanteile in den Wirtschaftssektoren (nach FOURASTIÉ)

Die Zuordnung des Bergbaus ist wegen des hohen technischen Aufwands nicht immer eindeutig. Dennoch lässt sich aus dem Diagramm die vom französischen Wirtschaftswissenschaftler Fourastié zwischen 1952 und 1954 entwickelte Theorie der Veränderung der Beschäftigtenstruktur ablesen:

- Der Anteil der Beschäftigten im Primären Sektor war demnach von 80 % im Jahr 1800 auf 25 % im Jahr 1950 gesunken und soll bis zum Jahr 2100 auf unter 5 % sinken.
- Der Anteil der Beschäftigten im Sekundären Sektor war von 10 % im Jahr 1800 auf etwa 30 % im Jahr 1950 gestiegen und soll schließlich wieder auf etwa 10 % sinken.
- Der Anteil der Beschäftigten im Tertiären Sektor war von 10 % im Jahr 1800 auf 40 % im Jahr 1950 gestiegen. 2100 soll der Anteil bei 85 % liegen.

Da das Modell am Beispiel Frankreichs entwickelt wurde, ist es nicht ohne weiteres auf andere Staaten übertragbar, zeigt aber allgemeine Tendenzen des **Strukturwandels**.

High-Tech-Region München

Im Unterschied zum Ruhrgebiet ist München ein Verdichtungsraum mit nur einem großstädtischen Kern, es dominieren im Gegensatz zum Ruhrgebiet die sogenannten **weichen Standortfaktoren** (→ Abb. 3.15). Im Falle von München sind dies insbesondere die hohe Lebensqualität (Freizeitwert, Kulturangebot und immer noch der Wohnwert) sowie das positive Image als Wirtschaftsstandort. Nach den Ergebnissen der verschiedenen PISA-Studien gehört sicherlich auch das Bildungsangebot (Schulen und Universitäten) zu den wichtigen weichen Standortfaktoren. Zusätzlich zu den in → Abb. 3.15 genannten weichen Standortfaktoren sind auch die Agglomerations- und Fühlungsvorteile in der Region München zu nennen:

- **Agglomerationsvorteile** sind Standortvorteile für Unternehmen unterschiedlicher Branchen, die sich bei der Ansiedlung in einem Ballungsraum oder an dessen Rand durch das Vorhandensein hoch spezialisierter zentralörtlicher Einrichtungen ergeben, wie z.B. Universitäten und Technische Hochschulen, verschiedene große Bankinstitute, Steuer- und Finanzberater, Werbeagenturen und Logistik-Unternehmen. Dazu kommen die Marktnähe (z.B. als Testmarkt), ein großes Angebot von Arbeitskräften und besonders von Hochschulabsolventen sowie gute Verkehrsverbindungen (in München etwa der internationale Flughafen).
- **Fühlungsvorteile** sind Standortvorteile für Unternehmen derselben Branche, die sich am gleichen Standort ansiedeln. Diese ergeben sich aus dem Vorhandensein eines spezialisierten Angebots von Arbeitskräften und von hoch spezialisierten Zulieferbetrieben, Dienstleistungs- und Transportunternehmen, die sich auf diese Branche eingestellt haben.

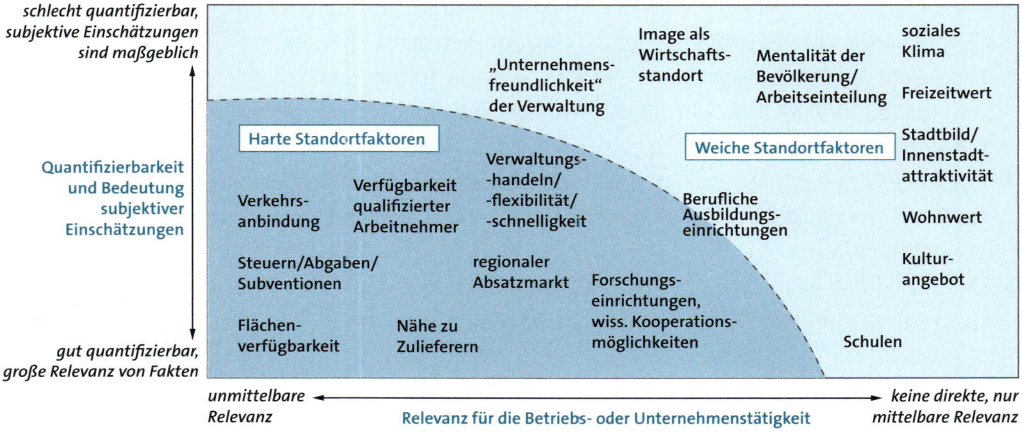

Abb. 3.15: Kontinuum der harten und weichen Standortfaktoren

In München hat sich beginnend mit der Ansiedlung des ursprünglich in Berlin ansässigen Siemens-Konzerns nach dem Zweiten Weltkrieg ein **High-Tech-Cluster** gebildet, eine räumliche Konzentration von Hochtechnologie-Unternehmen vor allem der folgenden drei Branchen:

- Biotechnologie (Biochemie und Gentechnik)
- Informationstechnologie (Information, Kommunikation und Software-Entwicklung)
- Luft- und Raumfahrttechnologie

Innerhalb solcher Cluster ist aufgrund der räumlichen Nähe die **Bildung vertikaler und horizontaler Netzwerke** leichter möglich. Dabei arbeiten die Groß- und Kleinunternehmen gleicher (horizontale Kooperation) bzw. aufeinanderfolgender (vertikale Kooperation) Produktionsstufen eng zusammen. Ein hohes Innovationspotenzial entsteht innerhalb eines Clusters sowohl durch intensive Kommunikation und Kooperation zwischen allen Unternehmen der gesamten Wertschöpfungskette eines Technologiebereichs, als auch durch den hohen Wettbewerbsdruck, der von der Nähe der Konkurrenz ausgeht. Die meisten High-Tech-Betriebe im Raum München (über 500) haben ihren Standort in der Stadt München. Dazu kommen viele Betriebe im Umland (30-km-Radius, → Abb. 3.16).

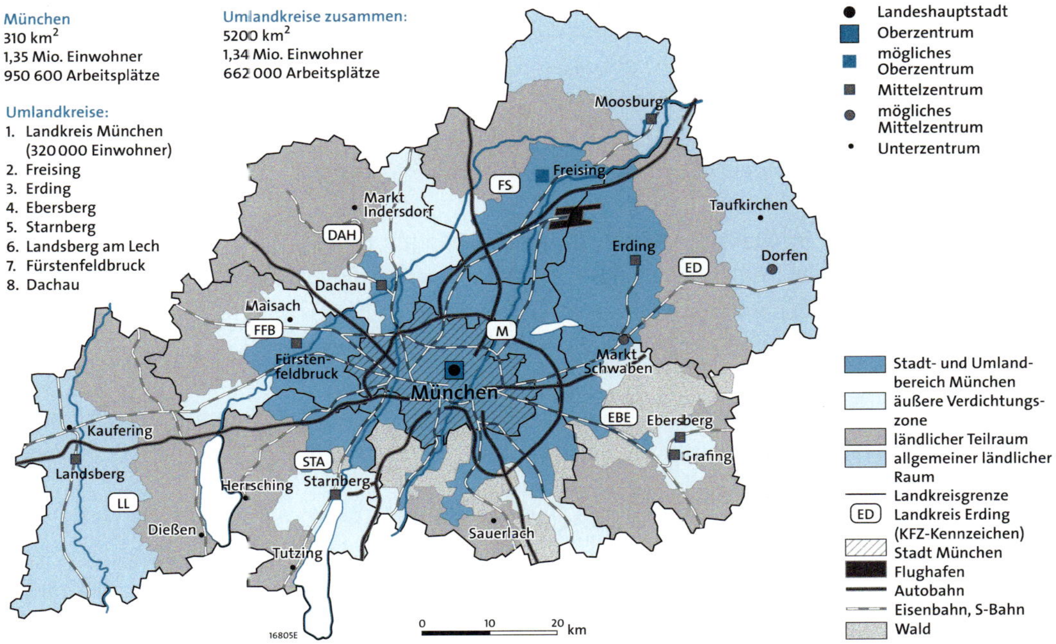

Abb. 3.16: Ballungsraum München
Quelle: nach Planungsverband Äußerer Wirtschaftsraum München 2008 (vereinfacht)

München ist auch als Standort des Tertiären Wirtschaftssektors bedeutend: 82 Prozent aller Beschäftigten in der Stadt München sind in diesem Bereich tätig. 22 Prozent aller Beschäftigten arbeiten im Bereich Grundstückswesen, Beratung, Dienstleistungen für Unternehmen, 18 Prozent im Bereich Handel, Gastgewerbe, Verkehr, 11 Prozent im Bereich Gesundheit und Soziales. Die Finanz- und Versicherungsdienstleistungen beschäftigen gut 8 Prozent. Ein hoher Anteil von Beschäftigten in den unternehmensbezogenen Dienstleistungen sowie bei Banken und Versicherungen gilt als Merkmal von Metropolen, daher spricht man auch von **metropolitanen Funktionen**. In Amerika hat sich der Begriff **FIRE-Sektor** durchgesetzt (*Finance, Insurance and Real Estate* = Finanzen, Versicherungen und Immobilien), der besonders hochwertige Tätigkeiten mit hohen Umsätzen kennzeichnet. Als Finanzplatz steht München heute nach Frankfurt an zweiter Stelle in Deutschland, mit aufsteigender Tendenz. Die zweitgrößte Bank, die Hypo-Vereinsbank, hat hier ihren Sitz. Und die drittgrößte Bank, die Dresdner Bank, wird nach ihrer Übernahme durch die Allianz von München aus gelenkt. Mit der Allianz und der Munich Re haben zwei der größten Versicherungsunternehmen der Welt ihren Hauptsitz in München. Außerdem werden im bundesweiten Vergleich im Raum München die höchsten Grundstücks- und Immobilienpreise bezahlt.

Neben dem Begriff FIRE-Sektor ist auch der Begriff ICE-Sektor geläufig – als Abkürzung für „Intellectual, Cultural and Educational Assets“ (= kreatives Milieu: Intellektuelle, Kulturschaffende und im Bildungsbereich Tätige).

Mehrere Universitäten und Fachhochschulen mit zusammen etwa 95 000 Studierenden machen München zu einem der bedeutendsten Zentren für Bildung und Forschung in Deutschland – auf qualitativ hohem Niveau mit internationalem Ruf. Dazu kommen staatliche und private Forschungsinstitute sowie das Universitätsklinikum. Auch das Europäische Patentamt ist ein wichtiger Wirtschaftsfaktor.

Im **Städtetourismus** steht München mit rund 11 Millionen Übernachtungen in Deutschland an zweiter Stelle nach Berlin (ca. 21 Mio.) und vor Hamburg (ca. 9 Mio.). Wichtigstes Großereignis ist das Oktoberfest mit knapp 7 Millionen Besuchern jedes Jahr. Auch als **Kulturzentrum** spielt München eine wichtige Rolle:

- München als ehemalige bayerische Residenzstadt besitzt Prachtstraßen, repräsentative Gebäude und Adelspalais, die noch heute das Stadtbild prägen.
- In der Innenstadt konzentrieren sich auf engem Raum viele öffentliche Theater mit hohen Besucherzahlen und mit hoher Auslastung.
- Die bekanntesten Museen sind das Deutsche Museum, eines der größten technischen Museen der Welt, sowie Kunstmuseen und Museen der bildenden Künste.
- Die Bayerische Staatsbibliothek ist die größte Bibliothek in Deutschland.

Peripherraum Mecklenburg-Vorpommern

Mit durchschnittlich 75 Ew./km² ist Mecklenburg-Vorpommern das am dünnsten besiedelte Bundesland. Rechnet man noch die größeren Städte Schwerin, Wismar, Rostock, Stralsund, Greifswald und Neubrandenburg heraus, so ergibt sich für viele Landkreise eine Bevölkerungsdichte von weniger als 50 Ew./km². Dies ist der kritische Schwellenwert für eine flächendeckende **Versorgung der Bevölkerung** (Arbeit, Bildung, Einkauf) im nächstgelegenen zentralen Ort in einer zumutbaren Entfernung, das heißt mit einem bestimmten maximalen Zeitaufwand (ÖPNV oder Pkw). Die Aufrechterhaltung akzeptabler **Verkehrsverbindungen** (ÖPNV, Bau und Unterhaltung von Straßen) wird mangels Auslastung sehr teuer.

Gleiches gilt für die **Verwaltung**. So wurde im Jahr 2011 – nach der ersten Gebietsreform der 1990er-Jahre, bei der zahlreiche kleinere Kreise aus der DDR-Zeit zusammengelegt wurden, eine zweite Gebietsreform beschlossen, die als Ergebnis nur noch fünf große Landkreise für ganz Mecklenburg-Vorpommern vorsieht (→ Abb. 3.17). In Westmecklenburg werden mehrere Landkreise und die kreisfreie Stadt Wismar zusammengelegt werden. In Vorpommern entsteht aus vier Landkreisen zwei große Landkreise mit den Hauptstädten Stralsund bzw. Greifswald. Auch mit dieser Gebietsreform, die allerdings den Zeitaufwand für die Bürger bei Behördengängen erhöht, bleiben die Herausforderungen für die Zukunft groß: So soll sich allein in Vorpommern bis zum Jahr 2020 die Bevölkerungszahl um 16,7 % verringern. In der Karte der prognostizierten Bevölkerungsentwicklung ist ein deutliches **West-Ost-Gefälle** zu erkennen, was unter anderem mit der zunehmenden Entfernung der nordöstlichen Gebiete Mecklenburg-Vorpommerns von den benachbarten westlichen Bundesländern Schleswig-Holstein (über die Autobahn A 24 auch Hamburg) und Niedersachsen erklärt werden kann. Viele jüngere Menschen haben den Nordosten ganz verlassen.

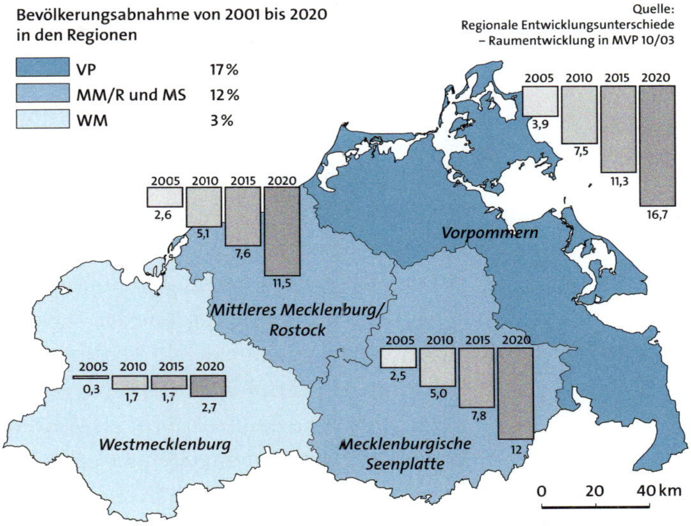

Abb. 3.17: Bevölkerungsentwicklung 2001 – 2020

Auf dem **Tourismus als Entwicklungsfaktor** liegen große Hoffnungen für die Zukunft Mecklenburg-Vorpommerns. Dabei könnten sich die geringe Bevölkerungsdichte und der hohe Anteil naturnaher Flächen als wichtigstes Kapital erweisen. In Mecklenburg-Vorpommern werden verschiedene touristische **Schwerpunkträume** unterschieden:

- Die Mecklenburgische Ostseeküste reicht von der Lübecker Bucht im Westen bis zur Halbinsel Zingst im Osten.
- Die Vorpommersche Ostseeküste umfasst die touristisch erschlossenen Küstenbereiche der Inseln Rügen und Usedom.
- Die Mecklenburgische Seenplatte erstreckt sich im Binnenland von Schwerin im Westen nach Neubrandenburg im Osten und schließt den Nationalpark Müritz (Müritz = slawisch für „Kleines Meer“) mit ein.
- Dazu kommen sehenswerte Städte, wie z. B. die alte Residenzstadt Schwerin und die Hansestädte Wismar und Stralsund, die zum Weltkulturerbe der UNESCO gehören.

Allerdings ist die Auslastung der touristischen Einrichtungen und damit auch die Belastung der Natur noch sehr unterschiedlich. Während sich an der Ostseeküste bereits Überlastungserscheinungen zeigen, leiden die Gebiete im Binnenland unter einer zu geringen Auslastung.

Das **touristische Potenzial einer Region** wird mithilfe von drei Kategorien analysiert:

① Das **natürliche Angebot** umfasst die für den Tourismus relevante Naturausstattung einer Region. Dazu gehören z. B. Meeresküsten, Binnenseen, Flüsse, Flora und Fauna eines Gebietes (z. B. besondere Vegetationsformationen oder seltene Tierarten), Gesteinsformationen und die **Reliefenergie**. Unter dem Begriff Reliefenergie werden die Höhenunterschiede (Steigung des Geländes) in einer Region zusammengefasst. Besondere Naturlandschaften werden vor allem in Nationalparken geschützt.

② Das **anthropogene Angebot** beinhaltet die vom Menschen im Laufe der Geschichte geschaffenen Kulturlandschaften, Städte, Dörfer und Baudenkmäler. Manche Landschaften sähen ohne menschliche Eingriffe eher langweilig aus. Interessante Kulturlandschaften sind durch einen kleinräumigen Wechsel von Wiesen, Weiden, Feldern und Wäldern geprägt. Besonders erhaltenswerte Natur- und Kulturlandschaften werden zusammen in **Biosphärenreservaten der UNESCO** geschützt, wertvolle Städte, Dörfer und Baudenkmäler als **Weltkulturerbe** der UNESCO.

③ Zum **abgeleiteten Angebot** gehören alle für den Tourismus geschaffenen Einrichtungen wie Feriendörfer, Hotels, Restaurants, Rad-/Reitwege, Golfplätze, Freizeitparks. Der Standard des abgeleiteten Angebots ist wichtig für das **Image einer Region**.

Tourismus in Deutschland

Die Karte zeigt die räumlichen Schwerpunkte des Tourismus in Deutschland nach Verwaltungseinheiten (Land- bzw. Stadtkreise).

- Mehr als 5 Millionen Übernachtungen jährlich erzielen die Landkreise Nordfriesland, Ostholstein, Rügen und Oberallgäu sowie die Millionenstädte Berlin, München und Hamburg. Dazu kommt Frankfurt.
  Eine Besonderheit Hamburgs ist der Kreuzfahrttourismus, der zwar nicht zu den Übernachtungszahlen beiträgt, aber die Kaufkraft erhöht.
- Weitere räumliche Schwerpunkte mit 2 bis 5 Millionen Übernachtungen finden sich an der Nord- und Ostseeküste, in verschiedenen Mittelgebirgsregionen (Atlas) sowie in den Alpen und im Alpenvorland.
  Dazu kommen verschiedene, touristisch attraktive Großstädte.
- Mehr als 1 Million Übernachtungen jährlich haben die Landkreise Müritz (Mecklenburgische Seenplatte), Soltau-Fallingbostel mit dem Heidepark, mehrere Kreise in der Eifel und im Bayerischen Wald oder Großstädte wie Leipzig und Bremen.

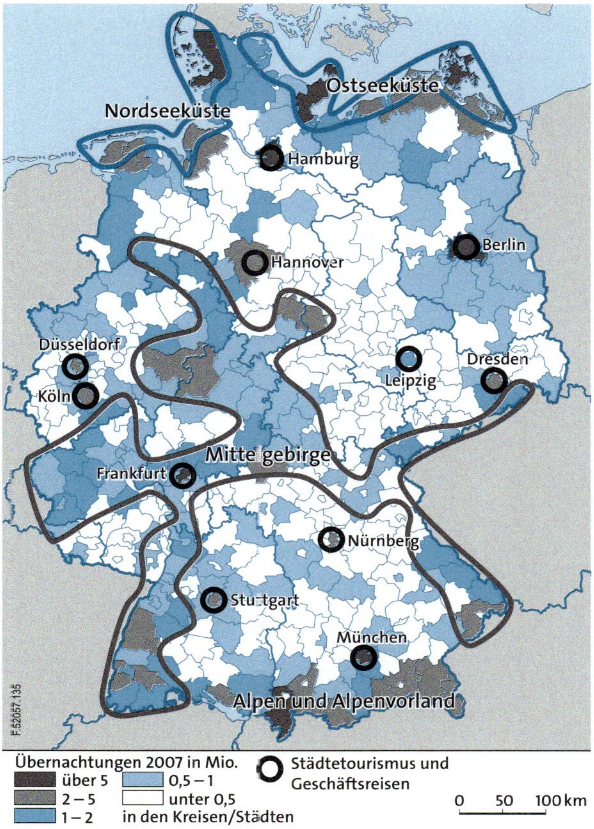

Abb. 3.18: Touristische Großräume und Reisegebiete

Bundesländer: Übernachtungen 2010 (nur in registrierten Beherbergungsbetrieben ohne Campingplätze), Anteile in Prozent:

Bayern	20,5
Baden-Württemberg	11,4
Nordrhein-Westfalen	11,1
Niedersachsen	10,1
Hessen	7,4
Mecklenburg-Vorpommern	7,3
Schleswig-Holstein	6,4
Berlin	5,5
Rheinland-Pfalz	5,4
Sachsen	4,4
Brandenburg	2,8
Thüringen	2,5
Hamburg	2,4
Sachsen-Anhalt	1,8
Saarland	0,6
Bremen	0,5

Quelle: Statistisches Bundesamt – Tourismus in Zahlen 2010

3.5 Zentrale Orte und Metropolen

Die Bedeutung von Städten hängt nicht automatisch von ihrer Größe ab, sondern vor allem von den Funktionen für ihre Einwohner selbst und für die Bewohner des Umlandes, ihres **Einzugsbereichs**. Städte besitzen also einen Bedeutungsüberschuss, der Fachbegriff dafür lautet **Zentralität**. Die Theorie der Zentralen Orte untersucht die Funktionen von Städten und ihre Stellung in der **zentralörtlichen Hierarchie** einer Region, eines Staates und darüber hinaus auch supranational (z. B. europäische Metropolen) oder weltweit (Global Cities). Seit Mitte der 1990er-Jahre gelten Städte mit Metropolfunktionen als höchste Stufe der zentralörtlichen Hierarchie in Deutschland. Sie haben nationale und vor allem auch internationale Verflechtungen. Ihr Einzugsbereich wird als **Metropolregion** bezeichnet und hat mehrere Millionen Einwohner. Die Metropolregion Hamburg z. B. wurde 2012 erweitert. Sie umfasst jetzt rund 26 000 km² und mehr als 5 Millionen Einwohner in Hamburg, Schleswig-Holstein, Niedersachsen und Mecklenburg-Vorpommern. Die Zusammenarbeit umfasst die Bereiche Planung, Verkehrsinfrastruktur, Umweltschutz, Tourismus und Marketing.

Zum Vergleich: Die Metropolregion Berlin-Brandenburg hat eine Fläche von rund 30 000 km² und knapp 6 Millionen Einwohner.

Metropolen haben folgende Funktionen:

- **Entscheidungs- und Kontrollfunktionen:** Unternehmenszentralen nationaler oder transnationaler Unternehmen (Global Player) haben hier ihren Sitz. Dazu kommen staatliche oder regionale Regierungsfunktionen und Verwaltungen sowie unter Umständen supranationale Organisationen wie die Europäische Zentralbank in Frankfurt.
- **Funktion als Innovationszentrum:** Durch die hohe Dichte von Wissenschafts- und Forschungseinrichtungen sowie wissensintensiver Dienstleister entsteht ein hohes Innovationspotenzial. Außerdem ist ein vielfältiges kulturelles Angebot vorhanden. Aus einem „kreativen Milieu" heraus mit vielen persönlichen Kontakten entstehen Innovationen.
- **Gateway-Funktionen:** Eine gute nationale und internationale Erreichbarkeit durch eine hochrangige Verkehrsinfrastruktur (Flughafen, Autobahnknoten, ICE-Haltepunkt, Datenautobahnen) muss gegeben sein. Medien und Kongresse sollten eine große Rolle spielen für den Zugang zu Wissen. Als Zugang zu Märkten dienen vor allem nationale und internationale Messen und Ausstellungen.

In Deutschland gibt es neben **monozentrischen Metropolregionen** (Berlin, Hamburg und München) auch **polyzentrische Metropolregionen** wie Rhein-Ruhr und Rhein-Main (→ Abb. 3.8).

Theorie der Zentralen Orte

Die Theorie der Zentralen Orte wurde 1933 vom deutschen Geografen WALTER CHRISTALLER entwickelt. Sie fand nach dem Zweiten Weltkrieg internationale Verbreitung und Anerkennung und wurde auch für die Raumplanung nutzbar gemacht. Ein Zentraler Ort versorgt demnach nicht nur die eigene Bevölkerung, sondern auch die Bevölkerung seines Umlandes, des sogenannten Einzugsbereiches, mit Gütern und Dienstleistungen. Er besitzt also einen Bedeutungsüberschuss (= Zentralität).
Die Einzugsbereiche sind umso größer, je spezialisierter eine zentralörtliche Einrichtung ist. Somit entwickelt sich eine zentralörtliche Hierarchie, eine Abstufung der Zentralen Orte nach ihrer Bedeutung.

- Oberzentrum = Standort hochwertiger, spezialisierter zentraler Einrichtungen im wirtschaftlichen, politischen, sozialen und kulturellen Bereich. Mindestens 100 000 Einwohner im Zentralen Ort und 250 000 – 500 000 Einwohner im Verflechtungsbereich (Erreichbarkeit in maximal 90 Minuten mit dem ÖPNV).
- Mittelzentrum = Standort zentraler Einrichtungen, die ein vielfältiges Infrastrukturangebot für Bevölkerung und Wirtschaft mit regionaler Bedeutung bereitstellen. Mindestens 10 000 Einwohner im Zentralen Ort und 20 000 – 40 000 Einwohner im Verflechtungsbereich (Erreichbarkeit in maximal 60 Minuten mit dem ÖPNV).
- Grundzentrum = Standort wesentlicher Versorgungseinrichtungen zur Grundversorgung der Bevölkerung. Mindestens 2000 Einwohner im Zentralen Ort und 5000 Einwohner im Verflechtungsbereich (Erreichbarkeit in maximal 30 Minuten mit dem ÖPNV).

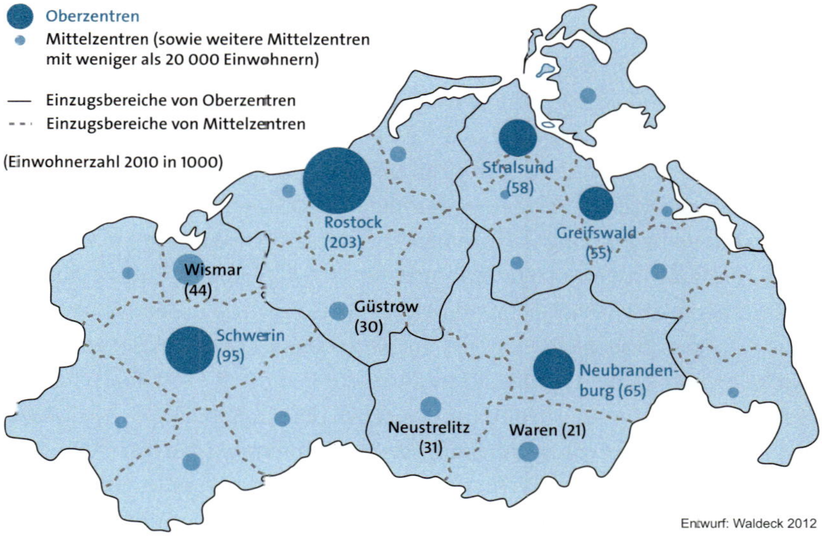

Abb. 3.19: Wichtige Zentrale Orte in Mecklenburg-Vorpommern

3.6 Stadtentwicklung in Deutschland – Berlin

Zwischen 1150 und 1250 entstanden auf Initiative von Kaiser oder Territorialherrschern planmäßig angelegte Städte östlich der Elbe-Saale-Linie im Rahmen der so genannten Ostkolonisation, der planmäßigen Besiedlung überwiegend von Slawen bewohnter Gebiete. Der große, fast quadratische Markt bildete den Mittelpunkt der Städte im Osten, das Straßennetz war annähernd oder streng geometrisch angelegt. Das heutige Berlin entstand an Handelswegen über die Spree im Rahmen der Ostkolonisation aus den beiden Städten Berlin im Nordosten und Cölln im Südwesten des Spreeübergangs. Urkundlich als Städte erwähnt wurden Berlin und Cölln erstmals um 1240.

Vom 16. bis zum 18. Jahrhundert, im Zeitalter der Renaissance bzw. später während des Absolutismus, entstanden vor allem planmäßig angelegte Residenzstädte. Auch vorhandene Städte wurden umgestaltet und erhielten als Ausdruck des Herrschaftsanspruchs geometrische Formenelemente. Die wichtigsten Straßenachsen wurden auf das Schloss als Machtzentrum ausgerichtet, wie z. B. in Karlsruhe. Park- und Gartenanlagen wurden nach französischem Vorbild streng geometrisch angelegt. Breite Alleen durchzogen die Stadt, wie beispielsweise in Berlin der Kurfürstendamm. Die Stadtbefestigungen wurden nach dem Vorbild des französischen Festungsbaumeisters Vauban mit Bastionen ausgestattet. Da Berlin etwa um 1450 Residenzstadt geworden war, sind auf einem Stadtplan von 1786 noch die Reste des Vaubanschen Festungsringes um Berlin und Cölln zu erkennen.

Im 19. und bis zur Mitte des 20. Jahrhunderts wuchsen die Städte in Deutschland vorrangig durch die Industrialisierung, so auch Berlin. Der wachsende Arbeitskräftebedarf zog zahlreiche Zuwanderer aus peripheren ländlichen Regionen an. Dazu kam die hohe Geburtenrate bei gleichzeitig sinkender Sterberate seit der Mitte des 19. Jahrhunderts. Die Großstädte wuchsen ins Umland. Erst durch die Eingemeindungen von 1920 erhielt Berlin seine heutige Flächenausdehnung von rund 890 km^2. Bis 1943 stieg die Bevölkerungszahl der Stadt in den neuen Stadtgrenzen auf 4,5 Millionen, das bisherige absolute Maximum. Neben der Industrialisierung spielte in Berlin die Hauptstadtfunktion eine wichtige Rolle. Gravierende Einschnitte in der Stadtentwicklung waren die flächenhaften Zerstörungen durch die alliierten Bombenangriffe im Zweiten Weltkrieg und durch die Straßenkämpfe 1945 sowie die anschließende Teilung der Stadt, besiegelt mit dem Mauerbau von 1961. Erst nach der deutschen Wiedervereinigung von 1990 beginnt eine normale Stadtentwicklung mit einer Suburbanisierung von Wohn- und Gewerbeflächen ins nähere brandenburgische Umland.

Beispiel: Berlin Kreuzberg

Der Stadtteil Berlin-Kreuzberg gehört zum sogenannten **Wilhelminischen Mietshausgürtel**, der sich von 1850 bis 1900 entwickelte und ringförmig um den historischen Kern legte. Die Bevölkerungsdichte liegt hier noch heute bei über 16000 Ew./km². Ursprünglich war Kreuzberg 1840 als Luisenstadt mit einem abwechslungsreichen Grundrissplan entworfen worden, der interessante Plätze, Grünflächen und Sichtachsen vorsah. Durch Grundstücks- und Wohnungsspekulanten wurde nicht nur die geschlossene Blockrandbebauung mit vier- bis fünfgeschossigen Mietshäusern hochgezogen, sondern auch die Seitenflügel und Quergebäude um den engen Hinterhof (siehe Grundrissplan). Dadurch und durch die Aufteilung sowie Überbelegung der einzelnen Wohnungen entstanden die hohen Wohndichten und die menschenunwürdigen Wohnverhältnisse.

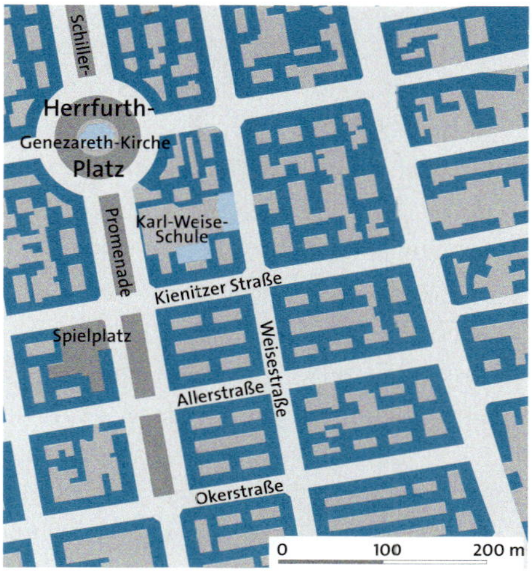

Abb. 3.20: Grundrissplan Kreuzberg heute

Gebaut für das ärmere Bürgertum Berlins, das durch die Expansion der City aus dem Stadtkern verdrängt wurde, sowie für Zuwanderer aus den ländlichen Provinzen, waren die Wilhelminischen Mietshäuser reine Renditeobjekte mit minimalen Wohnstandards. Zahlreiche Hinterhof- und Stockwerksfabriken verschlechterten das Wohnumfeld und damit die Lebensbedingungen in der damals „größten Mietskasernenstadt der Welt" zusätzlich. Nach dem Zweiten Weltkrieg entwickelte sich Kreuzberg – wie Wedding im Norden – zum Ziel ausländischer Immigranten mit der Tendenz zur **Ghettobildung**. Durch Sanierungsprogramme wurde zwar die Wohnsituation verbessert, allerdings wurden auch ärmere Mieter verdrängt.

Die Karte in Abb. 3.21 zeigt die räumlichen Grundstrukturen Berlins nach Stadtbezirken. Dabei werden die Stadtbezirke nach ihren wichtigsten Funktionen und nach ihren baulichen und sozialen Merkmalen unterschieden.

- Der ursprüngliche Kern der Stadt liegt im Bezirk Mitte. Hier hat sich seit der Wiedervereinigung 1990 allmählich eine gemischte Dienstleistungscity entwickelt, die das Image von Berlin prägt – zusammen mit Bundestag, Bundeskanzleramt und repräsentativen Bauten wie Brandenburger Tor und Siegessäule im angrenzenden Bezirk Tiergarten.

- Die Bezirke Wedding, Prenzlauer Berg, Friedrichshain und Kreuzberg liegen als Teile des Wilhelminischen Mietshausgürtels (→ Beispiel, Seite 93) mit hoher Bebauungs- und Bevölkerungsdichte ringförmig um den Bezirk Mitte herum. In diesen Innenstadtbezirken steht die Wohnbevölkerung an verkehrsgünstig gelegenen Standorten unter Verdrängungsdruck durch expandierende Geschäfts- und Büronutzungen aus der angrenzenden **City**.
- Die westlich angrenzenden Bezirke Charlottenburg, Wilmersdorf und Schöneberg beherbergen Teilbereiche der City West, die in der Zeit der Teilung (von 1945 bzw. 1961 bis 1989/90) stark expandierte und in angrenzende Wohngebiete eindrang.
- Nach außen folgt eine sektorale Nutzungsstruktur. So sind die Wohnstädte Nord-Ost, geprägt durch die in der früheren DDR entstandenen **Großwohnsiedlungen** in industriell vorgefertigter **Plattenbauweise**, fast reine **Satellitenstädte** mit Wohnfunktion. Bekanntestes Beispiel ist Marzahn mit knapp 60 000 Wohnungen und rund 150 000 Einwohnern auf ca. sechs Quadratkilometern.
- Den Gegenpol zu den Wohnstädten Nord-Ost bildet die Wohnregion Süd-West, ein Sektor mit zahlreichen durchgrünten Villenvierteln, die hier v.a. in der Gründerzeit des Deutschen Reiches nach 1871 entstanden.
- Die gemischten Wohnbezirke im Norden und im Süden umfassen Verkehrs- und Gewerbeflächen, aber auch Wohngebiete unterschiedlichsten Standards, wie z.B. die Großwohnsiedlung Märkisches Viertel im ehemaligen Westberlin.
- Eine eigene Entstehungsgeschichte haben Spandau im Nord-Westen und Köpenick im Süd-Osten, die als mittelalterliche Stadtgründungen bereits 1197 bzw. 1209 entstanden, also noch vor Berlin und Cölln.

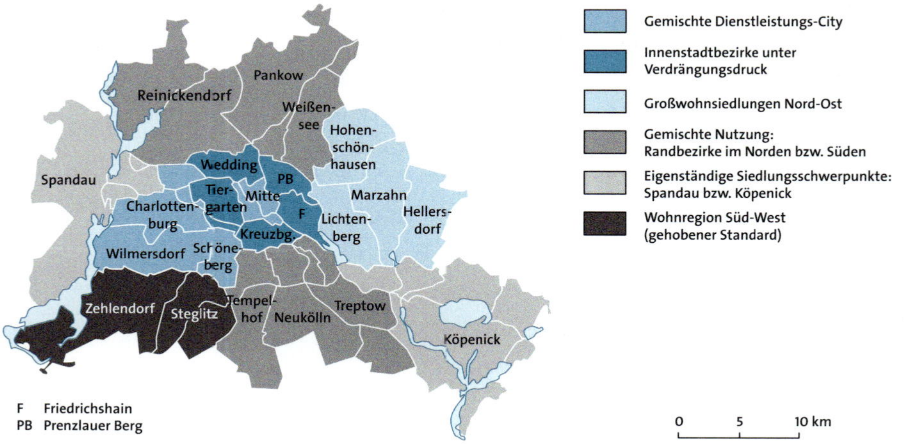

Abb. 3.21: Berlin – räumliche Strukturen nach Stadtbezirken

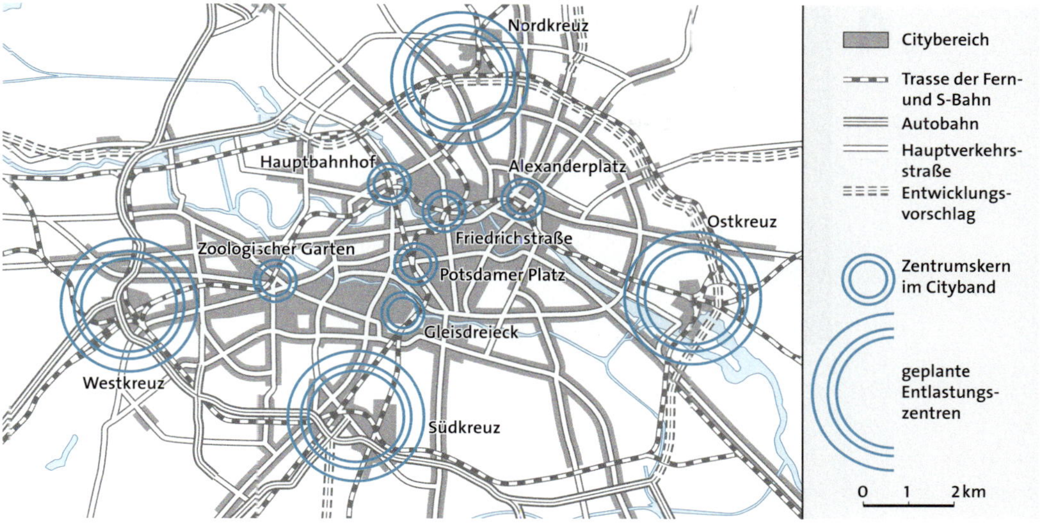

Abb. 3.22: Dienstleistungszentren an den Kreuzen

Berlin – Citybereiche

Die Karte in Abb. 3.22 zeigt die maximale Ausdehnung der City in der Berliner Innenstadt. Innerhalb des Citybereiches sind auch kleinere Wohngebiete vorhanden, die wegen der generalisierten Darstellung nicht extra ausgewiesen werden konnten. Etwas optimistisch ist der Bereich zwischen der City West um den Zoologischen Garten und der City Ost im Gebiet Potsdamer Platz/Gleisdreieck ausgefüllt worden, der erst noch zusammenwachsen muss. Daher handelt es sich bei dieser Karte um eine Planungskarte, die zukünftige Entwicklungen mit einbezieht. Für die Zukunft wird von einer Überlastung des Citybereiches ausgegangen, so dass in einem Ring um die City herum **Entlastungszentren** geplant werden, die an den vier genannten Kreuzen (gemeint sind die Kreuzungen von Hauptverkehrsachsen) liegen sollen. Gut zu erkennen sind die bandartigen Ausläufer der City an den Ausfallstraßen.

Überblick

Nach der Arbeit mit diesem Kapitel können Sie die unterschiedlichen Naturräume innerhalb Deutschlands lokalisieren und charakterisieren. Ferner sind Sie imstande, die unterschiedlichen Entwicklungstendenzen der Landwirtschaft zu erläutern. Darüber hinaus können Sie Altersaufbau und Dynamik der Bevölkerung in Deutschland beschreiben sowie die regional unterschiedlichen Entwicklungstendenzen und Zukunftsperspektiven erklären. Außerdem sind Sie in der Lage, die räumlichen Disparitäten in Deutschland a) im Überblick und b) im Vergleich verschiedener Raumtypen zu erläutern. Abschließend können Sie die Entwicklungsperspektiven dieser Raumtypen bewerten.

4 Europa

In diesem Kapitel liegt der Schwerpunkt zunächst auf dem Kulturerdteil Europa, seinen Merkmalen und dem europäischen Einigungsprozess. Danach werden die Bevölkerungsentwicklung in Europa und die Zuwanderung nach Europa betrachtet. Die räumlichen Disparitäten in Europa insgesamt, die räumliche Polarisierung im zentralistischen Frankreich sowie der Massentourismus im Alpenraum sind weitere Schwerpunktthemen.

4.1 Europa im Überblick

Merkmale Europas

Physisch-geografisch betrachtet ist Europa eigentlich nur eine stark gegliederte Halbinsel der großen **Eurasischen Landmasse** und von dieser durch den Ural weniger scharf getrennt als Südasien durch den Himalaya. Auch ist die Bevölkerungszahl Europas mit rund 740 Millionen weniger als halb so groß wie die Südasiens (Indien und Nachbarstaaten) mit rund 1,6 Milliarden. Dennoch wird Europa – vorwiegend aus historisch-politischen Gründen – seit jeher als eigener Kontinent betrachtet:

- In der Antike entwickelte sich ein erstes Bewusstsein von der Besonderheit des **Okzidents** (Westen) im Gegensatz zum **Orient** (Osten). Hierzu gehört auch die Entwicklung von Demokratie und Philosophie im antiken Griechenland (Athen).
- Im Mittelalter wurde durch den Gegensatz von religiöser Macht (Papst) und weltlicher Macht (Kaiser und Könige) die absolute Vorherrschaft der Religion allmählich gebrochen und der Weg freigemacht für die Aufklärung und für die Rückbesinnung auf die Antike in der Neuzeit (seit 1500).
- Die Entwicklung unabhängiger Städte mit freien Bürgern und einer eigenen Verfassung gelang nur in Europa (Freie Reichsstädte in Deutschland und Stadtrepubliken in Italien).
- Vor allem in Westeuropa entwickelten sich seit der Neuzeit wissenschaftlich-technische und philosophische Innovationszentren.
- Die europäischen Seemächte entdeckten und unterwarfen andere Erdteile. Sie bauten Kolonialreiche auf und prägten und besiedelten große Gebiete in Übersee.
- Nach dem verheerenden Dreißigjährigen Krieg (1618–1648) fiel Mitteleuropa in seiner Entwicklung weit zurück. Der Westfälische Frieden von 1648 war erstmals in der Geschichte völkerrechtlich verbindlich.

- Erst nach den leidvollen Erfahrungen und den großen Zerstörungen in beiden Weltkriegen (1914–18 bzw. 1939–45) begann die wirtschaftliche und politische Zusammenarbeit in Europa.
- Heute kann Europa nur noch gemeinsam in der globalen Konkurrenz der großen Weltwirtschaftsmächte bestehen.

Staaten und Grenzen

Bis zum Ersten Weltkrieg (1914–1918) existierten viele der heutigen Staaten Europas noch nicht: Irland gehörte zu Großbritannien, Polen war unter Russland, Österreich-Ungarn und dem Deutschen Reich aufgeteilt worden. Finnland, die Ukraine, Weißrussland, Moldau und die Baltischen Staaten gehörten zum Zarenreich. Tschechien, die Slowakei, Slowenien, Kroatien und Bosnien waren Teilgebiete der Doppelmonarchie Österreich-Ungarn. Als Folge der Pariser Friedensverträge von 1919 entstanden viele der heutigen Staaten, um bis 1990/91 zum Teil wieder in der neu entstandenen Sowjetunion oder in Jugoslawien aufzugehen.

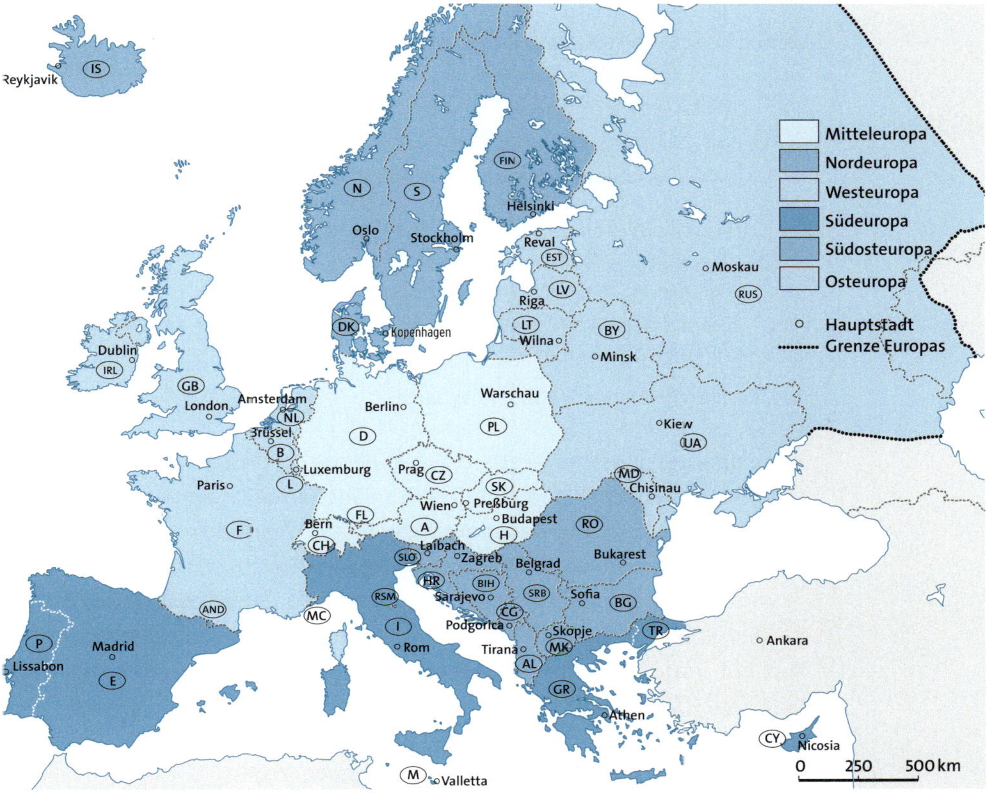

Abb. 4.1: Gliederung Europas nach Teilräumen und Staaten

4.2 Der europäische Einigungsprozess

1957	Unterzeichnung der Römischen Verträge. Diese gelten als Gründungsdokument der Europäischen Wirtschaftsgemeinschaft (EWG). Mitgliedsstaaten sind: Frankreich, Deutschland, Italien, die Niederlande, Belgien und Luxemburg (= Gründungsmitglieder)
1967	Zusammenfassung von EWG, Montanunion und Euratom zur Europäischen Gemeinschaft (EG)
1973	Beitritt des Vereinigten Königreichs, Irlands und Dänemarks zur EG (= **Westerweiterung**)
1978	Schaffung eines Europäischen Währungssystems (EWS) mit Verrechnungseinheit ECU (European Currency Unit)
1979	erste Direktwahlen zum Europäischen Parlament
1981	Beitritt Griechenlands zur EG
1986	Beitritt Spaniens und Portugals zur EG (= **Süderweiterung** der Gemeinschaft)
1987	Einheitliche Europäische Akte mit dem Ziel der Schaffung eines einheitlichen Binnenmarktes
1990	Beitritt der fünf neuen Bundesländer zur EG (= **kleine Osterweiterung**)
1992	Vertrag von Maastricht über die Europäische Union mit dem Ziel einer „Gemeinsamen Außen- und Sicherheitspolitik“ (GASP) und einer engeren Zusammenarbeit in der Innen- und Rechtspolitik
1993	Verwirklichung des Europäischen Binnenmarktes mit freiem Waren-, Kapital- und Dienstleistungsverkehr
1995	Beitritt Schwedens, Finnlands und Österreichs zur EU (= **Norderweiterung**) **EU der 15**
2002	Einführung des Euro als gesetzliches Zahlungsmittel in zwölf Staaten der EU
2004	Große Osterweiterung: Beitritt der baltischen Staaten Estland, Lettland und Litauen sowie von Polen, Tschechien, der Slowakei, von Ungarn, Slowenien, Malta und Zypern (= **große Osterweiterung**) **EU der 25**
2007	Beitritt von Rumänien und Bulgarien zur EU (= **Südosterweiterung**) unter bestimmten Auflagen, z. B. Beseitigung von Defiziten im Rechtssystem
2011	Beitrittsverhandlungen werden mit Kroatien und – bisher weniger erfolgreich – mit der Türkei geführt.

Tab. 4.1: Entwicklung und Erweiterung der EU

Am Ende des Zweiten Weltkrieges 1945 waren weite Teile Europas zerstört, besonders Großstädte, Industrieanlagen und Verkehrswege. Mehr als 50 Millionen Menschen waren getötet worden, Millionen wurden vertrieben und viele Millionen lebten im Elend und hungerten. Dazu kamen die desolate wirtschaftliche Lage sowie der politische und kulturelle Niedergang eines ganzen Kontinents. Aus dieser Situation heraus kam es zu einem Umdenken: Ein wirtschaftlicher und politischer Wiederaufstieg erschien nur durch eine Zusammenarbeit über nationale Grenzen hinweg möglich. Außerdem hatten die USA ein großes Interesse an einem wirtschaftlich stabilen Westeuropa, um das weitere Vordringen der Sowjetunion zu verhindern. Sie unterstützten daher die Kooperation und den Wiederaufbau in Westeuropa zwischen 1947 und 1952 mit ca. 13 Mrd. US $. Die Integration der Bundesrepublik Deutschland in die **Westeuropäische Union (WEU)** und in die NATO ab 1955 wäre ohne amerikanische Hilfe niemals gelungen. Während die WEU eine politische Wertegemeinschaft ist, ist die NATO ein Verteidigungsbündnis.

Den Ausgangspunkt für die wirtschaftliche Kooperation bildete die Gründung der **Europäischen Gemeinschaft für Kohle und Stahl** (EGKS – auch als „**Montanunion**" bezeichnet) im Jahr 1951. Aus ihr entwickelte sich die 1957 gegründete Europäische Wirtschaftsgemeinschaft (EWG), die 1958 in Kraft trat. Die **Gründungsmitglieder** waren die Benelux-Staaten, Deutschland, Frankreich und Italien. 1967 wurden EGKS, EWG und die Europäische Atomgemeinschaft (EURATOM) zur Europäischen Gemeinschaft zusammengefasst. Schrittweise sollte ein gemeinsamer Wirtschaftsraum entwickelt werden, zunächst im Bereich der Landwirtschaft. Durch den Abbau der Zölle nahm der Handel zwischen den Mitgliedsstaaten zu, und besonders die deutsche Industrie profitierte vom großen gemeinsamen Markt. Ab 1973 begann die Erweiterung der Europäischen Gemeinschaft (→ Tab. 4.1), die sich zu einem Erfolgsmodell für Frieden und Wohlstand entwickelte und bis heute eine hohe Anziehungskraft besitzt. Ein weiterer bedeutsamer Schritt hin zur Schaffung eines einheitlichen Wirtschaftsraumes gelang der EG 1987 mit der Einheitlichen Europäischen Akte. Bis 1992 sollte demnach ein einheitlicher Binnenmarkt entstehen. Dazu sollten noch vorhandene Handelshemmnisse beseitigt werden. Die **vier Freiheiten des Binnenmarktes** sind (Zielvorgaben):

Freier Personenverkehr: Wegfall von Grenzkontrollen (dafür aber verstärkte Außenkontrollen) und Niederlassungs- sowie Beschäftigungsfreiheit für EU-Bürger ebenso wie für Unternehmen der EU
Freier Dienstleistungsverkehr: Liberalisierung der Finanzdienstleistungen sowie Öffnung der Transport- und Telekommunikationsmärkte
Freier Warenverkehr: Wegfall von Grenzkontrollen und Umsetzung von EU-Normen und Vorschriften.
Freier Kapitalverkehr: Größere Freizügigkeit für Geld- und Kapitaltransfers, Liberalisierung des Wertpapierhandels

Tab. 4.2: Die vier Freiheiten des Binnenmarktes

Der **Maastrichter Vertrag** von 1992 war die Grundlage für die Errichtung der Europäischen Union, die schrittweise erfolgen soll. Der bereits bestehenden europäischen Gemeinschaftspolitik sollten damit zwei weitere Säulen hinzugefügt werden: eine gemeinsame Außen- und Sicherheitspolitik und die Zusammenarbeit in der Innen- und Rechtspolitik. Von einer einheitlichen Außen- und Sicherheitspolitik ist die EU derzeit aber noch weit entfernt, weil zu unterschiedliche nationale Interessen und Ziele in Europa verfolgt werden. Dies unterscheidet die wirtschaftliche Großmacht Europa grundlegend von den Groß- bzw. Regionalmächten USA, Russland, China und Indien.

1978 hatten die damals neun Mitgliedsstaaten der EG die Schaffung eines Europäischen Währungssystems (EWS) beschlossen, das die Wechselkursschwankungen zwischen den nationalen Währungen innerhalb bestimmter Bandbreiten stabilisieren sollte. Dadurch sollte das Wechselkursrisiko für die Exportwirtschaft innerhalb der EG verringert werden. Aus der EG-internen Verrechnungseinheit ECU *(European Currency Unit)* entwickelte sich der Euro, der am 1. Januar 2002 gesetzliches Zahlungsmittel in zwölf der seinerzeit 15 EU-Staaten wurde. Großbritannien, Dänemark und Schweden führten den Euro nicht ein. Im Jahr 2007 wurde Slowenien (Beitritt zur EU 2004) in die Euro-Zone aufgenommen, die von der Europäischen Zentralbank (EZB) in Frankfurt am Main kontrolliert wird. 2009 kam die Slowakei dazu, 2011 Estland. Ebenfalls im Jahr 2011 entwickelte sich aus der Schuldenkrise in Griechenland eine Krise der Eurozone.

Agrarpolitik der EU

Nach dem Zweiten Weltkrieg war das wichtigste Ziel aller nationalen Regierungen in Europa, die Versorgung der Not leidenden Bevölkerung mit Grundnahrungsmitteln sicherzustellen. Dieses Ziel wurde in der **„Gemeinsamen Agrarpolitik“ der EU (GAP)** aufgegriffen. Der gemeinsame europäische Agrarmarkt hatte lange Zeit einen hohen Einfuhrbedarf von außerhalb der Gemeinschaft. Erst im Jahr 1982 wurde für die meisten Agrarprodukte ein Selbstversorgungsgrad von 100 % erreicht bzw. überschritten. Die Überproduktion und ihre Kosten wurden nun zum Kernproblem der Agrarpolitik. „Butterberge“ und „Weinseen“ bestimmten die Diskussion in der Öffentlichkeit. Die Quotenregelung bei der Milchproduktion 1984 und Programme zur Flächenstilllegung waren politische Reaktionen auf die Krise der Überproduktion. 1992 wurden drastische Preissenkungen um 30 % für Getreide und Fleisch beschlossen, um die Preise innerhalb der EU den wesentlich niedrigeren Weltmarktpreisen anzugleichen. Die Einkommensverluste durch die Reform wurden durch Ausgleichszahlungen an die Landwirte zumindest teilweise kompensiert. Im Zeitraum von 2007 bis 2013 steht der Europäischen Union ein Gesamtbudget von 976 Mrd. Euro zur Verfügung, also fast eine Billion Euro. Davon entfallen auf die gemeinsame Agrarpolitik 413 Mrd. Euro (42 %). Von diesem Betrag wiederum fließen 330 Mrd. Euro in die Marktregulierung und in Direktzahlungen an die europäischen Landwirte.

4.3 Bevölkerung und Migration

Ohne den asiatischen Teil Russlands ist Europa der am dichtesten besiedelte Kontinent. Rund 740 Millionen Menschen leben heute in Europa. Das sind – einschließlich der Russischen Föderation – 10,6 % der Weltbevölkerung, während es im Jahr 1900 noch knapp 27 % waren. Die zehn bevölkerungsreichsten Staaten Europas sind in der angegebenen Reihenfolge (Einwohner in Mio. gerundet):

- Russische Föderation (143)
- Deutschland (82)
- Frankreich (63)
- Großbritannien (63)
- Italien (61)
- Spanien (46)
- Ukraine (46)
- Polen (38)
- Rumänien (21)
- Niederlande (17)

Die Bevölkerungsdichte der Flächenstaaten variiert von unter 3 Ew./km² in Island bis zu 398 Ew./km² in den Niederlanden. Dabei sind auch räumliche Disparitäten innerhalb von Staaten zu beachten: In Island z. B. lebt etwa die Hälfte der Gesamtbevölkerung im Großraum Reykjavik, auf den Rest des Landes entfallen also durchschnittlich 1,5 Ew./km². In den regionalen Unterschieden der Bevölkerungsdichte werden einerseits die naturräumlichen Disparitäten in Bezug auf Relief, Klima und Böden deutlich, andererseits die wirtschaftlichen Konzentrationsprozesse auf die großen Ballungsräume (Agglomerationen). In Zukunft wird die Bevölkerungszahl Europas – trotz Zuwanderung – abnehmen und zugleich altern. Prognosen mit Zuwanderung gehen von folgenden Zahlen aus: 740 Mio. (im Jahr 2011) – 746 Mio. (im Jahr 2025) – 725 Mio. (im Jahr 2050).

Auswanderung

Nicht nur strenge Heiratsregeln hielten den Bevölkerungszuwachs in Westeuropa in Grenzen, sondern auch die historisch einmalige Möglichkeit der Auswanderung nach Übersee in europäische Kolonien bzw. in europäisch geprägte Staaten. Wichtige Gründe für die Emigration waren vor allem

- Hungersnöte und Kriege in Europa,
- die Flucht vor religiöser, ethnischer und politischer Unterdrückung und Verfolgung bzw. vor sozialen Zwängen,
- die hohe Bevölkerungsdichte in vielen ländlichen Regionen Europas und damit Landknappheit sowie
- die wirtschaftliche Not vieler Handwerksbetriebe und Heimarbeiter durch die industrielle Konkurrenz nach 1850.

Besonders deutlich sind die Zusammenhänge zwischen der Unterdrückung und Marginalisierung der irischen Bevölkerung während der britischen

Herrschaft bis 1921 und darüber hinaus, den Hungersnöten und der massiven Emigration vieler Iren vor allem in die USA. Dadurch sank die Bevölkerungszahl in Irland von 8,1 Millionen auf 4,3 Millionen im Zeitraum von 1841 bis 1951. Wichtigstes Zielgebiet der europäischen Auswanderung waren die USA mit etwa 33 Millionen Menschen (60 %), gefolgt von Argentinien mit etwa 5,4 Millionen (10 %), Kanada mit etwa 4,5 Millionen (8 %) und Brasilien mit etwa 3,8 Millionen (7 %). Mit der Industrialisierung West- und Mitteleuropas sank allmählich die Zahl der Emigranten. Um 1950 ging das „Jahrhundert der großen Auswanderung" in Europa zu Ende. Stattdessen verstärkte sich die Binnenmigration in Europa sowohl innerhalb von Staaten als auch über Staatsgrenzen hinweg. So zogen z. B. zahlreiche Süditaliener in die Industriegebiete des Nordens.

Einwanderung

Nach offiziellen Angaben wandern jedes Jahr ca. 700 000 Menschen in die EU ein. Dazu kommen geschätzte 300 000 bis 500 000 illegale Einwanderer pro Jahr. Im Jahr 2010 lebten rund 20 Millionen ausländische Staatsangehörige in den 25 Mitgliedsstaaten der EU, davon etwa zwei Drittel aus Nicht-EU-Staaten. Prinzipiell erhalten Flüchtlinge und Asylbewerber Aufenthaltsrecht in der EU, sofern sie ihr Heimatland „aus Furcht vor Verfolgung, aus politischen, religiösen, ethnischen und nationalen Gründen oder wegen der Zugehörigkeit zu einer sozialen Gruppe" verlassen mussten (**Genfer Flüchtlingskonvention von 1951**). Die Gründe für die Migration können sehr unterschiedlich sein, unterscheiden sich aber kaum von denen der Europäer nach Übersee. Allen gemeinsam ist die Hoffnung auf ein besseres Leben, auf Sicherheit und auf einen gewissen Wohlstand. Seit 1999 ist die EU zuständig für die Kontrolle der Außengrenzen. Außerdem haben sich die Staaten auf eine gemeinsame Asyl- und Migrationspolitik geeinigt. Allerdings sind die gesetzlichen Regelungen in den Staaten der EU noch immer unterschiedlich, ebenso die Praxis des Umgangs mit Flüchtlingen und Asylbewerbern. Besondere Bedeutung hat die „Drittstaaten-Regelung" bei Asylverfahren. Demnach können Asylbewerber bei der Einreise sofort zurückgeschickt werden, wenn sie aus einem „sicheren Drittstaat" außerhalb der EU kommen.

Im Süden Spaniens ist der Ansturm von Flüchtlingen aus Westafrika besonders dramatisch: Zunächst hatten die Flüchtlinge jahrelang nachts auf kleinen Booten die Straße von Gibraltar überquert. Dann versuchten sie, die spanischen Exklaven Ceuta und Melilla im Norden Marokkos von Land her zu stürmen, bis Marokko seine Grenzen schärfer kontrollierte. Seither kommen die Afrikaner in kleinen Booten aus Mauretanien und dem Senegal auf die Kanarischen Inseln, die zu Spanien gehören.

Bevölkerungsentwicklung und -verteilung

Als entscheidend für die Bevölkerungsentwicklung gilt die **Gesamtfruchtbarkeitsrate** (*Total Fertility Rate* – TFR). Diese Rate steht für die tatsächliche Zahl der Geburten pro Frau in der **reproduktiven Altersphase** von 15 bis 45 Jahren. Um die Bevölkerungszahl stabil zu halten, ist eine TFR von 2,1 erforderlich. Die Rate liegt aber in fast allen europäischen Staaten weit unter 2 – in Deutschland z. B. bei 1,4. Nur in Island, Großbritannien, Irland, Frankreich und Schweden lag sie im Jahr 2011 bei 2,0. Im vergleichsweise unterentwickelten Kosovo lag sie sogar bei 2,5. In diesen Staaten Europas wird also die Bevölkerungszahl bis zum Jahr 2050 aller Voraussicht nach weiter steigen.

Die Bevölkerungsentwicklung in einem Staat oder in einer Region kann mit zwei statistisch erfassbaren Faktoren erklärt werden:

- Natürlicher Bevölkerungssaldo pro 1000 Einwohner (= Geburtenrate minus Sterberate in Promille)
- Internationaler bzw. interregionaler Wanderungssaldo pro 1000 Einwohner (Zuwanderung minus Abwanderung in Promille)

In Irland liegt die Geburtenrate mit 17 Promille in Europa am höchsten, die Sterberate liegt bei 6 Promille. Die Bevölkerungszahl soll von 4,6 Millionen (2011) auf 5,4 Millionen (2025) und 6,6 Millionen (2050) steigen.

In Bulgarien dagegen liegt die Geburtenrate bei 10 Promille, die Sterberate bei 15 Promille (minus 5 Promille). Dazu kommt noch eine hohe Abwanderung. Die Bevölkerungszahl soll daher von 7,5 Millionen (2011) auf 6,7 Millionen (2025) und 5,7 Millionen (2050) sinken.

Beispiel

Diese kartenähnliche Darstellung verdeutlicht auf einen Blick die ungleiche Bevölkerungsverteilung in einem Staat, hier in Irland. Die Fläche von Städten und Regionen entspricht ihrer Bevölkerungszahl. In der Bezeichnung stecken die griechischen Wörter für Entsprechung (Analogie) und Oberfläche.

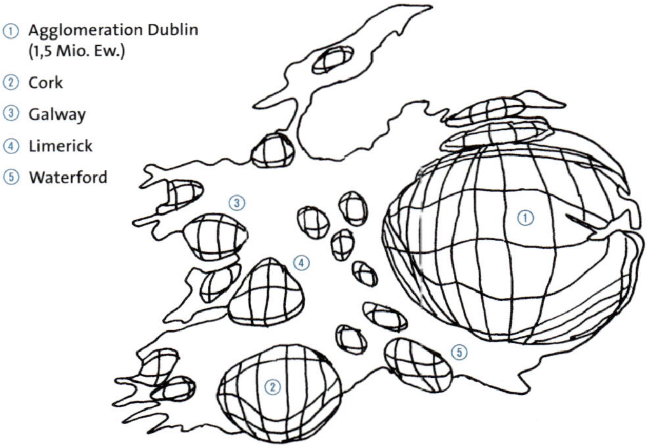

Abb. 4.2: Irland – anamorphotische Karte der Bevölkerungsverteilung
Nach: www.worldmapper.org, Gridded Population Map Ireland

4.4 Kulturräume und Minderheiten

Kultur ist ganz allgemein die vom Menschen geschaffene künstliche Umwelt im Unterschied zur natürlichen Umwelt. Aufbauend auf einer geistigen Kultur (Sprache, Religion, Wertvorstellungen und Gesellschaftsnormen, Ästhetik und Wissenschaft) gibt es eine materielle Kultur (Architektur, Technik und Infrastruktur). Der Begriff **Zivilisation** bezeichnet den gesellschaftlichen, wirtschaftlichen oder technologischen Entwicklungsstand. Eine sogenannte **Hochkultur** definiert sich über herausragende wissenschaftliche, literarische, musische oder künstlerische Leistungen der geistigen Elite einer Nation. Im Gegensatz dazu beinhaltet die **Alltagskultur** Werte, Symbole, Helden (besonders im Sport), Idole, Rituale, Verhaltensregeln und Bräuche des Alltags. Diese werden vermittelt über die Sozialisation des Individuums, das heißt über das Hineinwachsen in eine bestimmte Gesellschaft und Kultur sowie über deren Massenmedien.

Wichtige Bereiche der Alltagskultur sind unter anderem:
- Wohnkultur und Esskultur
- Gebrauchsgegenstände (z. B. Autos)
- Mode und Design
- Freizeit und Sport
- Kino, Fernsehen und Internet
- Unterhaltungsmusik und -literatur
- Werbung

Die wichtigsten **Merkmale zur Abgrenzung** unterschiedlicher Kulturen sind Sprache und Religion bzw. Wertvorstellungen. Allerdings gibt es meist keine klaren Grenzlinien, sondern Übergangsräume mit sprachlichen oder religiösen Minderheiten. Viele Staatsgrenzen – nicht nur in Europa – durchschneiden Kulturräume, insbesondere Sprachräume, und trennen Minderheiten ab.

Unter einer **Minderheit** wird eine Bevölkerungsgruppe verstanden, die sich aufgrund folgender Kriterien von der Mehrheit der Einwohner in einem Staat unterscheidet:
- kulturelle Faktoren (Sprache, Religion, Geschichte, Lebensstil, Werte und Normen)
- soziale Identität (Zugehörigkeitsgefühl, Zusammengehörigkeitsgefühl)
- räumliche Konzentration in bestimmten Regionen eines Staates bzw. in Wohngebieten oder sogar in Ghettos innerhalb von Städten, besonders von Großstädten

Eine große Herausforderung für die Erhaltung der kulturellen Vielfalt in Europa stellt der wirksame **Schutz der Minderheiten** gegen Unterdrückung bzw. kulturelle **Assimilation** (= erzwungene Angleichung) dar. In der Geschichte der europäischen Nationalstaaten waren Angehörige religiöser, ethnischer und nationaler Minderheiten Opfer von Diskriminierung, von Vertreibung und sogar von Völkermord (Genozid). Als Ergebnis der Kopenhagener Konferenz der Organisation für Sicherheit und Zusammenarbeit in Europa (OSZE) „Über die menschliche Dimension“ von 1990 wurden daher unter anderem folgende individuelle Rechte für Angehörige von Minderheiten in Europa festgelegt:

- Gebrauch der Muttersprache, Schulunterricht in der Muttersprache oder mit der Muttersprache als Unterrichtsfach sowie Freiheit der Religionsausübung
- Garantie grenzüberschreitender Kontakte zu Angehörigen der eigenen Volksgruppe
- Schutz und Förderung der kulturellen Identität nationaler Minderheiten
- Einrichtung regionaler, autonomer Verwaltungseinheiten für Minderheiten

Die Kopenhagener Dokumente wurden wegen des Widerstands einzelner Staaten völkerrechtlich nicht verbindlich, sondern sind nur Vereinbarungen, die als Richtschnur für die Mitgliedsstaaten der **OSZE** dienen sollen. Insbesondere Frankreich und die Türkei wollen wegen ihrer besonderen Auffassung von Staat und Nation die Rechte ihrer Minderheiten nicht anerkennen. Sie fürchten, die nationale Einheit zu gefährden. Ein völkerrechtlich verbindlicher Minderheitenschutz gilt daher bislang nur für anerkannte Minderheiten in bestimmten Staaten, wie z.B. in Deutschland. Hier gibt es folgende Minderheiten mit Sonderrechten (Anzahl in Klammern):

- Sorben (Wenden) in der Lausitz (60 000)
- Dänen in Südschleswig (50 000)
- Friesen in Nordfriesland (10 000)
- Friesen im Saterland (2000)
- Sinti und Roma (50 000)

Konflikte zwischen Kulturen entstehen in erster Linie durch soziale Benachteiligung und/oder politische Unterdrückung von Minderheiten. Beispiele für solche Konflikte:

- Sprachkonflikte: Baskenland, Korsika, Kosovo, Krim (Tataren)
- Religionskonflikte: Nordirland, Bosnien, Kosovo, Krim

Die meisten **europäischen Sprachen** sind indoeuropäische Sprachen in einem Verbreitungsgebiet, das von Island im Nordwesten bis nach Bengalen in Südasien reicht. Die meisten Menschen sprechen in Europa das Russische als Muttersprache (rund 170 Millionen), vor allem in Russland selbst (einschließlich Sibirien), aber auch im Osten der Ukraine, in Weißrussland und als Minderheitensprache im Baltikum. Deutsch wird von insgesamt etwa 95 Millionen Menschen als Muttersprache gesprochen. Damit ist Deutsch innerhalb der EU die wichtigste Muttersprache, gefolgt von Französisch, Englisch und Italienisch mit jeweils ca. 60 Millionen Sprechern. Englisch ist in Europa die wichtigste Fremdsprache.

Die wichtigsten Zweige der indoeuropäischen Sprachfamilie sind folgende:
Germanische Sprachen (u.a. Englisch, Deutsch, Niederländisch und die skandinavischen Sprachen ohne Finnisch)
Romanische Sprachen (u.a. Französisch, Italienisch, Spanisch, Portugiesisch, Rumänisch)
Slawische Sprachen (u.a. Russisch, Ukrainisch, Polnisch, Tschechisch, Slowakisch)

4.5 Naturräumliche Grundlagen

Erdgeschichtliche Entwicklung

Nehmen Sie zur räumlichen Einordnung für diese Doppelseite eine geologische Karte im Schulatlas zur Hand.

Ur-Europa: Der älteste europäische Festlandskern (**Kraton**) wird in der Theorie der **Plattentektonik** als Baltika bezeichnet. Er entstand bereits im geologischen Zeitalter des Präkambrium. Das Präkambrium umfasst den langen Zeitraum von der Entstehung der Erde vor ca. 4,6 Milliarden Jahren bis 570 Millionen Jahre vor unserer Zeit, also etwa 88 % der bisherigen Erdgeschichte. Der damals entstandene Kraton besteht aus dem Baltischen Schild (Skandinavien ohne Norwegen) und aus der Russischen Plattform, die heute größtenteils von Sedimenten bedeckt ist (→ geologische Karte im Atlas). Die ältesten Gesteine Europas sind auf der Halbinsel Kola im Nordosten Skandinaviens zu finden; sie sind etwa 3,5 Milliarden Jahre alt.

Paläo-Europa (Alt-Europa): Rund 400 Millionen Jahre vor unserer Zeit, im Paläozoikum, kollidiert Baltika mit dem Nordamerikanischen Urkontinent Laurentia (heute: Kanadischer Schild). Teile des Laurentischen Urkontinents werden in der sogenannten Kaledonischen **Gebirgsbildung** fest mit Europa verbunden: das norwegische Gebirge (**Skanden**), die Gebirge in Schottland, in Nordengland und in großen Teilen Irlands. Danach öffnet sich der Vorläufer des Atlantiks, der Iapetus-Ozean, und Europa und Nordamerika driften wieder auseinander.

Meso-Europa: Im Zeitalter des Karbon mit seinen Steinkohle-Wäldern (345 bis 280 Millionen Jahre vor der Gegenwart) kollidiert Europa erneut mit Laurentia. Dabei werden das Armorikanische Gebirge in England und Frank-

Abb. 4.3: Durch Erdbeben und Vulkane gefährdete Gebiete im Mittelmeerraum

reich, das Variskische Gebirge vom französischen Zentralmassiv bis zur Böhmischen Masse im heutigen Tschechien und die Iberische Scholle (große Teile von Portugal und Spanien) an Europa angefaltet. Gleichzeitig werden die Russische Plattform und die Chinesische Masse mit dem Kraton Sibiria verschweißt – die Eurasische Landmasse entsteht. Der Ural bildet eine sogenannte **Sutur** (wörtlich: Schweißnaht).

Neo-Europa: In der Oberkreide, vor etwa 100 Millionen Jahren, beginnt die Kollision Europas mit der Afrikanischen Platte. Im Zuge der **Alpidischen Gebirgsbildung** entsteht im Mittelmeerraum (und darüber hinaus in Asien) ein ausgedehnter Faltengebirgsgürtel mit zahlreichen Hochgebirgen: Sierra Nevada, Pyrenäen, Alpen, Apennin, Dinarisches Gebirge, Karpaten, Balkan und Pindos. Die zahlreichen **Erdbeben** und der aktive **Vulkanismus** (→ Abb. 4.3) zeigen, dass die Kollision der Eurasischen mit der Afrikanischen Platte bis heute andauert und dass besonders die Menschen in Südeuropa weiterhin von schweren Naturkatastrophen bedroht sind.

Klima und Vegetation

Subpolare Klimazonen: Die Jahresdurchschnittstemperatur liegt um und unter 0 °C. In den kalten Wintern herrschen die polaren Ostwinde vor, die aus dem Kältehoch über der Arktis strömen. Entscheidend für die Untergliederung ist die Wachstumszeit, also die Zahl der Tage mit einer Durchschnittstemperatur von mehr als 5 °C: a. baumlose Tundra (unter 100 Tage) mit Flechten, Moosen, Gräsern und Zwergsträuchern sowie b. Taiga = borealer Nadelwald (mit 100 bis 170 Tagen – vgl. → Seite 63 ff.).

Obwohl Europa der zweitkleinste Kontinent ist, sind hier – mit Ausnahme der Tropen – alle großen Klimazonen der Erde vertreten.

Gemäßigte Zone: Die Jahresdurchschnittstemperatur liegt bei 8 °C, die charakteristische Vegetation ist der sommergrüne Laub- und Mischwald, der fast überall der land- und forstwirtschaftlichen Nutzung mit ihren Monokulturen weichen musste. Bei maximal 5 humiden Monaten bilden sich im kontinentalen Bereich winterkalte Steppen mit Gräsern und Zwergsträuchern aus.

Subtropische Zone: Die Jahresdurchschnittstemperatur liegt bei 18 °C. Im Sommer wird das Klima bestimmt vom subtropischen Hochdruckgürtel (Voraussetzung für den Tourismus). Im Winter dagegen bringen Zyklonen der Westwindzone teils ergiebige Regenfälle (Winterregengebiet). Die mediterrane Hartlaubvegetation hat sich in Anpassung an die lang anhaltende sommerliche Trockenzeit entwickelt (vgl. → Seite 57 ff.).

4.6 Europa – Räumliche Disparitäten

Überblick

Die räumlichen Disparitäten in Europa können in einem **Zentrum-Peripherie-Modell** dargestellt werden (→ Abb. 4.4). Der Hauptwirtschaftsraum Europas erstreckt sich vom Südosten Englands über die sogenannte Rheinachse oder Rheinschiene und die Schweiz bis nach Oberitalien. Parallel zu diesem, auch als „Blaue Banane“ bezeichneten Raum verläuft die Achse Le Havre – Paris – Lyon – Marseille in Frankreich, die dort die wichtigsten Wirtschaftsräume miteinander verbindet. Lille und Straßburg bilden die Tore zum **Hauptwirtschaftsraum** (s. o.).

Am Rande der EU (und verkehrstechnisch außer mit dem Flugzeug nur schwer erreichbar) liegen die nördliche, die atlantische und die südliche oder mediterrane Peripherie. Im Norden wird die wirtschaftliche Nutzung behindert durch den Mangel an Wärme und Licht (Polarnacht im Winter) und im Süden vor allem durch Hitze und Wassermangel im Sommer. Im Westen

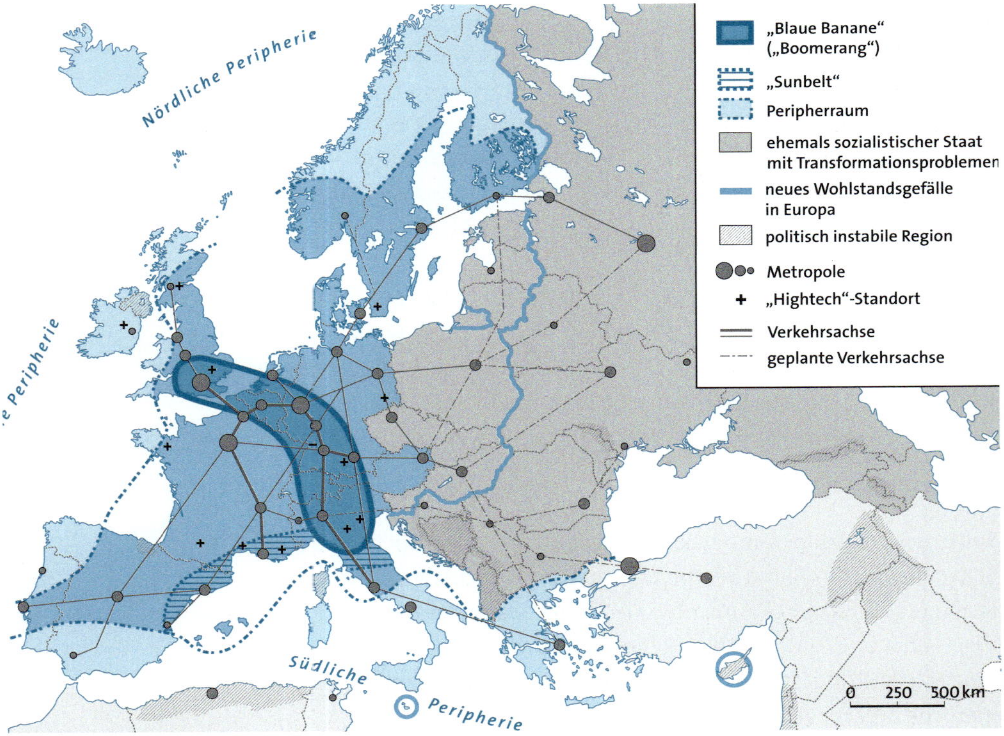

Abb. 4.4: Europa – räumliche Strukturen

sorgen starke Niederschläge für eine Auswaschung der Nährstoffe aus den zumeist armen Böden in Irland, Schottland, Wales und in der Bretagne. Dazu kommen überall politische, wirtschaftliche, soziale und kulturelle Faktoren der Unterentwicklung. Diese können aber durchaus überwunden werden, wie die Beispiele Island, Norwegen, Irland, Malta und Zypern zeigen.

Das gravierendste Entwicklungsgefälle in Europa besteht zwischen der wohlhabenden Westhälfte Europas und der ärmeren Osthälfte mit wirtschaftlichen **Transformationsproblemen**. Unter der Transformation ist der wirtschaftliche Umbau von der Planwirtschaft (genaue Bezeichnung: Zentralverwaltungswirtschaft) in den bis 1990/91 sozialistischen Staaten des ehemaligen Ostblocks hin zu einer funktionierenden Marktwirtschaft zu verstehen. Durch den wirtschaftlichen Aufschwung in den Staaten Ostmitteleuropas (OME) sind dort Einkommen und Lebensstandard deutlich gestiegen, sodass sich am Übergang zu Ost- bzw. Südosteuropa ein neues **Wohlstandsgefälle** gebildet hat. Mit besonderen Problemen sehen sich die Bewohner der politisch instabilen Gebiete Europas konfrontiert. Hier behindern oder verhindern ethnische, sprachliche oder religiöse Konflikte die wirtschaftliche und soziale Entwicklung. Als **„Sunbelt" Europas** wird ein Gürtel bezeichnet, der sich vom Nordosten Spaniens (Katalonien) über den Süden Frankreichs bis nach Mittelitalien (Toskana) zieht. In Anlehnung an den Sunbelt im Süden der USA (von Florida bis nach Kalifornien) wird damit eine sonnenreiche Region herausgehoben, die durch das mediterrane Klima als besonders attraktiv für Tourismus, Wissenschaft und Forschung gilt. Auch der Zuzug vor allem wohlhabender älterer Menschen ist ein weiteres Merkmal des europäischen Sunbelt.

In → Abb. 4.4 wird die räumliche Konzentration des tertiären Sektors in Europa deutlich, und zwar durch die hierarchisch (nach Bevölkerungszahl bzw. wirtschaftlicher Bedeutung) abgestuften Metropolregionen und durch die wichtigsten Verkehrsachsen:

Als größte **Metropolregionen** sind London, Paris und die Agglomeration Rhein-Ruhr im Westen Europas hervorgehoben, Moskau im Nordosten als größte und bedeutendste Stadt Russlands sowie Istanbul im Südosten als Megastadt am Bosporus und Wirtschaftszentrum der Türkei. Die Hauptstädte Berlin, Rom und Madrid stehen hier auf einer Stufe mit den Wirtschafts- bzw. Finanzzentren Frankfurt, Mailand und Barcelona. Auf derselben Stufe stehen auch z. B. Zürich (Finanzzentrum – nicht auf der Karte) und Brüssel als inoffizielle Hauptstadt Europas. Über die Feinheiten der hier vorgeschlagenen Abstufung ließe sich lange diskutieren. Name und Lage aller in der Karte abgedruckten Metropolen sollten aber im Abitur bekannt sein.

Wichtige Verkehrsachsen müssen über leistungsfähige Autobahnen und über schnelle Zugverbindungen verfügen. Außerdem müssen solche Achsen wichtige internationale Verbindungen herstellen, und es sollten bedeutende Personenzahlen und/oder große Gütermengen auf ihnen transportiert werden. Der Bau bzw. Ausbau bestimmter **transnationaler Achsen** wird durch die Raumordnungspolitik der EU besonders gefördert. Besonders spektakuläre Projekte waren der Eurotunnel oder die Öresundbrücke. In Bau bzw. in Planung sind der Brenner-Basistunnel durch die Schweizer Alpen und eine Brücke vom italienischen Festland nach Sizilien.

EU-Regionalpolitik

Die größte Herausforderung für die EU in der Zukunft ist die wirtschaftliche und politische Integration der Beitrittsländer in Ostmitteleuropa (seit 2004) bzw. in Südosteuropa (Rumänien und Bulgarien seit 2007). Folgende Ziele der **Regionalpolitik** werden mit den Geldern aus den Strukturfonds der EU verfolgt:

- Ziel 1 fördert die Entwicklung und die strukturelle Anpassung der Regionen mit Entwicklungsrückstand, das heißt, mit einem BIP pro Einwohner von weniger als 75 % des EU-Durchschnitts. Auch Regionen in peripherer Lage (z. B. die Azoren) oder mit extrem dünner Besiedlung (im Norden von Skandinavien) fallen unter das Ziel 1.
- **Ziel 2** fördert die wirtschaftliche und soziale Umstellung von Gebieten mit Strukturproblemen, wie z. B. von Industriegebieten oder von städtischen und ländlichen Gebieten.
- **Ziel 3** unterstützt die Mitgliedsstaaten bei der Modernisierung der Bildungs-, Ausbildungs- und Beschäftigungspolitik.

Daneben gibt es für die folgenden zwei Programme Mittel aus dem **Europäischen Fonds für Regionalentwicklung (EFRE)**:

- **INTERREG III** unterstützt die grenzübergreifende Zusammenarbeit benachbarter Gebiete in den sogenannten Euroregionen.
- **URBAN II** fördert die nachhaltige Entwicklung von Städten mit wirtschaftlichen und sozialen Krisen.

Aus dem **Europäischen Ausgleichs- und Garantiefonds für die Landwirtschaft (EAGFL)** wird die Entwicklung des ländlichen Raumes finanziert. Das entsprechende Programm heißt LEADER+ und soll rückständige ländliche Räume fördern.

Zentralismus und Raum – Beispiel Frankreich

Unter dem Begriff **Zentralismus** versteht man die geschichtlich bedingte Konzentration politischer und wirtschaftlicher Macht sowie von Bevölkerung, Kultur- und Bildungsangeboten in einer Hauptstadtregion, die alle anderen Städte des Landes an Einwohnerzahl und an Bedeutung weit überragt. Hier laufen die wichtigsten Verkehrsachsen des Staates zusammen, und von hier aus werden alle Regionen zentral verwaltet und kontrolliert.

Geo-Praxis: Interpretation thematischer Karten

Die nebenstehende thematische Karte zeigt die Verwaltungsgliederung des Großraums Paris sowie dessen funktionale Abgrenzung.
Den Kern bildet die Kernstadt Paris selbst, das Département Seine (75) mit 2,2 Mio. Einwohnern im Jahr 2010. Damit hat die Kernstadt Paris weniger Einwohner als Berlin mit 3,4 Mio.
Zur Région Parisienne gehört aber auch die Petite Couronne (kleiner Kranz bzw. Innenring), bestehend aus drei Départements mit zusammen rund 4,4 Mio. Einwohnern.
Wird die Grande Couronne (großer Kranz bzw. Außenring) hinzugenommen mit ihren vier großen Départements und zusammen rund 5,1 Mio. Einwohnern, dann ergibt sich für die Region Ile-de-France eine Bevölkerungszahl von 11,7 Mio. Einwohnern.
Dabei ist aber die **Agglomeration** von Paris – der eigentliche verstädterte Ballungsraum – nach der Definition des französischen Statistik-Instituts INSEE deutlich kleiner als die Region Ile de France. Die **administrative Zersplitterung** des Umlandes in 7 Départements mit nicht mehr als jeweils 1,1 bis 1,5 Mio. Einwohnern, war politisch beabsichtigt, um Ungleichgewichte zu vermeiden.

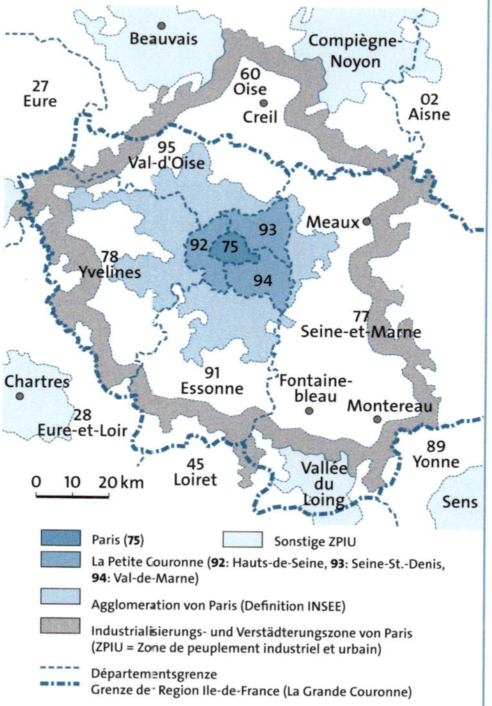

Abb. 4.5: Großraum Paris

Paris liegt zwar im Zentrum des größten agrarischen Gunstraumes Westeuropas und im Schnittpunkt wichtiger Verkehrswege von Nordwesteuropa nach Südwesteuropa. Auf ganz Frankreich bezogen liegt es aber eher dezentral in der Nordhälfte des Landes. Unter römischer Herrschaft war Lyon (Lugdunum) die wichtigste Stadt und der wichtigste Verkehrsknotenpunkt des damaligen Gallien. Der Aufstieg von Paris begann erst mit der Dynastie der Kapetinger im Westfrankenreich. Diese erhoben Paris 987 zu ihrer Residenzstadt, also vor mehr als 1000 Jahren. Von ihrer vergleichsweise kleinen Krondomäne um Paris und am Loirebogen dehnten die französischen Könige ihr Herrschaftsgebiet bis 1789 fast an die heutigen Grenzen Frankreichs aus. Die Macht wurde von Anfang an beim Königshaus in Paris konzentriert und der Adel in der Provinz wurde konsequent entmachtet. Nach der französischen Revolution von 1789 und besonders unter der Herrschaft Napoleons I. wurde der Zentralismus als Staatsprinzip durchgesetzt und die Vormachtstellung von Paris wurde weiter ausgebaut. Die Provinzen wurden zerschlagen und durch die vergleichsweise kleinen **Départements** ersetzt. Ihre durchschnittliche Größe beträgt 5700 km² und ihre durchschnittliche Einwohnerzahl liegt bei 600 000. An ihrer Spitze stehen bis heute Präfekten, die von der Zentralregierung in Paris eingesetzt werden. Das Streckennetz der Chausseen, später das der Eisenbahnen und heute das der Autobahnen und des Hochgeschwindigkeitszuges TGV (= *Train à Grande Vitesse*) wurde auf Paris ausgerichtet, wo fast alle Verkehrswege zusammenlaufen (→ Abb. 4.6). Mit der Kolonialzeit wuchs Paris zur Metropole einer weltumspannenden Großmacht heran und ist daher bis heute das Ziel von Migranten aus den früheren Kolonien, besonders aus Nord- und Westafrika. Paris entwickelte sich zur Weltstadt und wurde nicht nur mit zahlreichen Behörden ausgestattet, um seine Funktionen erfüllen zu können, sondern erhielt auch ein repräsentatives Stadtbild mit großen Prachtstraßen sowie herausragende Baudenkmäler, z. B. den Eiffelturm oder den Arc de Triomphe.

Die überragende demografische Bedeutung der Metropolregion **von Paris**, der Region Ile-de-France, wird auch daraus ersichtlich, dass hier heute auf nur 2,2 % der Fläche 19,1 % der Einwohner Frankreichs leben. Noch größer ist die wirtschaftliche Bedeutung: Der Anteil der Region Ile-de-France am Bruttoinlandsprodukt Frankreichs liegt bei 29 %, drei Viertel aller Journalisten Frankreichs sind hier tätig und 78 % der Unternehmenszentralen sind hier konzentriert, bei den Banken sind es sogar mehr als 90 %.

Abb. 4.6: Das TGV-Netz (Hochgeschwindigkeitsnetz)

Um die Kontrolle über das gesamte Staatsgebiet zu gewährleisten und um die Erreichbarkeit von Paris aus allen Landesteilen zu verbessern, begann die staatliche französische **Eisenbahngesellschaft SNCF** etwa zwanzig Jahre früher als in Deutschland mit dem Bau von Hochgeschwindigkeitsstrecken. In Frankreich wurden für die Hochgeschwindigkeitszüge (TGV, s. o.) relativ schnell ganz neue Trassen geplant und gebaut, so z. B. zwischen Paris und Lyon. Als technisch sehr aufwendig (Schichtstufen) gilt die Strecke Paris – Strasbourg, die im Juni 2007 offiziell eröffnet wurde und sich in Lothringen verzweigt: einerseits über Saarbrücken weiter nach Frankfurt, andererseits nach Strasbourg und von dort weiter nach Stuttgart, München und Wien.

Räumliche Polarisierung in Frankreich

Mit dem Begriff **räumliche Polarisierung** wird der Prozess der Verschärfung räumlicher Disparitäten in einem Staat bzw. in einer Region bezeichnet. So besitzen der Aktivraum Ile-de-France um die Hauptstadt Paris und der Passivraum Limousin an der Westabdachung des Zentralmassivs eine unterschiedliche Verkehrsinfrastruktur und Wirtschaftsstruktur und haben eine gegensätzliche Bevölkerungsentwicklung. An beiden lassen sich positive bzw. negative regionale Entwicklungsprozesse aufzeigen, durch welche die die räumlichen Disparitäten innerhalb Frankreichs weiter verschärft werden. Typische Faktoren und Zusammenhänge positiver, sich selbst verstär-

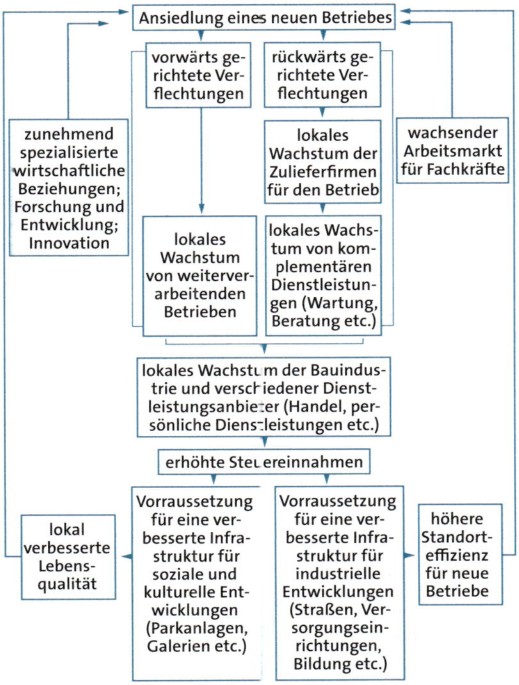

Abb. 4.7: Positive Rückkopplungseffekte

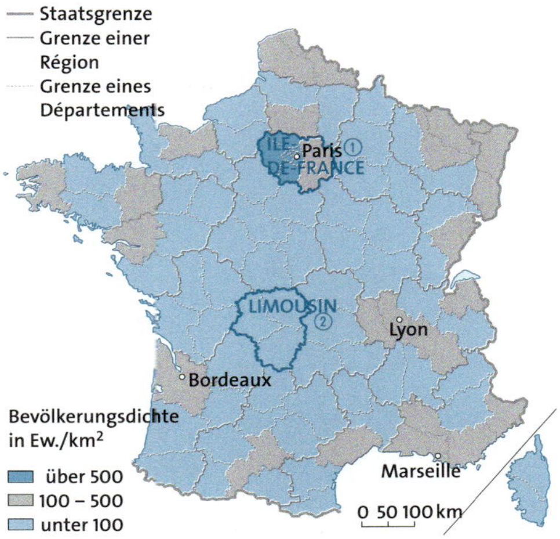

① Region Ile-de-France: 11,7 Mio. Einwohner (= 18,7 % von Frankreich); 12 012 km² (= 2,2 % von Frankreich); 974 Ew./km²
② Region Limousin: 741 000 Einwohner (= 1,2 % von Frankreich); 16 942 km² (= 3 % von Frankreich); 44 Ew./km²

Abb. 4.8: Bevölkerungsdichte nach Départements

kender regionaler Entwicklungsprozesse sind in → Abb. 4.7 dargestellt. Siedelt sich z. B. ein neuer Industriebetrieb in einer Region an, so entstehen neue Arbeitsplätze und positive Impulse für die Wirtschaft in dieser Region. Über erhöhte Steuereinnahmen sind öffentliche Investitionen in die regionale Infrastruktur möglich, die wiederum die Attraktivität der Region für weitere Industrieansiedlungen erhöhen. Außerdem können vom neuen Betrieb selbst Impulse für die Ansiedlung weiterer Betriebe ausgehen. Die höhere Kaufkraft führt auch zur Ansiedlung privater Dienstleistungsbetriebe, die weitere Arbeitsplätze schaffen.

In der Region Ile-de-France ist vor allem der **Dienstleistungssektor** (Banken, Versicherungen, Hauptverwaltungen von Konzernen, Forschungs- und Entwicklungsabteilungen großer Konzerne) Auslöser für positive wirtschaftliche Entwicklungsprozesse. Von den hundert größten Unternehmen Europas haben insgesamt 33 ihre Konzernzentrale im Großraum Paris, davon 22 in der Kernstadt. Auch der Tourismus trägt zur positiven Dienstleistungsentwicklung in Paris bei, da die Stadt das wichtigste Touristenziel Frankreichs und sogar Europas ist. Ministerien, untergeordnete Behörden und internationale Organisationen sorgen ebenso für Beschäftigung und Kaufkraft wie die zahlreichen Universitäten und Kultureinrichtungen. So liegt das BIP pro Einwohner in der Region Ile-de-France mit 47 000 Euro fast doppelt so hoch wie in der Region Limousin mit 24 000 Euro (Frankreich insgesamt: knapp 30 000 Euro). Die Dominanz des Dienstleistungssektors zeigt sich auch am Anteil an den Erwerbstätigen mit etwa 82 Prozent (Limousin: unter 70 Prozent).

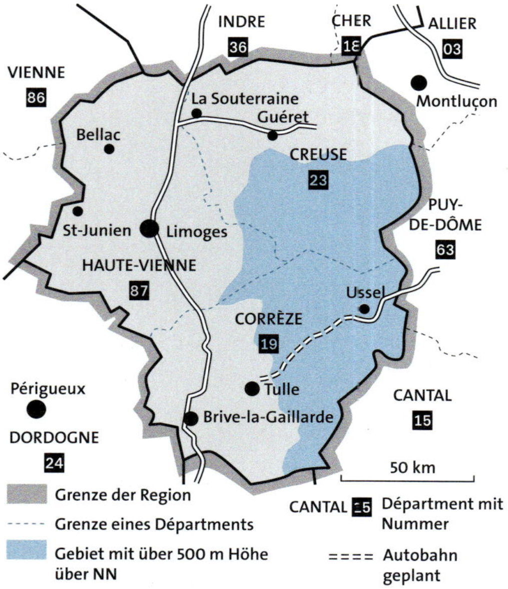

Abb. 4.9: Region Limousin

Das **Limousin** gilt im festländischen Frankreich als der Passivraum schlechthin, denn Korsika mit seiner isolierten Insellage und mit seinen politischen Konflikten ist ein Sonderfall. Innerhalb der Region sind die östlichen **Départements** Creuse und Corrèze mit ihrem hohen Mittelgebirgsanteil sowohl physisch-geografisch als auch strukturell deutlich benachteiligt. Beide haben einen hohen Mittelgebirgsanteil (mehr als 500 m über NN, vgl. → Abb. 4.9) mit erschwerten Bedingungen für die Landwirtschaft. So steigen die Niederschläge im Mittelgebirgsraum auf über 1000 bis zu 1500 mm im Jahr, während gleichzeitig die

Temperaturen sinken und die Dauer der Schneebedeckung sowie die Frostgefahr steigen. Im Jahr 2010 waren im Limousin noch mehr als 5 % der Beschäftigten in der Landwirtschaft tätig (Frankreich: 3 %). 1987 waren es noch 16 % (Frankreich: 7,1 %). Die Folgen dieses drastischen Rückgangs sind in → Abb. 4.10 zu sehen, die negativen Auswirkungen auf Wirtschaft und Infrastruktur sowie die Abwanderung. Bei weniger als 50 Einwohnern pro km² wird die Versorgung ländlicher Räume schwierig, ebenso die Finanzierung der Infrastruktur. Dies gilt für alle ländlichen Räume Europas. In den benachteiligten Mittelgebirgsräumen im Osten des Limousin mit seinen **Grenzertragsböden** fand wegen der starken Abwanderung („Exode rural") ein Wüstungsprozess statt. Häuser und ganze Dörfer wurden verlassen, vor allem Weideland wurde aufgegeben. Große Flächen wurden systematisch und mit staatlicher Unterstützung aufgeforstet. Heute bedeckt der Wald etwa ein Drittel der Gesamtfläche der Region, die landwirtschaftliche Nutzfläche (LF) umfasst rund 8000 km².

Im Zeitraum von 1990 bis 2000 sank die Bevölkerungszahl der Region Limousin von 720 000 auf 710 000 Einwohner. Der natürliche Bevölkerungssaldo lag bei minus 0,4 % pro Jahr, der Wanderungssaldo dagegen bei plus 0,2 % pro Jahr. Somit ergab sich insgesamt ein negativer Bevölkerungssaldo von minus 0,2 % pro Jahr. Allerdings wanderten und wandern vor allem junge Menschen im Alter von 18 bis 40 Jahren aus der Region ab. Damit entfielen zahlreiche mögliche Familiengründungen. Im Jahrzehnt von 2000 bis 2010 stieg die Bevölkerungszahl durch Zuwanderung von zumeist älteren Menschen (55 +) auf 741 000 an. Die älteren Menschen schätzen vor allem die Ruhe, die entspannte soziale Situation, die geringeren Lebenshaltungskosten und die niedrigen Immobilienpreise, die die Bildung von Wohneigentum ermöglichen. Mittlerweile beträgt der Bevölkerungsanteil der über 60-Jährigen im Limousin mehr als 30 %, die Bevölkerung ist überaltert.

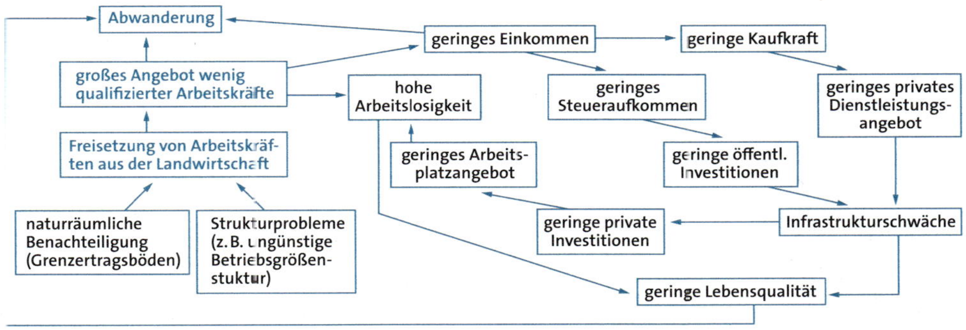

Abb. 4.10: Negative Rückkopplungseffekte

4.7 Zusammenarbeit in Westeuropa

Airbus – EADS

Bis zum Ende der 1960er-Jahre beherrschten US-amerikanische Flugzeugbauer – darunter Boeing – den Weltmarkt für Verkehrsflugzeuge. Nur durch eine Zusammenarbeit mehrerer europäischer Luftfahrtunternehmen und durch großzügige staatliche Subventionen für Forschung, Entwicklung von Prototypen und Serienproduktion konnte die US-Luftfahrtindustrie herausgefordert werden:

- 1970 wurde das Konsortium „Airbus Industrie" gegründet, zunächst mit französischer und deutscher Beteiligung, später auch mit britischer und spanischer.
- 2001 schließlich fusionierten die drei europäischen Luft- und Raumfahrtkonzerne DASA (Deutschland), Aérospatiale Matra S.A. (Frankreich) und CASA (Spanien) zum neuen Unternehmen Airbus Industries, dessen größter Anteilseigner der neu geschaffene europäische Luft- und Raumfahrtkonzern EADS ist.

Mittlerweile wurde eine ganze Familie von Verkehrsflugzeugen entwickelt und gebaut, vom kleinen Airbus A 318 bis hin zum größten Verkehrsflugzeug der Welt, dem Airbus A380. Aus der Verteilung der Produktionsstätten auf vier Staaten ergeben sich besondere, zusätzliche Transportprobleme und -kosten, die der einzige verbliebene Konkurrent, Boeing, mit seinem Produktionsstandort in Seattle/USA, nicht hat.

Airbus A 380

Mit einer Länge von 73 m, einer Flügelspannweite von 80 m und einer Höhe von 24 m übertrifft das größte Flugzeug der Welt, die Airbus A 380, seinen Konkurrenten, die Boeing 747 („Jumbo-Jet") deutlich. Mit bis zu 850 Passagieren, verteilt auf zwei durchgängige Decks, kann das Flugzeug 15 000 km nonstop zurücklegen. Trotz der großen Ausmaße und des hohen Gewichts ist dieser Walfisch der Lüfte leise und – umgerechnet auf die Fluggastkilometer – energiesparender als ein Kleinwagen. Größe und Gewicht stellen allerdings ganz neue Herausforderungen an das Material und dessen Belastbarkeit.

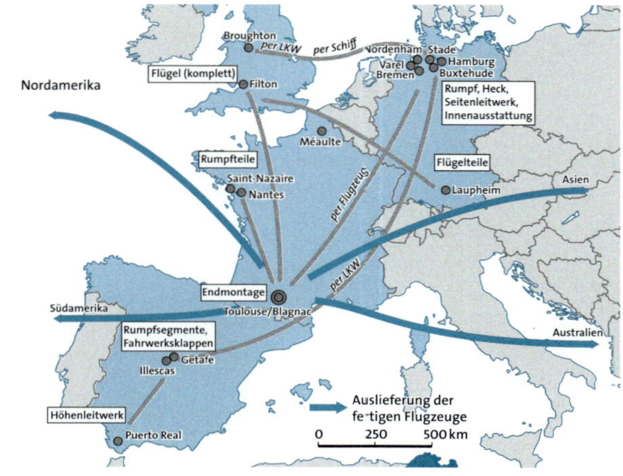

Abb. 4.11: Transportwege Airbus A 380/Transport auf der Straße

EUREGIO Maas-Rhein

Die Euregio Maas-Rhein wurde 1976, also vor über 35 Jahren, als Arbeitsgemeinschaft gegründet. Sie ist somit einer der ältesten grenzüberschreitenden Kooperationsverbände in Europa (kurz: Euroregionen). 1991 wurde die Arbeitsgemeinschaft in die Rechtsform einer Stichting nach niederländischem Recht umgewandelt. Mitglieder der Euregio Maas-Rhein sind fünf Regionen in drei verschiedenen Staaten (Staat und Sprache in Klammern → Abb. 4.12) mit insgesamt 3 982 000 Einwohnern:

- Südlicher Teil der Provinz Limburg (NL-Niederländisch) – 740 900 Einwohner
- Provinz Limburg (B-Flämisch = Niederländisch) – 826 700 Einwohner
- Provinz Lüttich/Liège (B-Französisch) – 963 000 Einwohner (ohne die Deutschsprachige Gemeinschaft)
- Deutschsprachige Gemeinschaft (B-Deutsch) – 74 200 Einwohner
- Regio Aachen e.V. (D-Deutsch) – 1 287 000 Einwohner

Sitz der Euregio ist das Regierungsgebäude der Provinz Limburg/NL in Maastricht. Die größten Städte sind Aachen, Lüttich und Maastricht.

Abb. 4.12: Die dreisprachige Euregio

Entscheidend für die Gründung der Euregio war der Wunsch, die Lebensbedingungen für die Menschen in der Grenzregion zu verbessern und die jeweilige nationale Randlage zu überwinden. Auch die Überwindung einer tiefgreifenden Strukturkrise sollte erleichtert werden: Bis in die 1960er-Jahre waren weite Teile der Euregio vom Steinkohlenbergbau geprägt. Sie war daher von der Krise des Steinkohlenbergbaus ebenso betroffen wie das Ruhrgebiet. Während dort nach 1950 etwa 300 000 Arbeitsplätze im Bergbau verloren gingen, waren es in der Euregio zusammen rund 290 000 bei insgesamt deutlich weniger Einwohnern. Durch die erhöhte räumliche Mobilität und durch die **Suburbanisierung** entstanden zahlreiche grenzüberschreitende Verflechtungen vor allem durch Arbeits- und Einkaufspendler. Die wichtigsten Bereiche der grenzüberschreitenden Zusammenarbeit sind:

- Wirtschaft, Tourismus, Technologie und Arbeitsmarkt,
- Natur, Umwelt und Verkehr,
- Jugend, Kultur, Bildung und Schaffung einer gemeinsamen (eu)regionalen Identität,
- Zusammenarbeit in den Bereichen Gesundheit, Soziales und Sicherheit.

4.8 Die Alpen

Tourismus und Umwelt

Die **Erschließung der Alpen für den Massentourismus** begann nach 1955 im Gefolge von **Massenwohlstand**, Urlaubszeitverlängerung und **Massenmotorisierung**. Dabei fanden räumlich zwei unterschiedliche Prozesse statt: In den französischen Westalpen hatte sich die Landwirtschaft bereits vor der touristischen Erschließung aus den Höhenlagen und den entlegenen Tälern zurückgezogen – damit waren die Westalpen ein Rückzugsraum geworden. Im übrigen Alpenraum kam die touristische Erschließung noch rechtzeitig vor dem Rückzug von Landwirtschaft und Bevölkerung. In den französischen Westalpen herrschen daher heute künstlich geschaffene Wintersportorte vor, sogenannte Skistationen in größerer Höhe mit langer Saison. Die kostspielige Erschließung erfolgte meist durch große Unternehmen von außerhalb der Region. In der Schweiz, in Österreich und in Südtirol dagegen konnte die touristische Erschließung an die noch vorhandenen Bergdörfer anknüpfen, die für diesen Zweck um- bzw. ausgebaut wurden. Neben der Wintersaison spielt hier auch die Sommersaison eine Rolle (→ Abb. 4.13). Die **touristische Intensität** wird mit der Zahl der Übernachtungen pro Einwohner und Jahr ausgedrückt und ist auch ein Maß für die Belastung kleiner Orte durch den Tourismus.

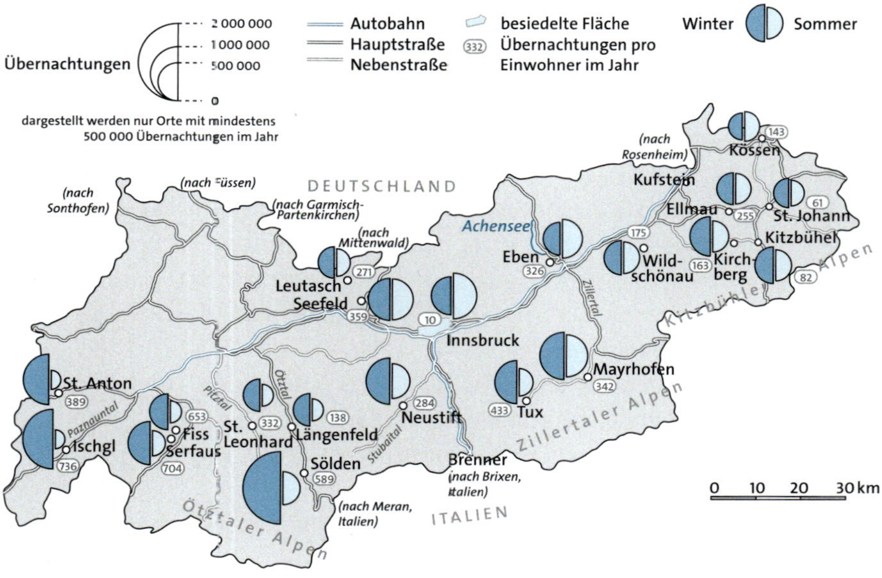

Abb. 4.13: Heutige Tourismuszentren in Tirol

Es gibt zwei Entwicklungen, die beide eine Verlängerung der Saison zum Ziel haben:

- Um die Wintersaison für Skifahrer zu verlängern, werden in den unteren Höhenlagen sogenannte **Schneekanonen** eingesetzt, die die Skipisten mit Kunstschnee befahrbar machen sollen. Die Schneekanonen verbrauchen viel Wasser sowie Energie und verursachen somit hohe Betriebskosten. Dazu kommt das Problem der Beschaffenheit des Kunstschnees. Dieser ist wesentlich kompakter als Naturschnee, taut schlechter ab und verkürzt die Vegetationszeit. Daher kann es zur Schädigung der dünnen Vegetationsdecke auf den Skipisten kommen.
- In größeren Höhen werden zunehmend **Gletscher für den Sommerskilauf** erschlossen, umgestaltet und geschädigt. Gletscherraupen verändern, verdichten und verschmutzen die Oberfläche der Gletscher. Durch die Verschmutzung verringert sich die Albedo der Gletscheroberflächen und die Gletscher tauen im Sommer stärker ab. Motoren- und Schmieröle der Anlagen (unter anderem mobile Liftanlagen) sowie Sonnenöl und Abfälle der Touristen beeinträchtigen die Funktion der Gletscher als Trinkwasserreservoire des Alpenraumes.

Mit zunehmender **Erwärmung des Erdklimas** werden der Einsatz von Schneekanonen und der Gletscherskilauf vermutlich noch weiter an Bedeutung gewinnen, da sonst die Existenz vieler Touristenorte gefährdet wäre.

Der **Vergleich der beiden thematischen Karten** zeigt die Landschaftsveränderungen durch die touristische Erschließung in den Alpen seit 1955 am Bei-

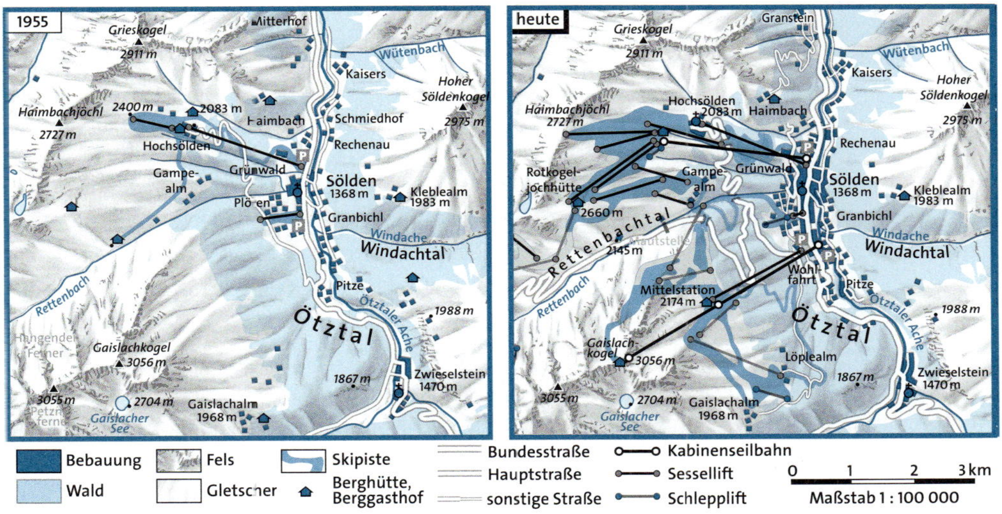

Abb. 4.14: Sölden 1955 und heute

„Drei Dreitausender hintereinander mit der Seilbahn, drei Aussichtsplattformen jenseits der 3000 Meter, dreimal beinahe grenzenlose Fernsicht. 10 000 Höhenmeter und 50 Kilometer. THINK BIG – THINK SÖLDEN." Dieses Zitat aus einer Fremdenverkehrsbroschüre verdeutlicht, warum Sölden als Inbegriff des Massentourismus in den Alpen gilt.

spiel des Ortes Sölden in Tirol/Österreich. Sölden liegt in den Ötztaler Alpen auf 1368 Metern Höhe und weist sowohl sehr hohe Übernachtungszahlen als auch eine sehr hohe touristische Intensität auf. Die Wintersaison dominiert – und damit der Skitourismus (→ Abb. 4.13). Die Einwohnerzahl stieg von 1600 im Jahr 1950 auf 4100 im Jahr 2011. Gleichzeitig stieg die Zahl der Übernachtungen von etwa 50 000 (1950) auf über zwei Millionen (2011). Die damit verbundene Siedlungsverdichtung um Sölden ist im Vergleich der beiden Karten gut zu sehen.

Die **Entwicklung des Ortes** zum **Wintersportort** hatte mit dem Bau der ersten Sessellifte begonnen, die bereits in der Karte von 1955 zu erkennen sind. Im Laufe der Jahrzehnte sind als Rückgrat der touristischen Erschließung der Bergwelt westlich von Sölden zwei Kabinenseilbahnen mit einer hohen Transportkapazität entstanden. Diese besitzen an ihren Talstationen mehrere Großparkplätze. Zahlreiche Sessellifte in den Höhenlagen über 2000 m kamen hinzu. Die Skipisten durchziehen nicht nur das Gebiet der Almen (Hochweiden) oberhalb der Waldgrenze, sondern es führen auch Abfahrten durch den **Bannwald (Schutzwald)** über dem Ort bis ins Tal hinunter.

Durch die **Anlage von Skipisten (Planien)** erhöht sich die **Erosionsgefahr** bei Starkregen im Sommer und Herbst, da die Bodenstruktur völlig verändert wird und da die Vegetation den Boden zum Teil nur noch schütter bedeckt. Durch das starke Gefälle können sich bei Starkregen nicht nur Erosionsrinnen bilden, sondern auch Muren entstehen, Schlamm- und Geröllströme, die alles mit sich reißen. Und im Winter kann sich durch die Landschaftsveränderungen die Lawinengefahr erhöhen. Der Schutzwald ist auch durch das hohe Verkehrsaufkommen und die damit verbundenen Schadstoff-Emissionen gefährdet. Die Verkehrserschließung sowohl des Ötztals als auch des Rettenbachtals ist im Vergleich der Kartenbilder gut zu erkennen.

Die **Schädigung der Landschaft** durch den Wintertourismus ist besonders gut im Sommer zu sehen, wenn die Narben der Grasdecken und die Schneisen in den Bannwäldern besonders hervortreten. Nicht zuletzt daher spielt der Sommertourismus im Raum Sölden nur noch eine untergeordnete Rolle (→ Abb. 4.13).

Um in der **Konkurrenz der Wintersportorte** mithalten zu können, musste Sölden ein umfangreiches Après-Ski-Angebot (= Angebot am Abend nach dem Skifahren) entwickeln. Dazu gehören zahlreiche Bars und Diskotheken. Außerdem werden z. B. große Wintersportveranstaltungen in Sölden durchgeführt, die in den Medien für den Ort werben.

Neue Alpentransversale (NEAT)

Im Unterschied zu den Pyrenäen und zum Kaukasus, die kaum Pässe besitzen und fast geschlossene Barrieren für den Verkehr darstellen, besitzen die Alpen eine ganze Reihe von Pässen. Aber nicht alle dieser Pässe sind auch für den Schwerlastverkehr (Gütertransporte per Bahn oder Lkw) geeignet. Die **wichtigsten Alpenpässe** in Nord-Süd-Richtung sind z. B. der St.-Gotthard-Tunnel in der Schweiz und der Brenner-Pass zwischen Österreich und Italien. Die Alpen wirken vor allem deshalb als **Barriere**, weil sie quer zum Hauptwirtschaftsraum der EU liegen und den Güter- und Personenverkehr zwischen Nord-, West- und Mitteleuropa auf der einen Seite und Süd- bzw. Südosteuropa auf der anderen Seite behindern.
Besonders gravierend wirken sich die Alpen für Italien als Barriere zum Rest der EU aus. Jährlich überqueren 80 Mio. Menschen die Alpen in Pkw, die meisten von ihnen, um Urlaub am Mittelmeer zu machen – vor allem in Italien bzw. Kroatien. Zum größten Problem hat sich der alpenquerende **Schwerlastverkehr** entwickelt. Der wichtigste europäische Güterverkehrskorridor verläuft von Rotterdam über Köln, Basel und Mailand nach Genua am Mittelmeer. Er verbindet den größten europäischen Hafen Rotterdam mit dem größten Industriegebiet des Kontinents, dem Ruhrgebiet. Weiter geht es durch die Ballungsräume Rhein-Main, Rhein-Neckar, Karlsruhe und Basel über die Alpen bis in die Wirtschaftszentren Norditaliens, die ihrerseits mit dem Mittelmeerhafen Genua verbunden werden. Nach Marktanalysen aus dem Jahr 2005 soll das Transportvolumen auf dieser **europäischen Hauptachse** bis zum Jahr 2020 um 50 % wachsen. Der schwierigste Abschnitt verläuft durch die Schweiz, wo die **Neue Alpentransversale (= Alpendurchquerung) NEAT** im Bau ist.

Die meisten Lkw sollen im sogenannten **Huckepackverfahren** mit der Bahn durch die Alpen rollen – vergleichbar mit dem Verfahren im Eurotunnel zwischen Frankreich und Großbritannien. Zwei große neue Tunnelbauten sollen den Transitverkehr in der Schweiz entzerren und zugleich beschleunigen:

- Der neue **Lötschberg-Basistunnel** zwischen den Kantonen Bern und Wallis südwestlich von Interlaken ist rund 36 km lang und wurde 2007 offiziell eröffnet. Er wird betrieben von der BLS-Lötschbergbahn AG.
- Der konkurrierende neue **Gotthard-Basistunnel** wird rund 57 km lang. Er ist technisch wesentlich aufwendiger und somit auch teurer. Sein Bau wird voraussichtlich bis zum Jahr 2014 dauern. Die Fahrzeit der Bahn zwischen Zürich und Mailand soll sich um eine auf drei Stunden verkürzen.

Mit beiden Tunnelbauten soll der Lastwagen-Alpentransit in der Schweiz stark verringert werden – von derzeit 1,4 Mio. Fahrten auf 650 000.

4.9 West-Ost-Gefälle in Europa: Frankreich – Ukraine

Der Vergleich der Strukturdaten von Frankreich und der Ukraine verdeutlicht eindrucksvoll die Entwicklungsunterschiede und somit die räumlichen Disparitäten zwischen Westeuropa und Osteuropa. Während Frankreich eine Dienstleistungsgesellschaft mit hoher Lebenserwartung, hohem Lebensstandard und hoher Lebensqualität ist, hinkt die Ukraine in allen relevanten Bereichen weit hinterher. Die Bevölkerungsprognosen für die Ukraine sind negativ, für Frankreich aber positiv.

Nach dem Bruttonationaleinkommen pro Einwohner steht die Ukraine sogar auf einem Niveau mit vielen Entwicklungsländern. Die Wirtschaftsleistung Frankreichs ist mit fast 2 Billionen Euro um ein Vielfaches höher als die der Ukraine. Beide Länder haben zwar eine negative Außenhandelsbilanz (mit sehr unterschiedlicher Güterstruktur), Frankreich hat aber durch den Tourismus hohe zusätzliche Deviseneinnahmen.

	Frankreich	**Ukraine**
Fläche in km² (Weltrang)	543 965 (48)	603 700 (44)
Einwohner 2011 (in Mio.)	63,3	45,7
Einwohner pro km²	115	76
BNE pro Einwohner 2009	42 620 US-$	2800 US-$
HDI-Rang	14 von 169	69 von 169
Bevölkerungsprognose 2025 – 2050 (in Mio.)	67,3 – 72,3	42,3 – 36,5
Geburtenrate – Sterberate (%)	1,3 – 0,9	1,1 – 1,5
Lebenserwartung in Jahren: gesamt – m. – f. (ab Geburt)	82 – 78 – 85	69 – 64 – 75
Bruttoinlandsprodukt 2010	1933 Mrd. Euro	98 Mrd. Euro*
Anteile der Sektoren am BIP (primär – sekundär – tertiär)	2 – 19 – 79	8 – 29 – 62
Beschäftigung nach Sektoren (primär – sekundär – tertiär)	3 – 20 – 77	17 – 24 – 59
Außenhandel 2010:		
Import und Anteile der wichtigsten Güter (in Prozent)	452 Mrd. Euro Ausrüstungen, IT/Elektronik (21) Transportmittel (15) Chemie (9)	44 Mrd. Euro Erdöl/Erdgas (32) Chem. Produkte (11) Maschinen (8)
Export und Anteile der wichtigsten Güter (in Prozent)	386 Mrd. Euro Transportmittel (22) Ausrüstungen, IT/Elektronik (20) Chemieprodukte (12)	37 Mrd. Euro Eisen und Eisenerzeugnisse (32) Steinkohle (7) Chem. Produkte (7)

* Kurs für 2010: 1 € = 1,4 US-$ (Zahlen für die Ukraine aufgerundet)

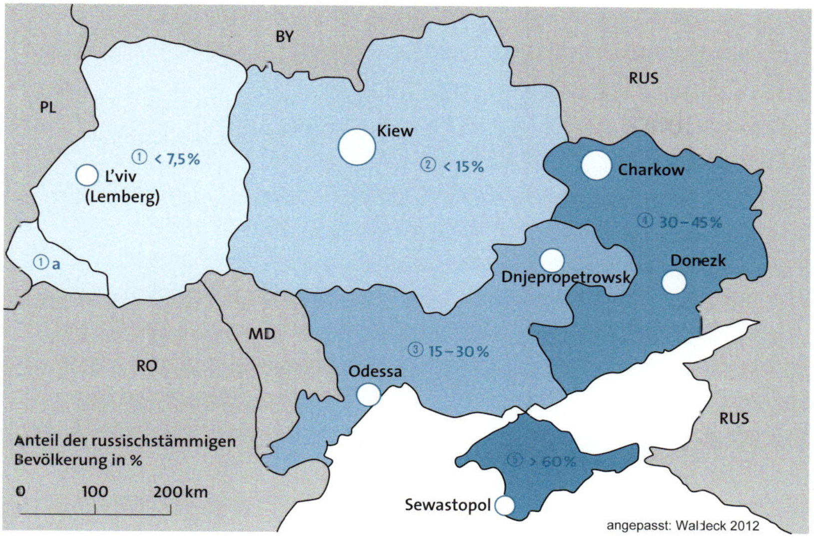

Abb. 4.15: Ukraine – Regionen und Russisch als Muttersprache

Der Westen der Ukraine mit L'viv (①) einschließlich der Karpato-Ukraine (① a) sowie das Zentrum mit Kiew (②) tendieren am stärksten zur nationalen Unabhängigkeit und zu Europa bzw. zur EU. Dagegen tendieren der Süden mit Odessa (③), der Osten (④) mit dem alten Schwerindustriegebiet um Charkov und Donezk sowie insbesondere die autonome Republik Krim (⑤) mit ihrer mehrheitlich russischstämmigen Bevölkerung eher zu einer politischen und wirtschaftlichen Anlehnung an Russland. Die politischen Auseinandersetzungen in der Ukraine spiegeln den Widerstreit zwischen pro-europäischen und pro-russischen (pro-eurasischen) Kräften wider.

Die Autonome Republik Krim ist ein besonderer Zankapfel: Die strategisch wichtige Halbinsel gehörte von der Eroberung 1783 bis 1954 immer zu Russland. Sewastopol, der Stützpunkt der russischen Schwarzmeerflotte, wird offiziell durch beide Staaten gemeinsam verwaltet, de facto aber durch Russland. Konflikte gibt es auch mit den turksprachigen Krimtataren, die im Zweiten Weltkrieg deportiert worden waren und seit 1991 zurückkehren.

Überblick

Nach der Arbeit mit diesem Kapitel können Sie Europa als Kulturerdteil charakterisieren und den europäischen Einigungsprozess beschreiben. Außerdem können Sie die demografischen Entwicklungsprozesse in Europa erläutern sowie die räumlichen Disparitäten auf verschiedenen Maßstabsebenen analysieren. Aufbauend auf einer Raumanalyse können Sie die touristischen Entwicklungsprozesse im Alpenraum erörtern. Abschließend können Sie die Problematik des West-Ost-Gefälles in Europa mithilfe eines Vergleichs bewerten.

5 Gemeinschaft Unabhängiger Staaten (GUS)

In diesem Kapitel geht es zunächst um die Nachfolgestaaten der früheren Sowjetunion im statistischen Vergleich. Die Russische Föderation ist der bei weitem größte Staat der Erde und ein wichtiger Rohstoffproduzent. Allerdings erschweren die ungünstigen naturräumlichen Bedingungen und die großen Entfernungen die wirtschaftliche Nutzung. Die Bevölkerungsabnahme sowie die räumliche und soziale Polarisierung sind problematisch. Das Aralsee-Syndrom steht am Schluss des Kapitels.

5.1 Von der Sowjetunion zur Russischen Föderation

Die von 1917 bis 1991 existierende **Union der Sozialistischen Sowjetrepubliken** (**UdSSR**) oder kurz **Sowjetunion** war mit 22,4 Mio. km^2 der größte Staat der Erde. Er besaß große Rohstoffvorkommen, die aber wegen der klimatischen Ungunst im Norden und wegen der großen Entfernungen (= Transportkosten) nur mit erheblichen staatlichen Investitionen in die Infrastruktur genutzt werden konnten. Die sowjetische Wirtschaft war eine **Zentralverwaltungswirtschaft** (kurz: Planwirtschaft). Der Staat verfügte allein über die wichtigsten Produktionsmittel Boden, Rohstoffe, Energie, Kapital und Arbeit. Staatliche Pläne bestimmten den Einsatz dieser Produktionsmittel in allen Teilen der Sowjetunion. Die großen Wirtschaftsregionen wurden zentral von Moskau aus gelenkt und produzierten unionsweit in Arbeitsteilung. So lieferten z. B. die zentralasiatischen Republiken Baumwolle, die aber nicht vor Ort, sondern überwiegend im Großraum Moskau zu Textilien verarbeitet wurde. Grundnahrungsmittel mussten aus der Ukraine importiert werden, Energie aus Sibirien. Diese gegenseitige Abhängigkeit der Wirtschaftsregionen war politisch gewollt und führte beim Zusammenbruch und Zerfall der Sowjetunion 1991 zum Niedergang ganzer Wirtschaftszweige und Regionen.

Auch politisch war die Sowjetunion zentralistisch organisiert. Rechtlich war sie zwar ein föderativer Staat, ein Bund von 15 Unionsrepubliken mit jeweils eigener Verfassung. Doch die Fäden liefen bei der Führung der **Kommunistischen Partei der Sowjetunion** (**KPdSU**) und im Politbüro in Moskau zusammen. In diesem Vielvölkerstaat wurden ethnische Unterschiede betont, um die nichtrussischen Unionsrepubliken gegeneinander auszuspielen.

Als wichtigste Ursachen für den Zerfall der Sowjetunion werden neben den Schwächen der Planwirtschaft das Wettrüsten mit der rivalisierenden Supermacht USA und die Niederlage gegen die von den USA unterstützten Widerstandskämpfer (Taliban) in Afghanistan gesehen. Mehr als 50 % des Bruttosozialprodukts wurden in der Endphase der Sowjetunion für das Militär und die Rüstungsindustrie ausgegeben. So blieben keine Finanzmittel für den Ausbau der Konsumgüterindustrie und die Erhöhung des Lebensstandards der breiten Masse der Bevölkerung übrig. Die baltischen Staaten revoltierten zuerst gegen die sowjetische Herrschaft, und 1991 wurde die Sowjetunion aufgelöst. Einziger Rechtsnachfolger der UdSSR wurde die **Russländische Föderation**. Russland übernahm auch alle Atomwaffen der Sowjetunion, die in der Ukraine und in Kasachstan lagerten. 15 neue Staaten entstanden auf dem Territorium der ehemaligen Sowjetunion (→ Tab. 5.1 und Abb. 5.1). Die **Gemeinschaft Unabhängiger Staaten** (**GUS**) ist ein lockerer Staatenbund ohne die baltischen Staaten. Eigene Interessen verfolgen inzwischen die sogenannten GUAM-Staaten: Georgien, die Ukraine, Aserbaidschan und Moldawien.

Staat	Fläche (km²)	Einwohner	Einwohner pro km²	russ. Bev.-Anteil (in %)	BNE pro Einwohner 2009 in US-Dollar
Gemeinschaft Unabhängiger Staaten (GUS)					
Russ. Föderation	17 075 400	141 850 000	8,3	80	9340
Ukraine	603 700	46 008 000	76	17	2800
Weißrussland	207 595	9 663 000	47	11	5560
Moldau	33 800	3 604 000	107	13	1560
Georgien	69 700	4 260 000	61	2	2530
Armenien	29 743	3 083 000	104	k. A.	3100
Aserbaidschan	86 600	8 781 000	101	2	4840
Kasachstan	2 724 900	15 888 000	5,8	24	6920
Usbekistan	447 400	27 767 000	62	6	1100
Turkmenistan	488 100	5 110 000	10,5	7	3420
Kirgisistan	199 900	5 321 000	27	8	870
Tadschikistan	143 100	6 952 000	49	1	700
Baltische Staaten – Mitgliedsstaaten von NATO und Europäischer Union					
Estland	45 227	1 340 000	30	26	14 060
Lettland	64 589	2 255 000	35	28	12 390
Litauen	65 301	3 340 000	51	5	11 410

Tab. 5.1: Nachfolgestaaten der Sowjetunion im Vergleich

Historisch gesehen war Russland schon immer ein Vielvölkerstaat. Dies gilt für das Zarenreich und die ehemalige Sowjetunion gleichermaßen. Trotz der zentralistischen Politik entwickelten die Regionen der Minderheiten eine politische, wirtschaftliche und vor allem kulturelle Eigendynamik. Die Regionalsprache wurde insbesondere in den Familien gepflegt. So sprachen z. B in der sowjetischen Zeit mehr als 90 % der Jakuten in der AR Sacha (s. u.) daheim jakutisch. Mit dem Zerfall der Sowjetunion traten die ethnischen Konflikte offen zutage. So gibt es heute aus der Sicht Moskaus drei räumliche Ebenen, die sich überlagern und für drei unterschiedliche Zukunftsperspektiven Russlands stehen (→ Tab. 5.1):

- Die erste Ebene umfasst alle Gebiete der Russländischen Föderation mit einem weit überwiegenden russischen Bevölkerungsanteil einschließlich der Autonomen Gebiete und Kreise, in denen ebenfalls die Russen dominieren. Dieser Teil des Staates bildet aus Moskauer Sicht das Grundgerüst der Russländischen Föderation.
- Die zweite Ebene umfasst darüber hinaus auch die autonomen Republiken nichtrussischer Nationalitäten innerhalb der Föderation, die vielfach wirtschaftliche, politische und kulturelle Sonderrechte für sich beanspruchen, bis hin zur Forderung nach der völligen Loslösung von Russland, wie z. B. Tschetschenien. Seit 1999, mit dem Beginn des zweiten Tschetsche-

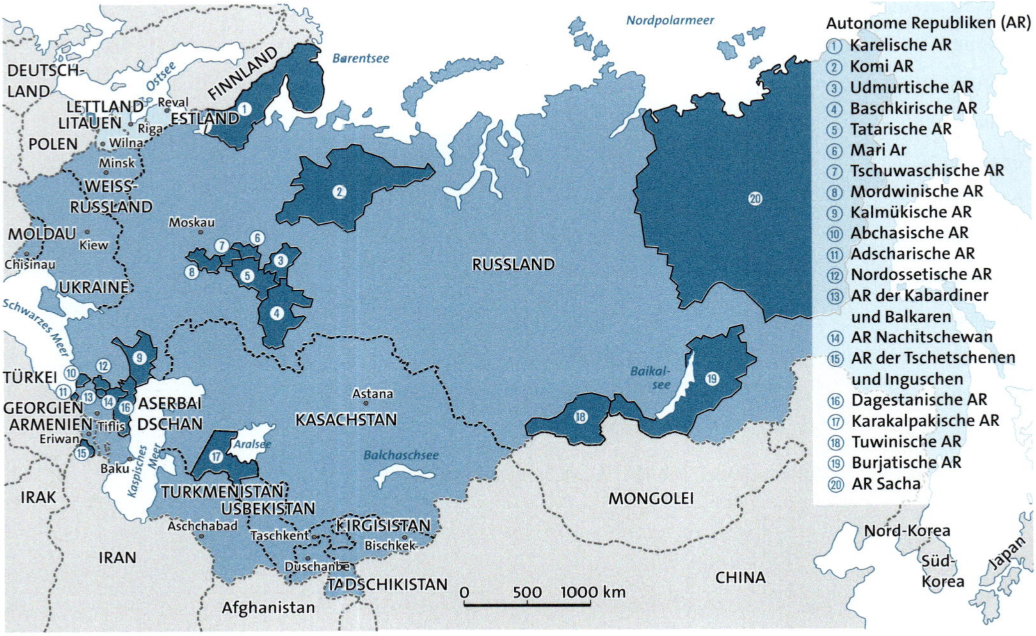

Abb. 5.1: Neue Staaten auf dem Territorium der ehemaligen Sowjetunion

nien-Krieges, geht die Zentrale in Moskau wieder verstärkt gegen Autonomie- und Separatismusbestrebungen vor und versucht die Autonomen Republiken gleichzuschalten. Besonders verdächtig erscheinen den Herrschern in Moskau jene Republiken, in denen überwiegend islamische (im Kaukasus) oder buddhistisch-lamaistische Völker leben (in Kalmückien und Burjatien).

- Die dritte Ebene umfasst das sogenannte „Nahe Ausland", also diejenigen Staaten, die neben der Russländischen Föderation nach dem Zerfall der Sowjetunion unabhängig geworden sind und die russische Minderheiten beherbergen. Die Existenz dieser Staaten erinnert Russland an seine verlorene Größe als Kernraum der untergegangenen Supermacht Sowjetunion und an die wirtschaftliche und politische Niederlage am Ende des Kalten Krieges 1989. Russland versucht vor allem durch Militärstützpunkte im Oblast Kaliningrad und in Transnistrien, aber auch in den autonomen Regionen Georgiens, diese Staaten weiterhin zu kontrollieren.

Georgien ist ein transkaukasisches Entwicklungsland mit einer strategisch wichtigen Brückenfunktion zwischen Russland und Armenien bzw. von Aserbaidschan an Russland vorbei zum Schwarzen Meer. Nach der Unabhängigkeit 1991 nutzte Russland ethnische Konflikte zwischen Georgien und seinen Autonomen Regionen, um das Land weiterhin kontrollieren zu können: 1994 stand es Abchasien militärisch bei und 2008 Südossetien. Aus beiden Regionen wurden die meisten der zahlreichen Georgier vertrieben, und russische Truppen sichern die neuen Grenzen. Auch die Region Adscharien pocht auf Autonomie gegenüber der georgischen Regierung in Tiflis.

Abb. 5.2: Georgien im Konflikt mit Russland

5.2 Russland – Naturraum und Verkehr

Russland weist im größten Teil seines Staatsgebietes ein kontinentales, winterkaltes Klima auf. Der ackerbaulich nutzbare Teil des Landes wird als das sogenannte **Agrardreieck** bezeichnet, mit den ungefähren Eckpunkten St. Petersburg – Krasnojarsk – Rostow am Don. An der langen nördlichen Seite dieses Agrardreiecks gefährden Frosteinbrüche die landwirtschaftliche Produktion auf den ohnehin wenig fruchtbaren Podsolböden. An der langen südlichen Seite des Agrardreiecks sind zwar meist fruchtbare Schwarzerdeböden im Steppengebiet vorhanden, dafür gefährden hier aber Dürren die landwirtschaftliche Produktion. Der größte Teil Russlands gehört zur Kalten Zone mit einer Jahresmitteltemperatur um und unter 0 °C, und zwar meist zur Zone der Borealen Nadelwälder (Taiga), die es nur auf der nördlichen Halbkugel gibt (→ Geozonen, Seite 44/45). Im Norden Sibiriens ist der kontinuierliche (zusammenhängende) Dauerfrostboden verbreitet, für den auch der Fachbegriff **Permafrostboden** verwendet wird. Da dieser Permafrostboden in den Sommermonaten oberflächlich auftaut, ist der Bau von Verkehrswegen, Pipelines und Siedlungen sehr schwierig, technisch aufwendig und damit teuer. Häuser müssen mit Pfeilern im Permafrostboden verankert werden und über den Erdboden hinausragen, damit eine isolierende Luftschicht ein Auftauen des Bodens und damit ein Einsinken der Häuser verhindert. Auch Erdöl- und Erdgas-Pipelines müssen auf isolierten Stelzen gebaut werden, damit sie nicht brechen. Verkehrswege werden auf dicken Schotterbetten verlegt, damit sie nicht im Sommer im Schlamm versinken.

Ein nach europäischen Maßstäben relativ dichtes **Verkehrsnetz** gibt es in Russland nur im Westen (→ Abb. 5.3). Es ist auf die Metropole Moskau ausgerichtet, da Russland ein zentralistischer Staat ist, ähnlich wie Frankreich.

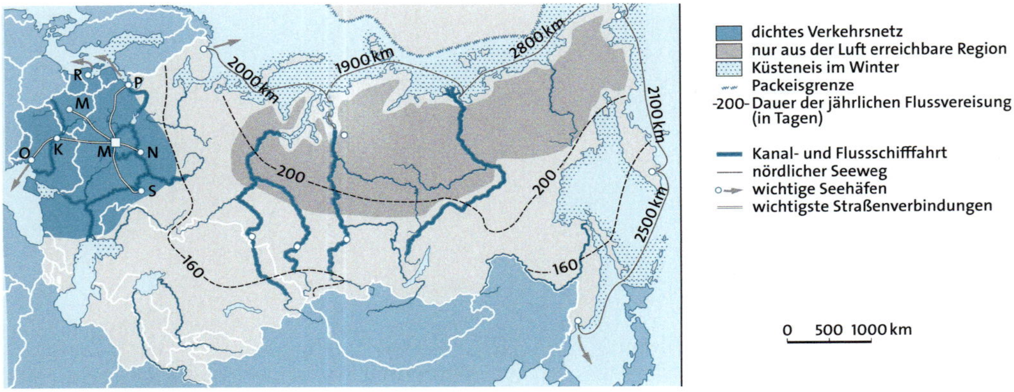

Abb. 5.3: Bedeutung verschiedener Verkehrsträger

Die besten Standortbedingungen für die Industrie und Möglichkeiten der wirtschaftlichen Entwicklung gibt es im Großraum Moskau und im Raum St. Petersburg. Beide Großstädte sind zugleich die wichtigsten Dienstleistungs- und Tourismuszentren des Landes. Da die Überwindung großer Entfernungen immer mit hohen Transportkosten verbunden ist, erweist sich die riesige Fläche des größten Staates der Erde als erheblicher Nachteil. Dieser Nachteil großer Entfernungen in einem Staat wird auch als „**Raumschranke**“ bezeichnet. Aus Australien stammt dafür die Bezeichnung *Tyranny of Distance*. Die **Transsibirische Eisenbahn** ist die wichtigste Verkehrsverbindung nach Sibirien und innerhalb Sibiriens. Flugreisen sind in Russland seit dem Ende der Sowjetunion nicht mehr billig, da die Preise für Flugbenzin nicht mehr subventioniert werden. Daraus ergibt sich ein besonderes Problem für die Bewohner großer Gebiete Sibiriens, Russen und Ureinwohner gleichermaßen (→ Abb. 5.3): Sie sind auf Flugzeuge bzw. Hubschrauber dringend angewiesen, da keine anderen Transportmöglichkeiten bestehen, und sie sind teilweise für lange Zeiträume des Jahres völlig von der Außenwelt abgeschnitten.

Wissen: Baikalsee

Mit einer Fläche von 31500 km² ist der Baikalsee etwas größer als Belgien. Er entstand in einem **Grabenbruch** an der Grenze zwischen der Eurasischen und Chinesischen Platte (→ Seite 17). Der Baikalsee ist mit 1620 Metern der tiefste See der Erde. Da der Wasserspiegel des Sees bei 455 m über NN liegt, reicht die tiefste Stelle des Sees 1165 m unter den Wasserspiegel des Pazifiks. 20 % der globalen und mehr als 80 % der russischen oberflächigen Trinkwasserreserven entfallen allein auf dieses Gewässer. Das Fassungsvermögen entspricht dem aller fünf großen Seen Nordamerikas zusammen. Tier- und Pflanzenwelt des Sees sind einzigartig. Von den mehr als 2000 Arten im Wasser und in den Uferzonen sind rund 1500 endemisch, das heißt, sie kommen nur hier vor. Wichtigste Tierart ist der Kleinkrebs Epischura, der das Seewasser ständig filtert und so für die sprichwörtliche Reinheit des Baikalwassers sorgt. Mit einem Alter von mehr als 25 Millionen Jahren gilt der Baikalsee als der älteste See der Erde. Ende 1996 nahm die **UNESCO** den Baikalsee und seine Uferzone in die Welterbeliste auf, um dieses einzigartige Ökosystem auch für die nachfolgenden Generationen zu erhalten.

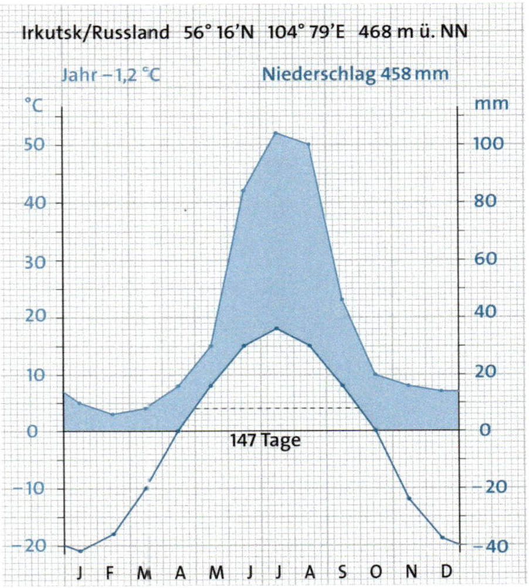

Abb. 5.4: Klimadiagramm Irkutsk

5.3 Russland – Bevölkerung und Migration

Die Russische Föderation hatte 2010 eine Bevölkerung von rund 142 Mio. Einwohnern. Da die Geburtenrate bei 1,2 % liegt, die Sterberate aber bei 1,4 %, ergibt sich ein negativer Bevölkerungssaldo von –0,2 %/Jahr. Das bedeutet, dass die Bevölkerungszahl der Russischen Föderation schrumpfen wird: Für das Jahr 2025 wird mit 139 Mio. Einwohnern gerechnet, für das Jahr 2050 mit ca. 127 Mio. Allerdings fehlt bei diesen Prognosen die Zuwanderung von russischen Bevölkerungsgruppen aus den Staaten der GUS, die zumindest einen Teil des Bevölkerungsrückgangs ausgleichen kann.

Die **Lebenserwartung** ist seit dem Ende der Sowjetunion deutlich gesunken. Sie liegt insgesamt bei 69 Jahren, bei den Männern bei 63 und bei den Frauen bei 75 Jahren. Die Ursachen für den Anstieg der Sterblichkeit besonders der männlichen Bevölkerung liegen im Alkohol-, Zigaretten- und Drogenmissbrauch sowie im Anstieg der Infektionsraten vor allem bei HIV/Aids und bei Tuberkulose. So stieg z. B. der Anteil der HIV-infizierten Erwachsenen in Russland auf rund 1,0 %, bei den Männern liegt die Rate noch höher.

Die Karte in → Abb. 5.10 zeigt die Hauptrichtungen der **Migration** in der Russländischen Föderation. Hauptziele der Migranten aus den übrigen Staaten der GUS sind der Kernraum um Moskau, das nördliche Kaukasusvorland sowie das südliche Sibirien im Raum Nowosibirsk. Allerdings gibt es auch eine Abwanderung aus Sibirien in den europäischen Kernraum der Russischen Föderation. Besonders stark ist die Abwanderung aus dem Grenzgebiet zur Mongolei und zur VR China von Irkutsk bis nach Wladiwostok. Daher ist dort bereits eine massive Zuwanderung von Chinesen zu beobachten, die von Bevölkerung und Politik in Russland als Bedrohung wahrgenommen wird, wirtschaftlich für die Abwanderungsgebiete aber sehr wichtig ist. Ein großes Problem ist die Abwanderung aus dem mit hohem technischem und finanziellem Aufwand erschlossenen Hohen Norden. Hierbei spielen Versorgungs- und Transportprobleme eine entscheidende Rolle. Die meisten Menschen im Hohen Norden fühlen sich von der Politik im Stich gelassen. Die Abwanderung erreicht insbesondere in den entlegenen Regionen Nordsibiriens dramatische Ausmaße: Zuerst gehen die gut ausgebildeten und gesunden jungen Menschen, zurück bleiben meist nur alte und kranke Menschen. Dörfer und ganze Städte (wie z. B. Igarka am Jenissej) werden nach und nach verlassen, viele Häuser verfallen und stürzen schließlich ein. Neben der Migration innerhalb Russlands gibt es eine ausgeprägte Emigration besonders von hoch qualifizierten, jungen Arbeitskräften nach Westeuropa und in die USA, wo sie bessere Lebens- und Arbeitsbedingungen erwarten.

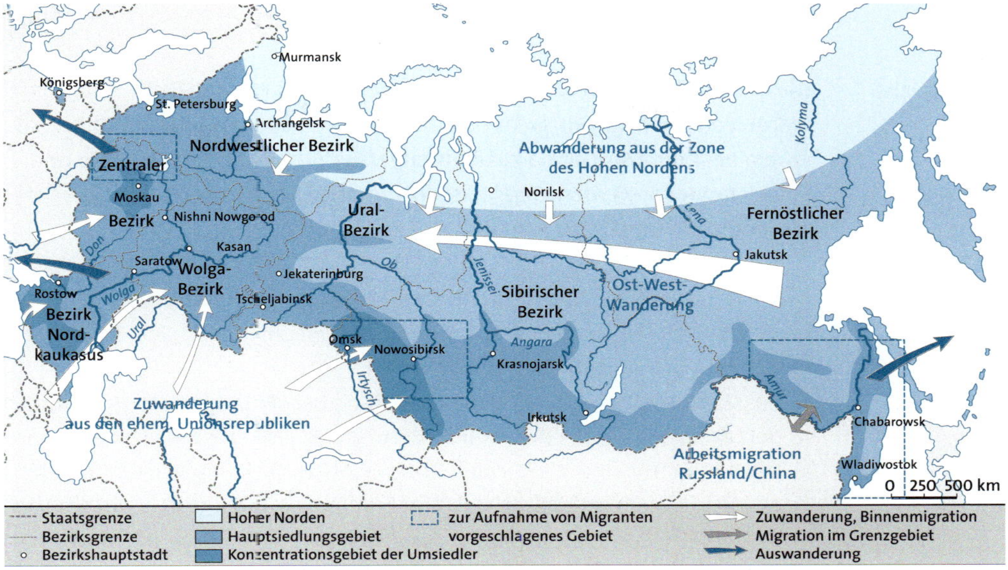

Abb. 5.10: Hauptströme der Migrationen seit 1990

	Russland	Ukraine	Weißruss.	Kasachstan	Georgien
Bevölkerung 2010/2050 (Mio.)	141,9/126,7	45,9/35,3	9,5/8,3	16,3/21,5	4,6/3,6
Geburtenrate (‰)	12	11	12	23	13
Sterberate (‰)	14	15	14	9	10
Wachstumsrate (%)	−0,2	−0,4	−0,3	1,4	0,3
Säuglingssterblichkeit (‰)	8,2	9,3	4,7	26	17
Total Fertility Rate (TFR) (‰)	1,5	1,5	1,4	2,7	1,7
Bevölkerung < 15 Jahre / > 65 Jahre (%)	15/13	14/16	15/14	24/8	17/14
Lebenserwartung bei der Geburt (J.)	69	62	74	69	74
Lebenserwartung männl./weibl. (J.)	63/75	63/65	74/76	63/74	69/79
verheiratete Frauen (15 – 49):	73 1)	67 1)	73 1)	51 1)	47 1)
Anteil Familienplanung (%)	53 2)	48 2)	57 2)	49 2)	27 2)
BNE/Einw. 2008 (KKP; US-$)	15 630	7210	12 150	9690	4850
Anteil Bev. < 2 US-$ pro Tag (%)	< 2	< 2	< 2	17	30
Bev.-Anteil Titularnation 3) (%)	79,8	78,0	81,0	63,1	84,0
Russischer Bevölkerungsanteil	(1)	17,0	11,0	23,7	1,5

(1): weitere Ethnien: 3,8 % Tataren – 2,0 % Ukrainer – 1,2 % Baschkiren – 1,1 % Tschuwaschen – 0,9 % Tscheteschen – 0,8 % Armenier – 0,6 % Mordwinen – 0,6 % Weißrussen – 0,4 % Deutsche – 8,8 % Sonstige

Religionszugehörigkeit: ca. 70 % orthodoxe Christen – 14 % Muslime – 1,4 % Protestanten – 0,6 % Katholiken – 0,5 % Juden – Minderheit von Buddhisten – ca. 50 Mio. Konfessionslose

1) Familienplanung insgesamt; 2) Familienplanung mit modernen Methoden; 3) Anteil der namensgebenden Bevölkerung im jeweiligen Land

Quellen: Fischer Weltalmanach 2011, DSW-Datenreport 2010

Tab. 5.3: Ausgewählte Nachfolgestaaten der ehemaligen Sowjetunion im Vergleich 2009

5.4 Russland – Rohstoffe aus Sibirien

Synthetische Karten

Die → Abb. 5.5 ist eine sogenannte synthetische Karte, das heißt, in ihr werden die wichtigsten Sachverhalte und räumlichen Lagebeziehungen zu einem bestimmten Thema zusammengefasst. Unwichtigere Aspekte und Einzelstandorte werden weggelassen, um den Blick des Betrachters auf die wesentlichen Inhalte zu richten.

Hier geht es um die Naturressourcen der Russischen Föderation, die in der Legende untergliedert werden in Energieressourcen, Mineralien und andere Ressourcen wie Agrarland und Holz (Wälder):

- Russland nimmt weltweit den ersten Rang bei der Erdgasförderung sowie den dritten Rang bei der Erdölförderung ein. Damit ist Russland als einziges Industrieland nicht nur Selbstversorger im Energiesektor, sondern exportiert auch in großem Umfang Erdgas und Erdöl und erwirtschaftet damit Devisen. Dazu kommen große Kohlevorkommen – allerdings vornehmlich in Sibirien.
- Große Vorkommen von Eisenerz, Bauxit, Kupfer, Gold, Diamanten, Nickel und Platin (letztere vor allem in Norilsk) sind ebenfalls vorhanden – ebenfalls vorrangig in Sibirien.

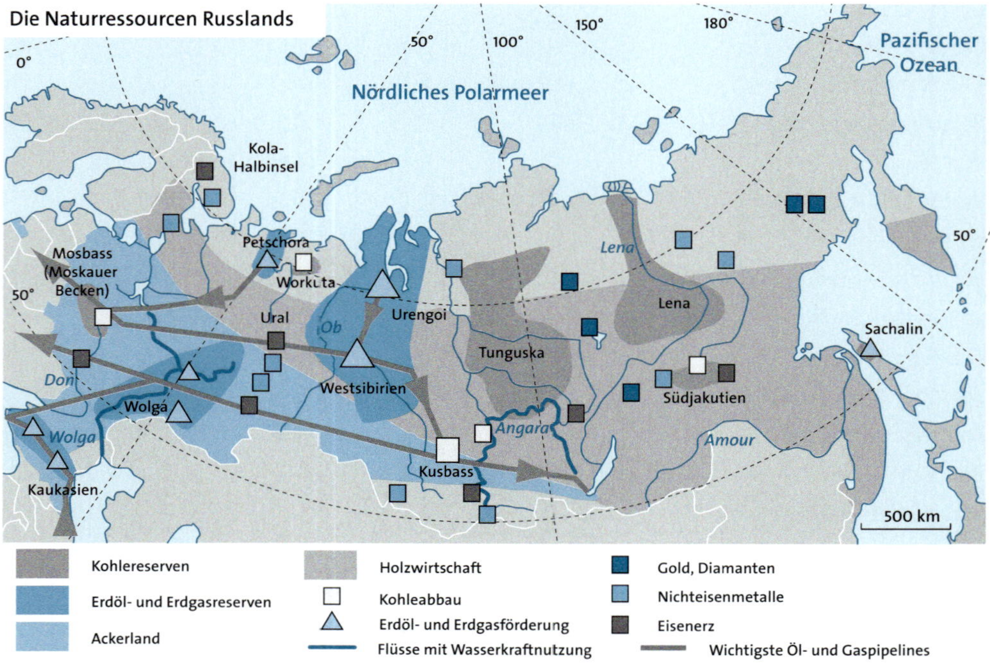

Abb. 5.5: Naturressourcen Russlands

- Der Wald – insbesondere die Taiga – bedeckt fast die Hälfte des russischen Staatsgebietes, darunter den größten Teil Sibiriens.
- Das Agrardreieck (→ Seite 128) hat eine Fläche von rund 2 Mio. km² und macht Russland zu einem der größten Agrarproduzenten der Erde.

Allerdings sind die Naturressourcen innerhalb des Staates sehr ungleich verteilt: Während rund drei Viertel der Bevölkerung im europäischen Teil des Landes leben, wird hier nur ein Fünftel der Energie produziert. In Sibirien lebt nur rund ein Viertel der Bevölkerung, aber hier werden vier Fünftel der Energie produziert. Das bedeutet hohe Transportkosten bzw. hohe Leitungsverluste auf dem Weg zu den Verbrauchern. Dazu kommen hohe Erschließungskosten aufgrund der ungünstigen klimatischen Bedingungen und aufgrund des Permafrostbodens.
Russland ist der wichtigste Anliegerstaat des Arktischen Ozeans, unter dem große Erdöl- und Erdgasvorkommen vermutet werden – bis zu 25 % der globalen Vorräte. Wegen des Klimawandels erscheint die Förderung in mittlerer Zukunft möglich, daher unterstreicht Russland seine Hoheitsansprüche.

Beispiel

Die Autonome Republik Sacha (russische Bezeichnung: Jakutien) hat im Jahr 1992 den Föderationsvertrag mit Russland unterzeichnet. Mit einer Fläche von 3,1 Millionen km² ist Sacha die flächengrößte Gebietseinheit Russlands. Es ist größer als Kasachstan und etwa fünfmal so groß wie die Ukraine. Wegen der nördlichen Lage – 40 % der Fläche liegen nördlich des Polarkreises – und wegen der extremen klimatischen Bedingungen wird Sacha auch als „Sibirien im Quadrat" bezeichnet. Der Kältepol der Nordhalbkugel liegt im Dreieck Jakutsk – Oimjakon – Werchojansk. Die maximale **Temperaturamplitude** in der Großstadt Jakutsk beträgt mehr als 100 °C (–64 °C bis +38 °C). Das jakutische Territorium liegt vollständig auf Permafrostböden. Im Norden ist der Permafrostboden zusammenhängend und erreicht dort eine Mächtigkeit von 200 bis zu mehr als 1500 m. Dieser Wert steht für die weltweit größte bekannte Tiefe von Dauerfrostböden. Jakutsk mit 240 000 Einwohnern auf 135 km² Fläche ist die größte auf Permafrostboden gebaute Stadt der Welt. Hier gibt es ein Institut zur Erforschung des Permafrostes.
Die Autonome Republik Sacha ist reich an Bodenschätzen, wie z. B. Edelmetallen, Kohle oder Diamanten. Der Anteil Sachas an der weltweiten Förderung von Diamanten liegt bei 13 %. Außerdem soll hier die Hälfte aller bislang erkundeten Diamantenvorräte der Erde liegen. Der russische Diamanten-Konzern Alrosa soll mehr als 30 000 Mitarbeiter haben und nach dem Gasprom-Konzern der zweitgrößte Steuerzahler des Landes sein. Der Wert der Diamantenverkäufe von Alrosa lag 2011 bei 4,5 Milliarden US-$.

5.5 Metropole Moskau

Im Bewusstsein vieler EU-Bürger spielt Moskau keine große Rolle. Als die wichtigsten Metropolen gelten gemeinhin London und Paris. Dabei ist Moskau mit rund 11,5 Millionen Einwohnern innerhalb der Stadtgrenzen die größte Stadt Europas und mit rund 15 Millionen Einwohnern im engeren Verflechtungsbereich der größte Ballungsraum Europas, weit vor Paris oder der Europäischen Metropolregion (EMR) Rhein-Ruhr.

Zur Größe allein kommt die überragende Bedeutung Moskaus für den größten Flächenstaat der Erde, die Russische Föderation:

- Auf nur 0,03 Prozent der Fläche leben mehr als 6 Prozent der Einwohner des Landes, die mehr als 10 Prozent aller privaten Pkw besitzen.
- Hier werden mehr als 20 Prozent des Bruttoinlandsprodukts erwirtschaftet, von hier stammen 25 Prozent aller russischen Exporte, und hierhin gehen 41 Prozent aller Importe.
- Moskau ist der wichtigste Industriestandort Russlands mit einer vielseitigen Branchenstruktur: Luft- und Raumfahrttechnik, Elektrotechnik, Metallindustrie und Maschinenbau, Fahrzeugbau, chemische Industrie, Biotechnologie und Pharmazie sowie Textilindustrie.
- In Moskau konzentrieren sich 80 Prozent aller Bankeinlagen und somit auch des Reichtums des riesigen Staates.
- Vor der globalen Finanz- und Wirtschaftskrise 2008 stand Moskau mit 33 Dollar-Milliardären und mehr als 30 000 Millionären als Wohnort der Reichen und Superreichen an zweiter Stelle weltweit nach New York.

Der letzte Punkt deutet bereits auf die großen sozialen Unterschiede innerhalb der Metropole hin: Nur zwei Prozent der Moskauer Bevölkerung gehören zur Oberschicht, 48 Prozent zur aufstrebenden neuen Mittelschicht und 50 Prozent haben nur ein geringes Einkommen. Der Durchschnittslohn eines einfachen Moskauer Angestellten oder Arbeiters liegt nur bei umgerechnet etwa 550 Euro pro Monat (bei extrem hohen Lebenshaltungskosten), Rentner erhalten nur etwa ein Zehntel dieser Summe und benötigen einen Zuverdienst. Bei hohen und weiterhin steigenden Mietkosten leben auch viele Familien mit Kindern und mit nur einem Einkommen an der Armutsgrenze. Kommen Arbeitslosigkeit oder Alkoholismus dazu, zerbrechen viele Familien. Die Zahl der Straßenkinder und der Obdachlosen ist daher in Moskau sehr hoch. Die meisten ärmeren Menschen leben in den riesigen Satellitenstädten am Rande Moskaus in einfachen Plattenbau-Wohnungen aus der sozialistischen Zeit, oftmals ohne günstige Verkehrsanbindung und ohne Geschäfte.

Das russische Städtesystem und seine Entwicklung kann mithilfe der sogenannten **Rang-Größe-Regel** in einer Grafik dargestellt werden. Im Falle der Idealverteilung gilt folgende Formel: $P_n = \frac{P_1}{n}$
P bedeutet Bevölkerungszahl, n entspricht dem Rang der Stadt. Demnach sollte die Stadt auf Rang 2 die Hälfte der Bevölkerung der größten Stadt aufweisen, die Stadt auf Rang 3 ein Drittel usw. Die y-Achse sollte 10 cm hoch sein (entspricht 100 %), auf der x-Achse sind die Städte nach ihrer Größe angeordnet.
In der Tabelle ist klar zu erkennen, dass sich Moskau in den 20 Jahren von 1989 bis 2009 zu einer Primatstadt entwickelt hat, da sich der Abstand zu Sankt Petersburg deutlich vergrößert hat.

Rang	Stadt	1989	2009
1.	Moskau	8,88	10,51
2.	Sankt Petersburg	4,99	4,58
3.	Nowosibirsk	1,44	1,40
4.	Jekaterinburg	1,36	1,33
5.	Nischni Nowgorod	1,44	1,27
6.	Samara	1,25	1,13
7.	Kasan	1,09	1,13
8.	Omsk	1,15	1,13
9.	Tscheljabinsk	1,14	1,10
10.	Rostow am Don	1,09	1,05

Fischer Weltalmanach, verschiedene Ausgaben

Tab. 5.2: Die zehn größten Städte Russlands (in Mio. Einw.)

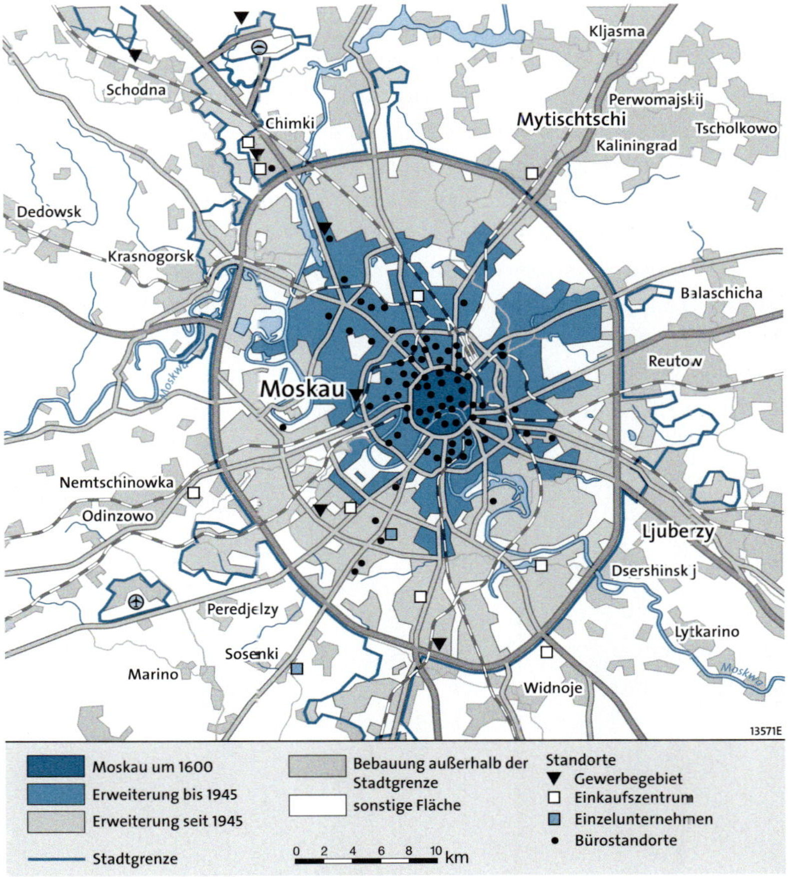

Abb. 5.6: Stadtentwicklung und Infrastruktur Moskaus

5.6 Mittelasien: Aralsee-Syndrom

Abb. 5.7: Schiffswrack am verlandeten Ufer des ehem. Aralsees

Ein Schiffswrack mitten in einer Wüstenlandschaft (→ Abb. 5.7) – dieses absurde Bild steht für die Folgen eines gescheiterten Großprojekts zur Umgestaltung der Natur in der früheren Sowjetunion. In den Wüsten Kysylkum und Karakum in Mittelasien sollten entlang der Flüsse Syr-Darja und Amu-Darja sowie entlang des Karakum-Kanals blühende Landschaften entstehen, ein „Garten Eden in der Wüste", so die sowjetische Propaganda. Dahinter standen handfeste wirtschaftliche Interessen: Um die frühere Sowjetunion von Baumwollimporten aus der westlichen Welt unabhängig zu machen, forcierte man den Baumwollanbau in Mittelasien.

Die ersten Anfänge dazu waren bereits in der Zarenzeit vor der Oktoberrevolution von 1917 unternommen worden. Das Großprojekt schien völlig problemlos zu sein, denn noch 1890 flossen 67 km³ Wasser aus den zentralasiatischen Hochgebirgen über die beiden Zuflüsse Syr-Darja und Amu-Darja in den Aralsee. Dadurch wurde aber nur die hohe Verdunstung von 1040 mm pro Jahr im Seegebiet ausgeglichen. 1960 flossen noch insgesamt 40 km³ Wasser in den See, danach begann der Schrumpfungsprozess (→ Abb. 5.8). Als größtes Problem erwies sich der Karakum-Kanal, der inzwischen zur Lebensader des neuen Staates Turkmenistans wurde und dessen Bau in den 1950er-Jahren begann. Durch diesen Kanal werden dem Amu-Darja 17 von 35 km³ Abfluss pro Jahr entnommen – fast die Hälfte. Ursprünglich sollte dieser Kanal das Kaspische Meer erreichen, er endet aber nach 1600 km mitten in der Wüste. Zuvor versorgt er 500 000 ha Baumwollfelder,

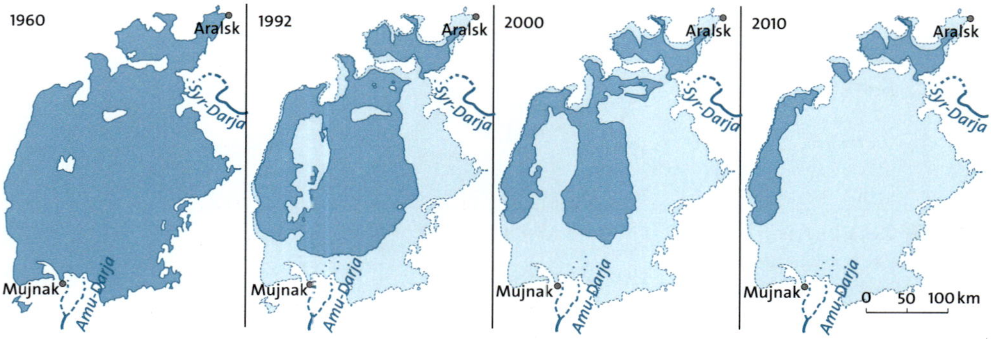

Abb. 5.8: Der Aralsee im Wandel der Zeit

Großstädte und Industrie mit Wasser. Da sein Bett nicht ausbetoniert wurde, ist die Versickerungsrate sehr hoch, ebenso die Verdunstungsrate.

Infolge der hohen Wasserentnahme erreichen nur noch etwa 10 % der ursprünglichen Wassermenge des Amu-Darja den Aralsee. Der Syr-Darja versickert bereits vor Erreichen des Sees in der Wüste Kysylkum. Hatte der See im Jahr 1960 noch eine Fläche von 68 000 km² (fast so groß wie Bayern), so ist seine Fläche bis 2010 auf 21 000 km² (= Hessen) zurückgegangen. Gleichzeitig ist das Wasservolumen des Aralsees von 1040 km³ auf 124 km³ geschrumpft. Und der Salzgehalt des Seewassers ist von rund 10 g/Liter auf 80 g/Liter gestiegen. 1960 wurden noch 45 000 t Fisch pro Jahr im Aralsee gefangen. 1980 waren es nur noch 16 000 t, und 1992 musste der Fischfang eingestellt werden, da die Salzkonzentration und die Pestizidbelastung im Restsee viel zu hoch geworden waren. Aus den trocken gefallenen ehemaligen Seeflächen werden ständig große Mengen von Salz, Pestiziden und Düngemittelresten ausgeweht und auf einer Fläche von 200 000 km² verteilt. Wegen der ökologischen Probleme wurde die Aralsee-Region 1992 von der UN zum **ökologischen Notstandsgebiet** erklärt. Der Begriff **Aralsee-Syndrom** trifft nicht nur für die ökologischen Probleme im Einzugsgebiet des Sees zu, sondern auch auf die Menschen, die hier häufiger erkranken als in anderen Gebieten Mittelasiens. So wird geschätzt, dass etwa 70 % der Menschen am See erkrankt sind, etwa 15 % der Kinder sind wegen der Gesundheitsschädigungen geistig zurückgeblieben. Dazu kommt eine hohe Kindersterblichkeit von 11 %. Die häufigsten gesundheitlichen Probleme sind:

- Missbildungen und genetische Defekte bei Neugeborenen als Folge des übermäßigen Einsatzes von Pestiziden und Entlaubungsmitteln. Die Aufnahme der Gifte erfolgt in der Regel über verseuchtes Trinkwasser.
- Krebserkrankungen, Magengeschwüre und Nierensteine als Folge belasteten bzw. fehlenden Trinkwassers
- Erkrankungen der Atemwegsorgane und der Augen in Folge der Salz- und Staubstürme

Alle 24 Fischarten, die den See noch um 1960 bevölkerten, sind heute ausgestorben.

Für die hohen Krankheitsraten im Unterlauf der Flüsse ist in erster Linie der Baumwollanbau verantwortlich. Die Pflanze ist nicht nur frostempfindlich, sondern auch anfällig für Schädlingsbefall. Daher werden massiv Pflanzenschutzmittel während der Wachstums- und Erntezeit eingesetzt. Für die Herstellung einer Jeans werden etwa 2 kg Rohbaumwolle benötigt. Und allein für deren Wachstum werden rund 58 000 Liter Wasser benötigt, mehr als jeder Deutsche pro Jahr verbraucht.

5.7 Turkmenistan – Wassermangel in einem Wüstenstaat

Bevölkerungsentwicklung in Turkmenistan (Einwohner in Millionen)
5,1 (2011)
5,9 (2025)
6,6 (2050)

Nach der Weltbank-Klassifikation ist Turkmenistan mit einem Bruttonationaleinkommen von 3420 US-Dollar je Einwohner (→ Seite 125) die wohlhabendste der mittelasiatischen Republiken. Allerdings ist der Wohlstand in Turkmenistan extrem ungleich verteilt, sodass es wenige sehr reiche und viele relativ arme Turkmenen gibt. Dabei verfügt Turkmenistan über rund ein Viertel der globalen Erdgasreserven. Auf dem Export von Erdgas basieren ca. 70 % des Bruttoinlandsprodukts.
Mit einem Wirtschaftswachstum von real gut 9 Prozent im Jahr 2010 lag Turkmenistan an der Spitze aller Staaten der GUS. Nach Erdgas und Erdölprodukten war Baumwolle im selben Jahr das wichtigste Exportprodukt. Die Wüste Kara Kum bedeckt 80 Prozent der Landesfläche von 488 100 km². Da die Niederschläge von weniger als 80 mm pro Jahr im Nordosten bis 300 mm

Wassermangel und Wassermanagement in Mittelasien

Während die Bevölkerungszahl in Kasachstan stagniert, wächst sie in Usbekistan um 1,3 % pro Jahr und in Turkmenistan um 1,5 % pro Jahr. Das bedeutet, dass der Wasserverbrauch weiter steigen wird, auch im Zusammenhang mit Industrialisierung und Verstädterung in den mittelasiatischen Republiken. Die besten wirtschaftlichen Voraussetzungen für eine Industrialisierung haben Kasachstan und Turkmenistan, vor allem wegen ihrer großen Erdöl- bzw. Erdgasvorkommen. Das wichtigste Exportprodukt Usbekistans ist weiterhin die Baumwolle – noch vor den Energieträgern.
Da der Anteil der Erwerbstätigen in der Landwirtschaft in allen drei Staaten vergleichsweise hoch ist, erscheint eine kurzfristige Abkehr vom Baumwollanbau kaum denkbar. Deshalb sind **Maßnahmen zur Wassereinsparung** sehr wichtig, wenn der Aralsee wieder mehr Wasser erhalten soll. Mehr als die Hälfte der maximal 110 km³ zur Verfügung stehenden Wassers werden in der Landwirtschaft verbraucht. Deren Verbrauch ließe sich um bis zu 50 % reduzieren, und zwar durch folgende Maßnahmen:

- Aufgabe unrentabler Anbauflächen
- Ersatz von Baumwolle und Reis durch Weizen und Sorghum, die weniger Wasser brauchen.
- Optimierung der Bewässerungskanäle durch verbesserte Trassenführung, Betonbetten und Abdeckungen
- Einführung sparsamerer Bewässerungsverfahren (z. B. Tröpfchenbewässerung)
- höhere Wassergebühren als Zwang zum Wassersparen (Umdenken im Umgang mit dem Lebensmittel Wasser)

im Gebirge Kopet Dag im Südwesten reichen, kann Anbau nur mit Bewässerung erfolgen. Bewässerungslandwirtschaft wird in Turkmenistan auf einer Fläche von rund 1,5 Millionen Hektar betrieben (das entspricht 15 000 km^2 oder der Fläche Schleswig-Holsteins). Mehr als 250 000 Landwirte und ihre Familien sind vom Ackerbau abhängig. Weizen wird auf rund 570 000 ha angebaut, Baumwolle auf 560 000 ha, es folgen Futterpflanzen und Dauerkulturen.

Rund 97 Prozent des gesamten Wasserverbrauchs von knapp 24 km^3 werden in der Bewässerungslandwirtschaft verbraucht bzw. vergeudet. Rund 22 km^3 des verbrauchten Wassers stammen aus dem Amu Darja. Das Wasser wird durch den aus sowjetischer Zeit stammenden Karakum-Kanal abgeleitet und verteilt. Somit trägt die turkmenische Landwirtschaft in erheblichem Maße zur Schrumpfung des Aralsees bei. Angesichts einer stark wachsenden Bevölkerung nicht nur in Turkmenistan, sondern auch in Usbekistan und Tadschikistan, sind Wasserkonflikte am Amu Darja vorprogrammiert.

Abb. 5.9: Bewässerungsgebiete

Überblick

Nach der Arbeit mit diesem Kapitel können Sie den Entwicklungsstand der Nachfolgestaaten der Sowjetunion charakterisieren. Sie können Russland in seine naturräumlichen Einheiten gliedern und die demografische Entwicklung des Landes erläutern. Ferner können Sie die räumliche und soziale Polarisierung erklären. Sie sind ebenfalls imstande, das Aralsee-Syndrom zunächst zusammenzufassen und schließlich zu erörtern.

6 USA

Die Vereinigten Staaten von Amerika sind die größte und technologisch am höchsten entwickelte Volkswirtschaft der Erde. Sie wurden überwiegend von Europa aus besiedelt.
Je nach Ausstattung werden die Naturräume landwirtschaftlich sehr unterschiedlich genutzt. Die Industrie konzentriert sich innerhalb von bestimmten Großregionen (Belts).
Die größte Bedeutung hat heute der tertiäre Sektor mit seinen wissensintensiven Branchen in den großen Stadtregionen.

6.1 Weltmacht USA

Nach dem Zerfall der Sowjetunion (UdSSR) 1991 verblieben die Vereinigten Staaten von Amerika (USA) als einzige **Weltmacht**. Eine Weltmacht ist in der Lage, ihre wirtschaftlichen und politischen Interessen global gegen die Interessen anderer Staaten durchzusetzen, gegebenenfalls auch mit militärischer Gewalt. Dazu dient den USA ein weltweites Netz von **Militärstützpunkten**: in der Karibik (z.B. Guantanamo auf Kuba), in Europa, auf der Arabischen Halbinsel (insbesondere am Persischen Golf), im Indischen Ozean (Diego Garcia), in Ostasien und Australien sowie im Pazifischen Ozean (Guam, Hawaii). Flottenverbände mit Flugzeugträgern sichern die amerikanischen Interessen auf allen Weltmeeren sowie im Mittelmeer. Konventionelle und nukleare Raketen sowie Marschflugkörper und bewaffnete Drohnen können weltweit gegen jedes militärische Ziel eingesetzt werden. Spionagesatelliten erfassen die gesamte Erdoberfläche.

Die militärische Macht der USA wäre undenkbar ohne die große **Wirtschaftskraft** des Staates mit seinen umfangreichen Ressourcen und seinem hohen technologischen Entwicklungsstand. Die zwölf größten Volkswirtschaften der Erde waren im Jahr 2011 nach dem Bruttoinlandsprodukt (BIP) in Billionen US-Dollar:

- USA (14,66)
- VR China (5,88)
- Japan (5,46)
- Deutschland (2,50)
- Brasilien (1,91)
- Frankreich (1,93)
- Großbritannien (1,69)
- Kanada (1,57)
- Italien (1,55)
- Indien (1,54)
- Russland (1,48)
- Australien (1,24)

Alle übrigen Staaten lagen unter einer Billion US-Dollar.

Schon die allgemein übliche Angabe des BIP in US-Dollar zeigt dessen Bedeutung als internationale Leitwährung. Der **US-Dollar** ist nicht nur auf den internationalen Devisenmärkten dominierend, er dient auch als Parallelwährung z. B. in Lateinamerika und in Russland. Der chinesische Yuan ist eng an den US-Dollar gekoppelt. Durch finanzpolitische Maßnahmen der amerikanischen Notenbank (Federal Reserve System, oft als Fed abgekürzt) wird die Weltwirtschaft entscheidend beeinflusst. So hängt z. B. die Wettbewerbsfähigkeit vieler Industriestaaten auf dem US-Markt entscheidend von der Währungsparität zum US-Dollar ab.

Raumfahrttechnologie

Die Luft- und Raumfahrttechnologie ist neben Informationstechnologie, Biotechnologie, Medizin und Nanotechnologie eine sogenannte Spitzentechnologie. Insbesondere die bemannte Raumfahrt gilt als aufwendige und anspruchsvolle Spitzentechnologie. Während der früheren Sowjetunion der erste bemannte Flug ins All gelang, setzten sich die Amerikaner beim prestigeträchtigen Wettlauf zum Mond durch. Mehrere erfolgreiche bemannte Mondmissionen begründeten den Führungsanspruch der Amerikaner auch bei der Eroberung des Weltraums. Allerdings gelten die wiederverwendbaren amerikanischen Raumfähren heute als veraltet und nach mehreren schweren Unfällen auch als gefährlich. In Russland basieren bemannte Weltraumflüge auf Raketentechnik aus der sowjetischen Zeit, die als solider und weniger störanfällig gilt. Dazu gehören Landekapseln mit Fallschirmen. Seit 2011 müssen amerikanische Astronauten mit russischen Raketen und Raumkapseln zur Internationalen Raumstation ISS fliegen. Inzwischen hat neben den USA und Russland auch die VR China die bemannte Raumfahrt aufgenommen, um ihre Fähigkeiten unter Beweis zu stellen. Während die chinesische Führung langfristig einen bemannten Flug zum Mond plant, denken amerikanische Wissenschaftler über eine bemannte Mission zum Mars nach. Entscheidend für die globale militärische Vormachtstellung der USA gilt aber die Kontrolle des erdnahen Weltraums, um sich gegen mögliche atomare Raketenangriffe unberechenbarer Staaten – wie z. B. Nordkorea oder der Iran – schützen zu können. Dabei soll ein satellitengestütztes Raketenabwehrsystem gegnerische Atomraketen frühzeitig erkennen und rechtzeitig zerstören.

Abb. 6.1: Raumfähre

6.2 Naturraum und Naturrisiken

Der Kernraum der USA ist naturräumlich auf den ersten Blick sehr einfach gegliedert und entsprechend leicht können die Großlandschaften gelernt werden (→ Abb. 6.2). An der Westküste sorgen plattentektonische Prozesse an Subduktionszonen bzw. Transformstörungen für Vulkanismus bzw. Erdbeben. Bekannt sind der Mt. St. Helens als aktiver Vulkan und die San Andreas Fault als geologische Störungszone in Kalifornien.

Naturräumliche Gliederung

Die Küstenebene gliedert sich in Atlantische Küstenebene und Golfküste. Sie reicht mit dem Mississippi-Tiefland weit ins Innere des Kontinents hinein. Den Kern der Halbinsel Florida bildet eine Kalktafel. An das zentral gelegene Große Becken schließen sich im Norden das Columbia-Snake-River-Plateau und im Süden das Colorado-Plateau an. Die Fortsetzung der Sierra Nevada im Norden ist das Kaskadengebirge (Staaten Oregon und Washington). Das Kalifornische Längstal wird zum Meer hin abgegrenzt durch die Küstenkette. Beachten Sie bitte auch Alaska und Hawaii (Atlas).

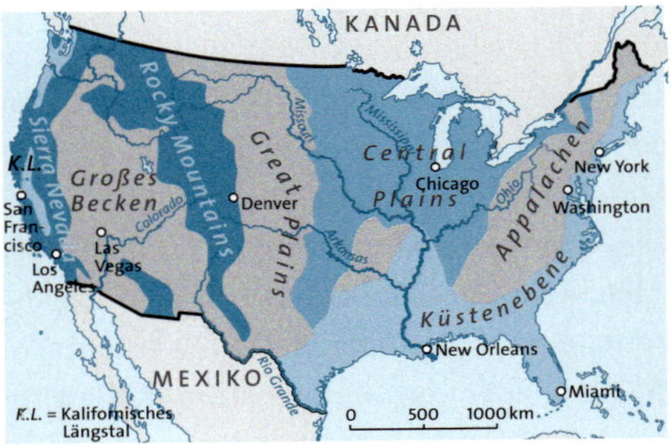

Abb. 6.2: Naturräumliche Gliederung

Entscheidend für das Klima ist neben der – im Vergleich zu Europa – südlichen Breitenlage der Verlauf der Gebirgsketten in Nord-Süd-Richtung. Das ermöglicht ein weites Vorrücken kalter Luftmassen nach Süden bzw. warmer Luftmassen nach Norden. An der Frontalzone können sich über den inneren Ebenen besonders im Frühling und Frühsommer **Tornados** herausbilden. Im Winter können heftige Schneestürme auftreten, die sogenannten Blizzards. **Hurricanes**, tropische Wirbelstürme, bedrohen sowohl die Küstenebenen im Südosten als auch Puerto Rico und die Hawaii-Inseln. Als Nordgrenze des Sun Belt mit seinem wintermilden, zumeist subtropischen Klima gilt der 37. Breitengrad Nord. Der Sun Belt umfasst demnach die Südhälfte Kaliforniens, in Nevada den Raum Las Vegas, Arizona, New Mexiko und Texas ebenso wie den gesamten Südosten einschließlich Tennessee und North Carolina. Der 100. Längengrad West trennt den ariden Westen der USA vom humiden Osten. Die Küsten von Nordkalifornien, Oregon und Washington (Staat Washington) liegen aber im Bereich der Westwindzone und haben ein feuchtes Klima.

Die bekanntesten Beispiele für Naturrisiken sind Erdbeben, Hurricanes und Tornados:

Das **Katastrophenbeben** von 1906 in San Francisco mit einer geschätzten Stärke von 8,3 auf der Richter-Skala wurde zum Ausgangspunkt der modernen Erdbebenforschung. Die wichtigste geologische Störung in Kalifornien ist die San Andreas Fault. Sie beginnt in Mexiko (Baja California), verspringt im Raum Los Angeles nach Westen und verläuft mitten durch die Innenstadt von San Francisco. Somit sind die beiden größten Ballungsräume Kaliforniens von schweren Erdbeben bedroht.

Abb. 6.3: Erdbebenschäden in San Francisco (1906)

Hurricanes sind tropische Wirbelstürme mit einem Durchmesser von 500 km bis zu 1000 km. Auf Satellitenbildern sind sie als riesige spiralförmige Wolkenwirbel mit einem wolkenfreien „Auge“ zu erkennen. Um das windstille Auge des Hurricanes herum werden Windgeschwindigkeiten von über 120 km/h, in Böen bis zu 250 km/h erreicht. Wellen mit großer Zerstörungskraft bedrohen daher die Küstenregionen der USA von Texas bis nach Virginia. Dazu kommen extrem hohe Niederschläge und großflächige Überschwemmungen wie z. B. in New Orleans 2005 durch den Hurrican „Katrina“.

Abb. 6.4: Hurrican Katrina 2005

Tornados entstehen im Mittelwesten der USA statistisch gesehen besonders häufig, da dort unterhalb des Jetstreams, in der „Tornado Alley“, trockene Kaltluft und maritime tropische Luft ungehindert aufeinanderprallen können. Die Zerstörungen werden durch einen schnell rotierenden Thermikschlauch („Rüssel“) mit extrem niedrigem Innendruck verursacht.

6.3 Bevölkerung und Besiedlung

Mit einer Fläche von rund 9,8 Mio. km^2 nehmen die USA nach Russland und Kanada den dritten Rang auf der Erde ein. Und mit einer Bevölkerung von insgesamt knapp 312 Mio. Einwohnern (2010) stehen die USA nach der Volksrepublik China und Indien weltweit ebenfalls an dritter Stelle. Im Jahr 2010 lag die Geburtenrate bei 1,3 %, die Sterberate bei 0,8 %. Das natürliche Bevölkerungswachstum von 0,5 % ist aber nicht allein für die Zuwachsrate verantwortlich, sondern wird durch legale und illegale Einwanderung ergänzt. Für 2025 wird mit mehr als 350 Mio. Einwohnern gerechnet. Trotz großer sozialer Ungleichheiten und trotz eines hohen Anteils armer Menschen – besonders bei den Minderheiten – nehmen die USA nach dem Index der menschlichen Entwicklung (→ Seite 183) Rang 3 ein. Deutschland liegt demnach auf Rang 10. Nach der letzten Bevölkerungszählung vom Jahr 2010 setzt sich die Bevölkerung der USA folgendermaßen zusammen:

- Weiße 72,4 %
- Schwarze 12,6 %
- Asiaten 4,8 %
- Indianer/Eskimos/Aleuten 0,9 %
- andere Gruppen 9,3 %

Eine gesonderte Kategorie bilden die **Hispanics**. Unter dieser Bezeichnung werden alle ursprünglich aus Lateinamerika stammenden Einwanderer zusammengefasst, egal ob Weiße, Mestizen, Indianer oder Schwarze. Ihr Be-

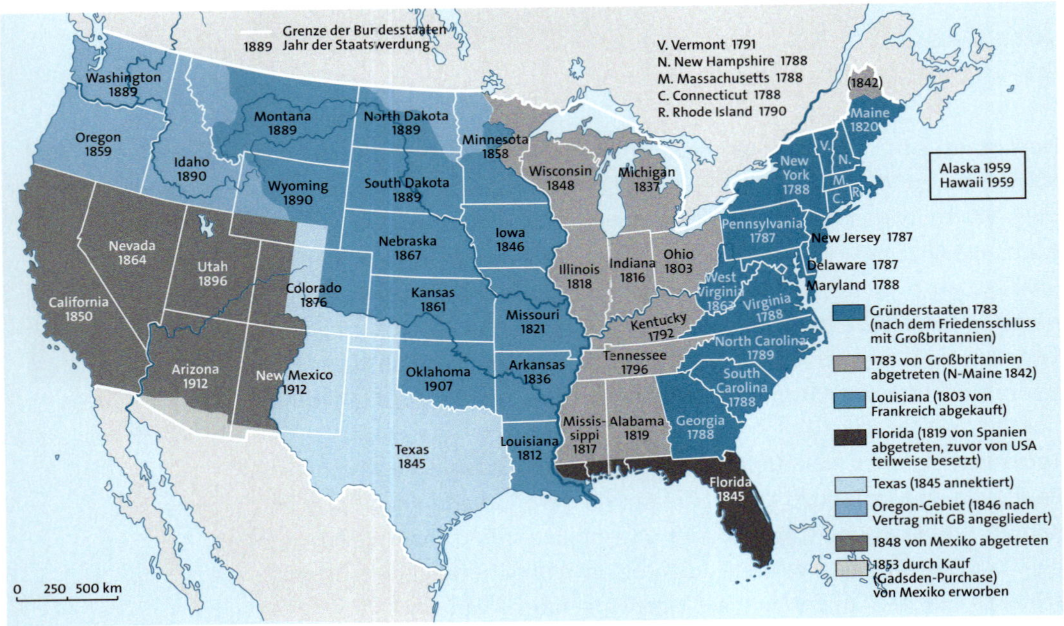

Abb. 6.5: Räumliche Expansion der USA

völkerungsanteil liegt bei insgesamt 16,3 %. Auch die Puertoricaner fallen unter diese Kategorie, obwohl sie von einem US-Territorium stammen und Bürgerrechte besitzen.

Die Besiedlung der USA ging von Europa aus und erfasste schrittweise nach der Ostküste die Gebiete westlich der Appalachen und dann westlich des Mississippi. Die Bedeutung verschiedener Nationen bei der Einwanderung und Besiedlung der USA wird deutlich bei den Angaben zur Herkunft der Vorfahren in einer Studie des U. S. Census Bureau von 2004 (Angaben in Millionen; Prozentanteil in Klammern):

- Deutsch 42,8 (15,2 %)
- Irisch 30,5 (10,8 %)
- Afroamerikanisch 24,9 (8,8 %)
- Englisch 24,5 (8,7 %)
- Amerikanisch 20,2 (7,2 %)
- Mexikanisch 18,4 (6,5 %)
- Italienisch 15,6 (5,6 %)
- Polnisch 9,0 (3,2 %)
- Französisch 8,3 (3,0 %)
- Indianisch 7,9 (2,8 %)

Die größten **territorialen Erweiterungsprozesse** gelangen den USA nach ihrer Unabhängigkeit im Friedensschluss mit Großbritannien 1783 (Abtretung aller Gebiete bis zum Mississippi), durch den Kauf des Louisiana-Territoriums von Frankreich 1803 (= Verdopplung der Staatsfläche) und in mehreren Schritten gegen Mexiko, das dadurch bis heute die Hälfte seines ursprünglichen Territoriums einbüßte. Im Jahr 1867 kauften die USA Alaska für 7,2 Mio. Dollar von Russland. 1893 wurde das Königreich Hawaii annektiert.

Landvermessung

Auf der Grundlage der „Land Ordinance" von 1785 wurde alles Land westlich der Appalachen einheitlich vermessen. Längen- und Breitengrade bildeten das Grundgerüst der quadratischen Landvermessung. Grundeinheit war die Township, ein Quadrat mit einer Seitenlänge von 6 Meilen. Jede Siedlerfamilie erhielt im „Homestead Act" zunächst eine Quarter Section mit umgerechnet rund 65 ha als Farmland zugeteilt, im ariden Westen später dann auch auch mehr. Das Schachbrettmuster dominiert daher bis heute im Landschafts- und Stadtbild der USA auf über 80 % der Staatsfläche.

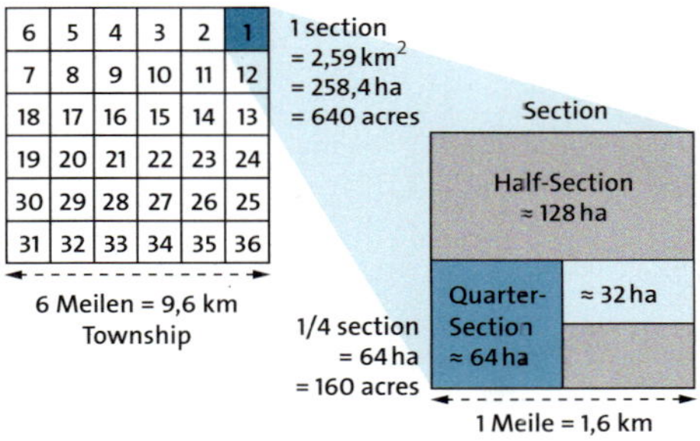

Abb. 6.6: Schema der Landvermessung

6.4 Landwirtschaft

Die USA sind der größte Agrarproduzent der Erde, mit einer modernen, mechanisierten und damit auch von günstigen Energiepreisen abhängigen Landwirtschaft. Die Handelsbilanz der USA mit Agrarprodukten war in den letzten Jahrzehnten stets positiv, während sie bei den nichtagrarischen Produkten (Industrieprodukten) seit langem negativ ist.

Innerhalb des Agrarsektors hat sich ein tiefgreifender Strukturwandel vollzogen: Die Zahl der Farmen sank von 1930 bis 2010 von 6,3 Mio. auf 2,2 Mio. Gleichzeitig stieg die durchschnittliche Farmgröße von 64 auf knapp 170 ha. Farmen mit einem Bruttoverkaufswert der agrarischen Produktion von weniger als 100 000 US-$ gelten als Farmen mit geringem Einkommen. Diese haben einen Anteil von rund 84 % an allen Farmen und einen Anteil von nur 40 % an der landwirtschaftlichen Nutzfläche (LF). Der Anteil der Farmen mit einem Bruttoverkaufswert von mehr als 100 000 US-$ an allen Farmen liegt bei 16 %, ihr Anteil an der LF beträgt 60 %. Dieser Gegensatz weist auf die großen Einkommensdisparitäten innerhalb des Agrarsektors der USA hin.

Im Erdkundeunterricht wird vielfach noch immer das **traditionelle Belt-Konzept** vermittelt, das in der Realität aber überholt (→ Abb. 6.7) bzw. nur noch in Ansätzen feststellbar ist:

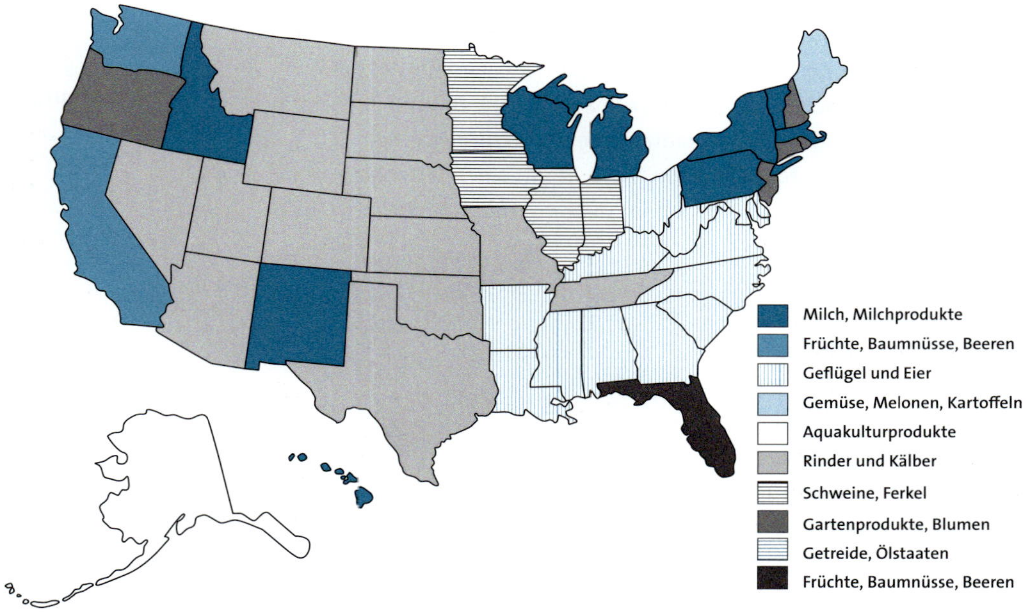

Abb. 6.7: Führende Agrarprodukte (nach Verkaufswert) in den Bundesstaaten der USA (2010)

- Die Kerngebiete des **Dairy Belt** (Milchwirtschaftsgürtel) sind neben Michigan und Wisconsin die Bundesstaaten New York und Pennsylvania.
- Der **Atlantic Fruit and Truck Belt** (Gemüseanbau und Transport per Lkw) sowie der **Gulf Subtropical Fruits Belt** existieren noch in Resten um New York (Marktorientierung) bzw. in Florida (Klimagunst).
- Der **Corn Belt** mit Futtergetreideanbau (Mais und Soja) und v.a. mit Schweinemast im Mittleren Westen ist noch vorhanden.
- Der **Cotton Belt** im Alten Süden der USA (SO) existiert zumindest nach dem höchsten Verkaufswert nicht mehr, sondern wurde durch einen **Chicken and Egg Belt** ersetzt.
- Der einstmals ausgedehnte **Wheat Belt** in den Great Plains ist ganz verschwunden und zum **Cattle Belt** geworden, der heute den gesamten Westen der USA prägt.
- Im Westen werden die größten Einkünfte in der Landwirtschaft mit Früchten, Baumnüssen (Mandeln) und Beeren erzielt.

Die sogenannte **Dust Bowl** („Staubschüssel“) liegt im Bereich der agronomischen Trockengrenze in den mittleren und südlichen Staaten der Great Plains. Aus klimatischer Sicht gehört dieses Gebiet zu den winterkalten bis wintermilden Steppenklimaten mit Starkregen vor allem im Frühsommer. Dabei können bis zu 20 % des Jahresniederschlags innerhalb von nur einer Stunde fallen. Die agronomische Trockengrenze kann von Jahr zu Jahr sehr unterschiedlich verlaufen (→ Abb. 6.8). Die Great Plains sind zumeist von einer Kurzgrasprärie auf feinkörnigem, zum Teil sogar lösshaltigem Boden bedeckt. Vor allem in den niederschlagsreichen Jahren nach 1870 wurde das Grasland von Farmern schrittweise für den Ackerbau unter den Pflug genommen. Trotz einer Dürrephase in den 1890er-Jahren ging die ackerbauliche Erschließung bis in die frühen 1920er-Jahre ungebremst weiter. Insbesondere die Weizenanbaufläche wurde immer weiter ausgedehnt. Von 1933 bis 1937 wurden die Great Plains von einer Dürreperiode heimgesucht mit jährlichen Niederschlägen von ca. 200 bis 300 mm. Die Folge waren katastrophale Staubstürme, die gelbgraue Staubwolken aufwirbelten und dadurch Milliarden

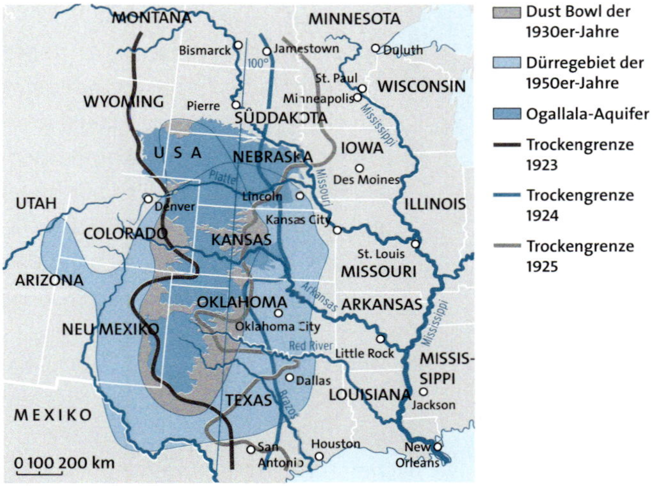

Abb. 6.8: Pendeln der Trockengrenze

Tonnen fruchtbare Erde bis in den Golf von Mexiko transportierten. Hunderte Menschen erstickten, über 350 000 Familien mussten ihre Farmen aufgeben, die wertlos geworden waren. Diese Bodenzerstörung durch menschliche Eingriffe wird als **Dust-Bowl-Syndrom** bezeichnet.

Abb. 6.9: Badlands

Der Vorgang wiederholte sich in abgeschwächter Form in den 1950er-Jahren. Allerdings war dieses Mal eine weitaus größere Fläche betroffen. Zur Auswehung der fruchtbaren Ackerkrume durch den Wind (Deflation) kommt die Erosion der ungeschützten Bodenoberfläche durch Starkregen hinzu. Wenn die Zerschneidung eines Gebietes durch Erosionsrinnen (Gullies) eine weitere agrarische Nutzung unmöglich macht, spricht man von **Badlands**.

Um die Bildung von Badlands zu verhindern, wurden verschiedene Maßnahmen zum **Bodenschutz** entwickelt:

- **Contour Ploughing** – Durch Pflügen parallel zu den Höhenlinien wird das Versickern des Niederschlags erleichtert und die Erosionsgefahr verringert.
- **Strip Cropping** – Durch den Anbau von Pflanzen mit unterschiedlicher Reife- und damit Erntezeit wird besonders die Abtragung des Bodens durch den Wind vermindert.
- **Stubble Mulching** – Bei der Ernte werden die Pflanzenreste nur teilweise untergepflügt oder bleiben ganz stehen, um den Wind zu bremsen, der in den ebenen Gebieten (= Plains) sehr heftig wehen kann.
- **Dry Farming** – Diese Anbaumethode mit einem oder mehreren Brachejahren hilft zwar bei der Speicherung der Niederschläge im Boden, verhindert aber nicht die Deflation. Beim Dry Farming wird der Boden im Frühjahr zunächst gepflügt, um das Einsickern der Niederschläge zu erleichtern, und nach dem Regen geeggt und so verschlossen.

Unter den Great Plains liegt der Ogallala-Aquifer, das größte Grundwasservorkommen der USA, das aus fossilem, nicht erneuerbarem Grundwasser besteht. Jährlich werden rund 27 km^3 Grundwasser gefördert, um Anbauflächen für Futterpflanzen zu bewässern, mit denen dann Rinder gemästet werden. Das Rindfleisch wird großenteils exportiert.

6.5 Rohstoffe und Industrie

Die USA waren 2010 mit knapp 2,3 Milliarden Tonnen Öleinheiten (ÖE) der zweitgrößte Energieverbraucher der Welt nach der VR China (2,4 Mrd. t ÖE) und vor Russland (0,7 Mrd. t ÖE). Beim Energieverbrauch pro Kopf in kg ÖE lagen die USA mit rund 7075 knapp hinter Kanada (7400) auf Platz 10 und weit vor Deutschland (3894). Den größten Energieverbrauch pro Kopf hatte Katar mit 18 380 kg ÖE. Mit einer **CO_2-Emission** von 19,3 Tonnen pro Einwohner und Jahr lagen die USA auf Platz 8 und trugen damit weit überdurchschnittlich zum Treibhauseffekt bei, weit mehr als Deutschland (9,6) oder die VR China (5,0). Negativer Spitzenreiter war der Golfstaat Katar (55,4). Umweltpolitisch gelten die USA als sehr rückschrittlich. Trotz ihres Reichtums an Energierohstoffen sind die USA der weltweit größte Erdölimporteur (452 Mio. t 2009). Das Erdöl ist die Voraussetzung für den **American Way of Life** mit seiner hohen Mobilität des Einzelnen.

- Die wichtigsten **Erdöl- und Erdgaslagerstätten** der USA befinden sich in Texas und an der Küste des Golfes von Mexiko (auch Offshore, das heißt vor der Küste im Meer) sowie in Alaska.
- Die größten **Steinkohlevorkommen** befinden sich im Nordosten, im Manufacturing Belt, und sind die Grundlage der Montanindustrie.

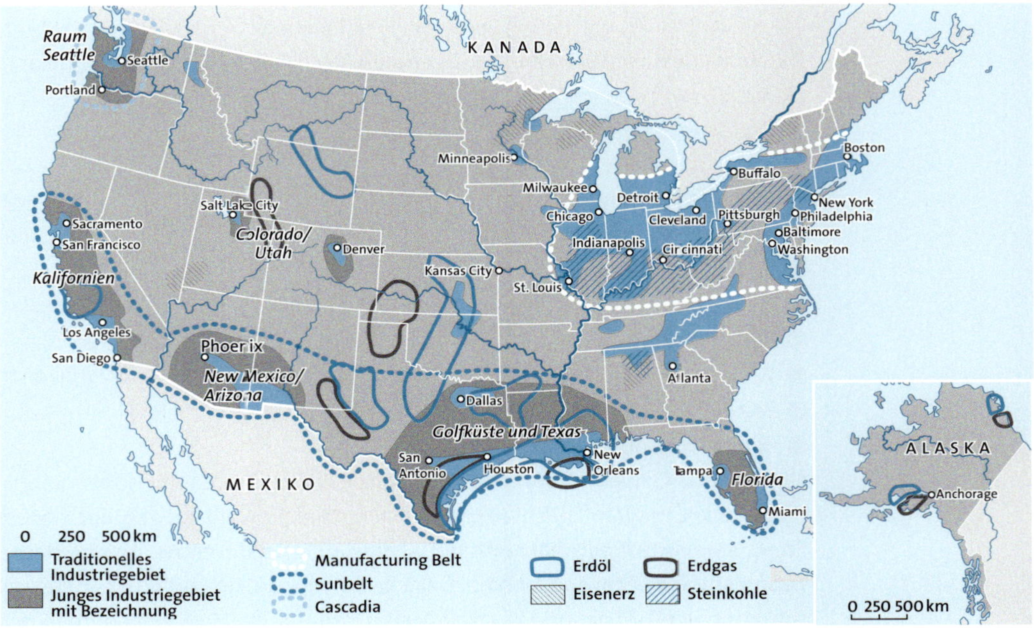

Abb. 6.10: Wirtschaftsregionen der USA

- Die bedeutendsten **Eisenerzlagerstätten** der USA in der Mesabi Range am Lake Superior haben einen hohen Fe-Anteil von 62%.
- Der **Manufacturing Belt** im Nordosten ist nach wie vor das führende Industriegebiet der USA. Die dortige Montanindustrie befindet sich seit langem in der Krise und im Strukturwandel, ebenso die Automobilindustrie im Raum Detroit (→ Seite 151).
- Der **Sun Belt** gilt dagegen als aufstrebendes Industriegebiet mit harten Standortfaktoren (z.B. Energierohstoffe und Verkehrsinfrastruktur), insbesondere aber mit weichen Standortfaktoren (Klimagunst und Freizeitwert, investitionsfreundliche Einstellung). Kalifornien, Texas und North Carolina sind die räumlichen Schwerpunkte der Industrie.
- Der Raum Seattle („Cascadia“ – nach dem regenreichen Gebirge im Nordwesten der USA benannt) wird geprägt durch Luftfahrt- (Boeing) und durch Softwareindustrie (Microsoft) mit zahlreichen hochwertigen Arbeitsplätzen. Die beiden US-amerikanischen Metropolregionen Seattle und Portland bilden zusammen mit der kanadischen Metropole Vancouver die Kernräume dieser Agglomeration. Sie liegt strategisch günstig zu den asiatischen Märkten am Pazifik. Neben harten Standortfaktoren, wie gut ausgebauter Infrastruktur und günstiger Energie durch Wasserkraft, bietet sie vor allem weiche Standortfaktoren: zum Beispiel ein attraktives Wohnumfeld in landschaftlich schöner Lage – allerdings mit immer noch hohen Immobilienpreisen.

Die zehn **umsatzstärksten Unternehmen** der USA im Jahr 2010 (Umsatz/Gewinn bzw. Verlust nach Steuern in Mrd. US-$):

① Wal Mart (Handel): 422/16
② Exxon Mobil (Mineralöl): 342/30
③ Chevron (Mineralöl): 190/19
④ Conoco Philips (Mineralöl): 176/11
⑤ Fannie Mae (Bank): 154/minus 14
⑥ General Electric (Mischkonzern): 149/12
⑦ Berkshire Hathaway (Mischkonzern): 136/13
⑧ General Motors (Automobile): 136/6
⑨ Bank of America (Bank): 135/minus 2
⑩ Ford Motor(Automobile): 129/7

Umsatz und Gewinn der Mineralölkonzerne waren wegen der hohen Rohölpreise auch im Jahr 2010 weiterhin hoch. Gleiches gilt wegen der hohen Energiepreise auf dem Strommarkt auch für General Electric. An den negativen Zahlen der Banken sind noch die katastrophalen Auswirkungen der internationalen Finanz- und Wirtschaftskrise des Jahres 2008 zu erkennen mit mehreren Konkursen von Banken auch in den USA.

Strukturwandel der Automobilindustrie

Das wichtigste Zentrum der US-amerikanischen Automobilindustrie ist die „Motortown Detroit" an der kanadischen Grenze im Bundesstaat Michigan. Hier hatten die Big Three, die drei großen Hersteller Ford, General Motors und Chrysler, ihren Ursprung und diese dominieren bis heute die Wirtschaft im Großraum Detroit. In der Blütezeit der Stadt um 1955 wurden 90 % der US-Automobilproduktion und 50 % aller Autos weltweit hier hergestellt.

In Detroit hatte Henry Ford ab 1908 die Fließbandproduktion entwickelt und umgesetzt. Unter dem Begriff **Fordismus** wird noch heute die standardisierte Massenproduktion mit einer hierarchischen Arbeitsorganisation verstanden. Die Arbeitskräfte waren zumeist nur angelernt und verdienten seit dem Zweiten Weltkrieg trotz ihrer geringen Qualifikation recht gut. Dazu kamen zahlreiche Vergünstigungen und eine hohe Arbeitsplatzsicherheit, die wie die hohen Löhne von mächtigen Gewerkschaften erstritten wurden. Ein hoher Anteil der Bauteile wird im Betrieb selbst oder in Zweigwerken gefertigt (= hohe Fertigungstiefe). Die Krise der US-Automobilkonzerne und damit die Krise Detroits begann in den 1970er Jahren. Ursachen waren der Ölpreisanstieg, der Rückgang der Produktivität im internationalen Vergleich und vor allem die wachsende Konkurrenz aus Japan.

Der Postfordismus oder **Toyotismus** (benannt nach dem Vorbild des japanischen Herstellers Toyota) setzt im Gegensatz zum Fordismus auf eine flexible Spezialisierung und auf Teamarbeit statt auf starre Hierarchien. Seit den 1990er-Jahren werden immer mehr angelernte Arbeitskräfte durch Roboter ersetzt. Strenge Qualitätskontrollen und eine geringe Fertigungstiefe reduzieren die Automobilproduktion auf das Kerngeschäft: Forschung und Entwicklung, Marketing sowie den Zusammenbau von Karosserie, Motor und weiteren Komponenten, die meist außerhalb hergestellt werden (**Outsourcing**). Komplette Komponenten werden zeitgenau geliefert (**Just in Time**). Die geringe Fertigungstiefe wird als **Lean Production** (schlanke Produktion) bezeichnet. Die Zulieferbetriebe müssen sich strengen Qualitätskontrollen unterwerfen und stehen unter Konkurrenz- und Preisdruck.

Durch die erwartete Ansiedlung von Zulieferbetrieben in der Nähe des Hauptwerkes entstehen sogenannte **Automotive Cluster**, eng miteinander verflochtene Standortgemeinschaften der Automobilindustrie. Wichtigstes Ziel der Automobilkonzerne ist nicht mehr wie früher ein möglichst hoher regionaler Beschäftigungseffekt, sondern ein hoher Börsenwert des Unternehmens und damit möglichst hohe Gewinne für die Aktionäre (**Shareholder Value**).

6.6 Tertiärer Sektor

Unter dem Oberbegriff tertiärer Sektor werden sehr verschiedene Tätigkeitsfelder und Berufe zusammengefasst, die eines gemeinsam haben: Sie erbringen im Gegensatz zu Landwirtschaft und Industrie immaterielle Leistungen, die allenfalls drucktechnisch oder elektronisch gespeichert werden können. In den meisten Fällen sind direkte Kontakte für **Dienstleistungen** sehr wichtig. In diesem Wirtschaftssektor reicht die Spannbreite von Tätigkeiten mit geringer Qualifikation und geringer Entlohnung, z. B. als Bedienung in Fast-Food-Restaurants, bis hin zu Tätigkeiten mit hoher Qualifikation und hoher Entlohnung, z. B. als Manager eines großen Konzerns.

Mit 76 % der Erwerbstätigen und einem Anteil am BIP von 79 % spielt der Dienstleistungssektor in den USA wirtschaftlich und sozial die führende Rolle. Die USA gelten gemeinhin als Vorbild für die Entwicklung zur Dienstleistungsgesellschaft. Die Ursache für diese Entwicklung wird darin vermutet, dass bei steigenden Einkommen (Massenkonsumgesellschaft) zunächst die Nachfrage nach langlebigen Konsumgütern (Industrieprodukte) überproportional wächst, später dann die Nachfrage nach immer höherwertigen Dienstleistungen. Daher beinhaltet die Tertiärisierung meist – wie in den USA zu beobachten – eine Deindustrialisierung. Allerdings besteht auch im Dienstleistungssektor ein großes Rationalisierungspotenzial, so dass die Prognose ständig wachsender Beschäftigung wahrscheinlich nicht zutreffen wird. Gründe für Rationalisierungsmaßnahmen sind auch im tertiären Sektor der Wettbewerbsdruck, die hohen Lohn- und Lohnnebenkosten sowie neue technologische und organisatorische Entwicklungen. Die Rationalisierung begann mit dem Selbstbedienungsprinzip im Einzelhandel. Viele Büro- und Verwaltungstätigkeiten wurden durch den Computereinsatz grundlegend rationalisiert. Das Internet bietet weitere Möglichkeiten, z. B. durch den E-Commerce.

Durch die Konzentration hoch spezialisierter Dienstleistungen in wenigen Global Cities – in den USA sind dies vor allem New York, Los Angeles und Chicago – verschärfen sich die **räumlichen Disparitäten** innerhalb der USA (→ Abb. 6.14). Besonders problematisch ist die Versorgungssituation in vielen dünn besiedelten, ländlichen Regionen der USA, in denen zentrale Orte fehlen. Ein typisches Beispiel ist der Staat Montana im Bereich der nördlichen Rocky Mountains bzw. Great Plains. In Montana leben rund 990 000 Menschen auf einer Fläche von 381 000 km² (D: 357 000 km²). Rein rechnerisch sind das 2,6 Einwohner pro km². Regional ist die Bevölkerungsdichte noch geringer. Das bedeutet: weite Wege, hoher Zeitaufwand und hohe Kosten.

Entwicklungen im Einzelhandel Beispiel

Die räumliche Verlagerung des Einzelhandels aus der Downtown in die Randbereiche der Kernstadt und später in die Vororte begann mit der Suburbanisierung und mit der Motorisierung breiter Bevölkerungsschichten. Die Entwicklung vollzog sich in mehreren Schritten:

Commercial Strips (Strips = Bänder, Streifen) entstanden zu beiden Seiten der großen Ausfallstraßen der amerikanischen Städte. Hier befinden sich heute Einzelhandelsgeschäfte wie Supermärkte, Autohäuser, Garten-Center und Möbelhäuser. Vor allem aber Versorgungs- und Dienstleistungsbetriebe prägen das Bild der Commercial Strips: Tankstellen, Reparaturwerkstätten, Schnell-Restaurants mit Drive-in-Bedienung, Banken mit Drive-in-Schaltern, Motels und Autokinos.

Einkaufszentren (Shopping Center) entwickelten sich in verkehrsgünstiger Lage am Rande der Kernstadt. Sie müssen bequem mit dem Auto erreichbar sein und wurden anfangs an den Commercial Strips, später auch an Autobahnabfahrten oder -kreuzen gebaut. Shopping Center beinhalten mehrere bis zahlreiche Einzelhandelsgeschäfte und verfügen über große, kostenlose Parkplätze. Im Gegensatz zur Weiterentwicklung, den Shopping Malls (siehe unten), sind alle Geschäfte von außen her zugänglich und nicht unbedingt klimatisiert.

Die **Shopping Malls** entstanden als vollklimatisierte Einkaufszentren, die in den USA auch die Teilfunktionen der zentralen Orte ausfüllen, weil dort in den meisten Stadtregionen historisch gewachsene Vorortkerne fehlen. Ihr Einzugsbereich entspricht mit bis zu 250 000 Einwohnern dem von Oberzentren in Europa, bei kleineren Malls aber mindestens dem von europäischen Mittelzentren, da sie wenigstens zwei bis vier Kaufhausfilialen an den Eckpunkten besitzen. Diese bekannten Department Stores haben die Funktion von Magnetgeschäften. Sie ziehen Kunden an und sorgen für die Entstehung von Kundenströmen im Inneren, in der eigentlichen Mall. Inzwischen sollen Unterhaltungsangebote potenzielle Kunden anziehen (Shoppingtainment).

Besonders große Malls werden auch als **Mega-Malls** bezeichnet. Die mit 42 Millionen Besuchern pro Jahr meistbesuchte Mega-Mall der Welt ist die Mall of America südlich von Minneapolis im US-Bundesstaat Minnesota. Unter den Besuchern sind zahlreiche Touristen. Neben 520 Einzelhandelsgeschäften gibt es mehr als 50 Restaurants, ein Aquarium, ein Großkino, ein Lego Imagination Center, ein Dinosaurier-Museum sowie mehrere Diskotheken, also Angebote wie in einer größeren Stadt.

6.7 Wissensgesellschaft USA

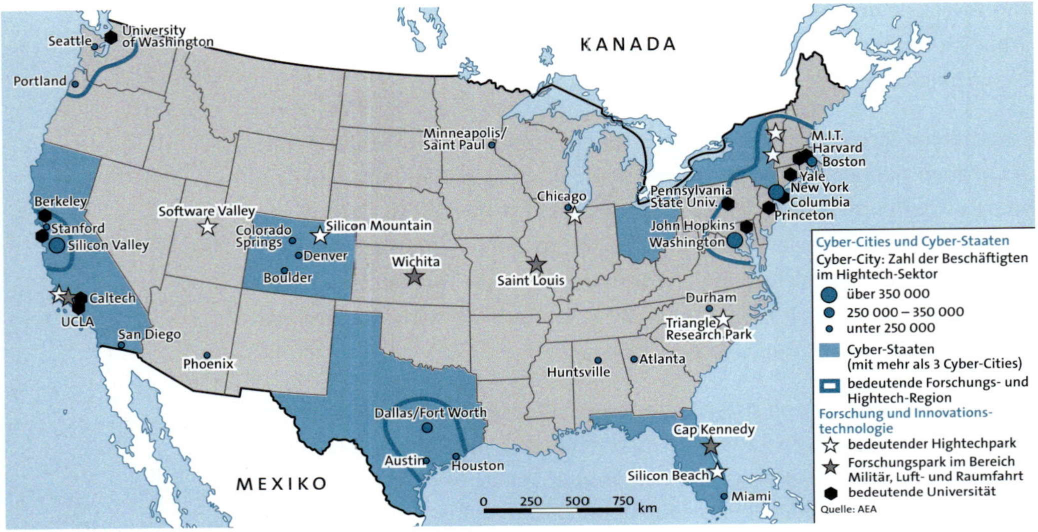

Abb. 6.11: Cyber Cities in den USA (2009)

Nach dem Zweiten Weltkrieg haben sich die USA zur global führenden Wissensgesellschaft entwickelt. Dafür waren im Wesentlichen zwei Gründe verantwortlich:

- Die beginnende Deindustrialisierung, vor allem verursacht durch die Konkurrenten aus Japan und Europa, forderte die Vereinigten Staaten wirtschaftlich heraus.
- Im technologische Wettlauf mit der Sowjetunion während des Kalten Krieges (1945–1989) erschien der Aufbau einer Wissensgesellschaft militärisch und strategisch überlebenswichtig.

Die Grundlage dieser Wissensgesellschaft bildet ein Netzwerk von insgesamt 4100 öffentlichen oder privaten Universitäten und von 1400 Forschungszentren. Schon in den 1950er-Jahren förderte der Staat die Aufnahme eines Studiums. Mittlerweile haben 81 Prozent eines Jahrgangs einen Bachelor-Abschluss und 35 Prozent aller Amerikaner besitzen mindestens einen Master-Titel. Dabei ist allerdings zu beachten, dass diese Abschlüsse nicht unbedingt an allen Universitäten ein hohes Niveau aufweisen. Manche Bereiche der Berufsausbildung schließen mit dem Bachelor ab.

25 Prozent aller Ingenieure weltweit und 30 Prozent aller Forscher arbeiten in den USA. Drei Prozent des amerikanischen Bruttonationaleinkommens (BNE) fließen in die Hochschulbildung. Trotz der Konkurrenz aus Europa und

Asien produzieren die USA heute immer noch ein Viertel aller Hochtechnologie-Güter (und 52 Prozent der Software weltweit).

In der US-amerikanischen Wissensgesellschaft kommt es zu einer räumlichen Konzentration von Fachkräften, Kapital und technischer Infrastruktur. Es dominieren einerseits die Megalopolis BosWash und die Region der Großen Seen im Nordosten sowie andererseits Kalifornien im Südwesten. Allein im Bundesstaat Kalifornien konzentriert sich ein Fünftel des wissenschaftlichen Potenzials der USA. Das Silicon Valley gilt als Ausnahmeerscheinung ebenso wie als globales Vorbild. Das Tal von Santa Clara erstreckt sich im periurbanen Raum südlich von San Francisco entlang des Highway 101. Heute leben hier rund zwei Millionen Menschen.

Abb. 6.12: Campus der Universität Princeton

6000 High-Tech-Unternehmen entstanden seit den 1970er-Jahren, zunächst in Zusammenarbeit von renommierten Universitäten, Gründungsunternehmen (Start Up) und Risikokapital (Venture Capital), später auch mit Unterstützung von großen Unternehmen (Google, Adobe, Cisco, Apple, Intel). Als Entwicklungsmodell war das Silicon Valley Vorbild u. a. für die Regionen Silicon Prairie und Silicon Desert in den USA.

Neben diesen regionalen Clustern nach dem Vorbild des Silicon Valley entstanden in den USA auch sogenannte Cyber Cities. Das sind Städte, in denen Risiko-Kapital, hoch qualifizierte Fachkräfte, angesehene Universitäten und vor allem wichtige weiche Standortfaktoren vorhanden sind, wo den Forscher, Fach- und Führungskräften also eine hohe Lebensqualität geboten wird. Als Beispiele für Cyber Cities gelten Atlanta, Durham, Seattle oder Phoenix.

Außer der Entwicklung des eigenen **Humankapitals** durch gute Bildungsmöglichkeiten fördern die USA zusätzlich die Einwanderung hoch spezialisierter Wissenschaftler und Fachkräfte aus dem Ausland, um ihre globale Führungsposition zu halten und weiter auszubauen. Als sogenannte „Designer Migrants“ werden Einwanderer mit einem Hochschulabschluss bevorzugt (inzwischen jeder zweite). Dabei besteht allerdings auch die Gefahr, dass Wissenschaftler aus dem Ausland bei einer späteren Rückkehr in ihre Heimatstaaten auch einen – aus der Sicht der USA – ungewollten Technologietransfer vollziehen, z. B. nach China oder in den Iran.

6.8 Stadtland USA

Städtische Explosion

Die starke Einwanderung, das stetige wirtschaftliche Wachstum und die technischen Innovationen im Bau- und Verkehrssektor waren wichtige Voraussetzungen für die Expansion der amerikanischen Städte ins Umland seit 1890, besonders aber nach 1945, als öffentliche Subventionen den Bau von Eigenheimen erleichterten. Ein Eigenheim am Stadtrand ist Teil des amerikanischen Traums vom Glück (**American Dream**). Außerdem trug die lange Zeit konkurrenzlos billige Holzbauweise, die von Siedlern aus Skandinavien in die USA gebracht worden war, zur weiten Verbreitung des Hauseigentums und zur schnellen Expansion der Städte bei. Etwa zwei Drittel der städtischen Bevölkerung der USA leben in Eigenheimen, in Kalifornien sind es bis zu vier Fünftel. Mit der Massenmotorisierung vor allem nach dem Zweiten Weltkrieg setzte eine flächenhafte **Suburbanisierung** ein. Der Anteil der Vorortbewohner an der Gesamtbevölkerung der USA stieg von 17 % im Jahr 1920 auf etwa 50 % im Jahr 2000.

Abb. 6.13: Downtown von San Francisco

Metropolitane Ballungsräume nehmen immer größere Flächen ein und wachsen zu Riesenstädten zusammen. Ein Beispiel für eine solche Megalopolis ist „BosWash", der verstädterte Raum zwischen Boston und Washington an der nördlichen Atlantikküste der USA mit rund 40 Millionen Einwohnern. Der Prozess der ausufernden Suburbanisierung wird auch als **Urban Sprawl** bezeichnet. Im Deutschen spricht man von städtischer Explosion.

Mit der Suburbanisierung war ein **sozialer Entmischungsprozess** verbunden. Nach dem Zweiten Weltkrieg zog vor allem die weiße Ober- und Mittelschicht in die neu entstehenden Vororte. In der Kernstadt blieben Angehörige der weißen Unterschicht und der ärmeren Minderheiten zurück. Letztere leben bis heute meist in Gettos. Damit wurden Kaufkraft und Steuereinnahmen in die Vororte verlagert, sodass die Kernstädte verarmten und die sozialen Probleme dort wuchsen. Die politisch oft eigenständigen Vorortgebiete konnten die Zuwanderung durch Auflagen steuern, wie eine Mindestgröße von Grundstücken und bestimmte Bauvorschriften, und damit nicht gewünschte Bevölkerungsgruppen fernhalten. Das höhere Steueraufkommen ermöglichte hohe öffentliche Investitionen in die technische und soziale Infrastruktur und verstärkte die soziale Segregation.

Wegen der **Verlagerung der Kaufkraft** in die Vororte verließ auch der Einzelhandel die Innenstädte und folgte der wohlhabenden Bevölkerung (→ Seite 153). Auch Industrie und Großhandel wanderten aus den innenstadtnahen Räumen in die Vorortzone ab. Industrial Parks entstanden, zumeist in guter Verkehrslage an Autobahnen oder in Flughafennähe. Schließlich folgten auch Büros und Verwaltungen in die suburbane Zone. Banken, Versicherungen und Unternehmensverwaltungen verlagerten vor allem arbeitsintensive Routinetätigkeiten ohne Publikumsverkehr – die sogenannten **Back-Office-Funktionen** – in die Vorortzone. Dadurch entstanden in den Außenbereichen der Großstädte neue multifunktionale Zentren mit einer eigenen Skyline, die sogenannten **Edge Cities**.

Die nächtliche Satellitenaufnahme verdeutlicht die räumlichen Disparitäten in Nordamerika durch den Kontrast zwischen hell erleuchteten verstädterten Räumen und dunklen dünn besiedelten Regionen. Im Jahr 2000 lebten ca. 80 % aller US-Bürger in sogenannten **Metropolitan Areas**, Verdichtungsräumen mit einer Kernstadt (nucleus) von mindestens 50 000 Einwohnern und einem wirtschaftlich und sozial integriertem Einzugsbereich. Fast ein Viertel aller Einwohner der USA lebte im Jahr 2010 in Metropolitan Areas mit mehr als 5 Mio. Einwohnern. Die größten waren:
New York (18,9 Mio.),
Los Angeles (12,8 Mio.),
Chicago (9,5 Mio.) und
Dallas-Fort Worth (6,4 Mio.).

Abb. 6.14: Nächtliche Satellitenaufnahme

Megacity Los Angeles

Los Angeles ist mit 3,7 Mio. Einwohnern allein in der Kernstadt (→ Abb. 6.15) die zweitgrößte Stadt der USA nach New York. Entstanden ist es aus einer kleinen spanischen Missionsstation, die 1781 hier gegründet wurde. Entscheidend für den wirtschaftlichen Aufschwung von Los Angeles waren folgende Faktoren:

- die Entdeckung ergiebiger Ölquellen im Stadtgebiet (1892)
- die Entwicklung Hollywoods zur Filmmetropole (ab 1910)
- der Aufschwung der Industrie, unter anderem der Luft- und Raumfahrtindustrie (nach 1945)
- die Entwicklung zum Finanzzentrum

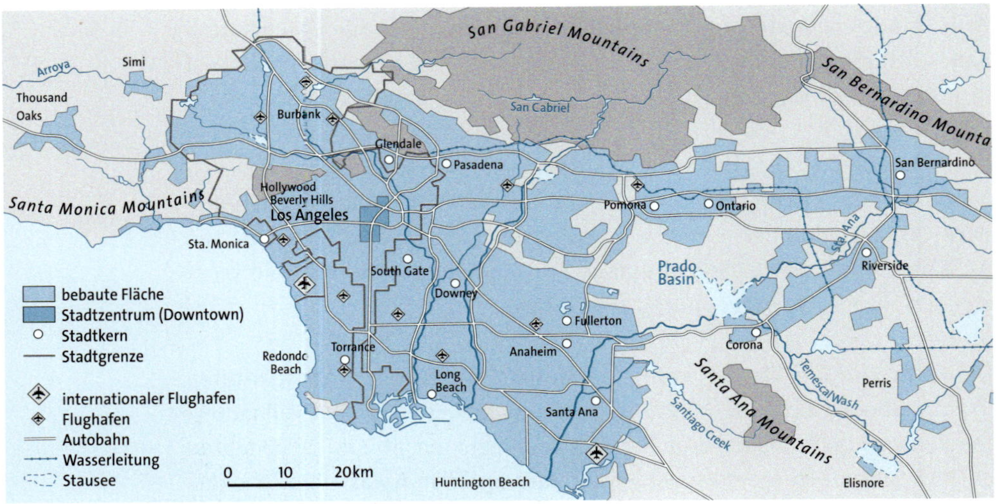

Abb. 6.15: Der Großraum Los Angeles

Mit Vororten hat die Los Angeles County heute mehr als 9 Mio. Einwohner. Im Großraum, also in Los Angeles einschließlich der benachbarten Counties, leben sogar mehr als 16 Mio. Menschen. In den vergangenen Jahrzehnten hat sich die Stadt zu einer **Global City** entwickelt, zu einem bedeutenden Steuerungszentrum der Weltwirtschaft. Los Angeles ist heute – nach New York – das zweitwichtigste Finanzzentrum der USA und – nach Tokio – des gesamten pazifischen Wirtschaftsraumes.

Erdbeben in Los Angeles

1994 bebte die Erde im Gebiet von Ventura, nördlich von Los Angeles. 60 Menschen kamen ums Leben, 15 000 wurden obdachlos. Die Höhe der Sachschäden lag bei schätzungsweise 20 Mrd. US-$: Gebäude stürzten ein, Wasser, Gas- und Ölleitungen wurden zerstört. Viele Autobahnen, die Lebensadern im Großraum Los Angeles, wurden unterbrochen. Da die geologische Situation hier äußerst kompliziert ist, sind Bebenvorhersagen so gut wie gar nicht möglich. Denn keines der schweren Erdbeben mit einer Stärke von mehr als 5 auf der Richter-Skala ging im 20. Jahrhundert von der gut erforschten und überwachten San-Andreas-Verwerfung aus. Stattdessen lagen die Epizentren der schweren Erdbeben bei Long Beach (1933), San Fernando (1971) oder Northridge (1994). Es handelt sich um verdeckte Verwerfungen, von denen Dutzende unterhalb des Stadtgebietes von Los Angeles liegen. Eine dieser Verwerfungen verläuft in mehreren Kilometern Tiefe unterhalb des Zentrums von Los Angeles. Die von Süden nach Norden driftenden Mikroplatten (Terranes) werden nämlich im Raum Los Angeles von den Gebirgen im Norden des Stadtgebietes blockiert, nach Westen abgelenkt und aufgeschoben bzw. in die Tiefe gedrückt.

Suburbia-Syndrom

Voraussetzung für das Wachstum der Stadtlandschaft in die Fläche war neben der Massenmotorisierung in Los Angeles der Ausbau eines ausgedehnten Netzes von Stadtautobahnen, sogenannten Freeways (→ Abb. 6.15). Durch den Autoverkehr entstanden massive Umweltprobleme: Der photochemische Smog, verschärft durch die hohe Sonneneinstrahlung im trockenen subtropischen Klima, machte die weltweit schärfsten Abgasregelungen erforderlich. Die Stadtautobahnen sind heute derart überlastet, dass Staus und Schritttempo an der Tagesordnung sind. Weitere 2320 km Stadtautobahnen sollen daher bis zum Jahr 2015 im Großraum L. A. entstehen. Ein kleiner Hoffnungsschimmer ist der Bau einer U-Bahn-Linie von Santa Monica am Pazifik in die Kernstadt.

Abb. 6.16: Suburban Dream

Der Traum vom Eigenheim im Grünen (→ die Luftaufnahme in Abb. 6.16), der im Großraum Los Angeles millionenfach wahr wurde, erfordert auch einen hohen Stromverbrauch für die hier üblichen Klimaanlagen in den relativ schlecht isolierten Häusern und für eine Vielzahl von elektrischen Geräten in jedem Haushalt. So gelten z. B. elektrische Wäschetrockner als unbedingt notwendig für einen Mittelklasse-Haushalt, obwohl eine natürliche Trocknung angesichts des subtropischen Steppenklimas viel sinnvoller wäre. Der begrenzende Faktor für das künftige Wachstum der Megacity Los Angeles ist die Wasserversorgung. Bei Dürren in Kalifornien kommt es zu Nutzungskonflikten zwischen Landwirtschaft, Industrie und privaten Haushalten (Swimming Pools und Rasenbewässerung).

Überblick

Nachdem Sie dieses Kapitel durchgearbeitet haben, können Sie die Vereinigten Staaten in Natur-, Agrar- und Industrieräume gliedern. Sie sind in der Lage, die Weltmachtrolle der USA zu charakterisieren und zu beurteilen. Außerdem sind Sie imstande, die unterschiedlichen Naturrisiken in den Vereinigten Staaten zu analysieren. Sie können die Bevölkerungsentwicklung und die Besiedlung der USA beschreiben. Des weiteren können Sie die Strukturen und die Entwicklungstendenzen in den drei Wirtschaftssektoren erläutern. Abschließend können Sie die städtische Explosion in den USA zusammenfassen und am Raumbeispiel Los Angeles erörtern.

7 Japan

Japan liegt an tektonischen Plattengrenzen im Pazifik und wurde schon oft von schweren Naturkatastrophen heimgesucht. Aufgrund seines gebirgigen Reliefs eignen sich nur einige größere Ebenen für dichtere Besiedlung und für landwirtschaftliche Nutzung. Trotz dieser Probleme hat Japan sich nach dem Zweiten Weltkrieg zur drittgrößten Volkswirtschaft der Erde entwickelt. Die japanische Hauptstadt Tokio entwickelte sich zur größten Stadt der Welt und zur Alpha World City.

7.1 Japan – Naturkatastrophen

Japan ist Teil des „**Feuerrings**" um den Pazifischen Ozean und ständig von Naturkatastrophen bedroht. Hier treffen mehrere Platten der Erdkruste aufeinander. Dabei werden die schwereren ozeanischen Platten unter die leichtere kontinentale Platte gedrückt (→ Abb. 7.1). Diese Subduktion verläuft aber nicht reibungslos:

- Die Platten verhaken sich ineinander. Wenn die Spannungen zu groß werden, lösen sie sich ruckartig voneinander – Erdbeben entstehen an der Abtauchzone und an horizontalen Verwerfungen in der Nähe der Oberfläche. Oberflächennahe Beben wirken besonders zerstörerisch: Gebäude und Verkehrswege werden schwer beschädigt bzw. stürzen ein, Feuer brechen aus, Menschen werden verletzt oder kommen ums Leben.

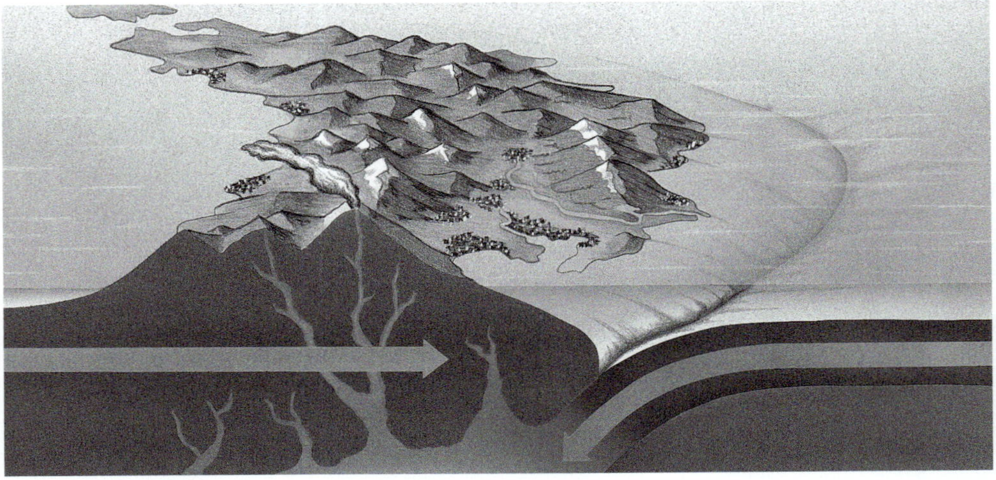

Abb. 7.1: Japan – geologische Strukturen im Querprofil

- Tsunamis können bei untermeerischen Beben (Seebeben) an der Abtauchzone entstehen. Das japanische Wort **Tsunami** bedeutet so viel wie „Hafenwelle“. Tsunamiwellen sind auf dem offenen Meer nicht zu bemerken, da sie selten eine Höhe von über einem Meter haben. Die Wellenlänge liegt oft bei mehr als 100 km. In Küstennähe laufen die Wellen hoch auf, da das Wasser flacher wird. Sie erreichen eine Höhe von zehn und mehr Metern und entwickeln eine zerstörerische Kraft. An Japans Küsten wurden im Lauf der letzten Jahrhunderte mehr als 250 Tsunamis überliefert, die schätzungsweise mehr als 100 000 Menschenleben kosteten.
- Beim Abtauchen der ozeanischen Platte in große Tiefen wird deren Gestein aufgeschmolzen (→ Abb. 7.1). Es bilden sich Magmakammern, von denen Vulkanausbrüche ausgehen können. Auch der bekannteste Vulkan Japans, der Fudschijama oder Fujisan, ist so entstanden. Aus der Magmakammer steigt heißes Magma auf und dringt durch Risse und Spalten in der Erdkruste nach oben. So entstehen auch Vulkanschlote. Durch frei werdende Gase aus der Gesteinsschmelze und durch Kontakt mit dem Grundwasser kann der Druck im Vulkanschlot so groß werden, dass der Vulkangipfel mit einer Explosion weggesprengt wird. Große Gesteinsbrocken (Bomben), kleinere Steine (Lapilli) und Asche werden hochgeschleudert. Die Asche kann höhere Schichten der Atmosphäre erreichen und globale Klimaveränderungen bewirken. Glühende Lava strömt aus dem Hauptkrater oder aus einem Nebenkrater und zerstört alles, was ihr im Weg steht.

Neben endogenen gibt es in Japan auch exogene Naturkatastrophen. Das Land liegt in der Zugbahn der westpazifischen tropischen Wirbelstürme (Zyklone). Außer zu Sturmschäden und Überflutungen an der Küste kommt es durch die damit verbundenen Starkregen auch zu Hangrutschungen und Muren (Schlamm- und Geröllströme mit großer Zerstörungskraft). Auf die Küste am Japanischen Meer treffen in den Wintermonaten Blizzards, die innerhalb kürzester Zeit zu meterhohen Schneeverwehungen führen können.

Reaktorkatastrophe von Fukushima – das Havarie-Syndrom

Lokale, singuläre Industriekatastrophen mit großräumigen, langfristigen Auswirkungen werden als **Havarie-Syndrom** bezeichnet. Am 11. März 2011 trat vor der japanischen Ostküste in 20 km Tiefe ein schweres Seebeben der Stärke 9,0 (Richter-Skala) auf. Nur 30 Minuten später erreichte die Flutwelle eines Tsunami mit über 10, stellenweise bis zu 35 Meter Höhe die Küste: Die Großstadt Sendai wurde verwüstet, ebenso eine Reihe kleinerer Küstenstädte. Schätzungsweise mehr als 20 000 Menschen kamen ums Leben.

Das Beben und die anschließende Flutwelle zerstörten auch vier der sechs Reaktoren des Atomkraftwerks Fukushima Daiichi. Durch unkontrollierte Wasserstoffexplosionen traten große Mengen an Radioaktivität aus, die ganze Landstriche des Nordostens für Jahrzehnte unbewohnbar machen, durch Lecks wurde auch der Nordwestpazifik radioaktiv belastet. 85 000 Menschen mussten evakuiert werden.

7.2 Räumliche Konzentration und ihre Folgen

Japan ist ein waldreiches Gebirgsland. Rund drei Viertel der Gesamtfläche des Landes sind Steilhänge mit einem Böschungswinkel von mehr als 15°. Die hohe Reliefenergie und die Nähe des Meeres haben die Entwicklung längerer Flüsse und die Bildung ausgedehnter Tiefebenen verhindert. Die mit knapp 15000 km² größte Ebene Japans, das Kanto-Becken mit der Hauptstadtregion Tokio, ist etwa so groß wie Schleswig-Holstein. Es ist nicht nur das Hauptanbaugebiet Japans, sondern zugleich das Gebiet der größten Bevölkerungskonzentration des Landes mit extrem hohen Bevölkerungsdichten (→ Abb. 7.2).

In allen Tieflandsbereichen werden seit alters her vor allem die bewässerten Schwemmländer der Flüsse und die Küstenebenen für den intensiven Nassreisanbau genutzt. Sie waren schon früher dicht besiedelt. Durch Verstädterung, Industrialisierung und Zunahme der Verkehrsflächen schrumpft die verfügbare Ackerfläche in Japan immer stärker. Dazu kommt die Belastung von Böden durch Schadstoffe aus Industrie und Verkehr.

Um der Raumenge zu begegnen, werden mit hohem technischem Aufwand neue Siedlungsflächen geschaffen. Dabei werden vor allem zwei Möglichkeiten genutzt:

- Im Hügelland des Landesinneren werden Berg- bzw. Hügelkuppen terrassenförmig abgetragen (Cut Zones). Auf den Terrassen entstehen neue Wohngebiete. Das abgetragene Gesteinsmaterial wird genutzt, um Hohl-

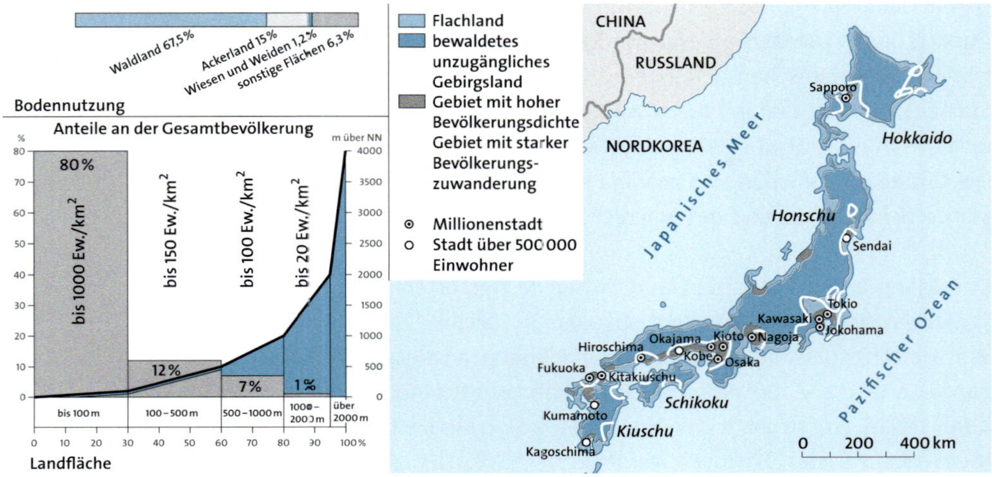

Abb. 7.2: Bevölkerungsverteilung und Bodennutzung in Japan

formen aufzufüllen (Fill Zones) und so weitere Siedlungs- oder Verkehrsflächen zu schaffen.

- Die gängigste Methode der Neulandlandgewinnung an der Küste ist die Auffüllung flacher Meeresbuchten vor allem durch Aufspülung mit sandigem Material. Auf diesem Neuland (Umetate-Chi), das bis auf 3 Meter über NN erhöht wird, entstehen zumeist große Industriegebiete direkt am Meer mit eigenen Häfen für große Seeschiffe und idealen Standortbedingungen (Rohstoffimporte). Dadurch werden allerdings wertvolle Biotope im Küstenraum zerstört und somit auch Fischgründe vernichtet.

Die naturräumlichen Bedingungen der Landwirtschaft in Japan sind sehr unterschiedlich. Während im Süden bis zu zwei Reisernten pro Jahr möglich sind, erreicht der Reis seine nördliche Anbaugrenze auf der Insel Hokkaido im Norden. Im Süden ist somit die Erntefläche größer als die Anbaufläche. Robustere Teesorten können noch bis zu rund 300 km nördlich von Tokio angebaut werden. Die genannten Anbaugrenzen gelten aber ausschließlich für das Tiefland. Dabei ist zu beachten, dass nur die Schwemmlandebenen und das Hügelland für den Ackerbau genutzt werden können, zusammen etwa 15 % der Staatsfläche – mit abnehmender Tendenz.

Um die Ernährungsgrundlage der Bevölkerung zu sichern, wird seit Jahrzehnten der Reisanbau gefördert: Der Staat garantiert die Abnahme der Ernte zu festgesetzten hohen Preisen – weit über dem Niveau der Weltmarktpreise. Deshalb pflanzen auch die Kleinbauern auf ihren winzigen Parzellen vorzugsweise Reis an. Man spricht von einer Gartenbaulandschaft, weil durch intensiven Arbeitseinsatz, sorgfältige Pflege, verbesserte Sorten, Einsatz von Mineraldünger und kleinen, leistungsfähigen Spezialmaschinen (z. B. Reissetzmaschinen) höchste Hektarerträge erzielt werden.

Für Weideflächen und für den Futtermittelanbau sind die Ackerflächen viel zu klein und zu wertvoll. Mastviehhaltung ist also fast nur in Ställen und mit importiertem Kraftfutter möglich. Daher ist Fleisch, insbesondere Rindfleisch, fast unerschwinglich. Wegen der hohen Erzeugerpreise geben japanische Familien einen großen Anteil des Einkommens für Nahrungsmittel aus.

Da vor den Küsten Japans warme und kalte Meeresströmungen zusammentreffen, sind die Gewässer nährstoff- und somit auch fischreich. Fische und Meeresfrüchte in allen Variationen, dazu auch Seetang und Algen, bilden neben dem Reis die zweite Säule der japanischen Küche. Daher gilt die japanische Küche als sehr gesund.

Wissen

In den Tiefländern bis 100 Meter über NN konzentrieren sich auf 30 % der Fläche 80 % der 127 Millionen Einwohner sowie ca. 90 % der Industrieproduktion des Landes. Wie sich aus dem Diagramm (→ Abb. 7.2) weiter ablesen lässt, liegen 40 % der Landesfläche höher als 500 Meter über NN, 20 % sogar höher als 1000 Meter. Etwa zwei Drittel Japans sind bewaldet, das somit zu den waldreichsten Staaten der Erde zählt.

Die japanische Bevölkerung soll nach wissenschaftlichen Prognosen von 128 Millionen (2011) auf 119 Millionen (2025) und 95 Millionen (2050) schrumpfen. Damit ist der Schrumpfungsprozess voraussichtlich stärker als in Deutschland. Das hat verschiedene Ursachen und Folgen:
Die Geburtenrate liegt in Japan bei 8 Promille (= 0,8 %), die Sterberate liegt bei 9 Promille (= 0,9 %). Daraus ergibt sich eine Bevölkerungsabnahme von 0,1 Prozent pro Jahr. In Deutschland sind die Vergleichswerte 8 Promille für die Geburtenrate und 10 Promille für die Sterberate. Daraus ergibt sich rechnerisch eine Bevölkerungsabnahme von 0,2 Prozent pro Jahr. Allerdings hatte Deutschland – im Unterschied zu Japan – jahrzehntelang eine positive Wanderungsbilanz. Der Ausländeranteil liegt in Deutschland bei 8,8 Prozent (ohne die inzwischen eingebürgerten Zuwanderer), in Japan mit seiner restriktiven Zuwanderungs- und Einbürgerungspolitik dagegen bei nur rund einem Prozent. Die Gesamtfruchtbarkeitsrate (Total Fertility Rate – TFR) liegt in beiden Ländern bei 1,4. Das ist die durchschnittliche rechnerische Zahl der Geburten pro Frau im gebärfähigen Alter (15 bis 45 Jahre).

Ein weiteres Problem ist die starke Überalterung Japans. Nur 13 Prozent der Bevölkerung sind unter 15 Jahre alt, 23 Prozent sind älter als 64 Jahre. In Deutschland sind die entsprechenden Werte 13 bzw. 21 Prozent. Der Unterschied liegt zum Teil in der höheren Lebenserwartung von 83 Jahren in Japan gegenüber 80 Jahren in Deutschland begründet.

Das Sinken der Bevölkerungszahl wird dramatische Folgen für das Wirtschaftswachstum, für die Steuereinnahmen des Staaten sowie für die Finanzierung der staatlichen Renten- und Krankenkassen haben. So musste bereits im Jahr 2006 der Rentenbeitragssatz von 13,6 auf 18,3 Prozent erhöht werden – und das in einem Land, in dem traditionell die Familie die Betreuung und die Pflege der alten Menschen übernimmt. Zugleich wurden die Rentenleistungen von 59 auf 50 Prozent des letzten Durchschnittsgehalts gekürzt.

Regional sind die Auswirkungen der Überalterung zum Teil sogar dramatisch. In den Passivräumen Japans, wie z. B. im Norden der Hauptinsel Honshu oder in den Randgebieten der Nordinsel Hokkaido sterben ganze Dörfer und Kleinstädte allmählich aus, weil die meisten jungen Menschen in die Aktivräume an der mittleren Pazifikküste Honshus gezogen sind.
Dieser Prozess ist verbunden mit sozialer Erosion: die älteren und die weniger gut ausgebildeten Menschen bleiben zurück. Infolgedessen sinken Kaufkraft und Bruttoinlandsprodukt der betroffenen Region. Außerdem bleiben die alten Menschen meist sich selbst überlassen, da ihre Kinder oft fortziehen.

7.3 Aufstieg zur Wirtschaftsmacht

Am Ende des Zweiten Weltkriegs 1945 war Japans Industriekapazität zu 80 % zerstört. Das Land hatte seine Kolonien in Ost- und Südostasien und damit auch seine Rohstoffquellen verloren. Mit dem Beginn des Kalten Krieges in den 1950er-Jahren unterstützten die USA als Besatzungsmacht den industriellen **Wiederaufbau Japans**, um das Land als Bollwerk gegen das Vordringen des Kommunismus in Ostasien zu stabilisieren. Wie im Nachkriegsdeutschland spielten das vorhandene Know-how und vor allem die kulturell begründete Arbeitsmoral eine entscheidende Rolle beim industriellen Wiederaufbau. Die Japaner sind in Bezug auf die Religion sehr pragmatisch und nutzen die Elemente verschiedener Religionen im Alltag. Wichtig für die Arbeitsmoral sind das Harmoniestreben im Shintoismus und vor allem im Konfuzianismus sowie Disziplin und Leistungsbereitschaft im Zen-Buddhismus.

Japan – Religion und Kultur

- Der **Shintoismus** ist die älteste religiöse Tradition in Japan. Es handelt sich um eine Art von Naturreligion, denn die göttliche Ordnung offenbart sich in der Natur (z. B. im Vulkan Fujijama). Zugleich spiegelt der Shintoismus die innere Naturverbundenheit vieler Japaner wider. Dazu kommt die große Bedeutung der Ahnenverehrung. Der Shintoismus bestimmt mit seinen Bräuchen, Festen, Schreinen (Foto: Shinto-Schrein) und Tempeln das tägliche religiöse Leben der meisten Japaner.

Abb. 7.3: Kultstätte des Shintoismus

- Der **Buddhismus** ist im strengen Sinne keine Religion, sondern eine Erlösungslehre, die den Willen des Einzelnen voraussetzt und keine Missionierung kennt wie andere Weltreligionen. Buddha – der Erleuchtete – ist ein Mensch und Lehrer, der als Vorbild dient zur Überwindung des Zwanges der ewigen Wiedergeburt und damit auch zur Überwindung der Leiden. Eine besondere Variante des Buddhismus, der Zen-Buddhismus, spielt in Japan die größte Rolle: Meditation, Disziplin und Askese (Enthaltsamkeit) führen zur Erleuchtung und Erlösung. Kampfsportarten wie Judo, Kendo und Sumo passen zu den Zielen des Zen-Buddhismus.
- Der **Konfuzianismus** ist eine Gesellschaftslehre, die aus China stammt. Die Stabilität des Staates gründet nach Konfuzius (551–479 v. Chr.) in der Moral des Einzelnen und in der zentralen Rolle der Familie. Der Herrscher besitzt eine wichtige Vorbildfunktion.

Das Humankapital ist bis heute der wichtigste Faktor für die wirtschaftlichen Erfolge Japans. Der Ablauf der Industrialisierung diente als Vorbild für die ostasiatischen Nachbarstaaten Taiwan und der Republik Korea:

- **Schlüsselindustrien** beim Wiederaufbau waren zunächst die Eisen- und Stahlindustrie und der Schiffbau. Auch die arbeitsintensive Textilindustrie spielte in der frühen Phase der Industrialisierung eine wichtige Rolle. Allerdings zeigten sich gegen Ende der 1960er-Jahre die Grenzen der technologisch weniger anspruchsvollen Industrialisierung. Die Gewinne waren begrenzt und die Konkurrenz wuchs.
- Daher folgten in den 1970er- und 1980er-Jahren die sogenannten **Exportoffensiven**: Eine Flut von billigen japanischen Exportprodukten überschwemmte die Märkte Europas und Nordamerikas und vernichtete dort ganze Industriezweige, wie die Uhren- und die Fotoindustrie, während der japanische Binnenmarkt für Importe weitgehend verschlossen blieb. Eine besondere Rolle bei der japanischen Industrialisierungspolitik und bei der Koordination der Exportoffensiven spielte das MITI (Ministry of International Trade and Industry). Dieses japanische Ministerium unterstützte die kostenintensive Forschungs- und Entwicklungsphase für neue Hightech-Produkte. Teilweise wurden anspruchsvolle Produkte einfach kopiert und leicht verändert. Mithilfe von Markt- und Produktanalysen identifizierte das MITI Wachstumsbranchen und ihre zukunftsfähigen Produkte in Europa und Nordamerika.
- Die 1990er-Jahre gelten heute als „verlorenes Jahrzehnt“, da Japans Finanzsektor nach dem Platzen einer Spekulationsblase (Immobilien und Aktien) in eine tiefe Krise fiel und die Wirtschaft insgesamt jahrelang stagnierte.
- Der jüngste Aufschwung begann erst gegen Ende der 1990er-Jahre mit der Entwicklung neuer Technologien und massiver staatlicher Förderung von Forschung und Entwicklung. Heute sind japanische Unternehmen in vielen Bereichen technologisch führend, besonders in der Automobilindustrie und bei der digitalen Unterhaltungselektronik. Inzwischen wuchsen aber auch Südkorea und vor allem die VR China zu ernsthaften Konkurrenten in billigeren Marktsegmenten heran.

Für die Folgen der Reaktorkatastrophe von Fukushima muss der japanische Staat, der den Bau der Atomkraftwerke an der gefährdeten Küste genehmigt hat, mit Milliardenbeträgen einspringen. Somit wird sich die enorm hohe Staatsverschuldung von knapp 200 Prozent des BIP (knapp 11 Billionen US-$) weiter erhöhen. Daher sind für wirtschaftliche und soziale Zukunftsprogramme keine Mittel mehr vorhanden – und das angesichts von massiver wirtschaftlicher Konkurrenz und Überalterung.

7.4 Industrie

Obwohl sich Japan zur modernen Dienstleistungsgesellschaft entwickelt hat, spielt die Industrie für die Außenhandelsbilanz des Landes weiterhin eine entscheidende Rolle. Die Bedeutung der Sektoren ergibt sich aus ihrem Anteil am Bruttoinlandsprodukt einerseits und an den Beschäftigten andererseits (Anteile in Prozent 2010, Zahlen gerundet):

- Landwirtschaft: 1–4
- Industrie: 28–28
- Dienstleistungen: 71–67

Unter den 100 umsatzstärksten Industriebetrieben der Welt waren im Jahr 2011 18 japanische. Die größten von ihnen (Umsatz in Mrd. US-$):

1. Toyota Motor – Automobil (222,24)
2. NTT – Kommunikation (120,58)
3. JX Holdings – Mischkonzern (112,73)
4. Hitachi – Computer (109,00)
5. Honda Motor – Automobil (104,57)
6. Nissan Motor – Automobil (102,65)
7. Panasonic – Computer (101,71)
8. Sony – Computer (84,03)
9. Toshiba – Computer (74,87)
10. Toyota Tsusho – Handel (67,21)

In den japanischen Automobilkonzernen wurden neue Fertigungsstrategien entwickelt, die weltweit als Vorbild dienten und übernommen wurden (**Erfolgsstrategien**):

- **Teamarbeit:** Bereitschaft zur Zusammenarbeit innerhalb des Teams, Zusammengehörigkeitsgefühl und Wille zum Erfolg
- **Ringi-System:** Entscheidungsfindung erst nach Beratung unter möglichst vielen Mitarbeitern des Konzerns = Steigerung der Motivation
- **Kaizen (Verbesserung)**: Ständige Verbesserung vorhandener Produkte in Bezug auf Technik und Design mit dem Ziel, die Zufriedenheit der Kunden zu erhöhen
- **Total Quality Management (TQM)**: Reduzierung von Fehlern durch die Mitarbeiter selbst auf ein Minimum; Leistungsbereitschaft und Verantwortung nötig
- **Lean Production** („Schlanke Produktion"): Verringerung der Fertigungstiefe, Auslagerung von Teilen der Produktion in Zulieferbetriebe (= **Outsourcing**)
- **Just in Time:** Zeitgenaue Lieferung von Teilen bzw. ganzen Komponenten durch Zulieferbetriebe; Verringerung der Lager-, Transport- und Personalkosten für den Großbetrieb

Beispiel

Erfolgsmodell Toyota

Der japanische Automobilhersteller Toyota gilt als erfogreichstes Unternehmen seiner Branche weltweit mit dem höchsten Börsenwert 2010 (141 Mrd. US-$) – mit großem Abstand vor dem Volkswagenkonzern (90 Mrd. US-$). Auch beim Umsatz war Toyota im Jahr 2010 führend mit 222 Mrd. US-$ vor Volkswagen mit 168,31 US-$. Allerdings lag der Gewinn nach Steuern bei Volkswagen mit 9 Mrd. US-$ deutlich höher als bei Toyota mit 4,8 Mrd. US-$. Die Nettoumsatzrendite lag bei Volkswagen demzufolge mit 5,39 % ebenfalls deutlich höher als bei Toyota mit nur 2,15 %. Im Jahr 2011 fiel die Produktion bei Toyota wegen der Folgen des Tsunamis (u. a. Fukushima) deutlich zurück, es wurden viele Zulieferbetriebe im Nordosten Japans zerstört. Das ist ein grundsätzliches Problem der Lean Production mit ihrer zeitlich präzisen Zulieferung von Produkten aus Fremdfirmen.
Im Jahr 1937 wurde die Toyota Motor Company mit Hauptsitz in Toyota City bei Nagoya als eigenständiges Unternehmen gegründet. Mittlerweile hat sich Toyota zum technologisch führenden Hersteller von Fahrzeugen mit Hybridantrieb entwickelt. Beim Hybridantrieb arbeiten ein Elektromotor und ein Benzinmotor zusammen und treiben das Fahrzeug an. Beim Bremsen und bergab wird ein großer Akku geladen, der den Elektromotor v. a. im Stadtverkehr antreibt. Mit einem Verbrauch von durchschnittlich 5 Litern Benzin pro 100 km gilt dieses Fahrzeug als zukunftsweisend.
Die Produktionsschwerpunkte Toyotas liegen (außer in Japan selbst) in Nordamerika (USA, Kanada, Mexiko), im Nordosten der VR China sowie in Südostasien. In Europa ist Toyota weniger vertreten.

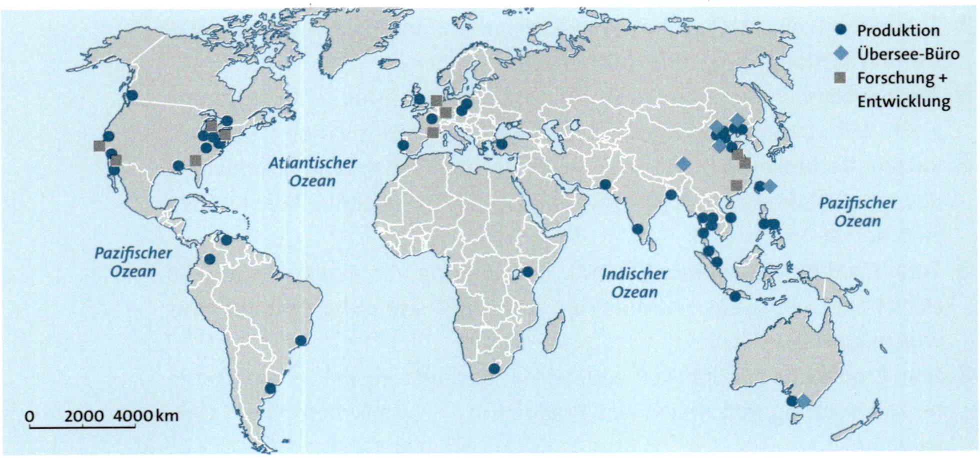

Abb. 7.4: Standorte der Firma Toyota außerhalb Japans

7.5 Megacity Tokio

In der Metropolregion Tokio leben ca. 33 Mio. Menschen auf nur 4% der Fläche Japans. Damit ist Tokio die größte Megacity der Welt. Allein in der Kernstadt leben mehr als 8 Mio. Menschen. Doch nicht wegen seiner Größe, sondern wegen seiner Funktionen ist Tokio auch eine Global City Nach New York und vor London ist Tokio das wichtigste internationale Finanzzentrum mit der größten Börse, dem bedeutendsten Devisenmarkt und den meisten Unternehmenszentralen der zweitgrößten Industrienation der Erde. Hier konzentrieren sich die wichtigsten zentralörtlichen Funktionen des Landes auf engstem Raum in der Kernstadt. Die wichtigsten Behörden, politischen Institutionen und Unternehmenszentralen bilden auf wenigen Quadratkilometern im Zentrum der Hauptstadt eine Standortgemeinschaft mit persönlichen Kontaktmöglichkeiten und Fühlungsvorteilen. Von dort aus, aus dem Gebiet zwischen Regierungsviertel und Hauptbahnhof, wird Japan regiert und wirtschaftlich gelenkt. Die Vorrangstellung Tokios hat neben naturräumlichen (geschützte Bucht, fruchtbare Ebenen im Umland) vor allem historische und politische Ursachen:

- Die Stadt entwickelte sich nach 1600 zum politischen Zentrum und zum Verkehrsknotenpunkt des Kaiserreiches. Um 1750 war es bereits Millionenstadt und eine der größten Städte der Erde.
- Mit der Plan- und Kriegswirtschaft nach 1937 verschob sich der wirtschaftliche Schwerpunkt Japans von Osaka nach Tokio. Viele Unternehmen verlegten ihren Hauptsitz nach Tokio, in die Nähe von Regierung und Ministerialbürokratie, der sie unterstanden.
- Anlässlich der Olympischen Spiele 1964, in einer Zeit hohen Wirtschaftswachstums und voller Staatskassen, wurden wichtige Infrastrukturprojekte zugunsten Tokios verwirklicht, unter anderem der Bau der Shinkansen-Strecke.
- Mit der Globalisierung der japanischen Wirtschaft nach 1985 kam es zu einer verstärkten Konzentration höchstrangiger zentralörtlicher Funktionen in Tokio.

Probleme sind vor allem die Raumknappheit und die hohe Bevölkerungsdichte, die hohen Immobilien- und Mietpreise sowie die Umwelt- und Verkehrsprobleme. Dazu kommt die hohe Erdbebengefährdung des Ballungsraumes: Vor Tokio stoßen die Eurasische, die Pazifische und die Philippinische Platte aneinander. Bei einem Beben in der Stärke des großen Kanto-Bebens von 1923 läge der wirtschaftliche Schaden heute bei bis zu 2,5 Billionen US-$. Ein solches Katastrophenbeben könnte die Weltwirtschaft erschüttern.

Abb. 7.5: Der Shinkansen vor dem Fujisan

Tokio ist der nördliche Endpunkt eines Städtebandes, das in Fukuoka im Norden der Insel Kiushu beginnt und ganz Japan durchzieht (→ Abb. 7.2). Es handelt sich um eine **Megalopolis**, in der sich auf 20 % der Fläche Japans 80 % der 127 Mio. Einwohner des Landes konzentrieren. Das Rückgrat dieser Megalopolis bilden als wichtigste Verkehrsachsen die Autobahnen und vor allem der Hochgeschwindigkeitszug Shinkansen (→ Abb. 7.5), der die bedeutendsten Millionenstädte Japans mit einer Reisegeschwindigkeit von bis zu 300 km/h verbindet – einzige Ausnahme: Sapporo im Norden.

In der Metropolregion Tokio verfolgt man bei der **Raumplanung** die **Strategie der Entlastungszentren**. Die Entlastungszentren bieten Arbeitsplätze vor allem im reinen Verwaltungsbereich des tertiären Sektors. Sie liegen in 25–50 km Entfernung vom Stadtzentrum an Kreuzungspunkten von radialen Verkehrslinien mit einer Ringverbindung (→ Abb. 7.6). Der große Vorteil dieser Strategie liegt darin, dass sich die Fahrzeiten vieler Pendler verringern. Heute liegt die durchschnittliche Fahrzeit der 3,6 Mio. Einpendler bei 75 min für eine Wegstrecke. Die Entlastungszentren sorgen auch für die Erhaltung der Funktionsfähigkeit der City von Tokio. Eine zusätzliche Entlastung der City ergibt sich durch Nebenzentren an der Ringbahn im Kernstadtbereich.

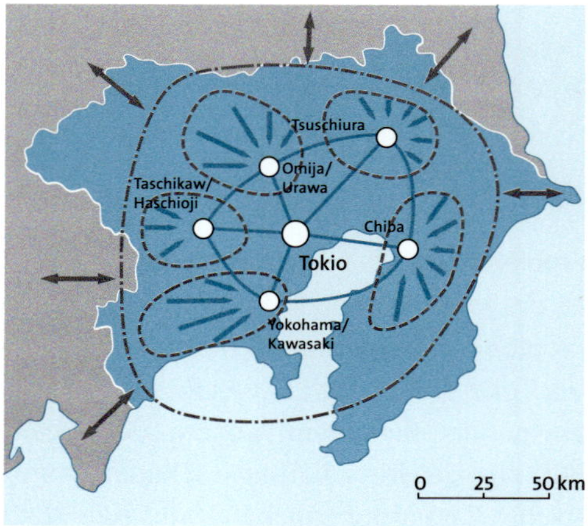

Abb. 7.6: Ballungsraum Tokio

Eine weitere Entwicklungsstrategie in Tokio ist der **„Waterfront-Approach"**, die Schaffung von Stadtentwicklungsflächen durch **Neulandgewinnung** in der Bucht von Tokio. Zwei Beispiele:

- Der citynahe Flughafen Haneda konnte durch Landgewinnung auf 1100 ha, das Doppelte der bisherigen Fäche, erweitert werden.
- Im Hafen der Nachbarstadt Kawasaki wurden auf 443 ha Industrieflächen geschaffen.

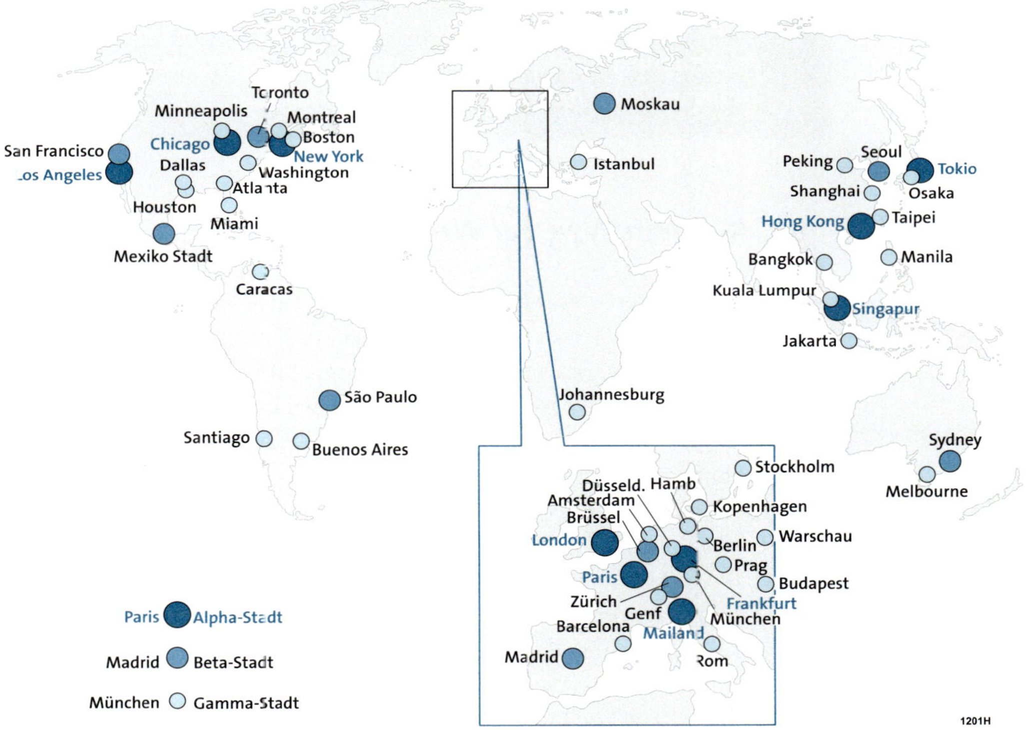

Abb. 7.7: Hierarchie der Global Cities

Überblick

Nachdem Sie dieses Kapitel durchgearbeitet haben, können Sie die Gefährdung Japans durch endogene Naturkatastrophen erklären. Weiterhin können Sie die Verteilung und Entwicklung der japanischen Bevölkerung charakterisieren. Außerdem sind Sie in der Lage, den Aufstieg Japans zur Wirtschaftsmacht und seine aktuellen Probleme zu beschreiben. Zum Schluss können Sie den Aufstieg Tokios zur Megacity und zur Alpha Global Citiy aus ökonomischer, ökologischer und sozialer Sicht bewerten – auch aus der Perspektive seiner Bewohner.

8 Volksrepublik China

Bis um das Jahr 1980 galt China als rückständiges Entwicklungsland – allerdings mit atomarer Bewaffnung und mit einer sehr großen und weiter wachsenden Bevölkerung von über einer Milliarde Menschen. Mit der Ein-Kind-Politik und mit einer wirtschaftlichen Öffnungspolitik zunächst in den Küstenstädten gelangen soziale Reformen und ein beeindruckendes wirtschaftliches Wachstum auf der Basis einer exportorientierten Industrialisierungsstrategie – jedoch verbunden mit großen Umweltproblemen und mit einer sozialen Polarisierung.

8.1 Auf dem Weg zur Weltmacht

Die wohl bekanntesten Welterbestätten der UNESCO in der VR China sind die Große Mauer (6350 km lang), das größte Bauwerk der Welt, die Kaiserpaläste in Peking und Shenyang, die Terrakotta-Armee des ersten chinesischen Kaisers bei Xi'an sowie der Potala-Palast des Dalai-Lama, der aber zur tibetischen Hochkultur gehört.

China ist die **älteste Hochkultur der Erde** – und zugleich die einzige antike Kultur, die nicht untergegangen oder in Bedeutungslosigkeit versunken ist. Als Staat existiert China vermutlich bereits seit 2900 vor Christus. Während der Han-Dynastie (206 vor bis 220 nach Christus) unterhielt China Handelsbeziehungen mit dem Römischen Reich. In dieser Zeit wurde Südchina von Nordchina aus erobert. Daher wird die chinesische Bevölkerungsmehrheit als Han-Chinesen bezeichnet. Zwischen 500 und 1500 nach Christus war China technologisch führend. Hier wurden Hochöfen zur Eisenerzeugung, Papier, Porzellan, Magnetkompass, Buchdruck und Schwarzpulver erfunden, lange vor den Europäern. Und China hat heute – nach dem „Jahrhundert der Demütigungen" durch Europäer und Japaner (1842–1945) den Ehrgeiz und die Möglichkeiten, zur Weltmacht des 21. Jahrhunderts zu werden. Das Land wurde nach dem Zweiten Weltkrieg mit sowjetischer Hilfe zur **Atommacht** und besitzt Langstrecken-Trägerraketen. China hat einen der fünf ständigen Sitze im Weltsicherheitsrat der UNO. Inzwischen hat die Volksrepublik auch die bemannte Raumfahrt aufgenommen und bewies dadurch ihre technologischen Fähigkeiten: Im Jahr 2003 gelang den Chinesen der erste bemannte Raumflug, der erste Weltraumspaziergang eines „Taikonauten" erfolgte 2008. Das erste Modul einer Raumstation, „Tiangong-1" (Himmelspalast 1) wurde 2011 in seine Umlaufbahn gebracht. Auf längere Sicht ist auch eine bemannte Mondlandung geplant.

Das **wirtschaftliche Wachstum** der Volksrepublik China lag im Zeitraum von 1990 bis 2010 jährlich zwischen 7 und 14 % – auch während der internationalen Finanz- und Wirtschaftskrise 2008. Von solchen Wachstumsraten sind die alten Industrienationen weit entfernt, ebenso die ostasiatischen Nachbarstaaten Südkorea und Japan. Mit seinen 1,3 Milliarden Einwohnern bei wachsendem Wohlstand gilt China zudem als größter Absatzmarkt der Zukunft. Daher investieren fast alle Weltkonzerne – auch mittelständische Betriebe – in China. 2010 lagen die **ausländischen Direktinvestitionen** bei 95 Milliarden US-$. China versorgt inzwischen nicht mehr nur die eigene Bevölkerung mit qualitativ immer besseren Produkten, sondern hat sich in einigen Bereichen auch auf dem anspruchsvolleren **Weltmarkt** durchgesetzt. Außer Spielzeug und Textilien exportiert das Land heute auch in großem Umfang Mobiltelefone, Computer, Notebooks, Fernsehgeräte und Kühlschränke – zu konkurrenzlos günstigen Preisen. Daher gilt China als „Fabrik der Welt", von der aus große Kauf- und Versandhäuser – vor allem in den USA und Europa – zu konkurrenzlos billigen Preisen beliefert werden.

Mit dem Aufstieg zur Weltmacht meldet China **Gebietsansprüche** an: Diese betreffen vor allem die benachbarte Republik China (Taiwan), die als „abtrünnige Provinz" gilt. Daneben beansprucht die VR China das gesamte Seegebiet des Südchinesischen Meeres bis zu den Spratly-Inseln (10° N/115° O) als exklusive Wirtschaftszone, da unter dem Schelfmeer große Erdöllagerstätten vermutet werden. Um diese Hoheitsansprüche **militärisch** zu unterstreichen, hat die Volksrepublik China ihre Seestreitkräfte im Gelben Meer sowie im Ost- und im Südchinesischen Meer massiv aufgerüstet: Neben 83 Schlachtschiffen hatte das Land im Jahr 2010 mehr als 20 Unterseeboote im Einsatz.

	VR China	Indien	Japan
Fläche in km² (Weltrang)	9 572 419 (4.)	3 287 263 (7.)	337 837 (62)
Einwohner 2010 (Weltrang)	1,339 Mrd. (1)	1,115 Mrd. (2.)	0,128 Mrd. (10.)
Einwohner pro km²	140	351	338
Bruttoinlandsprodukt (BIP) 2010 in Milliarden US-$	5880	1538	5459
Bruttonationaleinkommen (BNE) 2010 pro Einwohner in US-$	3650	1220	38 080
Anteile der Wirtschaftssektoren am BIP 2010 in Prozent (I – II – III)	10 – 47 – 43	18 – 27 – 55	1 – 28 – 71
Anteile der Beschäftigten nach Wirtschaftssektoren in Prozent (I – II – III)	keine Angaben	keine Angaben	4 – 28 – 67
Reales Wachstum des BIP 2010 (%)	10,3	10,4	3,9
HDI-Rang 2010	89 von 169	119 von 169	11 von 169
Energieverbrauch pro Ew. in kg Öleinheiten (ÖE): Durchschnitt 2007 bis 2009	1598	545	3713

Quelle: Fischer Weltalmanach 2012 Frankfurt am Main 2011

Tab. 8.1: Asiatische Mächte im Vergleich

8.2 Bevölkerung und Ernährung

Die thematische Karte (→ Abb. 8.1) zeigt die extrem hohe **Bevölkerungsdichte** im ländlichen Raum der Volksrepublik China. Mit mehr als 400 Einwohnern pro Quadratkilometer werden die höchsten Werte in Teilen der Nordchinesischen Ebene, am Unterlauf und im Mündungsbereich des Jangtsekiang sowie im Roten Becken bei Chengdu in Zentralchina erreicht. Bei den angegebenen Werten wurde die städtische Bevölkerung nicht mit einbezogen. Eine Auswahl von Großstädten ist in der Karte mit offenen Kreissymbolen dargestellt – je nach Einwohnerzahl mit einem größeren oder kleineren Durchmesser. Allein die ländliche Bevölkerungsdichte bestimmter Regionen in China übertrifft somit die gesamte Bevölkerungsdichte europäischer Staaten wie z. B. Belgien (332 Ew./km²) oder der Niederlande (398 Ew./km²). Die agrarische Tragfähigkeit ist in weiten Gebieten Chinas bereits seit langem überschritten. Daher wird auch von einer **strukturellen Übervölkerung** gesprochen. Teile der ländlichen Bevölkerung finden kein Auskommen mehr in der Landwirtschaft und wandern in die großen Städte ab, oft als sogenannte Wanderarbeiter. Anfang 2012 lebten erstmals in der chinesischen Geschichte mehr Menschen in den Städten (51 %) als auf dem Land (49 %).

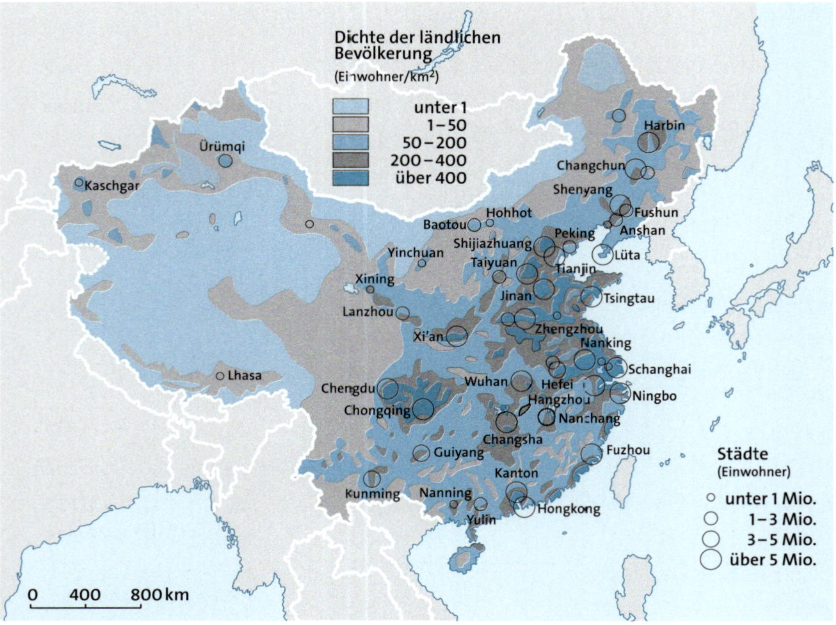

Jahr	Bevölk. (in Mio.)
1400	60
1680	100
1760	200
1850	400
1900	425
1910	380
1930	420
1950	560
1960	660
1970	790
1980	1000
1990	1160
2000	1275
2010	1340

Jeder 5. Mensch lebt in China

Abb. 8.1: Bevölkerungsentwicklung und -dichte in China

Für das Jahr 2025 wird die Bevölkerungszahl der Volksrepublik China auf rund 1,4 Milliarden geschätzt, bis 2050 soll der Wert wieder auf 1,3 Milliarden Menschen fallen. Ab 1979 leitete die chinesische Regierung eine strenge Politik der **Geburtenkontrolle** ein und erhob die Ein-Kind-Familie zum Leitziel. Das Mindestalter für Heiratswillige wurde heraufgesetzt und es gab scharfe Strafen für Verstöße: Zwangsabtreibungen bis in den achten Schwangerschaftsmonat, Zwangssterilisationen, empfindliche Geldstrafen und sogar Enteignungen. Die Normfamilie wurde dagegen durch Vergünstigungen und Prämien belohnt. Wegen der Geburtenkontrolle und der gestiegenen Lebenserwartung hat ein schneller Alterungsprozess der chinesischen Bevölkerung eingesetzt. Im Jahr 2011 waren 9 Prozent aller Chinesen über 65 Jahre alt. Da Jungen auf dem Lande ein höheres Ansehen genießen als Mädchen, hat sich durch gezielte Abtreibung von weiblichen Föten und Ermordung nach der Geburt das Geschlechterverhältnis in China dramatisch verändert: In ärmeren Regionen kommen auf 100 Mädchen bis zu 130 Jungen, für China insgesamt liegt das Verhältnis bei 100 zu 105. Dieses Missverhältnis führt insbesondere in peripheren ländlichen Regionen zu sozialen und wirtschaftlichen Problemen und verstärkt den Abwanderungsprozess.

Mit gut 1,3 Mrd. Menschen leben in China rund 19 % der Weltbevölkerung. Den Chinesen stehen aber nur 7 % der weltweit verfügbaren Anbaufläche zur Verfügung, denn fast der gesamte Westen des Landes fällt für die landwirtschaftliche Nutzung aus: Entweder ist es aufgrund der Höhenlage für

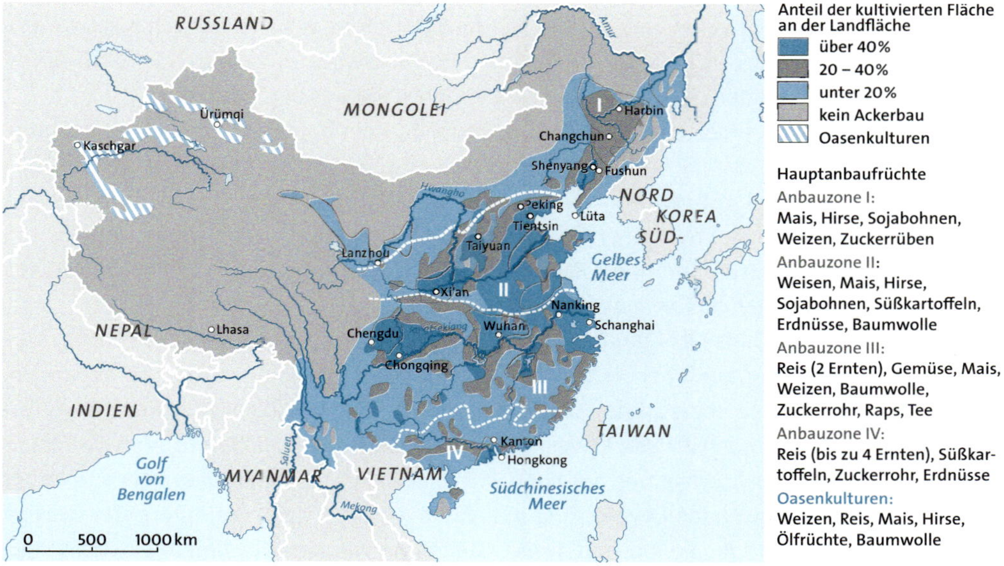

Abb. 8.2: Landwirtschaftliche Anbauzonen

den Anbau zu kalt, oder aber der feuchte Sommermonsun erreicht das Binnenland mit seinen Steppen, Halbwüsten und Wüsten nicht. Ackerbaulich intensiv nutzbar sind vor allem folgende Gebiete:

- das Tiefland der Mandschurei,
- die Nordchinesische Tiefebene,
- Teile des Lössberglandes in Zentralchina,
- die Beckenlandschaften des Jangtsekiang,
- kleinere Bereiche im Südchinesischen Bergland sowie
- die Oasen des Nordwestens.

Während im äußersten Nordosten klimatisch bereits die Kalte Zone (Taiga) erreicht wird, hat China im äußersten Süden Anteil an den Tropen. Dies hat Auswirkungen auf die Art der Anbauprodukte und auf die Zahl der möglichen Ernten (→ Abb. 8.2).

Große Gebiete v. a. im semiariden Grenzbereich des landwirtschaftlichen Kernraumes sind vom sogenannten Sahel-Syndrom betroffen, definiert als landwirtschaftliche Übernutzung marginaler Böden. Die Folge sind Desertifikationsprozesse: Erosion durch die seltenen Starkregen sowie Auswehung der ausgetrockneten Bodenkrume durch den Wind (Deflation).

Rein rechnerisch entfallen auf jeden Bürger der USA 1,5 ha Anbaufläche. Dagegen sind es für jeden Chinesen nur 0,09 ha bzw. 900 m^2. Infolgedessen wird der Anbau meist sehr arbeitsintensiv auf kleinen Parzellen betrieben. Jedes Jahr müssen viele Landwirte aufgeben und ziehen in die Städte. Zudem geht Jahr für Jahr mehr Anbaufläche verloren:

- Im Nordwesten vor allem durch Versalzung bei unsachgemäßer Bewässerung sowie durch Übersandung,
- im Lössbergland und in den entwaldeten Berggebieten des Südens durch Bodenerosion sowie durch die Aufgabe schwer zu bewirtschaftender, terrassierter Hänge,
- im Umland der großen Städte des Ostens vor allem durch Neubausiedlungen, Industrieanlagen und Verkehrswege sowie durch Vergiftung von Böden (Schwermetalle und andere Gifte aus der Industrie).

Schon heute muss die Volksrepublik China daher Lebensmittel einführen. Dies lässt die Preise auf dem globalen Getreidemarkt steigen, und Nahrungsmittel können von den armen Entwicklungsländern kaum noch bezahlt werden. Wenn in China zukünftig mit steigendem Wohlstand mehr Fleisch gegessen und mehr Bier getrunken wird, so wird das dramatische Auswirkungen auf die globale Preisentwicklung bei Getreide haben.
Da China nicht genug Landfläche besitzt, um seine riesige Bevölkerung langfristig auch bei steigenden Ansprüchen mit Lebensmitteln zu versorgen, kaufen chinesische Staatsfonds Ackerland – vor allem in Afrika, wo Agrarland noch vergleichsweise billig ist. So kostet ein Hektar im zentralafrikanischen Sambia nur zwischen 350 und 500 US-$. Die Flächen gehen aber der wachsenden Bevölkerung in Sambia verloren, denn die Agrargüter werden nach China exportiert. Diese Aneignung von Agrarflächen in Entwicklungsländern wird als **Land Grabbing** bezeichnet.

8.3 Industrialisierung – Fabrik der Welt

Bis 1978 hatte die kommunistische Volksrepublik China eine **autozentrierte Entwicklungsstrategie** verfolgt (Motto der Partei: „Vertrauen auf die eigene Kraft“) Dabei war das Land technologisch immer weiter hinter die westlichen Industrienationen zurückgefallen und war auf dem Weltmarkt nicht mehr konkurrenzfähig. Daher begann nach einem Führungswechsel innerhalb der Kommunistischen Partei Chinas 1978 die vorsichtige Öffnung zum Ausland zunächst im südlichen Küstenraum. Dort wurden vier Sonderwirtschaftszonen eingerichtet (→ Abb. 8.3). Sie waren für ausländisches Kapital zugänglich und dienten als Standorte für marktwirtschaftliche Experimente, gewissermaßen unter Laborbedingungen. Die dort begonnene Produktion lohnintensiver Konsumgüter für den Weltmarkt bildete die Grundlage für die erfolgreiche **exportorientierte Industrialisierungsstrategie**. Später kam die Insel Hainan als Sonderwirtschaftszone hinzu, allerdings mit Ausrichtung auf den Tourismus. Ab 1984 wurden dann schrittweise 14 Küstenstädte für westliche Investoren geöffnet. Mit der Öffnung dreier größerer Küstengebiete ab 1985, darunter das Perlflussdelta und das Mündungsgebiet des Jangtsekiang bei Shanghai, wurde die Öffnung des gesamten Küstenraumes eingeleitet. Nach 1992 wurden auch Städte im Binnenland für ausländische Investitionen geöffnet, vor allem Provinzhauptstädte und

Abb. 8.3: Wirtschaftsregionen in China

Grenzstädte (→ Abb. 8.3). Besonders dynamisch verlief die Entwicklung in der Provinz Guangdong im Süden mit der Sonderverwaltungszone Hongkong als Finanzzentrum, der **Sonderwirtschaftszone** Shenzhen als Produktionsschwerpunkt und dem Hinterland im Perlflussdelta mit arbeitsintensiven Industrien. Shanghai wird allmählich zum zweiten großen Finanzzentrum der Volksrepublik China nach Hongkong. Peking mit seinen Elitehochschulen und Forschungsinstituten entwickelt sich zum Hochtechnologie-Zentrum.

Am Jahresende 2010 besaß die chinesische Regierung amerikanische Staatsanleihen in Höhe von 1,16 Billionen US-$. Damit ist die VR China der mit Abstand größte Gläubigerstaat der USA. Durch den massiven Aufkauf amerikanischer Staatsanleihen stärkte die chinesische Regierung den Wechselkurs des US-$ gegenüber dem Yuan und verbilligte so die Exporte in die USA. Die Amerikaner fordern seit langem eine Aufwertung des Yuan.

Jedes dritte Fahrrad und knapp drei Viertel aller Uhren weltweit werden mittlerweile in der VR China produziert. Dazu kommen Haushaltsgeräte, Unterhaltungselektronik, Spielzeug, Möbel, Bekleidung, Schuhe und neuerdings auch Mobiltelefone, Computer und Notebooks. Ohne chinesische Produkte könnten europäische und amerikanische Textilhändler, Versandhäuser und Verbrauchermärkte (Discounter) ihre Kunden nicht mehr versorgen. Räumliche Schwerpunkte der Exportindustrien sind das Perlflussdelta im Süden und das Gebiet um Shanghai.

Auch der große chinesische **Binnenmarkt** wird inzwischen meist mit heimischen Produkten beliefert. Weltweit werden derzeit jede vierte Waschmaschine und jedes dritte Fernsehgerät in China verkauft. Die chinesische Wirtschaft ist daher auch im Jahr 2010 mit über 10 % gewachsen. Doch bislang schafften chinesische Automobilhersteller noch nicht den Sprung auf den Weltmarkt, und eine Flugzeugindustrie ist bislang nur in Ansätzen vorhanden. Das soll sich aber nach dem Willen der chinesischen Führung ändern. So sollen die ausländischen Investoren gezwungen werden, ihre Technologien auch chinesischen Unternehmen zugänglich zu machen. Andernfalls würden sie nicht mehr berücksichtigt. Diese harte Haltung hat Folgen für die Europäer:

- Das Luftfahrtunternehmen Airbus konnte einen Milliardenauftrag in China gegen Boeing nur gewinnen, nachdem es dem Aufbau einer Produktionslinie für das Modell A 320 in China zugestimmt hatte.
- Automobilhersteller wie VW müssen mit ihren schärfsten Konkurrenten in Joint Ventures mit denselben chinesischen Staatskonzernen zusammenarbeiten und dabei auch Produktionsgeheimnisse preisgeben.
- Auf der Grundlage europäischen und japanischen Know-Hows stellt die Volksrepublik China inzwischen auch Hochgeschwindigkeitszüge her. Diese werden in Verbindung mit günstigen Finanzierungsangeboten von staatlichen chinesischen Banken inzwischen auch exportiert, so z. B. nach Argentinien. Dabei stehen die chinesischen Produzenten auf den Drittmärkten in Konkurrenz zu Europäern und Japanern.

8.4 Umweltprobleme – Tigerstaaten-Syndrom

Würde die chinesische **Wirtschaft** im gleichen Tempo weiter wachsen wie während der vergangenen 20 Jahre, dann wäre ein Chinese um das Jahr 2050 so wohlhabend wie ein Amerikaner heute. China allein würde dann mehr Rohöl, Stahl und Holz verbrauchen als heute auf der gesamten Erde verbraucht wird. Dabei wurden die Rohstoffe – vor allem Rohöl – schon im Jahr 2005 knapp, und zwar in erster Linie wegen des chinesischen Rohstoff- und Energiehungers. Wäre die Automobildichte in China schließlich im Jahr 2050 genauso hoch wie in den USA heute, dann kämen dort 600 Mio. Autos hinzu, mehr als es heute auf dem gesamten Planeten Erde gibt. Die Menge an Treibhausgasen würde unvorstellbare Ausmaße annehmen und die weltweite Klimaerwärmung beschleunigen. Zwar trägt China derzeit jährlich nur vier Prozent zur globalen Wirtschaftsleistung bei, verbraucht dafür aber schon jetzt 13,6 % der weltweit erzeugten Energie. Die Weltbank veranschlagt die laufenden Kosten der Umweltbelastung für die chinesische Volkswirtschaft auf acht bis zwölf Prozent der jährlichen Wirtschaftsleistung. Dieser Wert entspricht in etwa dem durchschnittlichen Wirtschaftswachstum. Ökologische Schäden, die aus einem schnellen, nicht nachhaltigen Wirtschaftswachstum entstehen, werden auch als **Tigerstaaten-Syndrom** bezeichnet. Dieser Begriff wurde gebildet in Anlehnung an die Probleme in den sogenannten Tigerstaaten Ost- und Südostasiens, in denen das beeindruckende Wirtschaftswachstum begleitet wurde bzw. wird von einer massiven Schädigung der natürlichen Umwelt: zuerst in Südkorea und Taiwan, später dann auch in Thailand und Malaysia.

Steinkohle ist der wichtigste Energierohstoff des Landes. Mit ihr deckt China rund 70 % seines Energiebedarfs. Die vielen Kohletransporte blockieren immer wieder das veraltete Schienennetz des Landes und lassen es vorzeitig verschleißen. Aus den zahllosen Schornsteinen von Haushalten und Kraftwerken kommen mit dem Rauch Schwebstoffe (Aerosole), Ruß, Flugasche und vor allem Schwefeldioxid. Die in China geförderte Kohle ist nämlich besonders schwefelhaltig. In Chinas Norden legt sich im Winter regelmäßig Smog über die Großstädte. Nach Angaben der Weltbank sterben in China jedes Jahr rund 300 000 Menschen an den Folgen der starken Luftverschmutzung. Ein Drittel der Staatsfläche ist darüber hinaus von saurem Regen betroffen. Durch die vorherrschenden Westwinde werden die Schadstoffe vor allem nach Osten transportiert. Auch in den Nachbarstaaten Korea und Japan sterben deshalb Wälder. Flüsse und Seen versauern und Gebäude werden beschädigt. In den Bergbauprovinzen Sinkiang und Shaanxi bezahlen viele Bergleute mit ihrem Leben für den Wirtschaftsboom: Wegen oft kata-

Inzwischen hat die VR China mit dem Ausbau und dem Export von alternativen Energiequellen begonnen, v. a. von Windkraft- und Solaranlagen. Im Jahr 2012 gerieten deutsche Solaranlagen-Hersteller u. a. wegen der kostengünstigen Konkurrenz chinesischer Produzenten in wirtschaftliche Schieflage, mussten Arbeitsplätze abbauen oder sogar Konkurs anmelden. Durch die staatlich geförderte Verbreitung von Elektroautos in den chinesischen Großstädten soll dort die Umweltsituation verbessert werden.

strophaler Arbeitsbedingungen und mangelnder Sicherheitsvorkehrungen kamen z. B. im Jahr 2004 mehr als 6000 Bergleute um. Aufgrund des großen Energiehungers der Volksrepublik China erhielt der Bau des Drei-Schluchten-Damms am Jangtse höchste Priorität.

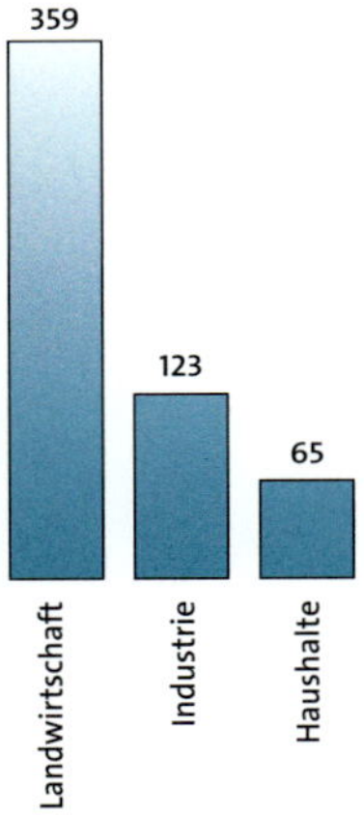

Abb. 8.4: Wasserverbrauch in Mrd. m³/a
Hinweis:
1 Mrd. Kubikmeter = 1 Kubikkilometer

In Bezug auf das **Trinkwasser** hat China sogar zwei große Probleme: Erstens ist das Wasser knapp und wird immer noch knapper, und zweitens wird das wenige vorhandene Wasser immer stärker verschmutzt. Bereits heute leiden 400 der 600 Großstädte Chinas unter Wassermangel, die meisten davon im regenarmen Norden und im wüstenhaften Nordwesten. Allein im Norden leben mehr als 500 Mio. Menschen, die zwei Drittel der Anbaufläche bewirtschaften und einen großen Teil der Schwerindustrie betreiben, aber nur ein Fünftel der Wasservorräte zur Verfügung haben. Bei größerer Trockenheit erreicht der Gelbe Fluss (Hwangho) im Norden Chinas seine Mündung nicht mehr. Daher sollen bis 2050 zwei Kanäle gebaut werden, die Wasser aus dem Jangtsekiang in den Huanghe überleiten sollen, um den Wassermangel im Norden zu verringern. Doch Fachleute zweifeln an, ob das Wasser des Jangtsekiang dafür überhaupt ausreicht bzw. sauber genug ist. So wurde 2011 in den Medien von der schlimmsten Dürre am Jangtsekiang seit 50 Jahren berichtet. Der Drei-Schluchten-Damm (s. u.) musste geöffnet werden, um flussabwärts die Bewässerung der Reisfelder und die Schifffahrt zu ermöglichen. Die Wasserkraftwerke am Jangtsekiang konnten nur einen Bruchteil der sonst üblichen Energiemengen liefern. Im Vorjahr war es zudem zu heftigen Überschwemmungen gekommen, sodass der Jangtse-Staudamm der Belastung nicht standzuhalten drohte und geöffnet werden musste. Nur noch knapp die Hälfte des Wassers in Chinas Flüssen und Seen ist als Trinkwasser geeignet. Ein Viertel des Wasser ist sogar derart verschmutzt, dass es nicht mehr industriell genutzt werden kann. Und auch Flora und Fauna der Flüsse und Seen sind bedroht. So musste nach einer groß angelegten Suchaktion im Jahr 2006 der seltene Jangtse-Delfin für ausgestorben erklärt werden. 2011 waren auch die Glattschweinswale im Jangtse durch die Dürre vom Aussterben bedroht.

Die Zunahme des **Müll**s im Gefolge des wirtschaftlichen Wachstums ist eine weitere Gefahr für das Grundwasser und für die Flüsse. Nur sehr wenige Städte haben akzeptable Müllverbrennungsanlagen oder aber Mülldeponien, die so abgedichtet sind, dass keine Schadstoffe ins Grundwasser und in die Flüsse gelangen können. Giftige Chemikalien aus Fabriken werden nicht sachgemäß entsorgt und gelangen bei Havarien in die Flüsse. Beim Recycling von Elektronikschrott fallen zudem Giftstoffe an, die in die Luft und ins Grundwasser gelangen.

Geo-Praxis: Drei-Schluchten-Damm

Der Jangtsekiang ist der wasserreichste Fluss Chinas und mit einer Länge von 6300 km zugleich der drittlängste Fluss der Erde. Sein Einzugsgebiet hat eine Fläche von 1,8 Mio. km². Zum Vergleich: Der Rhein ist 1320 km lang und hat ein Einzugsgebiet von 189 000 km². Der Jangtsekiang hat immer wieder katastrophale Überschwemmungen in seinem Unterlauf verursacht. Sie werden hervorgerufen durch heftige sommerliche Monsunregen und verstärkt durch die Abholzung der Wälder im Oberlauf. Waren dort in den 1950er-Jahren noch 40–50 % der Fläche bewaldet, so sind es heute nur noch rund 10 %. Um das sommerliche Hochwasser des Jangtsekiang besser regulieren zu können und damit schwere Überschwemmungen in Zukunft zu verhindern, wurde 1994 mit dem Bau des Drei-Schluchten-Damms am Mittelllauf des Flusses begonnen. 2009 wurde der geplante Wasserstand des Stausees erreicht. Die 26 gigantischen Turbinen liefern im Idealfall rund fünf Prozent der heute in China produzierten elektrischen Energie. Rund 1,3 Millionen Menschen wurden umgesiedelt. 140 Städte, 4500 kleinere Ortschaften und 1600 Fabriken verschwanden in den Wassermassen, außerdem zahlreiche Baudenkmäler und archäologische Fundstätten.

Wirkungsgefüge des Drei-Schluchten-Staudamms

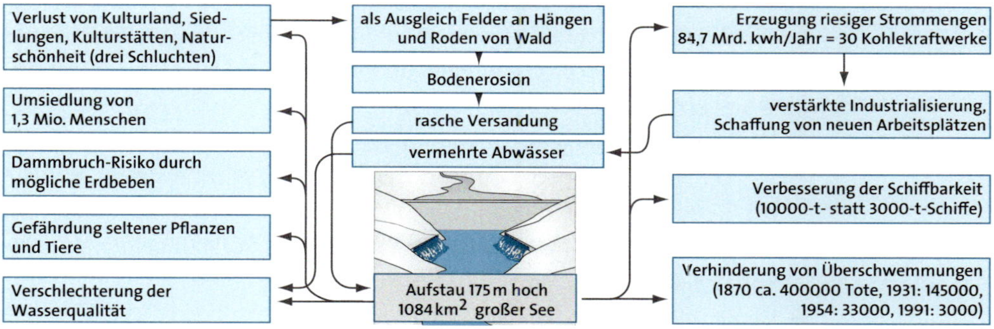

Abb. 8.5: Wirkungsgefüge des Drei-Schluchten-Staudamms

Überblick

Nach der Arbeit mit diesem Kapitel können Sie den Aufstieg Chinas zur wirtschaftlichen und militärischen Großmacht zusammenfassen. Außerdem können Sie die Bevölkerungsverteilung und -entwicklung beschreiben. Ferner sind Sie in der Lage, die wirtschaftlichen und räumlichen Entwicklungsstrategien zu charakterisieren und ihre sozialen und ökologischen Auswirkungen zu analysieren – Stichwort: Tigerstaaten-Syndrom. Am Beispiel des Drei-Schluchten-Damms können Sie die Auswirkungen von Großprojekten in Form eines Wirkungsgefüges darstellen und inhaltlich differenziert erörtern.

9 Entwicklungsländer

Zuerst geht es um das Problem der globalen Disparitäten zwischen reichen Industrieländern im Norden und armen Entwicklungsländern im Süden. Dieser Gegensatz wird mittlerweile aufgebrochen durch den Aufstieg der „Schwellenländer“. Dann werden zentrale Probleme der Entwicklungsländer thematisiert: Bevölkerungsexplosion, Migration, Metropolisierung, Marginalisierung. Abschließend wird das Konzept der Kulturerdteile vorgestellt.

9.1 Globale Disparitäten

Hinweis: In allen gängigen Schulatlanten gibt es Weltkarten, die den Entwicklungsstand der Staaten nach verschiedenen Klassifikationen zeigen. Eine aktuelle Karte finden Sie in diesem Band auf Seite 184.

Eine allgemein anerkannte Definition des Begriffs „Entwicklungsländer“ gibt es nicht. Gemeint sind jene Staaten der Erde, die einen erheblichen Rückstand in der wirtschaftlichen, technologischen, sozialen und politischen Entwicklung gegenüber den hoch entwickelten Industrieländern aufweisen, deren Entwicklungsstand gemeinhin als Maßstab gilt. Als wirtschaftlichen Indikator für den Entwicklungsstand benutzt die Weltbank das **Bruttonationaleinkommen** (**BNE**) pro Einwohner und Jahr in US-$. Sie unterscheidet drei bzw. vier Ländergruppen (→ Abb. 9.2):

- **Länder mit niedrigem Einkommen** (BNE pro Einwohner [2009] bis 995 US-$): Beispiele sind Afghanistan, Bangladesch, Laos oder Nordkorea, außerdem viele afrikanische Staaten wie Äthiopien, der Sudan, Somalia, Kenia, Tansania oder Madagaskar. Solche Staaten gelten als arme Entwicklungsländer.
- **Länder mit mittlerem Einkommen**
  Untere Einkommenskategorie (BNE pro Einwohner [2009] zwischen 996 und 3945 US-$ pro Kopf): Beispiele sind Ägypten, die Volksrepublik China, Indien, Indonesien, Ecuador oder Bolivien. Auch die Ukraine gehört in diese Kategorie und gilt somit ebenfalls als Entwicklungsland.
  Obere Einkommenskategorie (BNE pro Einwohner [2009] zwischen 3946 und 12 195 US-$): Beispiele sind Mexiko, Kolumbien, Venezuela, Brasilien, Argentinien und Russland sowie die EU-Mitgliedsstaaten Bulgarien und Rumänien. Solche Staaten gelten auch als Schwellenländer oder Newly Industralizing Countries (NIC), da sie an der Schwelle zur industriellen Entwicklung stehen.
- **Länder mit hohem Einkommen** (BNE pro Einwohner [2009] ab 12 196 US-$): Beispiele sind die Industrieländer Europas, Nordamerikas und Australiens sowie Israel, Japan, Südkorea und Singapur. Ferner gehören in die-

se Gruppe Erdöl exportierende Länder wie Saudi-Arabien, Brunei, Katar, Kuwait und die Vereinigten Arabischen Emirate. Achtung: Nicht alle Erdöl exportierenden Staaten der OPEC (Organization of the Petroleum Exporting Countries) sind wohlhabend (vgl. Nigeria oder den Iran).

Als **Einwand gegen die Länder-Klassifikation** der Weltbank wird angeführt, dass das BNE nur die tatsächlich erfasste Wirtschaftsleistung misst, nicht aber die in Entwicklungsländern weit verbreitete Subsistenzwirtschaft. Außerdem sagt das BNE nichts aus über die tatsächliche Kaufkraft in einem Staat – dazu müssten die Kaufkraftparitäten in US-$ ermittelt und nicht einfach der Wechselkurs der Landeswährung in US-$ umgerechnet werden. Schließlich verdeckt das durchschnittliche BNE pro Einwohner die möglicherweise vorhandenen großen Einkommensunterschiede in einem Land.

Um auch etwas über die Lebensbedingungen der Menschen in einem Staat aussagen zu können, führten die Vereinten Nationen im Jahr 1990 den **Index der menschlichen Entwicklung** ein (**Human Development Index – HDI**). Der für 177 Staaten der Erde ermittelte HDI ist Teil des jährlich erscheinenden Weltentwicklungsberichts der Vereinten Nationen.
Der HDI setzt sich aus den folgenden Indikatoren zusammen:

- Lebenserwartung bei der Geburt
- Alphabetisierungsgrad der Erwachsenen
- reale Kaufkraft pro Kopf (doppelte Gewichtung)

Um die reale Kaufkraft bestimmen zu können, muss die Kaufkraftparität der Währung eines Landes in US-$ ermittelt werden. Sie gibt an, wie viele Einheiten der jeweiligen Landeswährung erforderlich wären, um ein repräsentatives Waren- und Dienstleistungsangebot in US-$ in den USA zu kaufen.
Zur Bildung des HDI sind für jeden der drei Indikatoren feststehende **Minimal- und Maximalwerte** bestimmt worden:

- für die Lebenserwartung bei der Geburt: 25 und 85 Jahre
- für die Alphabetisierungsrate der Erwachsenen: 0 und 100 %
- für das reale BNE pro Einwohner (in $ Kaufkraftparitäten): 100 und 40 000 US-$

Der Maximalwert entspricht dem Indexwert 1, der Minimalwert dem Indexwert 0. Aus allen drei Indikatoren wird dann ein mittlerer Indexwert berechnet. Im Ergebnis entsteht eine Reihenfolge der Staaten nach dem Index der menschlichen Entwicklung. Dabei lassen sich **drei Ländergruppen** zusammenfassen:

- hoher Entwicklungsstand (Index > 0,8)
- mittlerer Entwicklungsstand (Index 0,5 – 0,8)
- niedriger Entwicklungsstand (Index < 0,5)

Die am wenigsten entwickelten Staaten werden als LDC bezeichnet (Least Developed Countries), besonders benachteiligte Binnenstaaten ohne eigenen Zugang zum Weltmeer als LLC (Landlocked Countries).

Da die meisten Entwicklungsländer in den Tropen bzw. Subtropen liegen, die meisten Industrieländer dagegen in der gemäßigten Zone der Nordhalbkugel, hat sich der Begriff **Nord-Süd-Konflikt** für den Gegensatz zwischen Industrie- und Entwicklungsländern eingebürgert. Die vorliegende → Karikatur aus einer entwicklungspolitischen Zeitschrift verdeutlicht den Nord-Süd-Gegensatz in der Weltwirtschaft mit einem Vergleich: Der Norden (als Formel-1-Rennfahrer) und der Süden (als Radfahrer) treten mit ihren Fahrzeugen zu einem Wettrennen an, bei dem der Verlierer von vornherein festzustehen scheint. Die Karikatur unterstreicht zwar die technologische Rückständigkeit des Südens, zeigt aber auch die hohe Umweltbelastung durch die Staaten des Nordens.

Abb. 9.1: „Fairer Wettbewerb"

Durch wissenschaftliche Untersuchungen wird bestätigt, dass sich die **Einkommensschere** zwischen armen und reichen Staaten langfristig immer weiter öffnet. So lag das durchschnittliche BIP pro Einwohner in den fünf ärmsten Staaten der Erde von 1820 bis heute immer unter 500 US-$. Dagegen stieg es in den fünf reichsten Staaten der Erde von rund 1000 US-$ (1820) über 4500 US-$ (1900) und 9000 US-$ (1950) auf mehr als 50 000 US-$ (2010). Ein Aufholen, geschweige denn ein Einholen der reichen Industrieländer, scheint für die meisten Staaten dieser Erde ein völlig aussichtsloses Unterfangen zu sein. Dies gilt besonders für die ärmsten Entwicklungsländer (→ Abb. 9.2), die zumeist in Afrika liegen und oftmals Binnenstaaten sind.

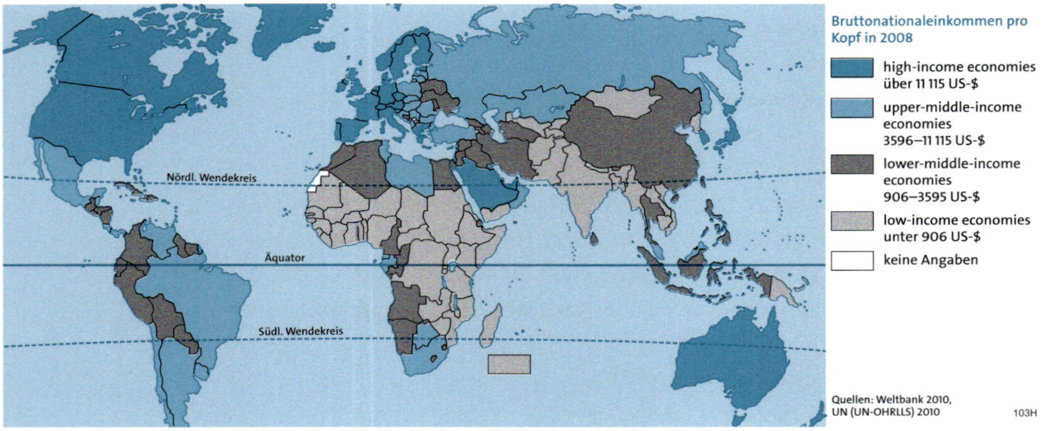

Abb. 9.2: Länderklassifikation der Weltbank

9.2 Entwicklungstheorien und -strategien

Geo-Praxis: Arbeiten mit Karikaturen

Die Karikatur kritisiert auf den ersten Blick unangepasste Großprojekte in den Entwicklungsländern, die unter Umständen zu einer hohen Verschuldung führen und Umweltzerstörungen sowie soziale und kulturelle Konflikte zur Folge haben können.
Auf den zweiten Blick ist zu betonen, dass gerade die touristische Entwicklung in der Dritten Welt zu einer Verbesserung der wirtschaftlichen Situation geführt hat. So werden Arbeitsplätze geschaffen und es werden Deviseneinnahmen erzielt, die unter Umständen die negative Außenhandelsbilanz ausgleichen können. Beispiele sind Thailand, die Seychellen, Mauritius oder Kuba. In Mexiko wurden durch die gezielte touristische Entwicklung **Peripherräume** wie die Halbinseln Baja California oder Yucatán (Touristenzentrum Cancún) gefördert. Damit konnte dort die Abwanderung gebremst werden. Die deutsche Entwicklungshilfe hat den Flughafen auf der tunesischen Insel Djerba finanziert und so den (Massen-) Tourismus dorthin gebracht.

Abb. 9.3: Karikatur „Entwicklungsländer“

Grundsätzlich wird zwischen endogenen und exogenen Entwicklungstheorien unterschieden. Endogene Theorien gehen davon aus, dass die Ursachen für Unterentwicklung in den Entwicklungsländern selbst liegen. Die exogenen Theorien gehen dagegen von äußeren Ursachen der Unterentwicklung aus.

Endogene Theorien

Die **Theorie des Geodeterminismus** besagt, dass die Entwicklungsländer aufgrund der klimatischen Verhältnisse und der Böden in den Tropen benachteiligt sind. Wirtschaftliche und geschichtliche Faktoren werden dabei ausgeblendet.
Die **Theorie des Kreislaufs der Armut** erklärt die Unterentwicklung aus sich selbst heraus: Weil die Menschen in den Entwicklungsländern arm sind, fehlt es ihnen an ausreichender Ernährung, Bildung und Arbeit. Deshalb kann keine positive wirtschaftliche Entwicklung in Gang gesetzt werden, denn die Sparquote für Investitionen ist zu gering. Da nicht investiert wird, bleibt die Armut bestehen. Und nicht zuletzt fehlt es wegen des hohen Bevölkerungswachstums weiter an Arbeitsplätzen.

Die **Wachstums- und Modernisierungstheorien** gehen davon aus, dass eine wirtschaftliche Entwicklung wegen der geringen Sparquote nur durch einen Big Push, also umfangreiche ausländische Investitionen – ggf. auf Kreditbasis –, erfolgen kann. Gleichzeitig müssen durch umfangreiche Modernisierungsmaßnahmen der gesamten Gesellschaft Entwicklungshemmnisse wie Korruption und Vetternwirtschaft (Nepotismus) beseitigt werden. Die gesellschaftliche Entwicklung durchläuft nach der Modernisierungstheorie **fünf Stadien** (Beispiele):

① traditionale Gesellschaft (Mali)
② Übergangsgesellschaft (Ägypten)
③ Startgesellschaft (Malaysia)
④ reife Industriegesellschaft (Tschechische Republik)
⑤ Massenkonsumgesellschaft (USA)

Exogene Theorien

Die exogenen Theorien beziehen die geschichtliche Entwicklung der heutigen Entwicklungsländer in die Erklärung von Unterentwicklung mit ein: Fast alle Entwicklungsländer waren früher Kolonien zumeist europäischer Mächte und wurden wirtschaftlich auf deren Bedürfnisse und Interessen ausgerichtet und über einen langen Zeitraum ausgebeutet. In der Regel wurden Rohstoffe aus den Entwicklungsländern importiert und Fertigwaren dorthin exportiert. So bildeten die Entwicklungsländer garantierte Absatzmärkte und mussten billige oder sogar kostenlose Arbeitskräfte stellen. Ein extremes Beispiel bilden die aus Afrika nach Amerika verschleppten rund 30 Mio. Sklaven.

Die **Dependenztheorie** stammt ursprünglich aus Lateinamerika und erklärt das Fortdauern der wirtschaftlichen Unterentwicklung und Abhängigkeit von den Industrieländern nach der politischen Unabhängigkeit durch die sogenannte strukturelle Abhängigkeit. Diese besagt, dass die ehemaligen Kolonien auch nach der Unabhängigkeit vor allem Rohstoffe in die Industriestaaten liefern und als Absatzmarkt für Industrieprodukte dienen. Der fehlende Technologietransfer und Zollschranken verfestigen diese Strukturen und halten die Entwicklungsländer in einer halb-kolonialen Abhängigkeit ohne Entwicklungsperspektiven.

Die **Theorie der Terms of Trade** sucht die Erklärung für die Unterentwicklung in der langjährigen Entwicklung der realen Austauschverhältnisse von Exportgütern zu Importgütern. Diese werden definiert als Verhältnis des Exportgüterpreisindex zum Importgüterpreisindex, ausgehend von einem bestimmten Basisjahr. Aufgrund ihrer Berechnungen kommen die Vertreter dieser Theorie zu dem Schluss, dass sich die Terms of Trade langfristig zu Ungunsten der Entwicklungsländer verschlechtert haben. Als Konsequenz wurde und wird eine Neue Weltwirtschaftsordnung (NWWO) durch die UN-Konferenz für Welthandel und Entwicklung (UNCTAD) gefordert, die aber nicht durchgesetzt werden konnte.

Entwicklungspolitik

Nach dem Zweiten Weltkrieg und nach der Unabhängigkeit der meisten afrikanischen Staaten (in den 1960er-Jahren) wurden zunächst Großprojekte wie Staudämme, Industrieanlagen, Flug- und Seehäfen sowie Fernstraßen in den Entwicklungsländern gefördert und auch finanziert. Ein bekanntes Beispiel der deutschen Entwicklungshilfe ist der Aufbau des Schwerindustrie-Standortes Rourkela in Indien. Allerdings hatte die Finanzierung der meisten Großprojekte auf Kreditbasis auch eine hohe Verschuldung vieler Entwicklungsländer zur Folge, wie z. B. während der Militärdiktatur in Brasilien. Eine zu hohe Verschuldung mündete oft in sogenannte Strukturanpassungsprogramme des Internationalen Währungsfonds (IWF). Für die breite Masse der armen Bevölkerung in den Entwicklungsländern bedeutete dies eine weitere Verschlechterung ihrer Lebensbedingungen.
Daher konzentrierte sich die deutsche Entwicklungshilfe besonders seit den 1990er-Jahren auf kleinere, angepasste Projekte zur Armutsbekämpfung in den Entwicklungsländern. Schwerpunktländer waren die ärmsten Entwicklungsländer (→ Abb. 9.2). Eine wichtige Zielgruppe der Entwicklungspolitik waren die Frauen, deren Lebensbedingungen verbessert werden sollten. Allmählich entstand eine nachhaltige Entwicklungspolitik, die neben wirtschaftlichen auch soziale und ökologische Ziele verfolgte.

Grundbedürfnisstrategie

Die Grundbedürfnisstrategie zielt ab auf eine schrittweise Verbesserung der Lebensbedingungen der ärmeren Bevölkerungsteile durch die Befriedigung von Grundbedürfnissen:

① Versorgung: Trinkwasser und Nahrungsmittel
② Schutz gegen tödliche Krankheiten
③ Hinreichende Unterkunft
④ Schutz gegen schwächende Krankheiten
⑤ Zusätzliche Nahrungsmittel
⑥ Funktionale Basiserziehung
⑦ Produktive Beschäftigung (Landwirtschaft)
⑧ Mitbestimmung (Gestaltung der eigenen Lebenssituation)
⑨ Führen eines durchschnittlichen Lebensstils

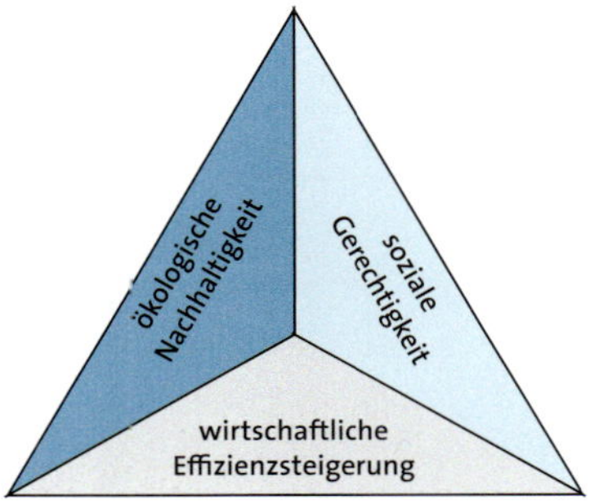

Nachhaltige Entwicklung ist Entwicklung, die die Bedürfnisse der Gegenwart befriedigt, ohne zu riskieren, dass künftige Generationen ihre eigenen Bedürfnisse nicht befriedigen können. (Brundtlandbericht 1987)

Abb. 9.4: Grundbedürfnisstrategie

9.3 Bevölkerungsexplosion

Im Jahr 1804 erreichte die Weltbevölkerung die erste Milliarde. 1927 lebten bereits zwei Milliarden Menschen auf der Erde, 1960 waren es drei Milliarden. Schon 1974 wurden vier Milliarden Menschen gezählt, 1987 fünf und 1999 sechs. Innerhalb des 20. Jhdts. hat sich die Weltbevölkerung also fast vervierfacht. Diese rasante Zunahme (exponentielles Wachstum) wird als **Bevölkerungsexplosion** bezeichnet. Und das Wachstum setzt sich fort: Am Ende des Jahres 2011 lebten nach Angaben der Vereinten Nationen 7 Milliarden Menschen auf der Erde. Bis zum Jahr 2025 wird ihre Zahl voraussichtlich auf ca. 8 Milliarden steigen, und im Jahr 2050 werden es nach eher vorsichtigen Schätzungen rund 9,6 Milliarden Menschen sein. Dies ist die mittlere Variante von drei **Bevölkerungsprojektionen**, bei der von durchschnittlich 2,1 Kindern je Frau ausgegangen wird (→ Abb. 9.6). Bei durchschnittlich 2,6 Kindern pro Frau würden im Jahr 2050 jedoch mehr als 11 Milliarden Menschen auf unserem Planeten leben.
Innerhalb der nächsten 50 Jahre wird sich die Bevölkerungszahl in den Industrieländern kaum verändern. Das Wachstum der Weltbevölkerung wird zu 95% in den Entwicklungsländern stattfinden. Allein die Bevölkerungszahl der ärmsten Länder wird bis 2050 um eine Milliarde Menschen wachsen.

Die unterschiedlich hohen Geburten- und Sterberaten in den verschiedenen Großregionen der Erde spiegeln deren demografische Strukturen wider. Diese werden vereinfacht dargestellt im sogenannten **Modell des demografischen Übergangs** (→ Abb. 9.5). Entwickelt wurde dieses Modell von amerikanischen Bevölkerungswissenschaftlern auf der Grundlage von statistischen Daten der langfristigen Bevölkerungsentwicklung in Europa, Nordamerika und Australien. Es handelt sich also um ein empirisches Modell.

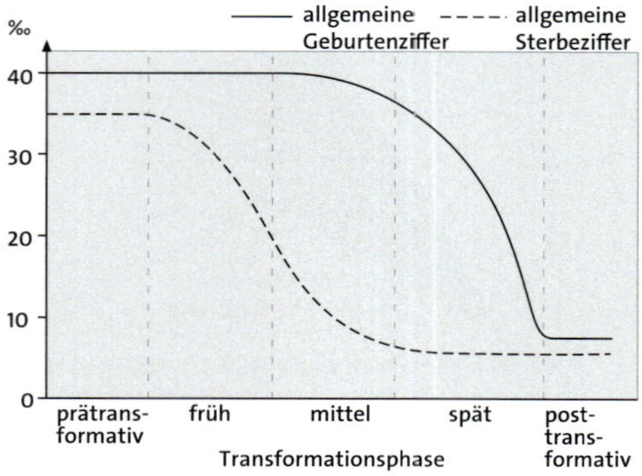

Abb. 9.5: Modell des demografischen Übergangs

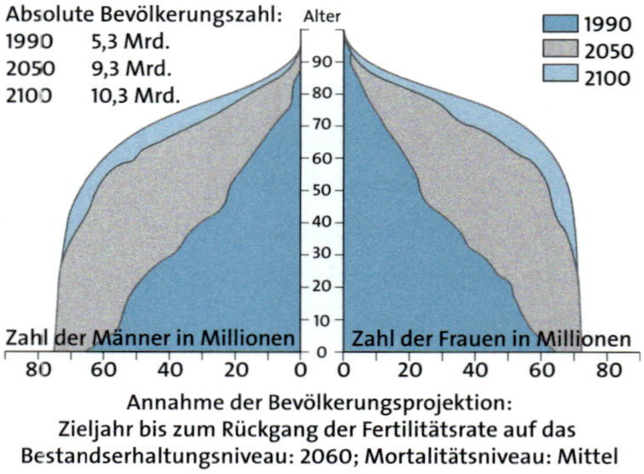

Abb. 9.6: Altersaufbau der Weltbevölkerung

Die Wissenschaftler stellten Regelhaftigkeiten bei der langfristigen Entwicklung der Geburten- und der Sterberaten fest, insbesondere beim Übergang von hohen zu niedrigen Geburten- und Sterberaten:

- In der prätransformativen Phase liegen beide Raten auf einem hohen Niveau, das Bevölkerungswachstum bleibt allenfalls gering. Die hohe Sterberate wird verursacht durch Kriege, Flucht und Vertreibung, Naturkatastrophen, Unterernährung und Hungersnöte, mangelnde Hygiene, hohe Müttersterblichkeit bei der Geburt, Seuchen und starke Verbreitung von Infektionskrankheiten.
- In der frühen Transformationsphase kann die Sterberate durch moderne Medizin und Hygiene gesenkt werden. Die Geburtenrate bleibt aber weiterhin hoch (Verhaltensmuster).
- In der mittleren Transformationsphase öffnet sich die Schere zwischen Geburten und Sterberate am weitesten und das Bevölkerungswachstum ist sehr hoch.
- Erst in der späten Transformationsphase sinkt auch die Geburtenrate, das Bevölkerungswachstum schwächt sich deutlich ab.
- In der posttransformativen Phase sind beide Raten niedrig; die Bevölkerungszahl wächst kaum, stagniert oder sinkt sogar.

Doch auch wenn es gelingt, die Geburtenrate durch Verbesserung der Lebensbedingungen und durch die Verwendung von Verhütungsmitteln zu senken, so wächst die Bevölkerung zunächst ungebremst weiter wegen der geburtenstarken Jahrgänge, die noch in das reproduktionsfähige Alter kommen und wieder für Nachwuchs sorgen – und sei es auch nur für zwei Kinder pro Ehepaar. Dieser Effekt wird als „demografisches Momentum“ bezeichnet.

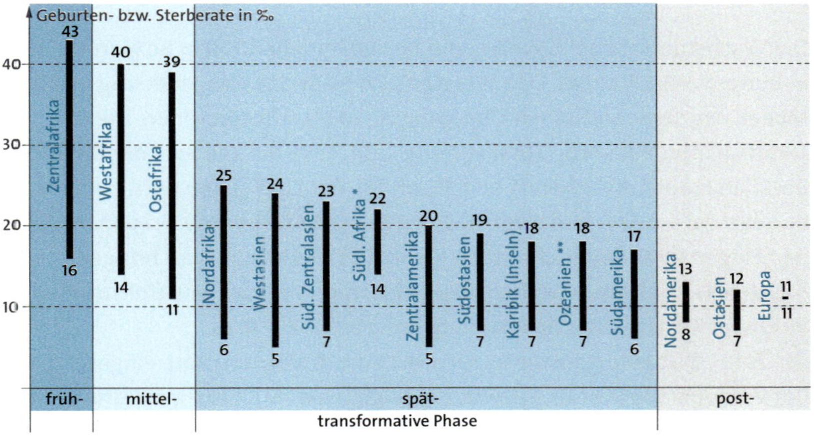

* Hohe Sterberate aufgrund der HIV-AIDS-Verbreitung
** u. a. mit Australien, Neuseeland und Neuguinea

Abb. 9.7: Vier-Phasen-Modell des demografischen Übergangs nach Weltregionen

Beispiel

Belgien und Burundi

Belgien hat eine **Bevölkerungszahl** von 10,8 Millionen auf einer Fläche von 32.545 km^2. Das ergibt eine Bevölkerungsdichte von 332 Einwohnern pro km^2. Die ehemalige belgische Kolonie Burundi ist seit 1962 ein selbstständiger Staat in Zentralafrika. Burundi hat eine Bevölkerungzahl von 8,3 Millionen auf 27834 km^2. Das ergibt eine Bevölkerungsdichte von 298 Einwohnern pro km^2.

Das **BNE pro Einwohner** und pro Jahr liegt in Belgien bei 45270 US-$, in Burundi aber nur bei 150 US-$. Während in Belgien nur noch zwei Prozent der Erwerbstätigen in der Landwirtschaft tätig sind (26 % in der Industrie; 72 % im Dienstleistungssektor), arbeiten in Burundi 90 % aller Erwerbstätigen in der Landwirtschaft – meist zur reinen Selbstversorgung (Subsistenzwirtschaft). In Belgien leben 97 Prozent der Einwohner in Städten, in Burundi sind es nur etwa 12 Prozent, die meisten von ihnen in der Hauptstadt Bujumbura (rund 0,5 Millionen Einwohner).

Nach dem **Human Development Index** (HDI, → Seite 183) steht Belgien auf Rang 18 von insgesamt 167 verglichenen Staaten, Burundi hingegen auf Rang 166 von 167. Für die schlechte Platzierung des zentralafrikanischen Landes spielen neben dem geringen BNE pro Einwohner (s. o.) die geringe **Lebenserwartung** bei der Geburt und die relativ hohe Analphabetenrate eine Rolle. Während die Lebenserwartung in Belgien bei 80 Jahren liegt, beträgt sie in Burundi nur 57 Jahre. Die Alphabetisierungsrate liegt in Belgien bei 100 Prozent (männlich und weiblich), in Burundi dagegen bei 73 % für die männliche und bei 61 % für die weibliche Bevölkerung.

Die Wachstumrate der Bevölkerung betrug im Jahr 2009 in Belgien + 0,2 %, in Burundi + 3,2 Prozent. Damit lassen sich beide Staaten eindeutig in das Modell des demografischen Übergangs (→ Abb. 9.5) einordnen. Die Gesamtfruchtbarkeitsrate (Total Fertility Rate, TFR), d.h. die Zahl der Geburten bei allen Frauen zwischen 15 und 45 Jahren, liegt in Belgien bei 1,8 und in Burundi bei 6,4. Das bedeutet, dass dort alle Mädchen bzw. Frauen im gebärfähigen Alter durchschnittlich mehr als 6 Kinder zur Welt bringen.
Aus den Wachstumsraten (s. o.) lässt sich mithilfe einer Faustformel die Verdoppelungszeit der Bevölkerung ermitteln: $\mathbf{V = 70 : x}$
Die Zahl 70 ist eine Konstante, für x wird die Wachstumsrate eingesetzt. Die Verdopplungszeit liegt somit für Belgien bei 350 Jahren, in Burundi bei rund 22. Das würde bedeuten, dass Burundi – von 2009 an gerechnet – im Jahr 2031 bereits gut 14 Millionen Einwohner hätte. Im Jahr 2053 wären es dann 28 Millionen, und das in einer Agrargesellschaft.

9.4 Migration

Unter dem Begriff **Migration** (lateinisch für Wanderung) wird ganz allgemein die Verlagerung des Wohnsitzes für immer bzw. für einen längeren Zeitraum verstanden. Bei der Wanderung über Staatsgrenzen hinweg werden **Emigration** (Auswanderung) und **Immigration** (Einwanderung) unterschieden. Staaten, durch die der Wanderungsprozess führt, sind sogenannte Transitländer. Bei Migrationsprozessen innerhalb eines Staates wird von Abwanderung bzw. Zuwanderung gesprochen. Wird Migration durch Gewalt ausgelöst, so werden die betroffenen Menschen als Flüchtlinge bezeichnet, bei Flucht innerhalb eines Staates als Binnenflüchtlinge. Bezüglich der Ursachen für Migration werden die sogenannten **Push-Faktoren** (Gründe, weshalb die Menschen ein Land bzw. eine Region verlassen) unterschieden von den sogenannten **Pull-Faktoren** (Gründe, weshalb die Menschen von einem bestimmten Land bzw. von einer bestimmten Region angezogen werden). Oftmals sind verschiedene Faktoren ausschlaggebend (→ Abb. 9.8) und die subjektive Einschätzung der Migranten ist sehr wichtig.

Im Globalisierungsprozess ist die Mobilität von Menschen auf der Suche nach besseren Lebensbedingungen eingeschränkt – im Unterschied zur Mobilität von Gütern (Welthandel) und Kapital (weltweite Finanzströme). Die Staatsgrenzen erfüllen die Funktion von Barrieren, die es zu überwinden gilt, entweder heimlich oder mithilfe von Korruption. Die Migration ist daher ein lukratives Geschäft für Schleuserbanden und für die organisierte Kriminalität, die aus der Not der Migranten Kapital schlagen und diese zum Teil auch noch im Zielland jahrelang ausbeuten. Aufgrund des illegalen Status können sich die Migranten nicht gegen die Ausbeutung wehren.

Nach Schätzungen lebten im Jahr 2010 knapp 200 Millionen Migranten auf der Erde. 1970 waren es noch 82 Millionen, im Jahr 2000 rund 175 Mil-

Abb. 9.8: Push- und Pull-Faktoren

lionen. Etwa die Hälfte der Migranten sind Frauen. Nach Angaben der UNO leben rund 65 Millionen Migranten in Europa einschließlich Russland. Die Staaten mit den meisten Migranten sind die USA (38 Mio.), die Russische Föderation (12 Mio.), Deutschland (10 Mio.), die Ukraine (7 Mio.) und Frankreich (6,5 Mio.). Im Jahr 2010 kamen die meisten Flüchtlinge aus Afghanistan (mehr als 3 Millionen), aus dem Irak (1,7 Millionen) und aus Somalia (0,8 Millionen). Die meisten Binnenflüchtlinge lebten in Angola, in Kolumbien und in der Demokratischen Republik Kongo.

Lateinamerika gilt inzwischen als die Region mit der höchsten Auswanderungsrate weltweit. 25 Millionen Lateinamerikaner leben heute außerhalb ihres Heimatlandes. Mehr als 10 Millionen Mexikaner arbeiten in den USA, viele Exilkubaner leben in Florida. In Spanien bilden Ecuadorianer die zweitgrößte Einwanderergruppe nach den Marokkanern. Für die Wirtschaft vieler lateinamerikanischer Staaten sind die Rücküberweisungen der Emigranten, die sogenannten Remesas, inzwischen sehr wichtig. Mehr als 50 Milliarden US-$ werden jedes Jahr nach Lateinamerika zurücküberwiesen. Einige kleine Staaten erhalten dadurch mehr Devisen als durch ausländische Direktinvestitionen und Entwicklungshilfe zusammen. Dadurch können auch ländliche Regionen in Lateinamerika, aus denen viele Migranten stammen, wichtige Entwicklungsimpulse bekommen.

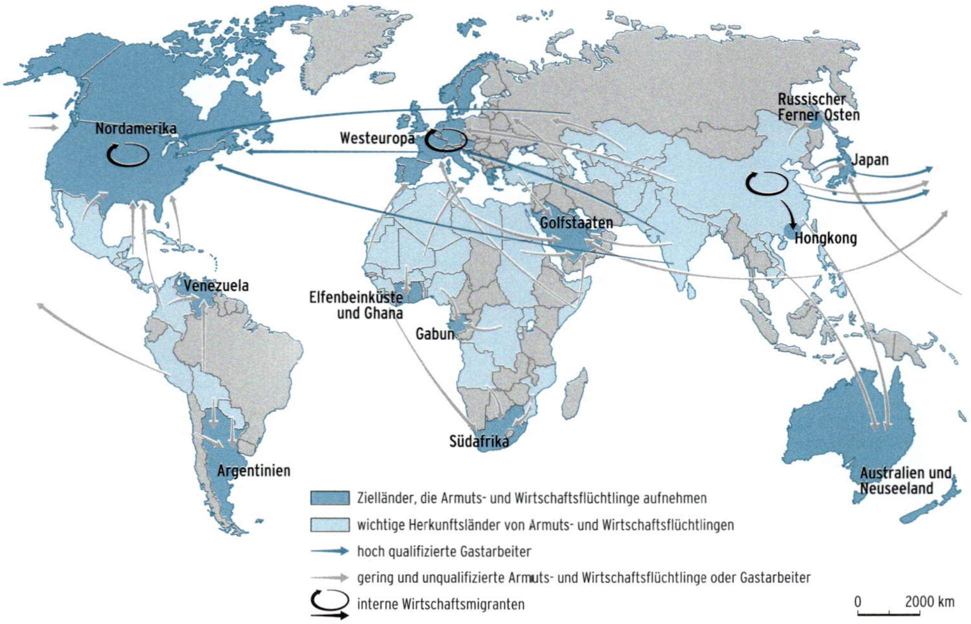

Abb. 9.9: Globale Migration (nach: Atlas der Globalisierung)

Ein bekanntes Beispiel für interne Migrationsprozesse ist die Volksrepublik China. Nach offiziellen Angaben gibt es dort rund 120 Millionen **Wanderarbeiter**. Nach Schätzungen haben mehr als 150 Mio. Menschen die armen ländlichen Regionen des Binnenlandes verlassen, um in den Großstädten an der Küste Arbeit zu finden. Denn die Landwirtschaft kann die Menschen nicht mehr ernähren, die Felder sind zu klein, die Erträge und damit auch die Einkommen sind zu gering. Bis zum Jahr 2025 soll die Zahl der Wanderarbeiter auf 300 Mio. ansteigen. Die meisten von ihnen gehen in die südchinesische Provinz Guangzhou (Kanton), die auch als „Fabrik der Welt“ bezeichnet wird. Der Durchschnittslohn für einen Arbeiter vom Land liegt bei 80 € im Monat. Kost und Logis sind nicht immer inbegriffen und werden zum Teil vom Lohn abgezogen. An sieben Tagen in der Woche wird in Zwölf-Stunden-Schichten gearbeitet. Renten- und Krankenversicherung gibt es für diese Menschen nicht. Im Alter und bei Krankheit sollen sie in ihr Heimatdorf zurückkehren. Auch in den arabischen Golfstaaten werden die „Gastarbeiter“, die ihre Familie zurücklassen müssen, nicht in die Gesellschaft integriert, sondern im Alter, bei einer schweren Erkrankung oder im Falle einer wirtschaftlichen Flaute in ihre ursprüngliche Heimat zurückgeschickt. Oftmals müssen sie in den Golfstaaten in Containersiedlungen ohne Klimaanlagen am Rande der Städte leben.

Geo-Praxis: Arbeiten mit Karikaturen

Die Karikatur stellt die Ursachen für wirtschaftliche **Migration** sehr anschaulich dar. Auf einer kleinen idyllischen Insel auf der Sonnenseite der Zeichnung liegt ein wohlgenährter Mann unter einer Palme, raucht und sieht fern. Ein reich gedeckter, kleiner Tisch steht in Reichweite. Am Strand, unter dunklen Wolken im Schatten, stehen zahlreiche arme Menschen, die den Mann in seinem kleinen Paradies bedrohen, weil er seinen Wohlstand teilen müsste.

Abb. 9.10: „Ist was?“

Die Karikatur entspricht insofern der Realität, als seit 2005 jedes Jahr Zehntausende von Afrikanern mit langen, offenen und überladenen Booten von Mauretanien oder vom Senegal auf die Kanarischen Inseln übergesetzt haben, wo sie an den Urlaubsstränden landeten und weiterhin landen. Zahlreiche Menschen haben dabei ihr Leben verloren.

9.5 Metropolisierung und Marginalisierung

Unter dem Begriff **Metropolisierung** wird die Entwicklung einer Millionenstadt zu einer Metropole verstanden, einem wirtschaftlichen und politischen Entscheidungszentrum, das die anderen Städte eines Staates an Größe und Bedeutung weit überragt. Ein bekanntes Beispiel für eine Metropole ist die französische Hauptstadt Paris. In fast allen Entwicklungsländern ist der Prozess der Metropolisierung zu beobachten, dort aber im Unterschied zu den Industrieländern in Verbindung mit einer **Marginalisierung** breiter Bevölkerungsschichten.

Abb. 9.11: Slum in São Paulo

Wörtlich bedeutet Marginalisierung so viel wie „an den Rand drängen". Die große Masse armer Menschen in den Entwicklungsländern hat kaum eine oder keine Möglichkeit zur Teilnahme an wirtschaftlicher Entwicklung oder zur Teilhabe an politischen Entscheidungsprozessen. Stattdessen vergrößern sich die Unterschiede zwischen Arm und Reich, sodass es zu einer sozialen und **räumlichen Polarisierung** kommt, zu einer Verschärfung der Gegensätze.

Besonders deutlich werden diese Gegensätze in den Metropolen der Entwicklungsländer. Nach einer Definition der Vereinten Nationen handelt es sich bei Metropolen um sogenannte **Megastädte**, sofern folgende Bedingungen erfüllt werden:

- mindestens 10 Mio. Einwohner
- Monozentrische Struktur (eine Kernstadt)
- Mindestdichte von 2000 Einwohner/km^2
- herausragende Bedeutung im nationalen und/oder internationalen Rahmen (s. o.)

Die räumliche Verteilung der Megastädte in den Jahren 1990 bzw. 2010 verdeutlicht deren Zuwachs und Bedeutung besonders in den Entwicklungsländern (→ Abb. 9.12). Die Ursachen für die hohe Verstädterungsrate in den Entwicklungsländern, also für die Zunahme der Stadtbevölkerung, sind im hohen natürlichen Bevölkerungswachstum in den Städten selbst sowie in der weiter anhaltenden Landflucht zu suchen. Beide Prozesse sind insofern eng miteinander verbunden, als die Altersgruppen zwischen 20 und 35 Jahren überproportional an der Land-Stadt-Wanderung beteiligt sind. Damit ist auch der Anteil junger Frauen überproportional hoch. Bei den Ursachen für die Landflucht werden Push- und Pull-Faktoren unterschieden (→ Abb. 9.8). Obwohl sich die Probleme und vor allem die sozialen Spannungen in den

Metropolen der Entwicklungsländer immer mehr zuspitzen, sind Armut und Elend in vielen ländlichen Regionen so groß, dass die Landflucht andauert.

Mit der Expansion der Großstädte in den Entwicklungsländern entstehen randstädtische Hüttenviertel, die **Marginalsiedlungen** (lat. *margo* = Rand). In diesen Marginalsiedlungen und in den innerstädtischen Slumgebieten wohnen heute bereits zwischen 40 und 65 % der großstädtischen Bevölkerung. Eine technische und soziale Infrastruktur fehlt zunächst. Nur wenn eine Marginalsiedlung oder ein Slumgebiet aufgewertet bzw. saniert wird, verbessern sich die Lebensbedingungen der Bewohner. Falls diese in der Stadt Arbeit finden, können Marginalsiedlungen auch schrittweise in Eigenleistung aufgewertet werden (Konsolidierung). Meist bieten sich Beschäftigungsmöglichkeiten nur im informellen Sektor, ohne Genehmigungen, Verträge oder Versicherungen. Durch Slumsanierung oder Aufwertung von Marginalsiedlungen wächst allerdings auch die Anziehungskraft der Großstädte.

1	Tokio	36,5	8	Kolkata	15,3	15	Manila	11,4
2	Delhi	21,7	9	Dhaka	14,3	16	Osaka-Kobe	11,3
3	São Paulo	20,0	10	Buenos Aires	13,0	17	Kairo	10,9
4	Mumbai	19,7	11	Karatschi	12,8	18	Moskau	10,5
5	Mexiko-Stadt	19,3	12	Los Angeles	12,7	19	Istanbul	10,4
6	New York	19,3	13	Beijing	12,2	20	Paris	10,4
7	Shanghai	16,3	14	Rio de Janeiro	11,8	21	Lagos	10,2

Tab. 9.1: Megastädte 2010 – Einwohner in Millionen

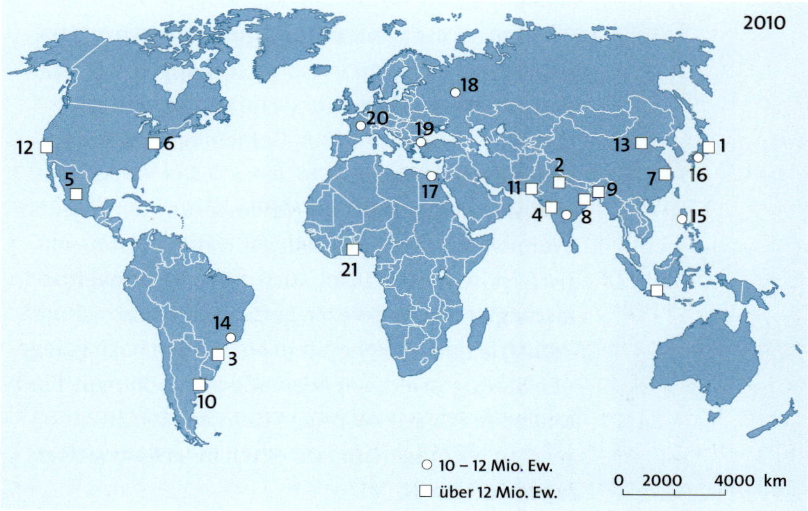

Abb. 9.12: Räumliche Verteilung der Megastädte 1990

Beispiel

Metropole Mexiko-Stadt (Favela-Syndrom)

Mexiko-Stadt (Ciudad de México) entstand nach der Eroberung Mexikos durch die spanischen Konquistadoren 1510 als koloniale Stadtgründung auf den Ruinen des aztekischen Herrschaftszentrums Tenochtitlán im Hochland von Mexiko. Der instabile Baugrund der Stadt auf ehemaligen Seen (→ Karten in Abb. 9.13) erschwerte die bauliche Entwicklung. Erst nach 1950 begann die räumliche Expansion vor allem durch **Marginalsiedlungen**. Heute hat Mexiko-Stadt 8,6 Millionen Einwohner in der Kernstadt und mehr als 19 Millionen in der Agglomeration. Nach Größe und Bedeutung ist es die Metropole Mexikos, weit vor Guadalajara (4,4 Mio.) und Puebla (2,7 Mio.). Nezahualcóyotl (1,2 Mio. – Kurzform „Neza") ist eine konsolidierte ehemalige Marginalsiedlung mit U-Bahn-Anschluss und Einkaufszentren unmittelbar an der offiziellen Stadtgrenze der Hauptstadt (Karte). Ecatepec, ein weiterer Vorort, hat mehr als 1,6 Millionen Einwohner. Mit der räumlichen Expansion der Stadt und dem großen Bevölkerungswachstum wuchsen die Probleme der Agglomeration, die auch schon als „Monstruopolis" bezeichnet wurde:

Die **Wohnraumversorgung** der wachsenden Bevölkerung ist eines der größten Probleme der Metropole. Bislang leben die meisten Menschen in Marginalsiedlungen, die bestenfalls schrittweise von ihren Bewohnern aufgewertet und mit technischer (Straßen, Wasser- und Abwasserversorgung, Elektrizität) und sozialer Infrastruktur (Schulen, Gesundheitsstationen, Krankenhäuser, Gemeindeverwaltung) ausgestattet wurden (s. o. „Neza"). Der Konsolidierungsprozess schließt die Verbesserung der eigenen Wohnsituation ein (Ausbau der Häuser). Problematisch ist in Mexiko-Stadt auch die hohe **Umweltbelastung**. Insbesondere die Luftverschmutzung durch Industrie und Verkehr hat in der 2250 m hoch gelegenen Stadt gravierende Ausmaße angenommen. Fünf Millionen Privat-Pkw tragen dazu bei. Die Situation wird an 200 Tagen im Jahr durch **Inversionswetterlagen** verschärft.

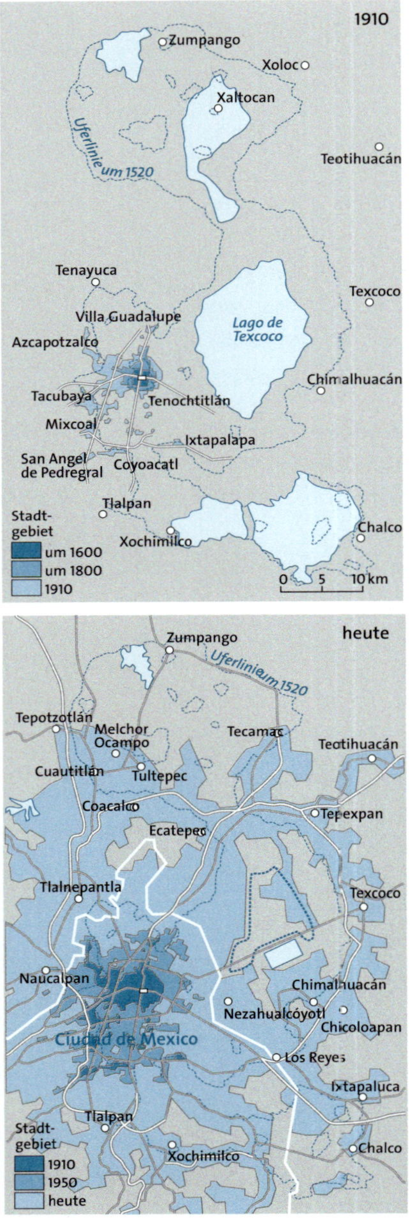

Abb. 9.13: Entwicklung von Mexiko-Stadt

9.6 Das Konzept der Kulturerdteile

Im Unterschied zu den Kontinenten wird ein Kulturerdteil nicht nach physisch-geografischen Faktoren abgegrenzt. Er umfasst stattdessen einen Großraum mit einer weitgehend einheitlichen geschichtlichen und kulturellen Entwicklung. So reicht z. B. der islamisch geprägte Orient vom Senegal in Westafrika bis nach Kasachstan in Mittelasien oder von Bosnien auf dem Balkan bis nach Somalia am Horn von Afrika.

Bei der Entwicklung eines Kulturerdteils wird die ursprüngliche naturnahe Landschaft nach und nach zu einer charakteristischen Kulturlandschaft umgestaltet. Je höher dabei die technologische Entwicklung einer Gesellschaft ist, desto stärker fällt die Umgestaltung der ursprünglichen Landschaft aus, bis hin zur Landschaftszerstörung (**Syndrome des globalen Wandels**). Neben einer materiellen Kultur (Architektur, Technik und Infrastruktur) gibt es auch eine immaterielle Kultur, die die meisten Bewohner des jeweiligen Kulturerdteils prägt: Sprache, Religion, Wertvorstellungen und Gesellschaftsnormen, gemeinsame Geschichte, Ästhetik und Wissenschaft.

Allerdings sind die Kulturerdteile weder in sich homogen, noch ist die Abgrenzung zwischen verschiedenen Kulturerdteilen immer eindeutig. Und innerhalb von Kulturerdteilen gibt es große Bereiche mit indigenen Kulturen, die keiner Hochkultur zugeordnet werden können (vgl. die Übersichtskarte).

Im Südwesten der USA gibt es eine Übergangszone mit zahlreichen Hispanics (→ Seite 142/143)

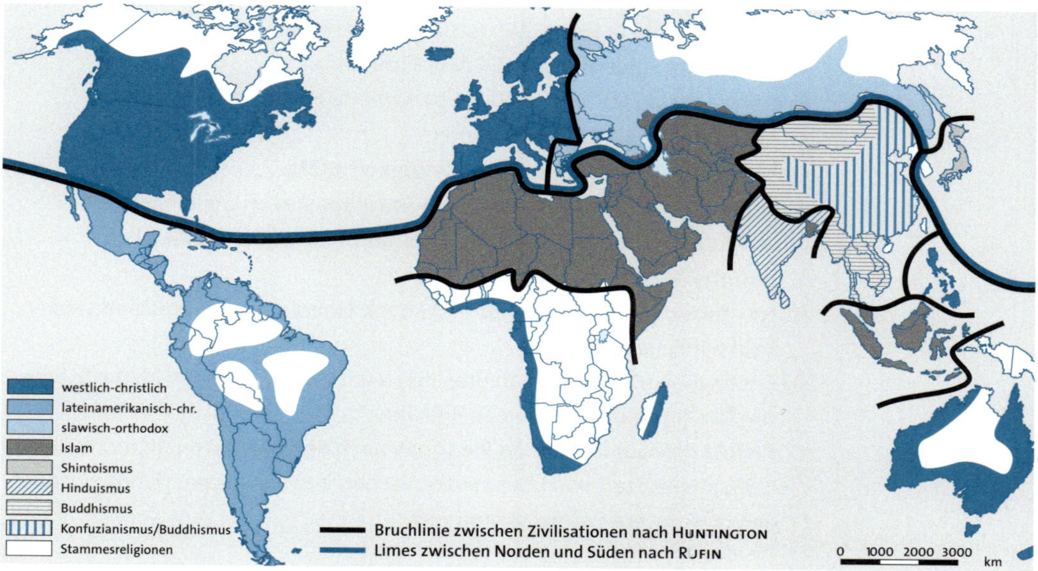

Abb. 9.14: Kulturerdteile nach HUNTINGTON

9.7 Entwicklungsland Bolivien

Bolivien

Naturräume:

I Altiplano (Hochland der Anden), mittlere Höhe 3500 bis 4500 m über NN – Höchste Gipfel sind der Illampu (6650 m) und der Illimani (6882 m).

II Ostabhang der Anden (500 bis über 6000 m) mit Bergregenwäldern (Yungas) und Tälern – Hauptgebiet des umstrittenen Koka-Anbaus

III Tiefland des Ostens (unter 200 bis 500 m) mit Savannen: Feuchtsavanne im Norden, Trockensavanne (Gran Chaco) im Süden – Hauptanbaugebiet des Landes

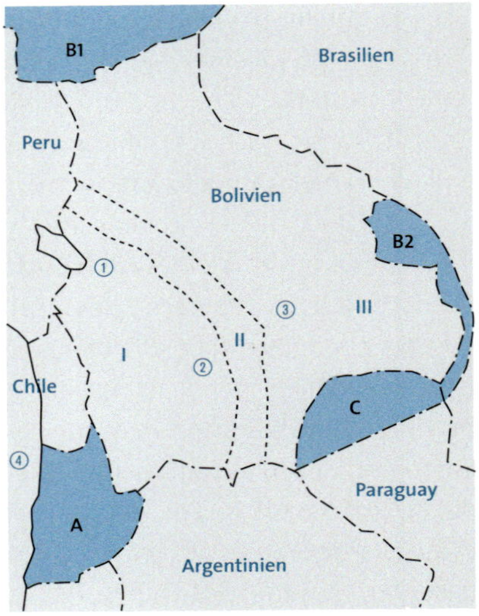

Abb. 9.15: Bolivien – räumliche Strukturen

wichtige Städte im Kartenausschnitt:

① La Paz (Regierungssitz) – 0,8 Mio. Einwohner; zusammen mit El Alto 1,8 Mio. Einwohner

② Sucre (offizielle Hauptstadt) – 284000 Einwohner

③ Santa Cruz de la Sierra (Wirtschaftszentrum des Landes am Andenrand) – 1,6 Mio. Einwohner

④ Antofagasta (seit 1883 zu Chile gehörende Hafenstadt am Pazifik) – 270000 Einwohner

Gebietsverluste Boliviens (Unabhängigkeit 1825):

A Zugang zum Pazifik (Atacama um Antofagasta) an Chile nach dem verlorenen Salpeterkrieg 1883 – seither Binnenland (Landlocked Country – LLC)

B1 Territorium Acre an Brasilien 1903 nach Einwanderung brasilianischer Kautschuksammler

B2 Grenzgebiete im Osten an Brasilien auch 1903 – nur noch kleine Städte am Rio Paraguay gehören zu Bolivien

C Verlust des Gran Chaco an Paraguay nach dem verlustreichen Chacokrieg 1938, angezettelt von US-amerikanischen bzw. britischen Erdölkonzernen (vermutete Erdölvorkommen)

Bolivien ist ein dünn besiedelter Andenstaat mit einer Fläche von rund 1,1 Millionen Quadratkilometern und knapp 10 Millionen Einwohnern (2010). Somit leben etwa 9 Menschen auf einem Quadratkilometer. Mit einem BNE pro Einwohner von 1630 US-Dollar [2009]ist Bolivien ein Entwicklungsland. Knapp 60 Prozent der Einwohner leben in Armut. Besonders hoch ist der Anteil der armen Bevölkerung im Hochland (Altiplano) mit 66 bis 80 Prozent, deutlich geringer ist ihr Anteil mit 38 Prozent in der größten Provinz, Santa Cruz im Tiefland des Ostens mit 370 000 km^2 (Zum Vergleich: Deutschland = 357000 km^2). Die Lebenserwartung liegt im Schnitt bei 66 Jahren und die Wachstumsrate der Bevölkerung beträgt rund 2 Prozent – die Verdopplungszeit liegt daher bei 35 Jahren (70 : 2 = 35; vgl. Seite 190). Mit einem HDI-Rang von 95 gehört Bolivien zu den weniger entwickelten Staaten Lateinamerikas.

55 % der Bevölkerung sind Hochland-Indios (Ketschua und Aimará), 30 % Mestizen (Mischlinge von Indios und Weißen) und 15 % sind Weiße. Die Führungspositionen in Wirtschaft, Politik und Militär waren seit der Unabhängigkeit immer von Weißen besetzt.
Die Mehrheit der Bolivianer, in erster Linie die Indios, hat von den reichen Bodenschätzen des Landes nie etwas gehabt. Die Silbervorkommen im Cerro Rico („Reicher Berg") in der Stadt Potosí wurden bereits während der spanischen Kolonialherrschaft ausgebeutet und trugen zum Wohlstand Europas bei. Zahlreiche Indios mussten Zwangsarbeit in den Minen leisten und viele kamen dabei um. Die großen Zinnvorkommen verhalfen nach der Unabhängigkeit nur wenigen weißen Familien zu Reichtum. Viele Bolivianer haben daher heute Angst, die Gasreserven im Andenvorland an ausländische Konzerne wie die spanische Repsol oder an Exxon Mobil (USA) zu verlieren und fordern die erneute Verstaatlichung der Bodenschätze.

Bolivien begann 2009 mit dem Abbau der weltweit größten Lagerstätte von Lithium in der Provinz Potosí. Dort werden 50 % aller Lithiumvorkommen auf der Erde vermutet. Lithium wird zur Batterieherstellung – z. B. für Elektroautos – benötigt und erzielt hohe Preise.

Nach Venezuela besitzt Bolivien die zweitgrößten Erdgasreserven Lateinamerikas – rund eine Trillion Kubikmeter. Größere Mengen Erdgas werden bereits nach Brasilien und nach Argentinien exportiert. Der spanische Repsol-Konzern plante den Bau einer Gasleitung von Bolivien an die Pazifikküste in Peru. Dort sollte das Erdgas verflüssigt und in die USA exportiert werden. Und das, obwohl in Bolivien selbst nur ein Prozent der Bevölkerung an die Gasversorgung angeschlossen ist. Daher wurde die Steuer auf die Gasförderung auf bis zu 50 % erhöht, und eine Re-Nationalisierung der Erdöl- und Erdgasförderung, die in den 1990er-Jahren privatisiert worden war, ist sehr wahrscheinlich. Außerdem ist eine Landreform für das Tiefland im Osten des Landes geplant, in dem der Sojaanbau für den Export (Futtermittel) boomt. Dort befinden sich rund 87 % des Landes in den Händen von etwa 7 %

der Landbesitzer. Die Regierung plant deshalb die Umverteilung von rund 20 Mio. ha Land – dies entspricht 200 000 km² und somit einem knappen Fünftel der Staatsfläche – von den Großgrundbesitzern auf Kleinbauern und vor allem auf Indio-Gemeinschaften. Einige Großgrundbesitzer drohen mit bewaffnetem Widerstand gegen eine solche Landreform.
Da sowohl die erneute Nationalisierung als auch die Landreform die wirtschaftlich führende Region Santa Cruz am stärksten beträfe, eskaliert hier ein alter Streit zwischen dem Hochland mit dem Regierungssitz in La Paz und dem Tiefland. Die Region Santa Cruz fordert deshalb eine weitgehende Autonomie, um die wirtschaftliche Entwicklung ohne Einmischung der Verwaltung in La Paz vorantreiben zu können. Das BIP pro Einwohner in der Region Santa Cruz ist um etwa ein Drittel höher als im Rest des Landes.

Höhenstufen in den Tropen

Mit zunehmender Höhe nimmt die Jahresmitteltemperatur ab. Die Temperaturabnahme beträgt etwa 0,5 °C pro 100 m: Santa Cruz de la Sierra liegt vor dem Gebirgsrand der Anden auf einer Höhe von 437 m über NN. Die Jahresmitteltemperatur beträgt 24 °C. Die Abkühlung mit der Höhe macht hier also rund 2 °C aus. Die Hauptstadt La Paz liegt auf einer Höhe von 3632 m über NN im Altiplano. Die Jahresmitteltemperatur beträgt hier rund 10 °C. Die Abkühlung mit der Höhe macht rund 18 °C aus.
In Abhängigkeit von Höhenlage, Temperatur und Niederschlag lassen sich in den tropischen Anden Südamerikas verschiedene **Höhenstufen** mit jeweils charakteristischer Vegetation bzw. Nutzungsmöglichkeiten unterscheiden:

- Die Tierra nevada (Schneeland) ist die höchste Stufe oberhalb der Schneegrenze. Sie ist ständig mit Eis und Schnee bedeckt.
- Die Tierra helada (das eisige Land) hat bis zu 320 Frostwechseltage. Daher stammt die Aussage: „Jeder Tag ein Sommer, jede Nacht ein Winter“. Hier befinden sich Frostschuttregionen und karge Hochweiden für die indianischen Nutztiere (Lamas und Alpakas).
- Die Tierra fría (das kalte Land) leidet regelmäßig unter Nachtfrösten, vor allem in der kühleren Jahreszeit in den Randtropen. Der Anbau von Gerste und Kartoffeln ist in geschützten Lagen möglich (Bolivien: I).
- Die Tierra templada (gemäßigtes Land), die Stufe der Bergregenwälder, bietet vielfältige Anbaumöglichkeiten (Bolivien: II).
  Typische Kulturpflanzen dieser Höhenstufe sind Kaffee und Kokain.
- Die Tierra caliente (warmes Land) ist das Gebiet der tropischen Tieflandsvegetation, der Regenwälder und Savannen (Bolivien: III) mit typischen Nutzpflanzen der Tropen, wie vor allem Kakao und Bananen, aber auch Maniok, Zuckerrohr und Reis.

9.8 Schwellenland Brasilien

Eine allgemein anerkannte Definition des Begriffs **Schwellenland** (englisch: Newly Industrializing Country – NIC) gibt es nicht. Ein Schwellenland befindet sich im Übergang zur Industrialisierung. Nach der Modernisierungstheorie handelt es sich um eine sogenannte Startgesellschaft. Diese muss erst noch den Sprung zur reifen Industriegesellschaft schaffen, den sogenannten Take Off. Nach der eindimensionalen Klassifizierung der Weltbank können die Länder mit mittlerem Einkommen (obere Kategorie) als Schwellenländer bezeichnet werden. Ihr BNE pro Einwohner sollte also etwa zwischen 3946 und 12195 US-$ betragen (Stand 2009). Demnach gehören Argentinien, Chile, Venezuela und Mexiko in diese Kategorie, Brasilien mit einem BNE pro Einwohner von rund 8000 US-$ ebenfalls. In der VR China liegt das BNE pro Einwohner nur bei 3650 US-$. Hier kommt ein weiteres Merkmal von Schwellenländern zum Tragen: Der höhere wirtschaftliche Entwicklungsstand kann nur einzelne Teilräume betreffen. Selbst bei kleineren Schwellenländern gibt es oft ein großes Entwicklungsgefälle, z. B. in Malaysia zwischen Westmalaysia (+) und Ostmalaysia (–). Umso mehr treffen die ausgeprägten räumlichen Disparitäten für Brasilien zu (s. u.), das deshalb bisweilen auch als „Belindia“ bezeichnet wird. Mit diesem Begriff soll das Entwicklungsgefälle innerhalb des Staates zwischen dem industrialisierten Südosten (vergleichbar mit Belgien) und dem ländlichen Nordosten (vergleichbar mit ärmeren Regionen Indiens) gekennzeichnet werden. Dennoch gilt Brasilien insgesamt als Schwellenland. Brasilien gehört auch zur Gruppe der sogenannten BRIC(S)-Staaten: Brasilien – Russland – Indien – VR China – (Südafrika). Das sind kontinental bzw. subkontinental bedeutende Volkswirtschaften, auch als „Ankerstaaten“ bezeichnet, mit großen Rohstoffvorkommen bzw. mit großem Industrie- und Humanpotenzial.

Abb. 9.16: „Zuckerhut“ in Rio de Janeiro

Brasilien – Städte
(Einwohner in Millionen):

1. Sao Paulo (11,0) – Südosten
2. Rio de Janeiro (6,2) – Südosten
3. Salvador (3,0) – Nordosten
4. Brasilia (2,6) – Zentrum
5. Fortaleza (2,5) – Nordosten
6. Belo Horizonte (2,5) – Südosten
7. Curitiba (1,9) – Süden
8. Manaus (1,7) – Norden
9. Recife (1,6) – Nordosten
10. Belém (1,4) – Norden
11. Pôrto Alegre (1,4) – Süden

Venezuela dagegen, dessen hohes BNE pro Einwohner nur auf der Förderung und auf dem Export der Energierohstoffe Erdöl und Erdgas beruht, ist kein anerkanntes Schwellenland. Denn herausragend wichtig für die Einordnung als Schwellenland ist die Produktion von Industriegütern, die für Brasilien eine große Rolle spielt, wie z. B. Eisen- und Stahlproduktion, Fahrzeug- und Flugzeugbau, Elektro- und Elektronikindustrie, chemische Industrie und Nahrungsmittelindustrie. Die wichtigsten Exportgüter sind auch in Brasilien die Rohstoffe (Anteile am Exportwert in Prozent): Eisenerz (14), Erdöl (10), Fleisch (7), Zucker (6), Maschinen (6), Kfz und -Teile (6), Ölsaaten und ölhaltige Früchte (5), Eisen und Stahl (4)
(Quelle: Der neue Fischer Weltalmanach 2012, Frankfurt am Main 2011)

Die folgende Aufstellung zeigt sowohl die Bedeutung der modernen Industrie für die brasilianische Volkswirtschaft als auch die Rolle der exportorientierten Landwirtschaft. Der Anteil der Sektoren am BIP in Prozent bzw. an den Beschäftigten (ebenfalls in Prozent) unterstreicht die Bedeutung der Industrie als produktivstem Wirtschaftssektor:

- Landwirtschaft 10 (19)
- Industrie 27 (21)
- Dienstleistungen 63 (59)

Räumlich konzentrieren sich die modernen Industrien im Raum Sao Paulo, das sich, ebenso wie Rio de Janeiro, zur Megastadt entwickelt hat. Das Dreieck Sao Paulo – Rio de Janeiro – Belo Horizonte (Atlas) wird auch als „Goldenes Dreieck“ bezeichnet, da hier auf verhältnismäßig engem Raum Wirtschaftskraft und Wohlstand des Landes konzentriert sind. Als größtes Problem für die weitere wirtschaftliche Entwicklung werden die Defizite in der Verkehrsinfrastruktur angesichts der großen Entfernungen in diesem Staat mit subkontinentalen Ausmaßen angesehen.

Die großen Rohstoffvorkommen scheinen Brasilien gute wirtschaftliche Zukunftsperspektiven zu eröffnen. Im Santos-Becken vor der Küste von Rio de Janeiro wurde Anfang 2010 ein großes Erdölvorkommen entdeckt, das Franco-Feld. Sein Volumen wird auf 4,5 Milliarden Barrel geschätzt. Es reiht sich ein in eine ganze Reihe von neu entdeckten Erdölfeldern (seit 2007), die allerdings in großer Meerestiefe unter mächtigen Salzschichten liegen und auch mit modernster Technik und mit großen Investitionen nur schwer zu erschließen sind. Ende 2010 wurde die Entdeckung großer Rohstoffvorkommen im Bundesstaat Mato Grosso bekannt: Es handelt sich um 11,5 Milliarden Tonnen Eisenerz. Dies wäre die größte Eisenerzlagerstätte weltweit. Dazu kommen 430 Millionen Tonnen Phosphate (wichtig als Düngemittel).

Im **Zentrum-Peripherie-Modell** (→ Abb. 9.17) werden die Folgen der Abhängigkeit der Entwicklungsländer von den Industrieländern anschaulich dargestellt. Es handelt sich um die regionale Anwendung der Dependenztheorie auf die Entwicklungsländer allgemein bzw. auf ein bestimmtes Entwicklungsland – hier auf Brasilien. Dabei werden nicht nur die verschiedenen räumlichen Ebenen innerhalb des Entwicklungslandes betrachtet, sondern auch die verschiedenen gesellschaftlichen Gruppen, ihre soziale Stellung und ihre Einflussmöglichkeiten. Unter dem Begriff Zentrum ist hier das oben genannte „Goldene Dreieck“ (Rangfolge: Sao Paulo – Rio de Janeiro – Belo Horizonte) zu verstehen. Obwohl die Hauptstadt Brasilia eher im geografischen Zentrum des Landes liegt, ist ihre Bedeutung nachrangig. Im Zentrum entscheidet die modernisierte Ober- und Mittelschicht Brasiliens zusammen mit der Bürokratie über die Geschicke des Landes. In der ländlichen Peripherie entscheiden die Großgrundbesitzer; in der städtischen Peripherie, also in den Marginalsiedlungen (brasilianisch: Favelas), hat die organisierte Kriminalität das Vakuum der Staatsmacht eingenommen, tätigt kriminelle Geschäfte und übt direkte Gewalt aus. Besonders gewalttätig waren und sind die Auseinandersetzungen zwischen der Staatsmacht und der organisierten Kriminalität bzw. zwischen rivalisierenden Banden in Rio de Janeiro (→ Abb. 9.16). Weniger bedeutend sind die regionale Bürokratie und die modernisierte Ober- und Mittelschicht in den städtischen Zentren der Peripherie, wie z. B. in Salvador im Nordosten (→ Abb. 9.18). Zur Rolle der organisierten Kriminalität ist hier sehr wenig bekannt. Auf der untersten Stufe der sozialen Hierarchie stehen auf dem Lande die Landlosen und besonders die Indianer, in der Stadt sind es arme Randgruppen ohne Einkommen.

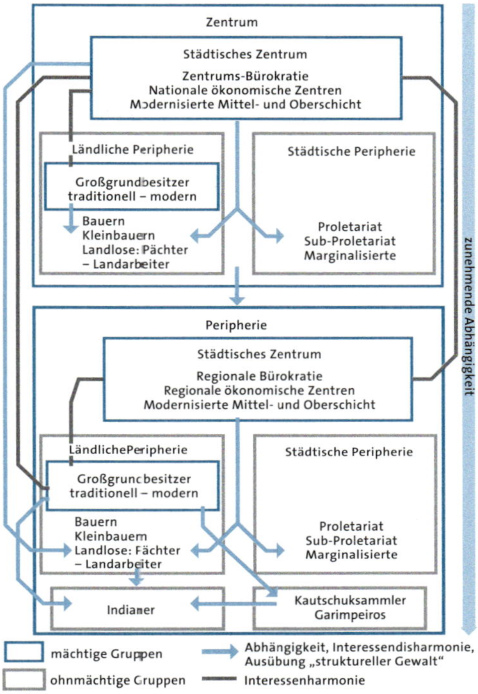

Abb. 9.17: Zentrum-Peripherie-Beziehungen in Brasilien

Im Nordosten Brasiliens sind die sozialen Gegensätze besonders stark, auch auf dem Lande: Während der moderne Agrarsektor überwiegend in der Hand von Großgrundbesitzern (Latifundistas) ist, kämpfen Kleinbauern (Minifundistas) und Tagelöhner ums Überleben. Bis 2025 sollen nach dem Ziel Brasiliens 10 Prozent der globalen Benzinnachfrage durch Ethanol aus Zuckerrohr gedeckt werden – vorwiegend aus Brasiliens Nordosten. Dies würde die sozialen und ökologischen Probleme dort allerdings zementieren.

Abb. 9.18: Wohn- und Geschäftshäuser in Salvador/Brasilien

9.9 Ägypten – Entwicklungsland im islamisch-arabischen Orient

Aus physisch-geografischer Sicht liegt Ägypten im Wüstengürtel der Alten Welt und gehört somit zu den Staaten mit akutem Wassermangel. In der Wasserversorgung ist es vom Nil als Fremdlingsfluss abhängig. Dieser bringt Wasser aus den regenreicheren Regionen Ostafrikas (Weißer Nil) bzw. aus dem Hochland Äthiopiens (Blauer Nil), nachdem sich beide Zuflüsse in Khartum/Sudan vereinigt haben. Die Zukunft Ägyptens ist daher abhängig vom Anspruch der Oberlieger Uganda, Südsudan, Sudan und Äthiopien auf das Nilwasser. Ägypten gilt als Kernraum der islamisch-arabischen Kultur:

- Die islamische Azhar-Universität in Kairo gilt als höchste geistliche Autorität für weltweit rund eine Milliarde Muslime.
- Ägypten ist mit 83 Millionen Einwohnern (2010) der bevölkerungsreichste arabischsprachige Staat der Welt.

Zugleich ist das Land am unteren Nil ein bedeutender afrikanischer Staat, denn Ägypten ist Mitglied der Afrikanischen Union (AU) mit Sitz in Durban/Südafrika. Die AU koordiniert die innerafrikanische Zusammenarbeit und die Bewältigung von Krisen und Konflikten auf dem Kontinent.

Allerdings ist Ägypten kein einheitlicher Kulturraum, denn unterschiedlichen Schätzungen zufolge sind bis zu 15 Prozent der Ägypter christliche Kopten, die sich selbst als wahre Nachfolger der Hochkultur des Alten Ägypten sehen und die pharaonische Sprache in Gottesdiensten benutzen.

Ägypten ist ein Entwicklungsland mit einem BNE pro Einwohner von 2070 US-Dollar [2009]. Sein HDI-Rang liegt bei 101 von 169. Eine Besonderheit vieler Staaten gerade des islamisch-arabischen Orients ist der schlechte Wert beim Global Gender Gap Index – beim Index der Benachteiligung von Frauen. Hier belegt Ägypten Rang 123 von 135. Eine starke Benachteiligung von Frauen ergibt sich demnach in den Bereichen Politik, in dem Frauen bislang nicht vertreten sind, sowie Wirtschaft, in dem sie völlig unterrepräsentiert sind.

Ägyptens wichtigste Devisenquellen sind folgende:

- Die Transitgebühren für die Passage des Suez-Kanals
- Die Einnahmen aus den Erdölexporten
- Der Tourismus aus den Golfstaaten und aus Europa
- Die Rücküberweisungen von Arbeitsmigranten
- Investitionen v.a. aus Saudi-Arabien

Allerdings ist der Tourismus aus Europa im Revolutionsjahr 2011 eingebrochen: Die Zahl der Touristen sank von 15 Millionen (2010) auf 10 Millionen (2011), die Deviseneinnahmen sanken von 12,5 auf 8 Mrd. US-$.

Abb. 9.19: Ägypten im Satellitenbild

Nur knapp 5 Prozent der ägyptischen Staatsfläche von rund einer Million Quadratkilometer sind agrarisch nutzbar (vgl. das nebenstehende Satellitenbild. Die Bevölkerungszahl des Landes stieg von 20 Mio. (1950) auf 83 Mio. (2010). Bis zum Jahr 2025 soll die Bevölkerungszahl Ägyptens auf 101 Millionen Menschen steigen, bis 2025 auf gut 123 Millionen.

Noch immer leben 31 % der Erwerbstätigen von der Landwirtschaft. Deren Anteil am BIP liegt aber nur bei 14 %. Der Anteil der Nahrungsmittel an den Importen (2009) betrug 15 % von 53 Mrd. US-$, ihr Anteil an den Exporten (2009) lag ebenfalls bei 15 %, aber von nur 26 Mrd. US-$. Süßkartoffeln oder Zwiebeln aus Ägypten werden auch in deutschen Supermärkten angeboten. Für deren Anbau wird das knappe Süßwasser zumeist des Nils verwendet, das dann als **virtuelles Wasser** nach Deutschland exportiert wird.

Anfang 2008 kam es in Ägypten aufgrund stark gestiegener Lebensmittelpreise zu blutigen Unruhen mit mindestens 11 Toten. 32 Millionen Ägypter müssen mit umgerechnet einem Euro am Tag auskommen, 16 Millionen mit noch weniger. Die drastische Verteuerung des Weizens traf daher viele Ägypter besonders hart: Das Fladenbrot „Aisch baladi" ist Ägyptens Grundnahrungsmittel. Hauptsächlich wegen der zugespitzten Versorgungskrise wurde Anfang 2011 der ägyptische Präsident Mubarak nach großen Massendemonstrationen gestürzt. Die politische und wirtschaftliche Zukunft des Landes ist weiterhin unsicher.

Als entscheidend für die Zukunft Ägyptens gilt eine echte Demokratisierung und vor allem auch die Säkularisierung des Landes, damit die Frauen nicht länger unter dem Vorwand religiöser Vorschriften diskriminiert werden.

Überblick

Nach dem Abschluss dieses Kapitels können Sie Entwicklungsländer sowie Kulturerdteile lokalisieren. Ferner gelingt es Ihnen, verschiedene Klassifikationen von Entwicklungs- und Schwellenländern zu vergleichen und zu bewerten. Zugleich können Sie Unterentwicklung mithilfe verschiedener Theorien analysieren sowie Entwicklungsstrategien erörtern. Sie sind in der Lage, zentrale Probleme der Entwicklungsländer zu erklären. Außerdem sind Sie imstande, die Probleme sowie die Perspektiven ausgewählter Entwicklungs- und Schwellenländer zu erläutern.

10 Globalisierung

Im letzten Kapitel wird gedanklich der Bogen zurück zum ersten Kapitel geschlagen. Auch die Globalisierung betrifft mit ihren Auswirkungen alle Regionen der Welt, z. B. durch die Verbreitung der modernen Medien. Folgende Themen werden hier vertieft: Merkmale der Globalisierung, Welthandel, globale Finanzzentren, Steueroasen, globaler Tourismus sowie Auswirkungen der Globalisierung auf die politische Gliederung der Erde.

10.1 Einführung – Welthandel

Aufgrund der unterschiedlichen Beteiligung an der Globalisierung wird auch von einer globalen Fragmentierung (Zersplitterung) gesprochen. Folgende Raumtypen werden dabei unterschieden:
- Global agierende Regionen mit Global Cities
- Global reagierende Regionen mit globalisierten Orten
- Global stagnierende bzw. sogar regressive Regionen

Unter dem Begriff **Globalisierung** versteht man die weltweite Zunahme von Handels-, Finanz- und Kulturverflechtungen über Staatsgrenzen hinweg. Die Globalisierung verändert die bisherigen wirtschaftlichen, räumlichen, politischen, sozialen und kulturellen Strukturen einschneidend. Die dominierenden räumlichen Zentren im Prozess der Globalisierung sind die Staaten der sogenannten **Triade** mit nur rund 15 % der Weltbevölkerung (USA, Europa, Japan), die mehr als 50 % der Reichtümer des Planeten (Rohstoffe, Energie) beanspruchen und 70 % des globalen Bruttonationaleinkommens erwirtschaften. Die Globalisierung betrifft bei weitem nicht die ganze Welt: Die meisten Staaten haben weder nennenswerte Anteile am Welthandel, noch an multinationalen Investitionen, noch am internationalen Tourismus. Einige Küstengebiete und Zentren Ost- und Südostasiens haben sich im Rahmen der Globalisierung zu Industriestandorten und Dienstleistungszentren entwickelt, so z. B. das Perlflussdelta in China. Die Globalisierung wurde ermöglicht durch eine Vielzahl technologischer Innovationen, die zu einer **Kompression** von Raum und Zeit führten:

- Die Verbesserung der Verkehrsmittel hat die Fahrzeiten verkürzt, die Transportkosten verringert und so eine Steigerung des Personenverkehrs und des Handels ermöglicht: Großtanker, Erfindung des Containers und Bau großer Containerschiffe, Ausbau der Autobahnnetze, Ölpipelines, Schubschiffe, Hochgeschwindigkeitsfähren, Hochgeschwindigkeitszüge wie TGV, ICE oder Shinkansen.
- Revolutionäre Veränderungen in den Bereichen Telekommunikation und Informatik erlauben zu vergleichsweise geringen Kosten die Übertragung von Informationen oder von Bildern von einem Punkt auf der Erde zum anderen mithilfe geostationärer Satelliten. Die weltweite Verbindung über das Internet ist dabei sehr kostengünstig.

Die Zunahme des weltweiten Austausches betrifft vor allem die Zunahme des weltweiten Handels (globale Gütermärkte), das Wachstum der internationalen Kapitalströme (globale Finanzmärkte) und die grenzüberschreitende Organisation der Produktion (globale Firmennetze).

- Der **Welthandel** wird zu über 60 % zwischen den Industrieländern der Triade (s. o.) abgewickelt und umfasst vor allem Halbfertig- und Fertigwaren. Der Anteil der Entwicklungsländer einschließlich der Schwellenländer liegt bei 30 % und der Anteil der ehemals sozialistischen Transformationsländer beträgt nur etwa 10 %. Trotz der WTO-Abkommen gibt es immer noch protektionistische Tendenzen.
- Der Wert der internationalen **Finanztransaktionen** ist ca. 50-mal so hoch wie der des Welthandels. Die internationalen Finanzgeschäfte entziehen sich immer mehr der nationalen Kontrolle, sind also nur schwer zu besteuern. Offshore-Finanzzentren (→ Seite 210) und Steueroasen wie Liechtenstein, Monaco oder die britischen Kanalinseln helfen zumindest ungewollt bei Kapitalflucht, Steuerhinterziehung und Geldwäsche.
- Global agierende Unternehmen (**Global Player**) investieren nach strategischen Gesichtspunkten: Erschließung von Zukunftsmärkten, Umgehung von Handelsschranken, Nutzung geringer Lohnkosten und Auslagerung

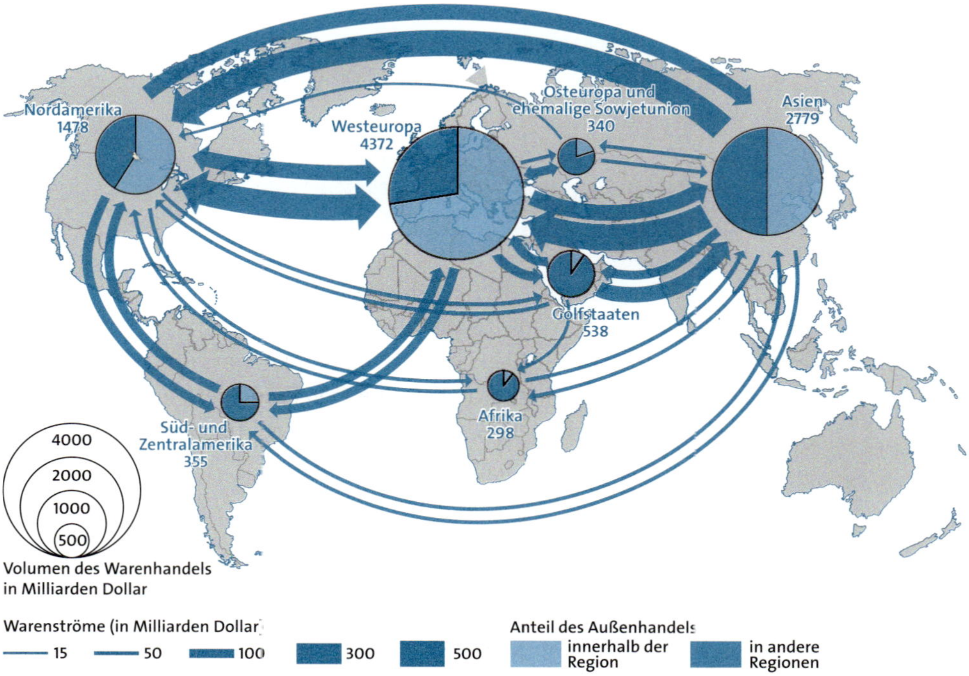

Abb. 10.1: Welthandelsströme
nach: Le Monde diplomatique. Berlin 2008

von Forschung und Entwicklung in andere Zeitzonen, zum Teil Versteuerung von Gewinnen in Offshore-Finanzzentren und Steueroasen.

Im Zeitraum von 1996 bis 2010 stieg der Wert aller statistisch erfassten **Exporte** weltweit von 5,3 Billionen US-$ auf rund 30 Billionen US-$. Allerdings handelt es sich dabei zum Teil um einen nominalen Anstieg, der auf Preissteigerungen und Geldentwertung (Inflation) zurückzuführen ist. Die reale Zunahme der Exporte fiel wesentlich geringer aus.

Die **Welthandelsorganisation WTO (World Trade Organization)** zielt auf die globale Förderung des Freihandels und bekämpft Handelshemmnisse. Dennoch wird der Welthandel durch die Bildung von Freihandelszonen sowie von Wirtschafts- und Zollgemeinschaften eingeschränkt, innerhalb derer der Handel floriert, die sich aber nach außen abschotten.

Die drei wichtigsten Wirtschaftblöcke:

- Die **Nordamerikanische Freihandelszone NAFTA** (North American Free Trade Agreement) mit den USA, Kanada und Mexiko mit rund 450 Millionen Verbrauchern.
- Der **Europäische Binnenmarkt** mit den 27 EU-Staaten (seit 2007) plus Norwegen, Island und Liechtenstein umfasst knapp 500 Millionen Verbraucher.
- Bis 2020 soll eine **Asiatische Freihandelszone** entstehen **(AFTA)**, die neben den südostasiatischen Staaten auch Japan, die VR China und Indien umfassen soll; mit rund 2,5 Mrd. Verbrauchern.

Geo-Praxis: Kreissektorendiagramm

Das **Kreissektorendiagramm** zeigt die Bedeutung der Staaten(gruppen) für die Weltwirtschaft im Jahr 2010. Es geht um die Anteile der Staaten am weltweit erwirtschafteten Bruttoinlandsprodukt (BIP). Das ist der Wert der statistisch erfassten Wirtschaftsleitung innerhalb eines Jahres in allen Staaten, also von Agrar- und Industrieproduktion, Handel und Dienstleistungen, zusammengerechnet. Es belief sich auf insgesamt knapp 59 Billionen US-$.

Hinweis: Ein Kreissektorendiagramm ist wegen der erforderlichen Umrechnung von Winkeln in Anteile nicht leicht abzulesen, insbesondere dann, wenn Prozentangaben fehlen. Dafür veranschaulicht aber das Kreisdiagramm die Bedeutung der Staaten.

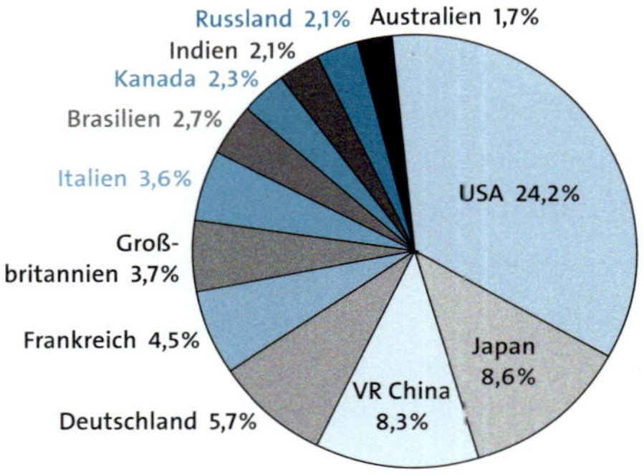

Abb. 10.2: Anteile am weltweit erwirtschafteten BIP 2010 (in %)
Quelle: Fischer Weltalmanach 2012, Frankfurt am Main 2011

10.2 Globale Finanzzentren

Trotz der weltweiten Ausdehnung und Vernetzung werden 85% aller Geldströme von den 20 wichtigsten Finanzzentren in den reichsten Ländern der Erde gesteuert. Diese **Global Cities** können definiert werden als höchstrangige zentrale Orte mit hoch spezialisierten Wirtschafts- und Finanzdienstleistungen und mit modernen Verkehrs- und Telekommunikationseinrichtungen, wie sie für die Steuerung und Kontrolle globaler Wirtschaftsaktivitäten erforderlich sind. Kennzeichnend sind die hohe Konzentration von Bankzentralen und -niederlassungen sowie das Vorhandensein einer global bedeutenden Börse. Dazu kommen die Hauptsitze international agierender Konzerne, die eine Global City zum wirtschaftlichen Entscheidungszentrum machen. Der Anteil und die absolute Zahl der Beschäftigten im sogenannten **FIRE-Sektor** (Finance, Insurance and Real Estate = Finanzen, Versicherungen, Immobilien) sind in der Regel überdurchschnittlich hoch. Innerhalb der Global City sind die hochrangigen zentralen Einrichtungen meist auf engem Raum konzentriert, wie z. B. in Manhattan. Dadurch sind hier die wichtigen persönlichen Kontakte der Entscheidungsträger gut möglich. Die Global Cities sind untereinander eng verbunden, beispielsweise durch häufige und stark frequentierte Verbindungen im Luftverkehr (z. B. London – New-York) oder mit Hochgeschwindigkeitszügen (z. B. London – Paris und Frankfurt – Paris). Die drei führenden Global Cities sind unbestritten New York, London und Tokio. Weitere „Alpha World Cities“ sind in Nordamerika Los Angeles und Chicago, in Europa Paris, Frankfurt, Zürich und Mailand sowie in Asien Hongkong und Singapur. Für diese Einstufung der Global Cities in Alpha-, Beta- und Gamma-World-Cities wurden Daten von international tätigen Unternehmen aus den hoch spezialisierten Dienstleistungsbranchen Wirtschaftsprüfung, Bank- und Finanzwesen Werbeagenturen und Rechtsberatung in über 260 Städten erhoben. Die Auswertung ergab zusammen 55 Weltstädte auf den genannten Hierarchiestufen. Diese Klassifizierung beschränkt sich zwar auf vier ausgewählte Bereiche des Dienstleistungssektors, kann damit aber doch die wirtschaftlichen Steuerungsfunktionen der jeweiligen Global City recht gut erfassen. Allerdings entwickeln sich Hierarchien ständig weiter (z. B. der mögliche Abstieg von Los Angeles).

Eine Überblickskarte zur räumlichen Verteilung der Global Cities finden Sie im Kapitel zu Japan im Zusammenhang mit Tokio (vergleiche Seite 171). Diese Karte ist aktuell, da auch neuere Entwicklungen im System der Global Cities mit berücksichtigt wurden.

Börsen sind amtliche Märkte für Waren, Aktien, Wertpapiere und Devisen, auf dem vereidigte Makler (Broker) während der Börsenstunden Kurse (Preise) feststellen, die sich aus den vorliegenden Kaufs- und Verkaufsaufträgen ergeben. Inzwischen laufen allerdings die meisten Börsengeschäfte großer Anleger über das Internet, Entscheidungen über Kauf und Verkauf werden vorprogrammiert und müssen innerhalb von Sekundenbruchteilen erfolgen.

Folgende Arten von Börsen werden unterschieden:

- **Warenbörsen** – Handel mit natürlichen Produkten (z. B. London Commodity Exchange)
- **Aktien- und Rentenbörsen** – Handel mit Finanzprodukten im engeren Sinne, wie Aktien und festverzinslichen Wertpapieren (z. B. London Stock Exchange)
- **Terminbörsen** – Handel mit Finanzderivaten (= abgeleitete Wertpapiere), wie Futures (Terminverträge) und Optionen (Kaufoption bzw. Verkaufsoption zu einem vorab festgelegten Preis gegen Prämie). Beispiel: LIFFE London

Die **wichtigsten einzelnen Börsenplätze** sind (Umsatz in Billionen US-$ 2010): New York (33,2 – NYSE und NASDAQ einschließlich Euronext), Shanghai (4,5), Tokio (3,8), Shenzhen (3,6), London (2,7), Frankfurt (1,2), Seoul (1,6), Hongkong (1,5), Toronto (1,4), Madrid (1,4), Sydney (1,1)

Als **Offshore Banking** werden internationale Bankgeschäfte bezeichnet, die außerhalb des Währungs- und des Hoheitsgebietes des Landes abgewickelt werden, in dem sie eigentlich getätigt werden. Für die Abwicklung solcher internationaler Bankgeschäfte werden die Dienste extraterritorialer Offshore-Finanzzentren oder auch Steueroasen genutzt. Das sind formal selbstständige oder auch abhängige **Territorien mit kleiner Fläche** und mit gesetzlichen Ausnahmeregelungen. Der Finanzsektor ist meist völlig losgelöst von den traditionellen wirtschaftlichen Aktivitäten und bietet die Möglichkeit, internationale **Finanztransaktionen** zu tarnen. Die Offshore-Finanzzentren bieten über das Bankgeheimnis hinaus die völlige Anonymität der Kunden, z. B. durch Holdings, Scheinfirmen oder Briefkastenfirmen sowie eine geringe bzw. fehlende Besteuerung der Zinsgewinne. Sie sind oft rechtsfreie Räume, die nicht mit ausländischen oder internationalen Behörden zusammen-

San Marino

Der Zwergstaat San Marino wird umschlossen von Italien. Die Hauptstadt San Marino-Città ① am höchsten Punkt des Landes liegt rund 25 Kilometer von Rimini entfernt, mit dem es durch eine Schnellstraße ② verbunden ist. San Marino gilt als beliebte Steuerfluchtburg für italienische Unternehmen und Bürger. Eine Steueramnestie der italienischen Behörden 2009/2010 führte zu einem starken Kapitalabfluss und brachte San Marino in wirtschaftliche Schwierigkeiten.

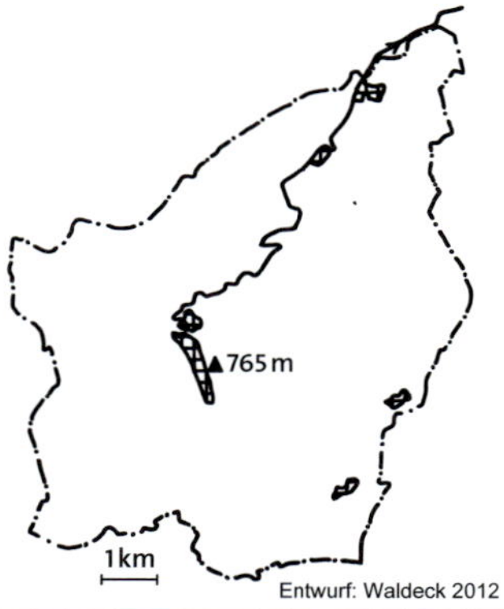

Republik San Marino – Strukturdaten: Fläche: 61 km², Einwohner: 31 000 (= 507/km²), BNE pro Einwohner: 50 670 US-$ pro Einwohner (Italien: 35 110 US-$ pro Ew.)
(Quelle: Fischer Weltalmanach 2012)

arbeiten, um illegale Geschäfte aufzuklären. Die Offshore-Finanzzentren dienen als wichtige Drehscheiben bei der **Globalisierung der Finanzen**. Sie verwalten geschätzte 30 bis 40 % der weltweiten Privatvermögen, beherbergen 25 % der grenzüberschreitenden Bankdepots und lenken 50 % der weltweit frei beweglichen Finanzströme (Floating Money). Nach Angaben des UN-Büros für Drogenkontrolle und Verbrechensbekämpfung werden 50 % der weltweiten Einnahmen aus kriminellen Aktivitäten in den Offshore-Finanzzentren gewaschen und anschließend in den normalen Geldkreislauf eingeschleust. Unter solche kriminelle Aktivitäten fallen Drogen- und Waffenhandel, Herstellung und Verbreitung von Falschgeld, Menschenhandel, Prostitution, Steuerhinterziehung, Piraterie und Schmuggel. In den letzten Jahren hat sich die Kritik an den **Steueroasen** verstärkt, da sie auch gegen die vitalen Interessen vieler Nationalstaaten handeln, wie z. B. den Vereinigten Staaten oder Deutschland.

Geo-Praxis: Polständige Kartenprojektion

Bei dieser Karte handelt es sich um die Sonderform einer **polständigen Kartenprojektion**. Dadurch wird die Nähe der drei wirtschaftlichen Kernregionen der Erde (Triade) zueinander betont: Nordamerika, Europa und Japan. Während die Form der Landflächen bei dieser Kartenprojektion kaum verändert wird, stimmen die Lagebeziehungen vor allem der Südkontinente zueinander und zu den entfernteren Nordkontinenten überhaupt nicht mehr. Die Fläche der Ozeane wird völlig verzerrt. Allerdings kann so die relative Nähe Südamerikas zu Nordamerika, Afrikas zu Europa und Australiens zu Ostasien verdeutlicht werden, was der ökonomischen Realität der Handelsbeziehungen (Rohstoffquellen) zumindest teilweise entspricht.

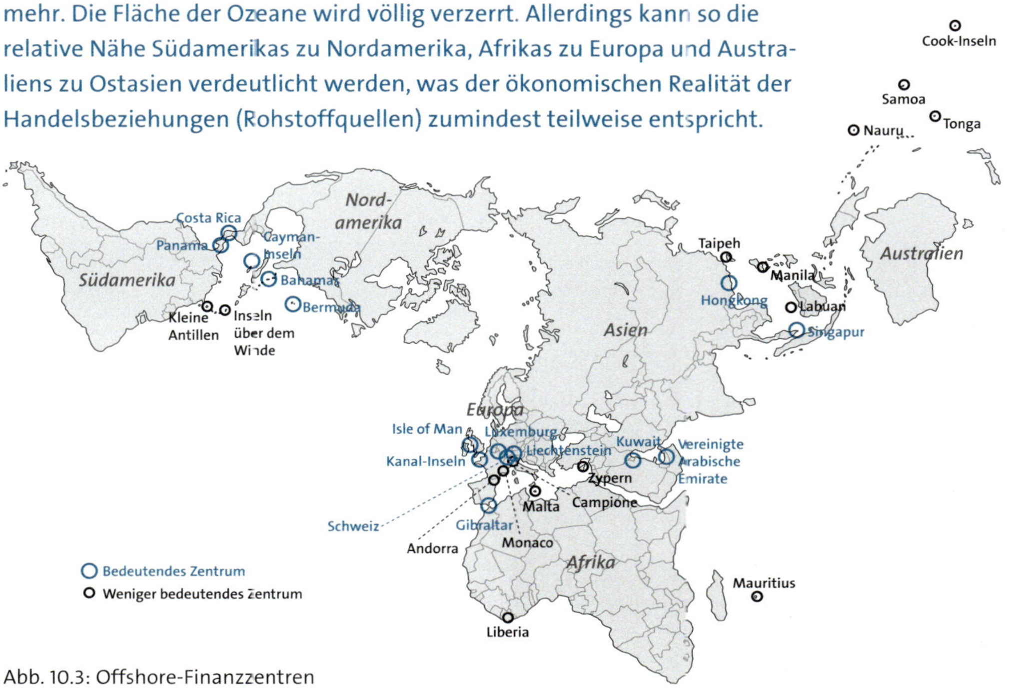

Abb. 10.3: Offshore-Finanzzentren

10.3 Globalisierung des Tourismus

Mit dem wirtschaftlichen Aufschwung in den westlichen Industrieländern nach dem Zweiten Weltkrieg und mit dem **Massenwohlstand** – höhere Einkommen und längere Urlaubszeiten – begann die Globalisierung des Tourismus. Die entscheidenden Voraussetzungen waren die Verkürzung der Reisezeiten durch moderne und sichere Düsenflugzeuge sowie die Verfügbarkeit von billigem Flugbenzin (Kerosin).

Trotz der großen wirtschaftlichen Bedeutung des Tourismus für bestimmte Entwicklungsländer, wie z. B. die Malediven (→ Seite 214), bereisen die meisten Touristen die **Kernräume der Weltwirtschaft**, die bereits genannte Triade: Von den rund 940 Millionen Touristen (Auslandsgäste) 2010 entfielen 477 auf Europa, das damit das wichtigste Tourismusziel weltweit war. Asien kam auf 204 Millionen Touristen, Amerika auf rund 150 Millionen und Afrika auf 50 Millionen. Davon konzentrierten sich die meisten auf Ägypten (14 Mio.), Marokko (9,3) und Tunesien (6,9) sowie auf die Republik Südafrika (8,1). Als besonders labil und krisenanfällig hat sich die touristische Entwicklung in islamischen Staaten erwiesen, wie z. B. Tunesien, Ägypten und Indonesien, in denen islamistische Terroristen Anschläge auf ganze Touristengruppen mit zahlreichen Opfern verübt haben. Dort prallen die Gegensätze zwischen den westlichen Touristen mit ihren eher liberalen und lockeren Einstellungen sowie den Einheimischen und deren oftmals strengen Rollenzuweisungen für Mann und Frau, mit strikten Verhaltensnormen und Bekleidungsvorschriften besonders stark aufeinander.

⦿ Die kulturellen Veränderungen sind nur ein Teil der **sozialen Auswirkungen** des internationalen Tourismus in den Zielländern und nicht nur auf die islamischen Staaten beschränkt. Überall gerät die einheimische Kul-

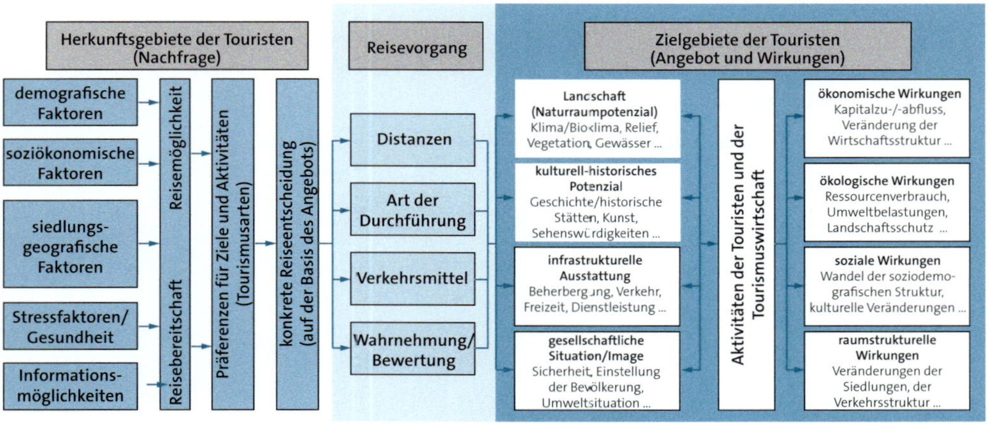

Abb. 10.4: Wirkungszusammenhänge und Rahmenbedingungen im Tourismus (nach Kulinat/Steinecke 1984, verändert)

tur in Gefahr, als Folklore für Touristengruppen vermarktet und entwertet zu werden. Wenn Trinkgelder in der Tourismusbranche mehr einbringen als ein Jahr harte Arbeit in der Landwirtschaft, dann gerät das gesamte soziale Gefüge aus dem Gleichgewicht. Die traditionellen Werte werden infrage gestellt, neue Werte fehlen dagegen. So können sich Kriminalität, Prostitution und Drogensucht in den Touristenorten verbreiten, die Schattenseiten des globalen Tourismus.

- Die **ökologischen Auswirkungen** sind aufgrund der Fernreise im Flugzeug bzw. der Reise im eigenen Pkw, im Bus oder mit einer Billigfluglinie innerhalb des eigenen Kontinents beträchtlich. Alle Reisen verstärken nämlich grundsätzlich den Treibhauseffekt. Dazu kommen der sehr hohe Wasser- und Energieverbrauch sowie die Wasserverschmutzung durch die Touristen in den Zielorten.
- Die **ökonomischen Auswirkungen** hängen in erster Linie vom Entwicklungsstand des Ziellandes ab: Je höher der Entwicklungsstand des Ziellandes, desto stärker kann die einheimische Wirtschaft vom Tourismus profitieren, z.B. die Nahrungsmittelindustrie als Zulieferer für Hotelketten. Müssen dagegen Lebensmittel und andere Produkte für die Touristen importiert werden, so belasten die Einfuhren die Handelsbilanz des Ziellandes. Außerdem liegt der größte Teil der touristischen Wertschöpfungskette in den Händen großer Tourismuskonzerne mit Sitz in den Kernräumen der Weltwirtschaft. Diese haben gegenüber wirtschaftlich schwächeren Staaten eine starke Verhandlungsposition, nicht zuletzt wegen der Austauschbarkeit vieler Tourismusziele, z.B. im Mittelmeerraum oder in der Karibik.
- Die **raumstrukturellen Auswirkungen** des Tourismus sind unterschiedlich: Einerseits treten kleinräumige Konzentrationsprozesse auf; andererseits können räumliche Disparitäten innerhalb eines Staates durch touristische Entwicklung in der Peripherie abgebaut werden.

Heutzutage bringt ein Charterflug die Touristen in eine sorgsam bewachte Hotelanlage mit eigenem Strand. Vom Flughafen werden sie in einem klimatisierten Reisebus zum Aufenthaltsort gebracht und zwei Wochen später wieder zurück. Danach berichten sie aus Afrika oder Asien. Waren sie wirklich dort?
(Nach: Ryszard Kapuszinski)

Entwicklung des globalen Tourismus

Jahr	Gästeankünfte (1) (in Mio.)	Einnahmen (2) (in Mrd. US-$)
1950	26	2
1960	69	7
1970	166	18
1980	284	103
1990	456	261
2000	697	462
2010	940	920

(1) ohne Tagestouristen (2) ohne Messe-Einnahmen

Geo-Praxis: Tabellen interpretieren

>>

>> Geo-Praxis

Die Tabelle zeigt die hohen Wachstumsraten des internationalen Tourismus bis zum Jahr 2010. Für das Jahr 2020 werden 1,6 Milliarden Gästeankünfte erwartet, doch es sind auch Rückschläge möglich: Ein massiver Einbruch folgte nach den Terroranschlägen des 11. September 2001 auf das World Trade Center in New York – wegen der Furcht vor weiteren Anschlägen in Verbindung mit Flugreisen. Auch der Irak-Krieg ab 2003, der Ausbruch der Vogelgrippe (SARS) in Ostasien und der verheerende Tsunami in Südostasien Ende 2004 zeigten die Krisenanfälligkeit des globalen Tourismus. Trotz einiger Rückschläge im abgelaufenen Jahrzehnt erbringt der Tourismus rund 12 % des weltweiten Bruttoinlandsprodukts mit rund 12 % der Beschäftigten weltweit. Das heißt, dass ca. 250 Mio. Menschen und ihre Familien von Einkünften aus der Tourismusbranche abhängig sind.

Beispiel

Der einzige bedeutende Wirtschaftsfaktor auf den Malediven ist der internationale Tourismus. Die Inselgruppe im Indischen Ozean hat eine Landfläche von nur 298 km². Die Malediven bestehen aus 20 Atollen mit 1087 einzelnen Inseln (Foto), von denen nur 220 bewohnt sind. Mit 309 000 Einwohnern lag die rechnerische Bevölkerungsdichte 2009 bei etwas mehr als 1000 Einwohnern pro km². Allein die Hauptstadtinsel Malé beherbergt 93 000 Einwohner auf nur 1,5 km². Die Bevölkerung wächst jährlich um 1,6 %. Mit einem BNE von 3970 US-$ pro Einwohner (2009) stehen die Malediven an der Schwelle vom Entwicklungs- zum Schwellenland. Durch den Tourismus soll der Staat weiter entwickelt werden. Die Einnahmen aus dem Tourismus lagen im Jahr 2010 bei 714 Millionen US-$ und sorgten für rund 90 % aller Deviseneinnahmen. Die Zahl der Urlaubsgäste liegt bei 790 000. Die Malediven setzen auf Wassersportangebote wie Tauchen, Schnorcheln, Surfen und Wasserski. Für die Touristen wurden ehemals unbewohnte und ungenutzte kleine Inseln zu sogenannten Touristen-Isolaten ausgebaut. Auf dem Foto z. B. ist im Vordergrund die Hotelinsel Ihuru abgebildet. Die Unterbringung in Bungalows entspricht der in Drei- bis Fünf-Sterne-Hotels, die Sport- und Freizeiteinrichtungen sind sehr gut. Durch die räumliche Eingrenzung des Tourismus auf die Isolate will der muslimische Staat der Malediven die Kontakte zwischen Gästen und Einheimischen auf ein Minimum reduzieren.

Abb. 10.5: Hotelinsel Ihuru (Malediven)

10.4 Globalisierung und Staatszerfall

Die **Staaten als wichtigste territoriale Einheiten** prägen unser Bild von der Erde. Zugleich bilden sie die wichtigsten statistischen Einheiten für internationale Vergleiche. In ihren Dimensionen unterscheiden sich die Staaten beträchtlich: Dem mit rund 17 Millionen km² flächengrößten Staat der Erde, der Russischen Föderation, steht die ebenfalls souveräne Vatikanstadt mit nur 0,44 km² gegenüber. Grönland mit rund 2,2 Millionen km² und 57 000 Einwohnern ist kein eigener Staat, sondern gehört als autonomes Außengebiet zu Dänemark. Alle Staaten gemeinsam sowie ihre abhängigen Gebiete teilen die politische Weltkarte in scheinbar klar abgegrenzte Zellen unterschiedlichster Größe und Verteilung auf. Bei den **Staatsgrenzen** unterscheidet man drei Typen:

Im Jahr 2010 gab es insgesamt 193 eigenständige Staaten, davon waren 189 auch Mitglieder der Vereinten Nationen.

- **Geometrische Grenzen** verlaufen auf oder parallel zu Längen- und Breitenkreisen bzw. verbinden vermessene Fixpunkte durch gerade Linien. Dieser Typ von Staatsgrenze tritt besonders häufig in Afrika auf, wo die Abgrenzung kolonialer Herrschaftsgebiete am Grünen Tisch (Berliner Konferenz von 1884/1885) erfolgte. Problematisch werden solche Grenzen dort, wo sie die Siedlungsräume ethnisch einheitlicher Gruppen zerschneiden und alte wirtschaftliche und kulturelle Zusammenhänge zerreißen.
- **Natürliche bzw. physisch-geografische Grenzen** folgen zumeist Flussläufen, Wasserscheiden oder Gebirgskämmen. Abgesehen davon, dass solche Grenzen in der Praxis gar nicht so eindeutig festzulegen sind, können sie ebenso wie geometrische Grenzen die Siedlungsräume von ethni-

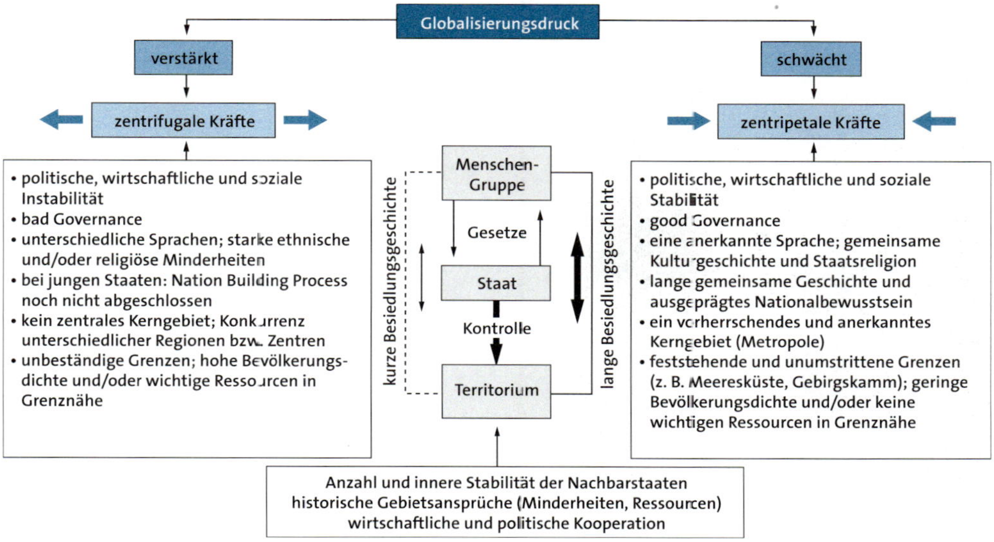

Abb. 10.6: Zentrifugale und zentripetale Kräfte

schen Gruppen zerschneiden. Das gilt z. B. für das ossetische Siedlungsgebiet im Kaukasus oder für das tibetische Siedlungsgebiet im Himalaya.

- **Gleichgewichtsgrenzen** bilden sich im Verlauf der historischen Entwicklung zwischen rivalisierenden Staaten je nach deren militärischer, wirtschaftlicher und politischer Stärke und können sich gegeneinander verschieben. Beispiele sind das Vordringen Perus gegen Ecuador im Amazonasgebiet oder der Verlust des bolivianischen Korridors zum Pazifik an Chile und Peru im sogenannten Salpeterkrieg von 1884 (→ Seite 198).

Den Staaten und Staatsgrenzen gemeinsam ist ihre mehr oder weniger zufällige Entwicklung im Laufe der Geschichte. In den meisten Fällen stimmen Staatsgrenzen und Siedlungsgebiete von Völkern nicht überein. Die politische Weltkarte besitzt daher trotz ihrer wichtigen Orientierungsfunktion historisch gesehen nur eine geringe Beständigkeit. Auch gegenwärtig weist sie viele Kriege, Bürgerkriege und Konflikte auf (→ Abb. 10.7). Nach den beiden Weltkriegen und seit 1990 haben sich viele Staatsgrenzen verschoben und Staaten zerfielen oder entstanden neu. Durch die Auflösung der Kolonialreiche entstand in Afrika eine große Zahl formal unabhängiger Staaten unterschiedlicher Größe und unterschiedlicher Ausstattung mit Ressourcen. Die Ursachen für die prekäre Situation dieser künstlichen Gebilde, die bislang kaum ein Nationalbewusstsein entwickelt haben und oftmals unter ethnischen und religiösen Konflikten leiden, sind vielfältig.

So zerfiel z. B. die Republik Sudan 2011 in zwei unabhängige Staaten, den Nord- und den Südsudan.

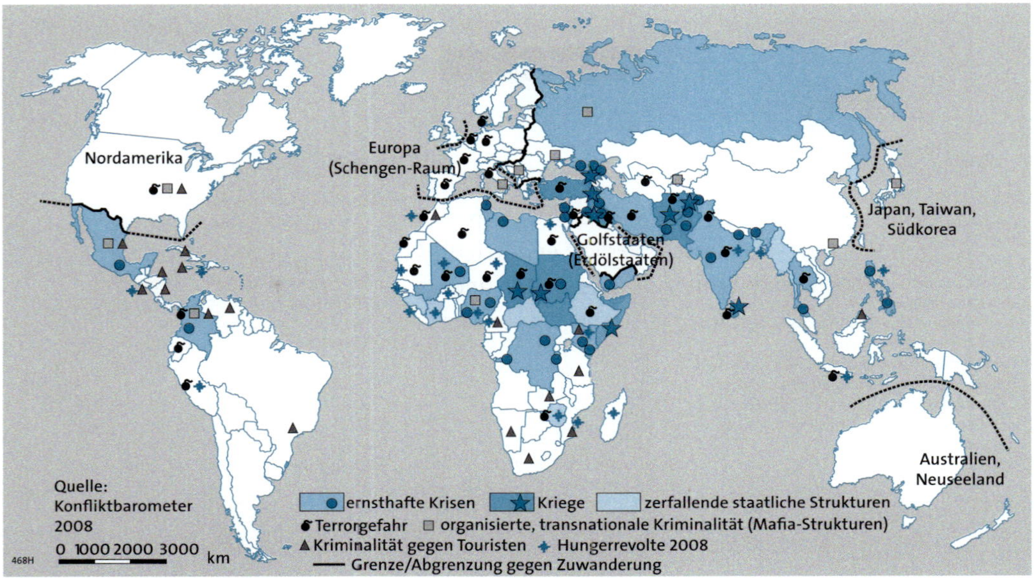

Abb. 10.7: Bedeutende Konflikte 2008

Unter dem **Druck der Globalisierung** verliert der überkommene Nationalstaat mit seinen territorial gebundenen Systemen immer mehr an Bedeutung. Dies gilt für die klar abgegrenzte Volkswirtschaft, die Verwaltung einschließlich der Steuerhoheit und die Bereitstellung der technischen und sozialen Infrastruktur ebenso wie für die nationalen Gewerkschaften und die öffentlich-rechtlichen Medien. Stattdessen gewinnen die neuen Medien (Internet, Satellitenfernsehen), die internationalen Finanzmärkte mit den bereits erwähnten Offshore-Finanzzentren, das internationale Verbrechen (Waffen-, Drogen- und Menschenhandel) sowie terroristische Netzwerke an Bedeutung. Billiglohnländer, Billigflaggen und Billigfluglinien ersetzen klassische Industrien und Verkehrsanbieter. Durch die Auslagerung von Produktionsbetrieben in Billiglohnländer und durch die Verlegung von Firmen- und Konzernzentralen in Steueroasen entgehen dem Staat hohe Steuereinnahmen – und dies angesichts wachsender Aufgaben im Sozialbereich. Er verliert schrittweise die von ihm erwarteten ordnungspolitischen, finanziellen und sozialen Kompetenzen. Wenn er zu stark verschuldet ist, muss er die bisherigen Leistungen stark einschränken oder sich neu verschulden. Dies kann eine Verschuldungsspirale bei gleichzeitiger Kapitalflucht auslösen.

Noch härter treffen die Folgen der Globalisierung die Entwicklungsländer. Ein großer Teil der Weltbevölkerung verelendet, viele Entwicklungsländer werden wirtschaftlich bedeutungslos.

Geografische Schwerpunkte dieser negativen Entwicklung sind die Staaten Afrikas südlich der Sahara, der Andenraum und teilweise auch Süd- und Zentralasien (u. a. Pakistan und Afghanistan). An die Stelle des ohnmächtigen und zum Teil korrupten Staates tritt hier im Bewusstsein der Menschen, die nach Rückhalt und Geborgenheit suchen, die ethnische Gruppe.

Zusammenfassend ist festzustellen, dass der ökonomischen Globalisierung mit ihren vielen Verlierern und der Globalisierung von Kultur und Wertesystemen ein Prozess der Fragmentierung, also der staatlichen und gesellschaftlichen Zersplitterung, des religiösen Fundamentalismus bis hin zum Terrorismus und des zivilisatorischen Rückschritts gegenübersteht. Der klassische Nationalstaat, wie er sich im 18. und 19. Jahrhundert in Europa herausgebildet hat und fast überall auf der Welt kopiert wurde, ist also von zwei Seiten her in Gefahr: Einerseits verliert er durch die Globalisierung des Wirtschafts- und Finanzsystems an Souveränität, andererseits ist er durch regionale Forderungen nach Autonomie bis hin zur Sezession bedroht.

Überblick

Nach der inhaltlichen Arbeit mit dem letzten Kapitel können Sie die Merkmale der Globalisierung erläutern und die Welthandelsströme beschreiben. Sie sind in der Lage, das globale Finanzsystem zu charakterisieren und Steueroasen zu lokalisieren. Ferner können Sie Chancen und Risiken des globalen Tourismus erörtern. Und schließlich sind Sie imstande, die Auswirkungen der Globalisierung auf die klassischen Nationalstaaten und ihre Kompetenzen zu erklären und zu bewerten.

Glossar

Administrative Zersplitterung
Problem der Einteilung eines Raumes in zu viele Verwaltungseinheiten mit entsprechend unterschiedlichen Zuständigkeiten und Entscheidungskompetenzen ohne die Möglichkeit, Einspareffekte zu erzielen.

Aerosol
Feinstes Schwebstoffteilchen in der Luft, entweder fest oder flüssig.

Agglomeration
Ballungsraum mit hoher Bevölkerungszahl und -dichte, mit hoher Wirtschaftskraft sowie mit gut ausgebauter Infrastruktur und schnellen Verkehrsverbindungen zu anderen Ballungsräumen.

Agglomerationsvorteile
Standortvorteile für Unternehmen unterschiedlicher Branchen, die sich bei der Ansiedlung in einem Ballungsraum oder an dessen Rand durch das Vorhandensein hochspezialisierter zentralörtlicher Einrichtungen ergeben, wie z. B. Universitäten und Technische Hochschulen, verschiedene große Bankinstitute, Steuer- und Finanzberater, Werbeagenturen und Logistik-Unternehmen. Dazu kommen die Marktnähe (z. B. als Testmarkt), ein großes Angebot von Arbeitskräften und besonders von Hochschulabsolventen sowie gute Verkehrsverbindungen.

Agrardreieck
Hauptanbau- und Siedlungsgebiet in der früheren Sowjetunion, das von den Eckpunkten Odessa am Schwarzen Meer, St. Petersburg und Krasnojarsk in Sibirien markiert wird. Im Nordosten befindet sich die Kältegrenze des Anbaus, im Südosten die Trockengrenze.

Agronomische Trockengrenze
Grenzlinie bzw. besser Grenzbereich des Regenfeldbaus mit hoher → Niederschlagsvariabilität und daher mit hohem Ertragsrisiko. Die oftmals angegebene Grenzlinie von durchschnittlich 500 mm Jahresniederschlag ist nur ein Annäherungswert. Bei höherer bzw. geringerer Landschaftsverdunstung kann die agronomische Trockengrenze in etwa einem Jahresniederschlag von durchschnittlich 1000 bis 250 mm entsprechen.

Aktivraum
Region, in der die Wirtschaftsleistung, also das → Bruttoinlandsprodukt absolut und auch pro Einwohner, deutlich höher liegt als im Durchschnitt aller Regionen eines Staates.

Albedo
Der reflektierte Teil der einfallenden Strahlung von der Sonne. Die Reflexion verschiedener Oberflächen auf der Erde, wie z. B. Wälder, Felder oder Schnee, ist unterschiedlich. Je heller eine Fläche, desto höher ist die Albedo und desto geringer ist die Absorption von kurzwelliger Strahlung sowie deren Umwandlung in langwellige Wärmestrahlung.

Alpentransit
Transitverkehr durch die Alpenregion, gemeint sind zunächst der Schwerlastverkehr und der Personenverkehr in Pkw oder Bussen, aber auch der Bahnverkehr.

Altersquotient
Anteil der über 65-Jährigen an der Gesamtbevölkerung bzw. Relation der 15- bis 64-Jährigen (Bevölkerung im erwerbsfähigen Alter) zu den über 65-Jährigen und damit die Belastung der erwerbsfähigen Bevölkerung.

American Dream
Traum vom persönlichen Glück und vom wirtschaftlichen Erfolg in der demokratischen Wohlstandgesellschaft der USA, verbunden mit dem Erwerb eines Eigenheimes. Das Recht des Einzelnen auf das Streben nach Glück *(pursuit of happiness)* ist sogar in der amerikanischen Verfassung verankert.

American Way of Life
Lebensstil, der mit einer hohen Mobilität (motorisierter Individualverkehr), mit einem hohen Energieaufwand sowie mit einem hohen Ressourcenverbrauch verbunden ist. Global betrachtet leben die US-Amerikaner weit über ihre Verhältnisse.

Aralsee-Syndrom
Völlige Zerstörung eines komplexen See-Ökosystems durch staatliche Eingriffe zu Zeiten der früheren → Sowjetunion. Das Gebiet des Aralsees wird heute auch als Aral-Kum bezeichnet, als Aral-Wüste.

Armut
Nach einer eindimensionalen Definition der Weltbank gelten diejenigen Haushalte als arm, die über weniger als zwei US-Dollar Einkommen pro Tag verfügen. Als besonders arm gelten diejenigen Haushalte, die über weniger als einen US-Dollar Einkommen pro Tag verfügen. Gravierend sind die daraus entstehende Kinderarmut und die → Marginalisierung der betroffenen Bevölkerungsgruppen.

Armutsbekämpfung
Gezielte Förderung gerade der armen Bevölkerungsgruppen in einem Entwicklungsland als Schwerpunkt der Entwicklungshilfe. Durch die sogenannte → Grundbedürfnisstrategie sollen die Lebensbedingungen dieser Zielgruppe schrittweise verbessert werden.

Assimilation
Selbst gewünschte oder auf Druck von außen hin erfolgte starke Anpassung einer ethnischen oder religiösen Minderheit an die Mehrheitskultur in einem Staat bis hin zur Aufgabe der eigenen Kultur.

Asthenosphäre
Der zähflüssige (viskose) Teil des oberen Erdmantels, auf dem sich die kontinentalen bzw. ozeanischen Platten gegeneinander verschieben.

Asylbewerber
Mensch, der sein Heimatland aus politischen Gründen verlässt und in einem anderen Staat Zuflucht vor Verfolgung (Asyl) sucht.

Atmosphäre
Gashülle der Erde, durch die Schwerkraft an diese gebunden; die Atmosphäre wird in verschiedene Stockwerke gegliedert. Von besonderer Bedeutung sind die Troposphäre mit dem Wetter- und Klimageschehen sowie die Ozonschicht als Schutzschild der Erde.

Ausländische Direktinvestitionen (ADI)
Nach Angaben der Weltbank sind dies Kapitalanlagen im Ausland durch Erwerb von Immobilien, Gründung von Auslandsniederlassungen und Tochterunternehmen, Übernahmen von ausländischen Geschäftsanteilen (z. B. Aktien) bzw. von Unternehmen sowie gezielte Reinvestitionen und Direktinvestitionen in ausgewählte Unternehmen.

Auswanderung (Emigration)
Fortzug von Menschen über Staatsgrenzen hinweg.

Autonome Republiken
Innerhalb der Russländischen Föderation die Regionen mit kultureller und teilweise auch wirtschaftlicher Eigenständigkeit. Diese Republiken sind innen- und außenpolitisch sowie größtenteils auch wirtschaftlich und finanziell weiterhin von der Zentralregierung in Moskau abhängig.

Autozentrierte Entwicklungsstrategie
Besondere Form der Entwicklungsstrategien, bei der das Vertrauen auf die eigene Kraft, die Abschottung nach außen und die Produktion für den Binnenmarkt im Vordergrund stehen. Dies bedeutet u. U. aber auch den Verlust der Wettbewerbsfähigkeit auf dem Weltmarkt und die Stagnation der technologischen Entwicklung.

Azonale Bodentypen
Am Anfang ihrer Entwicklung zunächst unabhängig von der jeweiligen Klima- oder Landschaftszone bestehende Bodentypen, wie z. B. Sandböden oder vernässte Marschböden.

Back-Office-Funktionen
Arbeitsintensive Routinetätigkeiten im tertiären Sektor ohne Publikumsverkehr, z. B. die Verwaltung von großen Unternehmen, die auch in → Entlastungsstädte verlagert werden kann.

Badlands
Ursache für die Bildung von Badlands ist eine intensive agrarische Nutzung (Ackerbau oder Viehzucht). Durch Starkregen kommt es zu einer linearen Erosion. Die im Ergebnis zerschnittene und dadurch zerstörte ehemalige Landschaftsoberfläche ist ackerbaulich nicht mehr nutzbar.

Bandstadt
Entwicklung langgezogener städtischer Siedlungen entlang von Verkehrsachsen besonders in den Küstenräumen des Mittelmeeres und in schmalen Fluss- oder Gebirgstälern.

Bannwald
Traditionell streng geschützter Bergwald in steilen Hanglagen als Schutzmaßnahme vor Lawinenabgängen für gefährdete Bergdörfer oder Verkehrsverbindungen.

Barriere
Bezeichnung für ein Verkehrshindernis in der Verkehrsgeografie, z. B. ein Gebirgszug, ein breiter Fluss oder eine Meeresstraße; Barrieren spielen z. B. für die Planung neuer Verkehrsachsen eine wichtige Rolle und verursachen Zeitverluste und Kosten.

Bauplätze mit Grundversorgung
→ Site and Service Schemes

Belt-Konzept
Modellhafte Vorstellung großräumiger, in sich geschlossener Anbau- bzw. Landnutzungsgürtel in den USA, die sich aufgrund ähnlicher Lage-, Klima- und Bodenfaktoren zwischen den beiden Weltkriegen herausbildeten, aber nach 1980 wegen veränderter wirtschaftlicher Rahmenbedingungen mehr oder weniger stark zerfielen.

Berggebiete
In Mittel- und Westeuropa Gebiete in einer Höhenlage von mehr als 500 m über NN mit eingeschränkten Nutzungsmöglichkeiten durch die Landwirtschaft (hohe → Reliefenergie, kurze Wachstumszeit und durch hohe Niederschläge ausgewaschene, nährstoffarme Böden (Beispiel: Limousin).

Betriebsgrößenstruktur
Anteil der Klein-, Mittel- und Großbetriebe an der landwirtschaftlichen Nutzfläche (LF) eines Staates. Die Betriebsgrößenstruktur ist das Ergebnis der geschichtlichen Entwicklung sowie des landwirtschaftlichen Strukturwandels und sagt etwas aus über soziale Unterschiede und Spannungen in der Landwirtschaft eines Staates.

Bevölkerungsexplosion
Bezeichnung für das exponentielle Wachstum der Bevölkerung in bestimmten Ländern bzw. Ländergruppen mit den entsprechenden negativen Auswirkungen im wirtschaftlichen, politischen, sozialen und vor allem im ökologischen Bereich.

Bevölkerungskrater
Ausdruck für die im Unterschied zu den citynahen Wohngebieten nur noch geringe Bevölkerungsdichte im Bereich des Hauptgeschäftsviertels (Central Business District – C.B.D.).

Bevölkerungsprojektion
Seriöse Fortschreibung der gegenwärtigen Bevölkerungsentwicklung in drei Szenarien Trendszenario (mittlere Variante) – Worst Case-Szenario (hohe Variante) – Best Case-Szenario (geringe Variante).

Binnenland (engl. Landlocked Country – LLC)
Staat ohne eigenen Zugang zum Weltmeer und damit zum Welthandel. Binnenländer gelten als geografisch benachteiligt und werden von den Vereinten Nationen gefördert beim Ausbau der Infrastruktur zum nächsten Überseehafen.

Biodiversität
Ausdruck für die biologische Vielfalt in einer bestimmten Ökozone.

Biologischer Hotspot
Region der Erde mit einer großen biologischen Vielfalt, die als Ursprung verschiedener Pflanzenarten gilt.

Bios
Sammelbegriff für Vegetation und Tierwelt in einem Biotop bzw. in einer Landschaft.

Biosphärenreservat
Als Natur- bzw. Kulturerbe der Menschheit besonders erhaltenswerte Natur- bzw. Kulturlandschaft, die geschützt bzw. entwickelt wird als Teil des UNESCO-Programms Mensch und Biosphäre (Man and Biosphere – MAB).

Biotop
(wörtlich: Lebensstätte, Lebensort); Raumausschnitt mit besonderen Lebensbedingungen für pflanzliche und tierische Organismen.

Biotop-Verbundsystem
Vernetzung von Biotopen in einer Region durch Übergänge und Grünzüge, um die Ausbreitung von Arten und damit die Artenvielfalt zu fördern.

Blattflächenindex
Gesamte Blattfläche (eine Seite) in Quadratmetern, bezogen auf die Grundfläche in Quadratmetern.

Boddenküste
Durch Überflutung einer kuppigen Grundmoränenlandschaft entstandene Flachküste mit Meeresbuchten (Bodden) und mit unregelmäßigen Küstenumrissen.

Bodenarten
Nach dem Korngrößendurchmesser unterschiedene Böden, wie z. B. Sandboden (2,0 bis 0,06 mm), Schluffboden (0,06 bis 0,002 mm) und Tonboden (0,002 mm).

Bodenbildung
Prozess der Entwicklung von bestimmten → Bodentypen unter dem Einfluss von Klima, Vegetation und agrarischer Nutzung über einen langen Zeitraum

Bodenerosion
Lineare Zerschneidung bzw. flächenhafte Abspülung (Denudation) von Böden durch Starkregen. Die Zerschneidung durch Erosionsrinnen (Gullies; Einzahl: Gully) kann so zerstörerische Ausmaße annehmen, dass sich → Badlands bilden.

Bodenhorizonte
Meist parallel zur Erdoberfläche verlaufende Schichtenfolge eines Bodens mit jeweils bestimmten Merkmalen (Struktur, Färbung).

Bodenschutz (Soil Conservation)
Den Boden erhaltende oder verbessernde Maßnahmen, die in den semiariden Räumen der Great Plains im Westen der USA entwickellt und erprobt wurden:

- Dry Farming: Anbau nur alle zwei Jahre, nach einem Brachejahr, in dem die Niederschläge versickern können. Der Boden wird anschließend geeggt, um ihn vor Verdunstung zu schützen.
- Contour Ploughing – Pflügen von Hängen parallel zu den Höhenlinien (Isohypsen)
- Stubble Mulching – Stehenlassen der Pflanzenreste nach der maschinellen Ernte – die Wurzeln und Pflanzenreste wirken als Schutz vor Erosion.

Bodentyp
Zusammenfassender Begriff für Böden mit einer ähnlichen Abfolge der → Bodenhorizonte und ähnlichem Entwicklungszustand, wie z. B. → Schwarzerden oder Podsolböden, die in bestimmten Klimazonen auftreten.

Bodenversiegelung
Wasser- bzw. luftdichte Bedeckung/Überbauung der oberen Bodenschicht vor allem in Verdichtungsräumen; dadurch wird die Versickerung von Niederschlagswasser und somit auch die Neubildung von Grundwasser verhindert.

Bodenwetterkarte
Wetterkarte, die die Luftdruck- sowie die Temperatur- und Windverhältnisse am Boden für verschiedene Stationen beschreibt und durch grafische Symbole erläutert.

Borealer Nadelwald
Immergrüne bzw. bei extrem winterkalten Klimaten auch die Nadeln abwerfende Vegetationsformation, die auf den Kontinenten der Nordhalbkugel zu finden ist.

Brandrodungswanderfeldbau
Eine v.a. in den tropischen Waldgebieten verbreitete Form der Landwechselwirtschaft (englisch *Shifting Cultivation*), bei der nach der Brandrodung eine etwa dreijährige Nutzungsphase mit der Asche als Dünger abgelöst wird durch eine Brachephase von im Idealfall mehr als zehn Jahren, innerhalb derer sich wieder ein Sekundärwald entwickeln kann. Diese Form der Landnutzung ist flächenextensiv, sie benötigt also ausgedehnte Flächen und funktioniert nur bei geringen Bevölkerungsdichten.

Bruchtektonik
Besondere Art der Gebirgsbildung, die auf bereits lange zuvor gefalteten und mittlerweile verfestigten Teilen der Erdkruste stattfindet. Die Erdkruste kann hier auf seitlichen Druck nicht mehr plastisch reagieren und wird in einzelne Schollen zerlegt, die entlang von Brüchen angehoben werden (Horste) oder absinken (Gräben). Da dieser Typ der Gebirgsbildung in den deutschen Mittelgebirgen besonders ausgeprägt ist, wird er auch als germanotype Gebirgsbildung bezeichnet.

Brückenkopf
Städtisches Zentrum mit vergleichsweise guter Infrastruktur (Hafen, Flughafen) in einem Entwicklungs- oder Schwellenland, in dem sich ausländische Unternehmen bevorzugt niederlassen, um von dort aus die eigenen Geschäftsinteressen im jeweiligen Staat zu steuern.

Bruttoinlandsprodukt (BIP)
Gesamtwert aller von In- und Ausländern innerhalb eines Jahres in einem Staat bzw. in einer Region produzierten Güter und erbrachten Dienstleistungen, soweit sie statistisch erfasst werden. Da das BIP meist in US-$ angegeben wird, werden Wechselkursschwankungen sowie Unterschiede im Preisniveau und in der realen Kaufkraft nur unzureichend berücksichtigt.

Bruttonationaleinkommen (BNE)
Gesamtwert aller von den Bürgern eines Staates innerhalb eines Jahres produzierten Güter und erbrachten Dienstleistungen, soweit sie statistisch erfasst werden. Das BNE setzt sich zusammen aus dem → Bruttoinlandsprodukt sowie aus den von eigenen Staatsangehörigen im Ausland aus Arbeit und Kapital erwirtschafteten Einkommen. Abgezogen werden dagegen die von Ausländern im Inland erzielten Einkommen. Nicht berücksichtigt werden Dienstleistungen und Güter, die nicht vom Finanzamt erfasst werden (z. B. Tätigkeit von Hausfrauen und -männern, Do it yourself, Nachbarschaftshilfe, „Schwarzarbeit" und kriminelle Wirtschaftsaktivitäten) oder in der Subsistenzwirtschaft erbracht bzw. produziert werden.

Bruttosozialprodukt (BSP)
Veraltete Bezeichnung für das → Bruttonationaleinkommen (BNE).

Cash-Crop-Anbau
Anbau von Nahrungs- und Genussmitteln mit dem Ziel der Vermarktung (als Einkommensquelle).

City
Als City wird im Deutschen das Hauptgeschäftszentrum einer Großstadt bezeichnet. Im amerikanischen Englisch wird dagegen vom Central Business District (CBD) gesprochen. In der City konzentrieren sich einerseits Kaufhäuser, hoch spezialisierte Einzelhandelsgeschäfte des eher seltenen Bedarfs, wie z. B. Boutiquen, und Filialen großer Einzelhandelsketten, die die hohen Ladenmieten der Citylagen aufbringen können. Auch spezialisierte Dienstleistungen, wie z. B. Banken, Versicherungen, Immobilienagenturen, Reisebüros, Facharztpraxen, Anwaltskanzleien und Steuerberatungsbüros, finden hier ihren günstigsten Standort. Hier ist die Bebauung sehr dicht und die Miet-, Pacht- und Bodenpreise erreichen ihre höchsten Werte innerhalb der Stadtregion. Zugleich besitzt die City die beste Erreichbarkeit im Öffentlichen Personennahverkehr. Die Folge sind große Einpendlerströme der Beschäftigten im Tertiären Sektor und zugleich zahlreiche Einkaufspendler. Die City ist aber nur tagsüber bevölkert,

da kaum noch Wohnbevölkerung vorhanden ist. Bei einer Expansion der City wird die noch verbliebene Wohnbevölkerung am Cityrand verdrängt, denn Laden- und Büromieten sind höher als Wohnungsmieten. Aufgrund von Fühlungsvorteilen bilden sich innerhalb eines Citybereiches meist → Standortgemeinschaften heraus.

Cluster
Räumliche Konzentration bestimmter wirtschaftlicher Aktivitäten mit Standort- und → Agglomerationsvorteilen sowie mit ausgeprägten Standortgemeinschaften.

Corioliskraft
Die ablenkende Kraft der Erdrotation, eine sogenannte Scheinkraft, die allein durch die Geschwindigkeitsunterschiede in Abhängigkeit von der geografischen Breite bei der Erdrotation entsteht.

Counterurbanization
Abwanderung v.a. von jungen Familien und Rentnern aus den Großstädten und Ballungsräumen in ländliche Regionen mit der Absicht, dort eine höhere Lebensqualität zu genießen ohne die für Großstädte typischen Umweltprobleme bzw. sozialen Spannungen.

County
(Plural: Counties – wörtlich: Grafschaft); Verwaltungsbezirk in den USA unterhalb der Ebene der Bundesstaaten.

Cumulonimbuswolken
Hochreichende (bis maximal 14 bis 16 km Höhe in den Tropen) Gewitterwolken, wegen ihrer Form auch als Ambosswolken bezeichnet.

Dauerfrostboden (Permafrostboden)
Im Sommer nur an der Oberfläche auftauender und teilweise bis in große Tiefen dauerhaft gefrorener Boden in den arktischen, subarktischen und sogar in den kontinentalen borealen Klimazonen der Erde.

Deflation
Auswehung der fruchtbaren Bodenkrume von brachliegenden Ackerflächen durch starke Winde.

Degradation
Zerstörung der ursprünglichen Vegetation durch Abholzung, ungeregelte Waldnutzung sowie Überweidung.

Deindustrialisierung
Prozess des Verlustes industrieller Arbeitsplätze bzw. der Schließung ganzer Betriebe in einer Region oder in einem Staat.

Demografischer Übergang, Modell des
Auf der Basis von Daten der langfristigen Bevölkerungsentwicklung in Europa und in Nordamerika entwickelten amerikanische Bevölkerungswissenschaftler dieses Modell (daher: Empirisches Modell). Es gliedert sich in fünf Phasen:
- Prätransformative Phase: Hohe Geburten- und Sterberaten, geringes Bevölkerungswachstum oder Bevölkerungsrückgang.
- Frühtransformative Phase: Sinkende Sterberate aufgrund hygienischer und medizinischer Maßnahmen bei gleichbleibend hoher Geburtenrate.
- Mitteltransformative Phase: Weiter sinkende Sterberate bei gleichbleibend hoher Geburtenrate (ökonomische und soziokulturelle Ursachen).
- Spättransformative Phase: Deutliches Absinken auch der Geburtenrate durch Bildung und damit verbesserte Lebenschancen.
- Posttransformative Phase: Einpendeln der Geburten- und der Sterberate auf niedrigem Niveau mit Stagnation und z.T. auch Rückgang der Bevölkerungszahl.

Denudation
Flächenhafte Abspülung der fruchtbaren Ackerkrume durch starke Regenfälle mit Schichtfluten in flach geneigtem Gelände.

Département
Wichtige Verwaltungseinheit in Frankreich. Die Départements wurden im Zuge der Französischen Revolution 1789 eingerichtet und sollten eine gute Erreichbarkeit der Département-Hauptstädte gewährleisten (früher: ein Tagesritt).

Dependenztheorie
In Lateinamerika entwickelte Theorie zur Erklärung von Unterentwicklung. Demnach ist Unterentwicklung Folge von Abhängigkeit *(dependencia)* a) von einer Kolonialmacht bzw. b) von den führenden Industrienationen. In diesem Zusammenhang spielen die →Terms of Trade eine wichtige Rolle: Die Entwicklungsländer exportieren v. a. Rohstoffe, für die sie gleichbleibend geringe Preise erzielen und importieren zugleich Fertigwaren, deren Preise durch technologische Innovationen immer weiter steigen. Allerdings wird die Entwicklung der Energiepreise (Rohstoffe: Erdöl, Erdgas) in dieser Theorie ausgeblendet.

Desertation
Vordringen der Wüste aus rein klimatischen Ursachen, ohne direkte Eingriffe des Menschens (→Desertifikation).

Desertifikation
(wörtlich: Vorgang des „Wüsten-Machens") – Flächenhafte und auch regional begrenzte Ausbreitung der Wüste aufgrund zerstörerischer Eingriffe des Menschen in das labile Ökosystem der Dorn- bzw. Trockensavannen.

Devisenmärkte
Finanzplätze in →Global Cities, an denen Währungen gehandelt werden. Dort bilden sich dann im Zusammenspiel von Angebot und Nachfrage sowie in Abhängigkeit von den jeweiligen Zinssätzen in den größten Volkswirtschaften die →Währungsparitäten heraus.

Diagenese
Verfestigung von Sedimentgesteinen durch Auspressung von Wasser bzw. durch Verkittung.

Diskontinuität
Grenzschicht im Erdinnern, an der sich die Geschwindigkeit von Erdbebenwellen deutlich ändert und somit auch die Zusammensetzung bzw. der Aggregatzustand der folgenden Schicht bzw. Schale.

Dreischicht-Tonminerale
Tonminerale, die aus vielen Lagen von jeweils drei zusammenhängenden Schichten von Silikaten (SiO_2-Verbindungen) bestehen. Sie besitzen eine hohe Kationenaustauschkapazität, also die Fähigkeit, mineralische und organische Nährstoffe vorübergehend zu binden und bei Bedarf an Pflanzen abzugeben. Sie sind somit sehr fruchtbar.

Drucksysteme
Hochdruckgürtel bzw. Tiefdruckrinnen als Teil der allgemeinen atmosphärischen Zirkulation in bestimmten Breitenlagen mit einer regelhaften jahreszeitlichen Verschiebung.

Dürrephase
Längerer Zeitraum mit Niederschlagsdefiziten und fataler Trockenheit in agrarisch genutzten Räumen, meist an der →agronomischen Trockengrenze.

Dürrewahrscheinlichkeit
Wahrscheinlichkeit des Auftretens einer schweren Dürre, z. B. alle zwei Jahre, alle fünf Jahre oder alle zehn Jahre.

Dust-Bowl-Syndrom
Bodenzerstörung durch übermäßige agrarische Nutzung von Steppenböden im Bereich der Trockengrenze im Westen der USA (etwa 100 ° W), in den sogenannten Great Plains.

Dynamisches Tiefdruckgebiet
→Zyklone

Edge City
Neues multifunktionales Zentrum mit einer eigenen Skyline in der Vorortzone US-amerikanischer Großstädte, das sich auch zur Konkurrenz für den Central Business District, das gewachsene Hauptgeschäftszentrum in der Kernstadt, entwickeln kann.

Einwanderung (Immigration)
Zuzug von Menschen über Staatsgrenzen hinweg.

Einzugsbereich
Gebiet, das von einem zentralen Ort aus versorgt wird, und zwar mit Waren, Dienstleistungen, Bildungs- und Kulturangeboten sowie Arbeitsplätzen.

Einzugsgebiet
Das Gebiet, das von einem Fluss bzw. einem Strom mit seinen Nebenflüssen entwässert wird. Die Grenzen des Einzugsgebietes sind sogenannte Wasserscheiden. Die Größe des Einzugsgebietes wird in Quadratkilometern angegeben.

Eiserner Vorhang
Bezeichnung für die von 1945 bis 1989/90 geschlossene und streng kontrollierte Grenze zwischen dem Machtbereich der → Sowjetunion in Mittel- und Osteuropa und dem Einflussbereich der USA im Westen Europas.

Ekliptik
Die Ebene der Ekliptik ist identisch mit der Erdbahnebene. Da die Erdachse um 23,5 Grad geneigt ist, ist die Ekliptik gegenüber der Ebene des gedachten Himmelsäquators um 23,5 Grad geneigt. Diese Tatsache wird als Schiefe der Ekliptik bezeichnet.

Endogene Kräfte
Aus dem Erdinnern auf die Erdkruste einwirkende Kräfte.

Entlastungsstädte
→ Trabantenstädte, die zur Entlastung der Kernstadt im äußeren Bereich einer Stadtregion mit guter Verkehrsanbindung an die Kernstadt gebaut werden. Beispiele sind die Villes Nouvelles („Neue Städte") in der Region Paris. Die Strategie der Entlastungsstädte dient allein der Dekonzentration, d. h., sie erhält → Metropolen funktionsfähig und damit konkurrenzfähig gegenüber anderen Metropolen im globalen Standortwettbewerb. Eine Dezentralisierung würde demgegenüber die Verlagerung wichtiger Funktionen aus der Metropole in periphere Regionen eines Staates beinhalten.

Entwicklungshilfe
Finanzielle, technische und personelle Unterstützung von Entwicklungsländern durch einen einzelnen Staat, eine Staatengruppe (z. B. die EU), durch internationale Organisationen wie z. B. die UNO oder durch sogenannte Nichtregierungsorganisationen (NRO). Die Entwicklungshilfe erfolgt zumeist nicht nach dem Gießkannenprinzip, sondern durch gezielte Projekte, die neben konkreten Verbesserungen auch einen Demonstrationseffekt zum Ziel haben.

Entwicklungsland
Staat, der im Vergleich mit den hoch entwickelten Industrieländern einen erheblichen Rückstand in der wirtschaftlichen, technologischen, sozialen und politischen Entwicklung aufweist. Gängige Indikatoren für den Entwicklungsstand sind u. a. das → Bruttonationaleinkommen (BNE) pro Einwohner und der → Human Development Index (HDI).

Entwicklungstheorien und -strategien
Mithilfe von Entwicklungstheorien sollen die Ursachen der Unterentwicklung vieler Staaten der Erde erklärt werden, während Entwicklungsstrategien konkrete Maßnahmen zur Verbesserung der Situation in den Entwicklungsländern anbieten.

Epiphyten
Pflanzen, die sich in Astgabeln oder auf Ästen von größeren Bäumen im tropischen Regenwald ansiedeln und auf dessen hohe Luftfeuchtigkeit angewiesen sind.

Erdbeben
Ruckartige Erschütterungen der Erdkruste und des oberen Erdmantels an den Plattengrenzen der Erde mit teilweise katastrophaler Intensität und entsprechenden Zerstörungen und Todesopfern.

Erdbebenwellen
Grundsätzlich werden zwei Arten von Erdbebenwellen unterschieden: Die Druckwellen, die sich genau in Ausbreitungsrichtung fortbewegen und vor- und zurückschwingen. Sie sind extrem schnell (Laufzeit: ca. 20 Minuten quer durch die gesamte Erde) sowie die Scherwellen, die senkrecht zur Ausbreitungsrichtung auf und ab schwingen. Infolge ihrer hohen Geschwindigkeit und ihres frühen Auftretens werden die Druckwellen als P-Wellen bezeichnet (Lateinisch: *prima unda* = erste Welle), die langsameren Scherwellen dagegen als S-Wellen (Lateinisch: *secunda unda* = zweite Welle).

Erntefläche
Im Unterschied zur einfachen landwirtschaftlichen Nutzfläche (LF) diejenige Fläche eines Staates in den Tropen bzw. Subtropen, die durch mögliche Mehrfachernten – z. T. mit Bewässerung – die tatsächliche, oft erheblich größere Anbaufläche beschreibt.

Erosion
Zusammenfassender Begriff für die Abtragung durch Wasser, Gletschereis und Wind. Im engeren Sinne die lineare Einschneidung von fließendem Wasser sowie von Gletscherströmen in den Untergrund.

Erosionsbasis
Das Höhenniveau, bis zu dem die Erosion durch fließendes Wasser wirksam ist. Am Rhein bildet z. B. der Bodensee eine lokale Erosionsbasis mit einer Höhe von rund 400 m über NN, die Nordsee dagegen bildet die absolute Erosionsbasis auf Meeresniveau (NN: Normal Null).

Erosionsrate
Masse der Bodensubstanz, die durch Erosion pro Jahr verloren geht. Sie wird gemessen in Tonnen pro Hektar pro Jahr.

Erreichbarkeit
Zeitaufwand, der zum Erreichen eines zentralen Ortes mit dem ÖPNV bzw. mit dem Pkw tatsächlich benötigt wird.

Europäischer Güterverkehrskorridor
Die Transportachse Rotterdam – Basel – Genua.

Euroregionen
Zusammenarbeit historisch eher benachteiligter Grenzregionen in Europa mit dem Ziel der Verbesserung der Lebensbedingungen ihrer Bewohner sowie der regionalen Wirtschaftsstruktur.

Exklave
Zu einem Staat gehörendes Gebiet, das außerhalb eines in sich geschlossenen Territoriums liegt. Ein bekanntes Beispiel ist das seit 1945 zur früheren → Sowjetunion und heute zu Russland gehörende Gebiet um die Stadt Kaliningrad (früher Königsberg) im nördlichen Ostpreußen.

Exogene Kräfte
Von außen auf die Erdkruste einwirkende Kräfte.

Exportoffensive
Aggressive Strategie einer exportorientierten Industrialisierungspolitik mit dem erklärten Ziel, ausländische Konkurrenten völlig vom Markt zu verdrängen.

Exportorientierte Industrialisierungsstrategie (EXI)
Strategie des Aufbaus einer weltmarktorientierten, konkurrenzfähigen Konsum- bzw. Investititionsgüterindustrie, um dadurch Anschluss an die bereits industrialisierten Staaten zu gewinnen.

Favela
Brasilianische Bezeichnung für eine → Marginalsiedlung.

Favela-Syndrom
Bezeichnung für das Krankheitsbild wuchernder Marginalsiedlungen in den Staaten der Dritten Welt, in denen die Menschen in Armut, in Krankheit und in rechtlicher Unsicherheit leben müssen, oftmals ohne jegliche Zukunftsperspektive.

Finanzzentrum
Großstadt, meist eine → Global City, mit zahlreichen Banken, Versicherungen, Immobilienunternehmen sowie mit Rechtsanwälten, Steuer- und Finanzberatern.

Findling
Durch Gletschertransport verfrachteter großer Gesteinsblock, der sich weit entfernt vom ursprünglichen Entstehungsort befindet; wird auch als erratischer Block bezeichnet.

FIRE-Sektor
Finance, Insurance and Real Estate (Finanzen, Versicherungen und Immobilien) – Bereich des tertiären Sektors mit einer besonders hohen Wertschöpfung und mit hohen Gewinnmargen und Einkommen.

Flächennutzungskonflikte
Politische, wirtschaftliche und/oder soziale Konflikte, die sich aus unterschiedlichen Interessen und Nutzungsansprüchen an einen bestimmten Raum ergeben (z. B. zwischen Industrie und Tourismus).

Flächenversiegelung
→ Bodenversiegelung

Flöz
Kohle führende Gesteinsschicht unterschiedlicher Mächtigkeit.

Flying-Geese-Modell (Modell der Fluggänse)
Entwicklungsmodell für die ost- und südostasiatischen Schwellenländer und Entwicklungsländer. Das technologisch führende Japan („Leitgans") verlagert nach diesem Modell veraltete Produktionsprozesse in andere Staaten der Region („Folgegänse"). Nach einer gewissen Entwicklungsphase geben diese dann ihre veralteten Produktionsprozesse an eine weitere Ländergruppe ab. So steigt allmählich der Entwicklungsstand.

Föderalismus
Geschichtlich bedingtes politisches System und Staatsmodell, in dem die Regionen ein Gegengewicht zum Zentrum bilden und dessen Entscheidungen mit beeinflussen und eventuell sogar verhindern können. Beispiele sind Deutschland, die Schweiz, die USA.

Food-Crop-Anbau
Anbau von Nahrungsmitteln für die Selbstversorgung.

Fordismus
Standardisierte Massenfertigung in der Industrie mit hierarchischer Organisationsstruktur und hoher Fertigungstiefe. Benannt nach dem Erfinder Henry Ford.

Frontier
Bezeichnung für den Grenzsaum der geschlossenen Besiedlung in den USA, der sich mit der Erschließung des Landes zu Lasten der Ureinwohner immer weiter in den Westen des Landes vorschob.

Fühlungsvorteile
Standortvorteile für Unternehmen derselben Branche, die sich am gleichen Standort ansiedeln. Diese ergeben sich aus dem Vorhandensein eines spezialisierten Angebots von Arbeitskräften und von hoch spezialisierten Zulieferbetrieben, Dienstleistungs- und Transportunternehmen, die sich auf diese Branche eingestellt haben.

Fusion
Zusammenschluss zweier zuvor selbstständiger Betriebe entweder mit gleichen Rechten, oder aber als (feindliche) Übernahme eines Betriebes durch einen anderen. Ziel sind Synergieeffekte, wie z. B. Einsparungsmöglichkeiten und somit eine erhöhte Konkurrenzfähigkeit oder sogar das Ausschalten der Konkurrenz.

Gebietsreform
Administrative Neugliederung einer zuvor stärker zersplitterten Region bzw. eines Staates mit dem Ziel von Einsparungen durch eine räumliche Konzentration von öffentlichen Dienstleistungsangeboten.

Gebirgsbildung
Entstehung von Gebirgen durch endogene, also aus dem Erdinneren stammende Kräfte.

Gentrification
(wörtlich: Veredelung); Aufwertung von Wohngebäuden in der Kernstadt durch aufwendige Sanierungs- und Modernisierungsmaßnahmen (Luxussanierung) mit dem Ziel, die Sozialstruktur in einem Wohngebiet zu verändern. Die Gentrification führt aber auch zur Verdrängung der angestammten Wohnbevölkerung mit geringeren Einkommen.

Geodeterminismus
Erklärungsansatz für globale Disparitäten, der davon ausgeht, dass die Unterentwicklung der Entwicklungsländer ausschließlich durch die ungünstigen naturräumlichen Bedingungen in den Tropen und Subtropen (Klima, Böden) verursacht wurde bzw. wird.

Geozone
Kurzbezeichnung für den sperrigen Begriff Geoökozonen (→ Ökozonen). Wichtig ist bei dieser Bezeichnung die Maßstabsebene: Es handelt sich um global betrachtet neun (nach anderen Einteilungen auch etwas mehr oder weniger) Großräume der Erde, die aufgrund gleichartiger Lebens- und Nutzungsbedingungen zusammengefasst werden können und so einen Überblick vermitteln:
- Polare Kältewüste
- Subpolare Tundra
- Kaltgemäßigte boreale Nadelwaldzone
- Kühlgemäßigte Laub- und Mischwaldzone
- Winterkalte Steppen und Wüsten
- Warmgemäßigte Subtropen
- Tropisch-subtropische Trockenzone
- Wechselfeuchte Tropenzone
- Immerfeuchte Tropenzone

Gesamtfruchtbarkeitsrate (Total Fertility Rate – TFR)
Tatsächliche Zahl der Geburten pro Frau in der reproduktiven Altersphase von 15 bis 49 Jahren in einem Staat.

Gesteinsarten
Die wichtigsten Gesteinsarten sind demnach Tiefengesteine (Plutonite), Vulkangesteine (Vulkanite), Umwandlungsgesteine (Metamorphite) und Ablagerungsgesteine (Sedimente, die z. T. diagenetisch verfestigt sind).

Gewittercluster
Zusammenballung mehrerer normaler Gewitterzellen zu einer großen Gewitterzelle mit Ausmaßen von 1000 und mehr Kilometern Durchmesser in den inneren Tropen sowie mit ausgiebigen Niederschlägen.

Ghetto (oder Getto)
Wohngebiet einer ethnischen oder religiösen Minderheit in einer Stadt. Die Ansiedlung in bestimmten Stadtvierteln kann freiwillig erfolgen oder erzwungen werden.

Gini-Koeffizient
Mathematisch aus der → Lorenzkurve abgeleitetes Maß für die Gleich- bzw. Ungleichverteilung von z. B. Bevölkerung, Landbesitz oder Einkommen in einem Staat. Geht der Gini-Koeffizient gegen Null, so ist die Verteilung eher gleichmäßig, geht er aber gegen Eins, so ist die Verteilung sehr ungleichmäßig bzw. ungerecht.

Glaziale Serie
Die charakteristische Abfolge von Grundmoräne, Endmoräne, Sander und Urstromtal als in der Landschaft bis heute sichtbare Hinterlassenschaft der Eiszeiten.

Gletscherskilauf
Besonders umweltschädliche Variante des Wintersports in den Gletscherregionen von Hochgebirgen – auch im Sommer; gilt als eine Form des sogenannten „Harten Tourismus".

Global City
Stadt mit bedeutenden Steuerungsfunktionen für die Weltwirtschaft, z. B. als Finanzzentrum oder als Konzernzentrale weltweit agierender Unternehmen (Global Player). Global Cities bilden die höchste Hierarchieebene zentraler Orte und sind durch den internationalen Flugverkehr sowie durch Internet und Telekommunikation eng miteinander verknüpft. Je nach globaler Bedeutung werden Alpha-, Beta und Gamma-Weltstädte unterschieden.

Globalisierung
Prozess der weltweiten Zunahme von Austauschbeziehungen und Verflechtungen über Staatsgrenzen hinweg, der sich auf viele Lebensbereiche auswirkt. Die Globalisierung betrifft insbesondere die Zunahme der Handelsverflechtungen, das Wachstum der internationalen Kapitalströme, die grenzüberschreitende Organisation der Produktion und den internationalen Tourismus.

Global Player
Weltweit wirtschaftlich aktiver Konzern, der auf den drei wichtigsten Märkten der Erde (→ Triade) vertreten ist.

Grabenbruch
Durch → Bruchtektonik entstandenes Becken, zumeist eine langgestreckte Hohlform. Bekannte Grabenbrüche sind der Oberrheingraben sowie der Baikalsee.

Grenzertragsböden
Böden mit einer geringen natürlichen Bodenfruchtbarkeit oder in einer klimatisch benachteiligten Region mit ausgeprägter Trockenheit bzw. mit kurzen Wachstumszeiten und daher mit eingeschränkten Nutzungsmöglichkeiten. Eine Nutzung ist oft nur durch erhöhte Düngergaben bzw. durch künstliche Bewässerung möglich und verringert somit die Wirtschaftlichkeit der hier tätigen Agrarbetriebe.

Großwohnsiedlung
Wohngebiet mit mehrgeschossigen Wohnblöcken und mit einer hohen Bevölkerungsdichte meist außerhalb der Innenstadt. Durch den Bau von Großwohnsiedlungen kann der Flächenverbrauch im Unterschied zur Eigenheim-Bebauung deutlich eingeschränkt werden.

Grundbedürfnisstrategie
Hauptziel der Grundbedürfnisstrategie ist die Befriedigung der Grundbedürfnisse *(Basic Needs)* der größtmöglichen Zahl von Menschen innerhalb eines politisch akzeptablen Zeithorizonts. Wichtigste Zielgruppe sind die ärmeren Menschen in einem Entwicklungsland. Zur Grundbedürfnisstrategie gehört die Gewährleistung der Mindestausstattung einer Familie mit Gütern des privaten Bedarfs, vor allem Wasser und angemessene Ernährung, Kleidung und Wohnraum sowie bestimmte Haushaltsgegenstände und Möbel. Daneben soll eine elementare öffentliche Infrastruktur bereitgestellt werden, wie Trinkwasserversorgung, sanitäre Anlagen, öffentlicher Transport, Gesundheitsdienste und Bildungseinrichtungen.

Grundgebirge
Alter, vorwiegend aus kristallinen Gesteinen (z. B. Granite und Gneise) bestehender Gebirgskörper. Beispiele sind der Harz oder das → Rheinische Schiefergebirge.

GUAM-Staaten
In Anlehnung an die Bezeichnung für eine Insel im Pazifik entstandener Begriff, der die gemeinsamen politischen und wirtschaftlichen Interessen der Staaten Georgien, Ukraine, Aserbaidschan und Moldau unterstreicht. Diese Staaten versuchen sich aus der wirtschaftlichen und miltärischen Einflusssphäre Russlands zu lösen und betreiben eine Annäherungspolitik an die USA, an die NATO und an die EU.

GUS (Gemeinschaft Unabhängiger Staaten)
Lockerer Staatenbund der meisten seit 1991 auf dem Gebiet der früheren Sowjetunion neu entstandenen Staaten – mit Ausnahme der baltischen Staaten, die mittlerweile sowohl zur NATO als auch zur EU gehören.

HADLEY-Zelle
Tropischer Teil der atmosphärischen Zirkulation, der als doppelte Walze vom Äquator bis zu den Wendekreiswüsten reicht.

Han-Chinesen
Von einer chinesischen Dynastie, unter der Nord- und Südchina erstmals vereinigt waren und zusammenwuchsen, abgeleitete Bezeichnung für die große Bevölkerungsmehrheit der Chinesen in der VR China, das sogenannte Staatsvolk.

Handelsbilanz
Saldo von Importen und Exporten in Bezug auf eine Volkswirtschaft. Demnach wird unterschieden zwischen einer positiven bzw. negativen Handelsbilanz. Auch eine ausgeglichene Handelsbilanz ist möglich.

Hartlaubvegetation
An die sommerliche Trockenzeit des Mittelmeerklimas mit ihren hohen Verdunstungswerten angepasste Vegetation.

Havarie-Syndrom
Als Havarie-Syndrom werden lokale, singuläre Industriekatastrophen mit längerfristigen Auswirkungen bezeichnet, wie z.B. die Reaktorkatastrophen von Tschernobyl in der Ukraine 1986, die Havarie des Öltankers Exxon Valdez 1989 vor der Küste Alaskas oder die Reaktorkatastrophe in Fukushima 2011 als Folge des verheerenden Tsunamis vor der Ostküste Japans.

High-Tech-Cluster
Räumliche Konzentration von Hochtechnologie-Betrieben an einem Standort bzw. in einer Region mit der Möglichkeit der vertikalen und horizontalen Kooperation.

Hispanics
Aus Lateinamerika stammende Einwanderer in den USA.

Höhenstufen
Charakteristische Abfolge von Klima-, Vegetations- und Landnutzungsstufen mit zunehmender Höhe in den Hochgebirgen der Erde. Insbesondere in den Tropen können bei entsprechender Höhe des Gebirges fast alle Klimazonen der Erde als Höhenstufen auftreten, vom tropischen Regen- und Bergregenwald bis hin zur Gletscherzone der Gipfel.

Hoher Norden
Bezeichnung für die unwirtlichen subpolaren Bereiche in Alaska, Kanada, Grönland und Sibirien, in denen eine Erschließung von Bodenschätzen bzw. die Unterhaltung von Dauersiedlungen mit extrem hohen Kosten verbunden und daher nur in Einzelfällen möglich ist.

Homestead Act (Heimstätten-Gesetz)
Gesetz über die Zuweisung von Land an geeignete Siedler in den USA, das die Voraussetzung für die Erschließung und die geschlossene Besiedlung der Inneren Ebenen und des Westens der USA war.

Hot Spot
Über lange geografische Zeiträume aktive, ortsfeste Vulkangebiete unterhalb der driftenden Lithosphäreplatten, deren Magma aus dem unteren Erdmantel stammen soll. Ein bekanntes Beispiel sind die Hawaii-Inseln.

Human Development Index (HDI)
Von den Vereinten Nationen entwickelter Index der menschlichen Entwicklung. Dieser setzt sich zusammen aus der Lebenserwartung bei der Geburt, der Alphabetisierungsrate der Erwachsenen und der realen Kaufkraft pro Einwohner.

Humankapital
In Deutschland durch Politiker und Wirtschaftsführer missbräuchlich verwendeter und dadurch teilweise in Verruf geratener Begriff, der das Kapital eines Landes beschreibt, das vor allem auf einem allgemein hohen Bildungsstand und auf einer guten Berufsausbildung mit entsprechendem Know-how sowie auf einer hohen Motivation seiner Bewohner beruht.

Hurrikan (engl. Hurricane)
Tropischer Wirbelsturm, der in einem Gürtel von mehr als 10° Nord bzw. Süd über stark erhitzten Meeresoberflächen mit einer Wassertemperatur von mehr als 27 °C entsteht. Hurrikane können auf Satellitenbildern geortet und verfolgt werden. Daher ist meistens eine rechtzeitige Evakuierung der betroffenen Regionen möglich.

Hygrische Jahreszeiten
Jahreszeiten, die weniger durch die Temperatur als vielmehr durch die Verfügbarkeit von Wasser für die Vegetation bestimmt werden (Trockenzeit bzw. Regenzeit).

Image einer Region
Für den Tourismus (Marketing) und als Standortfaktor für Betriebsansiedlungen wichtiges, oftmals sogar entscheidendes Bild einer Region nach außen, z. B. in den Massenmedien.

Impact-Struktur
Englisch-amerikanische Bezeichnung für Hohlformen in der Landschaft, die durch Meteoriteneinschläge entstanden sind. Ein bekanntes Beispiel ist das Nördlinger Ries.

Index für menschliche Entwicklung
→ Human Development Index

Indoeuropäische Sprachen
In Nordamerika, Europa und Asien weit verbreitete Sprachfamilie mit einem gemeinsamen Ursprung und teilweise ähnlichem Wortschatz.

Inflationsrate
Messgröße für die Preissteigerung in einem Staat und damit für den Wertverfall der Landeswährung. Erhoben wird die Inflationsrate für bestimmte Zeiträume, z.B. für ein Jahr, für fünf Jahre und für zehn Jahre. Grundlage der Erhebung ist jeweils ein repräsentativer Warenkorb mit bestimmten Konsumausgaben und dessen nominale Preisentwicklung im Verhältnis zur Vorperiode.

Informeller Sektor
Vor allem in den Entwicklungsländern jener Sektor der Wirtschaft, der nicht von der Statistik erfasst wird. Die zahlreichen in ihm tätigen Menschen sind weder kranken- noch rentenversichert und versuchen zumeist durch einfache Dienstleistungen allein oder in Kleinstbetrieben mit minimalen Einkommen zu überleben – oftmals durch Selbstausbeutung.

Innertropische Konvergenzzone (ITC)
Der Bereich der inneren Tropen, in dem der Nordostpassat und der Südostpassat zusammenströmen (konvergieren) und in dem sich die äquatoriale Tiefdruckrinne mit Zenitalregen bildet. Die ITC wandert mit dem Zenitstand der Sonne vom Äquator aus über den Kontinenten weiter, über den Ozeanen wesentlich weniger weit nach Norden bzw. nach Süden.

Innovationspotenzial
Möglichkeiten innerhalb einer Stadt oder Region, Erfindungen und technologische Verbesserungen hervorzubringen – z.B. in Hochschulen und Forschungsinstituten – und diese in die Praxis umzusetzen, z.B. in Form neuer Produkte oder Verfahren.

Interzeption
Vorübergehendes Auffangen des Niederschlags durch das geschlossene Blätterdach eines Baumes bzw. Waldes. Der Regen erreicht erst mit Verzögerung den darunterliegenden Boden.

Inversion
(lateinisch für Umkehrung) – Besondere Temperaturschichtung in der Atmosphäre, bei der eine wärmere Luftschicht über einer kalten, bodennahen Luftschicht liegt. Normalerweise kühlt die Luft mit zunehmender Höhe ab.

Inversionswetterlage
Zeitraum mit einer → Inversion der Temperaturschichtung in der Atmosphäre, v.a. im Winter und in Tal- oder Beckenlagen, in denen sich bodennahe Kaltluft sammeln kann.

Jetstream
(wörtlich: Strahlstrom) – Starke, bandartige und zeitweise mäandrierende Luftströmung in der oberen Troposphäre, die aufgrund des globalen Temperatur- und damit auch Druckgefälles oberhalb der planetarischen Frontalzone entsteht.

Joint Venture
Gemeinsame Gründung eines Unternehmens durch rechtlich und wirtschaftlich voneinander unabhängige Partner. Dabei werden einander ergänzende Kenntnisse (Know-how) und/oder Kapital bei gleichzeitiger Teilung von Gewinn und Risiko zusammengelegt.

Jugoslawien
(„Staat der Südslawen"). Nach dem Ersten Weltkrieg unter der Führung Serbiens gebildeter Vielvölkerstaat auf der Balkanhalbinsel, der in den 1990er-Jahren zerfallen ist in die souveränen Staaten Slowenien, Kroatien, Mazedonien, Bosnien-Herzegowina, Montenegro sowie Serbien mit der Autonomen Region Kosovo (unter internationaler Verwaltung).

Just in Time
In der Automobilindustrie entwickeltes Verfahren der Zulieferung von Einzelteilen bzw. von Komponenten genau zu dem Zeitpunkt, an dem sie am Band benötigt werden. Damit wird eine kostenaufwendige Lagerhaltung vermieden, aber das Verkehrsaufkommen von Lkw als sogenannte ‚rollende Warenlager" steigt deutlich an.

Kältepol
Ort mit der tiefsten jemals gemessenen Temperatur auf der Nord- bzw. auf der Südhalbkugel der Erde.

Kaltfront
Grenze der vorrückenden Kaltluft auf der Rückseite des → Warmluftsektors innerhalb eines wandernden Tiefdruckgebietes.

Kaufkraftparität (PPP-$)
Die Abkürzung stammt vom englischen Begriff „Purchasing Power Parity". Die Kaufkraftparität gibt an, wie viele Einheiten der jeweiligen Landeswährung erforderlich sind, um einen repräsentativen Warenkorb mit bestimmten Konsumgütern zu kaufen, der in den USA einen bestimmten Preis in US-$ hat. Anschließend wird die Kaufkraft der Landeswährung umgerechnet in die Kaufkraft eines US-$.

Klimadiagramm
Grafische Darstellung des langjährigen durchschnittlichen Temperatur- bzw. Niederschlagsverlaufs für eine bestimmte Klimastation, basierend auf Messreihen von mindestens 30 Jahren.

Kommunistische Partei der Sowjetunion (KPdSU)
Mächtige Einheitspartei in der früheren → Sowjetunion, die nicht nur Politik und Wirtschaft kontrollierte, sondern auch die Massenmedien. Die Bürgerrechte waren stark eingeschränkt, und der einzelne Bürger wurde vom Staat auch im Privatleben streng überwacht.

Komparative Kostenvorteile
Besondere Standortvorteile in bestimmten Staaten, z. B. in den Industrieländern durch den hohen technologischen Entwicklungsstand, die gut ausgebaute Infrastruktur und den aufnahmefähigen Markt, in den Entwicklungsländern durch die geringen Löhne und durch eventuell vorhandene Rohstoffvorkommen.

Kompression
Verkürzung der Erdkruste an einer Plattengrenze durch Faltung oder → Bruchtektonik bei der Kollision zweier Lithosphäreplatten.

Kondensationsniveau
In Abhängigkeit von Temperatur und Luftfeuchtigkeit ist das Kondensationsniveau die Höhe in Metern, bei der der gasförmige Wasserdampf aufsteigender und damit kühler werdender Luftmassen kondensiert, also in Wassertröpfchen umgewandelt wird mit Wolkenbildung und später eventuell mit Niederschlagsbildung.

Konsolidierung
Prozess der schrittweisen Verbesserung der Bausubstanz und der Lebensbedingungen in einer ehemaligen → Marginalsiedlung durch ihre Bewohner selbst als Teil einer „Entwicklung von unten", und zwar weitestgehend in Eigenleistung unter der Voraussetzung relativ sicherer Einkommensverhältnisse sowie positiver Zukunftsperspektiven. Im Gegensatz dazu stehen als „Entwicklung von oben" die sogenannten → Squatter Upgrading-Programme, die oftmals von der Weltbank finanziert werden.

Kraton
Sehr alter Festlandskern, der bereits nach dem Erkalten der Erdkruste in der Erdurzeit entstanden ist. Nach neuesten wissenschaftlichen Erkenntnissen liegen die ältesten Teile der Erdkruste (3,8 Mrd. Jahre alt) im Osten Grönlands.

Kultur
Kultur ist ganz allgemein die vom Menschen geschaffene künstliche Umwelt im Unterschied zur natürlichen Umwelt. Aufbauend auf einer geistigen Kultur (Sprache, Religion, Wertvorstellungen und Gesellschaftsnormen, Ästhetik und Wissenschaft) gibt es eine materielle Kultur (Architektur, Technik und Infrastruktur). Wichtige Indikatoren zur Abgrenzung unterschiedlicher Kulturräume sind Religion und Sprache. Allerdings gibt es meist keine klaren Grenzlinie, sondern eher Übergangsräume mit sprachlichen oder religiösen Minderheiten. Viele politische Grenzen auf der Erde durchschneiden kulturelle Grenzen, insbesondere Sprachgrenzen.

Kulturerdteil
Großregion der Erde, die nicht durch physisch-geografische Merkmale abgegrenzt wird, sondern durch kulturelle Faktoren, die sich auch in der jeweiligen Kulturlandschaft niederschlagen. Beispiele sind der anglo-amerikanische, der lateinamerikanische, der islamisch-orientalische oder der russisch-orthodoxe Kulturerdteil. Die Abgrenzungskriterien sind einerseits nicht immer sehr scharf (meist geht es um Sprache und/oder Religion) und werden überlagert durch Globalisierungsprozesse, andererseits enthalten einzelne Kulturerdteile sehr unterschiedliche Teilregionen, die kaum zusammengefasst werden können.

Länderfinanzausgleich
System eines gesetzlich geregelten Finanzausgleichs von den wirtschaftlich stärkeren hin zu den wirtschaftlich schwächeren Bundesländern in Deutschland mit dem Ziel des Abbaus räumlicher Disparitäten sowie der Herstellung räumlicher Gerechtigkeit.

Länderfusion
Zusammenlegung mehrerer Bundesländer mit dem Ziel von Einspar- und Synergieeffekten – allerdings verbunden mit dem Nachteil des Verlustes von Bürgernähe sowie mit weiten Wegen zu den Behörden. Die erste Länderfusion war der Zusammenschluss von Baden und Württemberg 1952. Die Länderfusion entspricht einer Gebietsreform auf Länderebene. Sie sollte mit dem geplanten Zusammenschluss von Berlin und Brandenburg im zweiten Anlauf für das Jahr 2010 verwirklicht werden, scheiterte aber in einer Volksabstimmung.

Länderklassifikation
Nach dem jährlich erscheinenden Weltentwicklungsbereicht der Weltbank werden die Staaten allein nach dem Kriterium des Bruttonationaleinkommens pro Einwohner eingestuft in Länder mit geringem, mittlerem und hohem Einkommen. Die Gruppe mit mittlerem Einkommen wird noch in zwei Kategorien unterteilt.

Landflucht
Prozess der Abwanderung aus peripheren ländlichen Regionen aufgrund des Strukturwandels in der Landwirtschaft. Folgen sind Wüstungsprozesse und Schwächen in der infrastrukturellen Versorgung des dünn besiedelten ländlichen Raumes.

Land Grabbing
Die wachsende globale Nachfrage nach Nahrungs- und Futtermitteln hat zu einem steigenden Bedarf vor allem an Ackerflächen geführt. Staatsfonds reicher Staaten (z. B. der Ölstaaten, aber auch Chinas und Südkoreas), Banken und Landfonds kaufen daher in großem Umfang Ackerland gerade auch in den ärmeren Entwicklungsländern, wo die Ernährungsprobleme der Bevölkerung weiter verschärft werden.

Landlocked Country (LLC)
→ Binnenland

Landreform
Politische Maßnahme der Umverteilung von landwirtschaftlichen Nutzflächen bei extrem ungerechten Bodenbesitzverhältnissen, wie z. B. in Lateinamerika.

Landschaft
Umgangssprachliche Bezeichnung für einen bestimmten physisch-geografischen bzw. kulturgeografischen Raumtyp.

Latente Wärme
Beim Vorgang der Verdunstung im Wasserdampf der Luft gespeicherte Energie, die bei der Kondensation wieder an die umgebende Luft abgegeben wird

Least Developed Countries (LLDC)
Englisch-amerikanische Bezeichnung für die ärmsten Entwicklungsländer mit besonderem Unterstützungsbedarf. Der Begriff wird v. a. von den Vereinten Nationen benutzt.

Lebenserwartung
Rechnerischer Wert des durchschnittlich zu erwartenden Alters ab der Geburt; in der Regel wird die Lebenserwartung bezogen auf ein Land angegeben. Die Lebenserwartung wird zumeist auch für Männer und Frauen getrennt erhoben.

Leistungsbilanz
Teil der Zahlungsbilanz einer Volkswirtschaft. Die Leistungsbilanz lässt sich in folgende Teilbilanzen gliedern:
- Handelsbilanz: Import und Export von Waren.
- Dienstleistungsbilanz: Import und Export von Dienstleistungen, wie z. B. Tourismus, Transportleistungen.
- Übertragungsbilanz: Zahlungen an internationale Organisationen wie die UNO, Zahlungen von Entwicklungshilfe, Rücküberweisungen von ausländischen Arbeitnehmern in ihr Heimatland (Remitten).

Less Developed Countries (LDC)
Englisch-amerikanische Bezeichnung der Vereinten Nationen für Entwicklungsländer.

Lithosphäre
Gesteinshülle der Erde mit den festen Bestandteilen: Obere und untere Erdkruste sowie oberster Erdmantel (insgesamt bis maximal 60 km mächtig).

Lorenzkurve
Spezielle Diagrammform zur Darstellung einer Verteilung (z. B. der Betriebsgrößenstruktur in der Landwirtschaft) und damit auch zum Aufzeigen von Ungleichverteilung bzw. Ungerechtigkeit.

Lössbörden
Während der Eiszeiten durch den Wind abgelagerte, feinkörnige und zugleich kalkhaltige Sedimente sowie die darauf entstandenen Lössböden bilden die Grundlage für die Entstehung fruchtbarer Agrarlandschaften im Vorland der Mittelgebirge, der sogenannten Börden.

Luftdruckgradient
Luftdruckgefälle zwischen Hoch- und Tiefdruckgebieten

Marginalisierung
(lateinisch *margo*: Rand) – Beschreibung dafür, dass ein größerer Bevölkerungsanteil, in den Entwicklungsländern oft sogar die Mehrheit der Bevölkerung, an den Rand der Gesellschaft gedrängt wird und dort von der Teilhabe am Wohlstand und an politischen Entscheidungsprozessen ausgeschlossen ist.

Marginalsiedlung
Im engeren Sinne Hüttenviertel am Rande von Großstädten, deren Bewohner überwiegend arm sind und unter teilweise katastrophalen hygienischen und sozialen Bedingungen leben müssen, im weiteren Sinne auch die innerstädtischen → Slumgebiete mit vergleichbaren Lebensbedingungen.

Massentierhaltung
Wirtschaftlich erfolgreiche, aber moralisch umstrittene Form der Haltung vieler Tiere der gleichen Art auf engstem Raum mit dem Ziel der Gewinnmaximierung für die Produzenten und der Preisreduzierung für den Konsumenten; meist ohne Rücksicht auf eine artgerechte Tierhaltung.

Massentourismus
Negativ besetzter Begriff für einen nicht nachhaltigen, weder an das Ökosystem noch an die Kultur in der Zielregion angepassten, sogenannten harten Tourismus.

Mediterrane Subtropen
Gebiete mit subtropischem Mittelmeerklima. Kennzeichen sind milde Temperaturen, Winterregen und sommerliche Trockenheit.

Megacity
Nach einer Definition der Vereinten Nationen müssen Megastädte folgende Bedingungen erfüllen:
- mindestens zehn Millionen Einwohner,
- monozentrische Struktur (eine Kernstadt),
- Mindestdichte der Bevölkerung: 2000 Einwohner pro Quadratkilometer,
- herausragende Bedeutung im nationalen und / oder internationalen Rahmen.

Megalopolis
(wörtlich: „Riesenstadt") – Große, fast durchgehend verstädterte Räume, in denen sich mehrere Groß- bzw. Millionenstädte durch die Suburbanisierung zu einer zusammenhängenden Stadtlandschaft entwickeln. Bekanntestes Beispiel ist die Megalopolis **Boswash** in den USA mit rund 38 Millionen Einwohnern. In der Bezeichnung Boswash stecken die beiden Endpunkte der Megalopolis: **Bos**ton im Norden und **Wash**ington im Süden.

Melting Pot
Idealisiertes Ziel der Verschmelzung aller eingewanderten Bevölkerungsgruppen in den USA. Der Realität angepasst wird heute eher von einer Salad Bowl gesprochen, einem bunten Gemisch von Bevölkerungsgruppen, vergleichbar dem Mosaik der Kulturen in Kanada. Werden die sozialen Unterschiede betont, so spricht man auch von einem Layer Cake, einer Schichttorte mit oben und unten.

MERCALLI-Skala
Zwölfteilige Erdbebenskala, die auf den von Menschen wahrnehmbaren Erschütterungen und der Beschreibung von Schäden beruht. Sie ist also teilweise subjektiv und rein beschreibend. Benannt wurde sie nach dem italienischen Vulkanologen GIUSEPPE MERCALLI (1850–1914).

Metamorphose
Umwandlung von Gesteinen durch hohen Druck und/oder hohe Temperatur; typisches Beispiel für Metamorphite sind Gneise.

Meteorit
Allgemeine Bezeichnung für kleinere, vereinzelt auch größere Himmelskörper, die beim Eintritt in die Erdatmosphäre zumeist völlig verglühen oder aber einschlagen und dann → Impact-Strukturen bilden können.

Metropole
Millionenstadt, die zugleich ein wirtschaftliches und politisches Entscheidungszentrum ist und die anderen Städte des Landes in der Regel an Größe und Bedeutung weit überragt.

Metropolitane Funktionen
Hochrangige, national und international bedeutsame Funktionen des tertiären Sektors in einer Metropole, z. B. Konzernzentralen und Ministerien.

Metropolregion
Einzugsbereich einer bedeutenden Millionenstadt, der weit über die engere Stadtregion hinausreicht.

Migration
(lateinisch für Wanderung) – Verlagerung des Wohnsitzes für immer bzw. für einen längeren Zeitraum innerhalb eines Staates von einer Region in eine andere oder über Staatsgrenzen hinweg

Minderheit
Bevölkerungsgruppe, die sich aufgrund bestimmter Kriterien (kulturelle Faktoren, soziale Identität, räumliche Konzentration) von der Mehrheit der Einwohner in einem Staat unterscheidet.

Mittelgebirgsschwelle
Geologisch ältere, durch → Erosion stärker abgetragene und durch → Bruchtektonik geprägte, kleingekammerte Gebirgslandschaft ohne schroffe Landschaftsformen zwischen Norddeutschem Tiefland und Alpenvorland mit Gipfelhöhen von maximal knapp 1500 Metern.

Mobilität
(wörtlich: Beweglichkeit) – Möglichkeiten der räumlichen und der sozialen Veränderung in einer Gesellschaft in Abhängigkeit von deren wirtschaftlichem, technologischem, politischem und sozialem Entwicklungsstand. Die räumliche Mobilität bezieht sich auf die Verlagerung des Wohnsitzes bzw. die Verkehrserschließung, die soziale Mobilität bezieht sich auf die gesellschaftlichen Aufstiegsmöglichkeiten.

Montanindustrie
(lateinisch von Berg, Bergbau) – Die auf dem Abbau von Steinkohle als Energieträger sowie von Eisenerz als Rohstoff beruhende Eisen- und Stahlindustrie („Schwerindustrie").

Moränen
Eiszeitliche Ablagerungen unterhalb des ehemaligen Gletschers als sogenannte Grundmoräne bzw. vor dem ehemaligen Gletscher als sogenannte Endmoräne. Bei den Endmoränen werden aufgeschobene Stauchendmoränen von abgelagerten Satzendmoränen (von Absetzen) unterschieden. Im Unterschied zu Ablagerungen von Flüssen (→ Sander) ist das Gesteinsmaterial der Moränen nicht nach Größe sortiert und nicht gerundet bzw. nur an den Kanten gerundet.

Most Seriously Affected Countries (MSAC)
Diejenigen → Entwicklungsländer, die auf den Import von Erdöl als Energieträger angewiesen und von Preissteigerungen in diesem Bereich besonders betroffen sind, da diese die Handelsbilanz stark belasten.

Mure
Schlamm- und Geröllstrom im Gebirgsraum mit verheerender Zerstörungskraft.

Nachhaltige Entwicklung
Entwicklung, die sowohl ökonomische als auch soziale und ökologische Interessen berücksichtigt und vor allem langfristig angelegt ist, also die Lebensgrundlagen und Gestaltungsmöglichkeiten zukünftiger Generationen nicht beeinträchtigt.

NAFTA-Staaten
Staaten, die dem North American Free Trade Agreement beigetreten sind, dem nordamerikanischen Freihandelsabkommen: USA, Kanada und Mexiko.

Nationalpark
Aus den USA stammendes Konzept des Schutzes von einmaligen Naturlandschaften, um diese für die Nachwelt zu erhalten. Gleichzeitig sollen Nationalparks in ausgewählten Bereichen für Besucher zugänglich sein, damit diese die einmaligen Naturlandschaften kennen lernen und eine positive Einstellung gegenüber der Natur entwickeln.

Natürlicher Bevölkerungssaldo
Geburtenfälle minus Sterbefälle in einer Region bzw. in einem Staat.

Naturpark
Großräumiges Gebiet mit besonderen Landschaftsformen, das für die touristische Erschließung besonders geeignet ist. Innerhalb dieser Einrichtungen gibt es Gebiete, die einem besonderen Landschaftsschutz unterliegen und nicht verändert werden dürfen und solche, die unter strengem Naturschutz stehen und daher auch für Touristen nicht zugänglich sind.

Niederschlagsvariabilität
Durchschnittliche Schwankungsbreite der Niederschläge, ausgehend vom langjährigen Mittel und gemessen über einen langen Zeitraum. Daraus ergibt sich die Dürrewahrscheinlichkeit in einer Region.

Nord-Süd-Konflikt
Da die meisten Industrieländer auf der Nordhalbkugel der Erde liegen, die meisten Entwicklungsländer dagegen auf der Südhalbkugel, wird der Interessengegensatz zwischen den beiden Ländergruppen als Nord-Süd-Konflikt bezeichnet.

Offshore-Finanzzentren
Diese auch als Steueroasen bezeichneten Gebiete sind zumeist formal selbstständige oder auch politisch abhängige Territorien mit kleiner Fläche und mit einer sehr liberalen Steuergesetzgebung sowie extrem niedrigen Unternehmenssteuern. Sie bieten globalen Konzernen die Möglichkeit, Gewinne niedrig zu versteuern und finanzielle Transaktionen zu verschleiern. Daneben dienen sie oftmals auch der Geldwäsche global agierender krimineller Organisationen.

Okklusion
Zusammenschluss von Kaltluft (am Boden) und Warmfront (in der Höhe) nach dem Anheben des Warmfrontsektors im Alterungsstadium einer → Zyklone.

Ökologisches Notstandsgebiet
Gebiete mit katastrophaler Umweltschädigung und mit Gesundheitsgefährdung ihrer Bewohner vor allem in den Staaten des früheren Ostblocks („Zweite Welt"). Bekannte Beispiele sind die Region um Norilsk im heutigen Russland, das Oberschlesische Industriegebiet (GOP) in Polen oder der Raum Bitterfeld in der früheren DDR. Neuere dramatische Beispiele für ökologische Notstandsgebiete finden sich in der VR China.

Ökozone
Großregion der Erde, zumeist parallel zu den Breitengraden angeordnet, die nach Zusammenfassung mehrerer naturräumlicher Kriterien in sich relativ einheitliche Lebensbedingungen für Flora und Fauna bietet und demnach auch für den Menschen.

Opportunitätskosten
Einkommensverluste durch den Verdienstausfall während der Erziehungszeiten und durch Ausgaben für die Kindererziehung und -versorgung.

Orient
Räumlich diffuser historischer Begriff für den Osten (Morgenland), der auch heute noch gebräuchlich ist und aus der eurozentrischen Perspektive alle exotisch anmutenden Kulturräume von Vorderasien bis nach China beinhaltet, die in Abgrenzung zum christlichen Abendland (Okzident) gesehen und teilweise sehr unterschiedlich bewertet werden – negativ oder positiv, seltener aber neutral.

Ostseitenklima
Ganzjährig feuchtes Klima mit Sommermaximum der Niederschläge oder sommerfeuchtes Klima an den Ostseiten der Kontinente, bedingt durch warme Meeresströmungen in diesem Bereich sowie durch die Aufheizung der Kontinente im Sommer, die dann die feuchtwarme Meeresluft ansaugen.

OSZE
Organisation für Sicherheit und Zusammenarbeit in Europa

Outsourcing
Auslagerung der Fertigung möglichst vieler Bauteile z. B. in der Automobilindustrie in Zulieferbetriebe, um eine Konzentration des Konzerns auf das Kerngeschäft zu ermöglichen.

Passatinversion
Temperaturumkehr in der Höhe zwischen 23,5° Nord bzw. Süd, in der sehr warme absinkende Luftmassen den Aufstieg und die Kondensation bodennaher Luftmassen verhindern und somit auch die Niederschlagsbildung. Die Passatinversion ist ursächlich verantwortlich für die Entstehung der Wendekreiswüsten.

Passatwinde
Beständig wehende Winde zwischen den Wendekreiswüsten und der → innertropischen Konvergenzzone, die durch die → Corioliskraft abgelenkt werden zu Nordost- bzw. Südostpassaten.

Passivraum
Raum mit geringer Wirtschaftsleistung (BIP/Einwohner), dünner Besiedlung, Überalterung sowie Abwanderung. Die Abwanderung ist oftmals verbunden mit → sozialer Erosion.

Pedosphäre
Bodenschicht der Erde – als solche die dünnste aller Schichten bzw. Hüllen der Erde.

Pendler
Menschen, die zum Erreichen ihres Arbeitsplatzes oder ihrer Schule bzw. Universität täglich ihren Wohnort verlassen und z. T. weite Strecken zurücklegen.

Peripherraum
(kurz: Peripherie), wörtlich: Region in Randlage. Beinhaltet aber auch die schlechte Erreichbarkeit (Pkw, ÖPNV) und den wirtschaftlichen sowie den gesellschaftlichen Entwicklungsrückstand einer Region im Vergleich zum Gesamtraum.

Permafrostboden
→ Dauerfrostboden

Phytomassenproduktion
Masse der Pflanzenproduktion, also des Zuwachses in einem Jahr in einem bestimmten Ökosystem, gemessen in Tonnen pro Hektar (t/ha).

Planet
Relativ großer, fester oder gasförmiger Himmelskörper, der um einen sogenannten Fixstern, wie z. B. die Sonne, kreist und von diesem Wärmeenergie erhält.

Planetarische Frontalzone
Zone der höchsten Luftdruck- und Temperaturgegensätze auf der Erde mit sehr starken Höhenwinden (Strahlströme bzw. englisch Jet Streams) sowie wandernden Zyklonen darunter, also dynamischen Tiefdruckgebieten, die für einen Ausgleich der Luftmassengegensätze sorgen.

Planetarische Zirkulation
Globales Windsystem am Boden und in der Höhe mit den dazugehörigen Druckgebieten.

Planetoid
Kleinerer, planetenartiger Himmelskörper mit geringer Masse und Anziehungskraft.

Planie
Skipiste in Bergregionen, für die der ursprünglich unebene Untergrund ausgeglichen, also planiert wurde mit Veränderungen der Bodenstruktur.

Planwirtschaft
Staatlich zentral gelenktes, bis auf die Ebene des einzelnen Betriebes hinab reichendes Wirtschaftssystem in den früheren sozialistischen Staaten („Zweite Welt") mit einem schwerfälligen bürokratischen Apparat (Zentralverwaltungswirtschaft).

Plattentektonik
In sich schlüssige Modellvorstellung, nach der die Erdkruste zusammen mit der oberen Schicht des Erdmantels in unterschiedlich große und unterschiedlich mächtige ozeanische bzw. kontinentale Platten gegliedert ist, die durch Energie aus dem Erdinnern (endogene Kräfte) angetrieben werden und auseinanderdriften, zusammenprallen oder aneinander vorbeischrammen können.

Primatstadt
Bedeutendste und bevölkerungsreichste Stadt eines Städtesystems, deren Einwohnerzahl die der nächstgrößeren Stadt um mindestens das Doppelte übertrifft.

Protektionismus
Schutz der eigenen Wirtschaft durch Einfuhrzölle, Mengenbegrenzungen von Importen oder durch andere gegen ausländische Volkswirtschaften gerichtete Maßnahmen, die den freien Warenhandel beschränken.

Punkt-axiales System
Grundgerüst von Städtesystemen und Instrument der Raumordnungspolitik (Raumplanung) – umfasst die wichtigsten städtischen Zentren und die sie verbindenden, leistungsfähigen Verkehrsachsen in einem Staat. Ein erwünschter Nebeneffekt der Förderung von punkt-axialen Systemen in der Raumordnungspolitik ist der geringere Flächenverbrauch und somit die Erhaltung ökologischer Ausgleichsflächen in den Achsenzwischenräumen.

Push- und Pull-Faktoren
(englisch: *to push*: schieben, drängen bzw. *to pull*: ziehen) – Modellvorstellung über die Ursachen von → Migration, in der nach Gründen, die einen Menschen aus einer Region bzw. aus einem Staat hinausdrängen (Push-Faktoren), sowie nach Gründen, die einen Menschen in eine andere Region bzw. in einen anderen Staat ziehen (Pull-Faktoren), unterschieden wird. Oftmals spielen mehrere Gründe gleichzeitig eine Rolle.

Quartärer Sektor
Wissensintensive Dienstleistungen auf der Basis hoher Qualifikation und mit hohen Einkommen, die in neueren volkswirtschaftlichen Ansätzen von den einfachen Dienstleistungen mit geringeren Einkommen unterschieden und aus dem tertiären Sektor ausgegliedert werden.

Räumliche Disparitäten
Entwicklungsunterschiede zwischen Räumen, die sich auf die Lebensbedingungen ihrer Bewohner nachhaltig auswirken.

Räumliche Mobilität
Möglichkeiten der Fortbewegung von Menschen mit Personenkraftwagen oder mit öffentlichen Verkehrsmitteln in einer Region bzw. in einem Staat in Abhängigkeit von der zur Verfügung stehenden Verkehrsinfrastruktur.

Räumliche Polarisierung
Prozess der Verschärfung von räumlichen Disparitäten in einer Region, z. B. zwischen Bevölkerungs- und Wirtschaftszentren einerseits und peripheren ländlichen Regionen andererseits.

Raumordnungspolitik
Andere Bezeichnung für die Raumplanung, also für staatliche Maßnahmen zum Abbau räumlicher Disparitäten und damit auch zur Schaffung gleichwertiger Lebensbedingungen in einem Land.

Raumschranke (Tyranny of Distance)
Problem der Überwindung großer Entfernungen in Flächenstaaten (sub)kontinentalen Ausmaßes. Der Bau und Ausbau der Verkehrsinfrastruktur erfordert erhebliche Geldmittel, ebenso der Betrieb des Personen- und vor allem des Güterverkehrs.

Regionalisierung
Generell die wissenschaftlich begründete Gliederung in klar abgegrenzte Regionen als wichtiges Analyseinstrument in der Geografie; in der Raumplanung die Abgrenzung von funktional zusammenhängenden Regionen, die bestimmte Entwicklungsmerkmale aufweisen.

Reliefenergie
Ausdruck für das Gefälle auf einer bestimmten Längendistanz. Bei einer hohen Reliefenergie haben z. B. Flüsse ein starkes Gefälle und schneiden sich in das Gelände ein (Tiefenerosion).

Reserven
Bekannte Rohstoffvorkommen, deren Abbau unter den aktuellen technologischen und ökonomischen Bedingungen mit Gewinn möglich wäre.

Ressourcen
Diese umfassen sowohl die → Reserven als auch die bekannten, derzeit noch nicht abbauwürdigen Rohstoffvorkommen sowie weitere, noch nicht näher erforschte, aufgrund bestimmter geologischer Strukturen aber für wahrscheinlich gehaltene Lagerstätten.

Rheinisches Schiefergebirge
In sich geschlossener Block der → Mittelgebirgsschwelle mit insgesamt einheitlichen geologischen Strukturen und Gesteinen, der eine mächtige → Barriere bildet, die durch die Flusstäler von Rhein und Mosel als Hauptverkehrsadern durchbrochen wird.

RICHTER-Skala
Im Unterschied zur → MERCALLI-Skala wird bei der RICHTER-Skala die von Erdbeben freigesetzte Energie physikalisch gemessen (ansatzweise umrechenbar in die Sprengkraft von TNT). Die Stärke (Magnitude) wird mithilfe einer logarithmischen Skala gemessen (Zehner-Logarithmus), ein Erdbeben der Stärke 5 setzt somit zehnmal so viel Energie frei wie ein Erdbeben der Stärke 4.

Rückzugsraum
Wirtschaftlicher Passivraum, aus dem sich die Bevölkerung zurückzieht, z. B. die Westalpen oder die Mittelgebirgsregionen.

Sahel-Syndrom
Krankheitsbild der Erde, das durch die → Desertifikation entsteht und Bereich der Sahelzone besonders augenfällig ist.

Sahelzone
Vom arabischen Wort Sahel für „Ufer". In Afrika der Übergangsraum von der Wüste zur Savanne – im engeren Sinne die Dornsavanne und Teile der Trockensavanne mit hoher Niederschlagsvariabilität und mit starker Gefährdung des Ökosystems durch den wirtschaftenden Menschen.

Sander
(isländisch Sandur) – Sandablagerungen durch Gletscherflüsse im Vorland der großen Gletscher als Teil der → glazialen Serie in den Eiszeiten bzw. aktuell in Island.

Satellitenstaat
Staat, der wirtschaftlich und politisch abhängig ist von einer regionalen oder globalen Großmacht.

Satellitenstadt
Geplante Stadt in zumeist hoch verdichteter Bauweise außerhalb der Kernstadt, um deren Wohnungsmarkt zu entlasten und um preiswerten Wohnraum in der Stadtregion zu schaffen. Außerdem verringern Satellitenstädte den Flächenverbrauch, der normalerweise mit dem Prozess der → Suburbanisierung verbunden ist.

Saurer Regen
Durch Schwefeldioxid-Emissionen v.a. aus Kohlekraftwerken entstandener, chemisch saurer und daher aggressiver Niederschlag, der weit entfernt vom Ursprungsort der Emissionen zur Schädigung von Wald- und Seeökosystemen sowie von Menschen und Gebäuden führen kann.

Savannen
Wechselfeuchte Ökozonen der Tropen, die sich vom tropischen Regenwald bis zu den Wendekreiswüsten erstreckt. Nach abnehmender Dauer der Regenzeit und nach abnehmender Niederschlagsmenge werden unterschieden: Feuchtsavanne – Trockensavanne – Dornsavanne.

Schlüsselindustrien
Die für die Industrialisierung eines Staates bzw. als industrielle Basis strategisch wichtigen Branchen wie die Energiewirtschaft, die Schwerindustrie, die Rüstungsindustrie, die Luft- und Raumfahrtindustrie oder die High-Tech-Industrie.

Schwarzerdeböden
Nach dem mächtigen dunklen Humushorizont benannter → Bodentyp mit hoher natürlicher Fruchtbarkeit, meist auf Lössböden in Steppengebieten entstanden.

Schwellenland
(englisch: *Newly Industrializing Country NIC*) – Staat, der sich im Übergang vom Entwicklungsland zum Industrieland befindet. Nach der Modernisierungstheorie handelt es sich um eine sogenannte Startgesellschaft, die erst noch den Sprung zum reifen Industrieland schaffen muss. In den meisten Schwellenländern gibt es ausgeprägte räumliche Disparitäten zwischen einem Zentrum oder mehreren Zentren und einem nach wie vor unterentwickelten peripheren ländlichen Raum.

sea-floor spreading
Spreizung des Meeresbodens an den untermeerischen Rücken durch den Aufstieg (die Konvektion) und das Erkalten von Magma, die zugleich den neuen Ozeanboden bildet. Gilt als Motor aller plattentektonischen Prozesse.

Sedimentation
Ablagerung von unterschiedlich weit zerkleinertem Gesteinsmaterial und von organischem Material. Die Sedimentation ist ein wichtiger Teil des Kreislaufs der Gesteine.

Separatismus
Politische Bewegung, die die Loslösung einer Region aus einem Staatsgebilde fordert und aktiv betreibt durch politische und sogar durch terroristische und paramilitärische Aktionen.

Shareholder Value
Unternehmensprinzip, bei dem möglichst hohe Gewinne der Aktionäre (Shareholder = Anteilseigner) oberstes Ziel sind. Beschäftigungseffekte und langfristige Unternehmensstrategien stehen demgegenüber oftmals zurück.

Site and Service Schemes
Maßnahme der Stadtplanung in den Entwicklungsländern. Gemeint ist die Bereitstellung von vermessenen und mehr oder weniger gut erschlossenen Bauplätzen in zusammenhängenden Stadtteilen am Rande von Großstädten, um die Bildung völlig ungeplanter → Marginalsiedlungen zu vermeiden. Von den Bewohnern werden – je nach Ausstattung des zukünftigen Wohngebietes – bestimmte Boden- oder Pachtpreise verlangt, dazu kommen ggf. Abgaben für die Erschließung und für die laufende Versorgung mit Wasser und Elektrizität. Die Häuser müssen in Eigenleistung gebaut und können schrittweise ausgebaut werden. In solchen Gebieten werden von Spekulanten oftmals Häuser mit kleinen Zimmern zur Einzelvermietung an arme Zuwanderer gebaut. Wegen der verbreiteten Armut in den Entwicklungsländern liegen Kauf bzw. Pacht, laufende Kosten und dazu noch der Bau eines Hauses außerhalb der finanziellen Möglichkeiten der meisten Menschen.

Skanden
Der wichtigste Gebirgszug in Skandinavien, der die gesamte Halbinsel im Nordwesten durchzieht und Gipfelhöhen von knapp 2500 m erreicht.

Slum
Im engeren Sinne degradiertes (umgangssprachlich: heruntergekommenes) ehemaliges Wohngebiet der Mittel- und Oberschicht, das durch Neuaufteilung der Räume, Überbelegung und den Bau von provisorischen Hütten in den Hinterhöfen zum dicht besiedelten Problemgebiet mit hoher Kriminalitätsrate wurde. Im weiteren Sinne werden umgangssprachlich auch die → Marginalsiedlungen in den Entwicklungsländern als Slumgebiete bezeichnet.

Sonderwirtschaftszone
Verhältnismäßig kleine, vom übrigen Staatsgebiet klar abgegrenzte Gebiete an der Küste oder in der Nähe von Flughäfen in Entwicklungs- oder Schwellenländern. Sonderwirtschaftszonen besitzen eine gut ausgebaute Infrastruktur, Zollfreiheit und eine besondere Steuergesetzgebung. Bisweilen werden sogar die Gebäude zur Verpachtung bereitgestellt. Hier sollen ausländische Investoren Zweigwerke gründen und dadurch Beschäftigungs- und Ausbildungsmöglichkeiten für die Einheimischen schaffen. Außerdem sollen Sonderwirtschaftszonen als Ausgangspunkte für den Aufbau einer eigenen Industrie dienen. Daher wird auch von einer Strategie der Sonderwirtschaftszonen gesprochen.

Sowjetunion (Union der Sozialistischen Sowjetrepubliken – UdSSR)
Eurasischer Vielvölkerstaat unter kommunistischer Herrschaft, dessen Grundlagen in der Oktoberrevolution von 1917 entstanden. Aufgrund politischer und wirtschaftlicher Fehlentwicklungen und Krisen zerfiel die Sowjetunion im Jahr 1991.

Soziale Erosion
Prozess der Abwanderung gerade der jungen, flexiblen, mobilen und gut ausgebildeten Bevölkerungsgruppen aus einem Passivraum mit der Folge, dass das ursprünglich vorhandene → Humankapital für die weitere Entwicklung dieser Region nicht mehr vorhanden ist.

Soziale Segregation
Freiwillige bzw. erzwungene Abschottung einer ethnischen, religiösen oder sozialen Gruppe gegenüber anderen Bevölkerungsgruppen in einer Großstadt. Bei einer erzwungenen Segregation entstehen oftmals → Ghettos.

Sozialräumliche Disparitäten
Unterschiede im durchschnittlichen Haushaltseinkommen und in der Wohnqualität zwischen verschiedenen Stadtteilen, die sich entscheidend auf die Lebenschancen und auf die Lebensqualität ihrer Bewohner auswirken.
Stadientheorie: Entwicklungstheorie nach dem amerikanischen Wirtschaftswissenschaftler ROSTOW, der zufolge die wirtschaftliche und gesellschaftliche Entwicklung eines Staates in fünf Phasen verläuft:

① Die traditionale Gesellschaft mit vormodernen Wirtschafts- und Sozialstrukturen.
② In der Übergangsgesellschaft haben sich bereits räumliche und sektorale Ansätze moderner Wirtschafts- und Gesellschaftsformen herausgebildet haben.
③ Die Startgesellschaft gilt als Schlüsselphase bei der Entwicklung zur leistungsfähigen und modernen Gesellschaft, da hier ein selbsttragendes Wirtschaftswachstum (Take Off) gelingen muss.
④ Die reife Industriegesellschaft kämpft zunächst meist noch mit sozialen Gegensätzen. Die Arbeiterschaft will am erreichten Wohlstand teilhaben.
⑤ In der Massenkonsumgesellschaft ist der Wohlstand breiter Bevölkerungsschichten erreicht, allerdings oftmals auf Kosten der Umwelt.

In der Stadientheorie vereinen sich Wachstums- und Modernisierungstheorie, da es sowohl auf das wirtschaftliche Wachstum als auch auf den gesellschaftlichen Wandel ankommt, wenn die Entwicklung gelingen soll wie wirtschaftlich und sozial nachhaltig sein soll. Entwicklungshemmnisse (Constraints) müssen beseitigt werden und der Teufelskreis der Armut muss durchbrochen werden. In der dritten Phase kommt der erhöhten Sparquote der einheimischen Bevölkerung eine ebenso große Bedeutung zu wie ausländischen Investitionen zur Anschubfinanzierung (als sogenannter Big Push) des wirtschaftlichen Wachstums.

Squatter Upgrading-Programm
Programm der Entwicklungspolitik mit dem Ziel der schrittweisen Aufwertung von → Marginalsiedlungen durch die Vergabe von Besitztiteln (Rechtssicherheit) und von Krediten für die Verbesserung der Bausubstanz, die durch die Bewohner selbst erfolgt. Daneben werden im Nachhinein Erschließungsstraßen angelegt sowie Wasser- und Abwasserleitungen zur Verbesserung der hygienischen Situation gelegt. Durch die entstehenden laufenden Kosten werden die ärmeren Bewohner der Marginalsiedlungen verdrängt und siedeln sich zum Teil in peripher gelegenen neu entstehenden Marginalsiedlungen an. Squatter Upgrading-Programme dienen demnach der schrittweisen Integration ganzer bis dahin illegaler Stadtteile und ihrer Bewohner in die jeweilige Großstadt der Dritten Welt, sind aber verbunden mit sozialen Verdrängungsprozessen und mit der Entstehung lukrativer Immobiliengeschäfte in den aufgewerteten ehemaligen Marginalsiedlungen.

Stadt
Rechtlich gesehen eine Verwaltungseinheit mit Stadtrecht. Statistisch gesehen werden in Deutschland folgende Größenklassen von Städten unterschieden:
- Landstadt: 2000–5000 Einwohner
- Kleinstadt: 5000–20 000 Einwohner
- Mittelstadt: 20 000–100 000 Einwohner
- Großstadt: mehr als 100 000 Einwohner
- Millionenstadt: mehr als 1 Mio. Einwohner

Aus geografischer Sicht haben Städte eine größere Einwohnerzahl, eine hohe Einwohner- und Arbeitsplatzdichte sowie wichtige Funktionen für ihren → Einzugsbereich. Fast alle Beschäftigten sind im Dienstleistungssektor bzw. in der Industrie tätig. Dazu kommen zahlreiche Einpendler aus dem Umland der Stadt. Durch die → Suburbanisierung sind die Städte weit in das Umland hinausgewachsen. Daher verschwimmt die ursprünglich sehr deutliche Abgrenzung zwischen Stadt und Land zugunsten eines Stadt-Land-Kontinuums. Städte in anderen → Kulturerdteilen oder in den → Entwicklungsländern weisen ganz andere Merkmale auf als Städte in den Industrieländern. So haben z. B. Städte in den Entwicklungsländern zumeist einen hohen Bevölkerungsanteil in → Marginalsiedlungen bzw. in → Slumgebieten.

Städtische Explosion
Anderer Begriff für die flächenhafte Expansion der Städte in das Umland (→ Suburbanisierung), der die dramatischen Ausmaße dieser Entwicklung besser unterstreicht.

Städtische Implosion
Das zeitliche Zusammenrücken der großen städtischen Zentren in einem Städtesystem aufgrund der verbesserten Verkehrssysteme wie z. B. durch den Bau und Betrieb von Hochgeschwindigkeitsstrecken und -zügen.

Standortfaktoren
In der Wirtschaftsgeografie werden die harten, quantifizierbaren Standortfaktoren wie Lohnkosten, Flächenverfügbarkeit und Grundstückskosten, Verkehrserschließung, Steuersatz und Subventionen unterschieden von den sogenannten weichen Standortfaktoren, die subjektiv wahrgenommen und bewertet werden, wie z. B. Image einer Region, Freizeit-, Kultur und Bildungsangebot, soziales Klima oder Arbeitsmentalität.

Standortgemeinschaft
Räumliche Nähe von Betrieben derselben Branche in einer Region bzw. Stadt mit persönlichen Kontaktmöglichkeiten und einem hohen Innovationspotenzial.

Standortnachteile
Bedingungen, die die Ansiedlung von neuen Industriebetrieben und auch die Erhaltung alter Industriebetriebe in einer Region verhindern bzw. erschweren, wie z. B. Mängel in der Verkehrsinfrastruktur oder ein negatives Image der Region.

Strategie der Entlastungszentren
Strategie der räumlichen Dekonzentration von zentralörtlichen Funktionen innerhalb einer Metropolregion, um die Kernstadt zu entlasten und um dadurch die nationale und internationale Wettbewerbsfähigkeit dieser Region zu sichern.

Strukturelle Überbevölkerung
Zustand, bei dem die ländliche → Tragfähigkeit auf rein agrarischer Basis überschritten ist. D.h., dass ein größerer Teil der Bevölkerung auf dem Lande kein Auskommen mehr findet und verelendet oder abwandern muss.

Strukturskizze
Grafische Veranschaulichung komplexer Sachverhalte in einem Schema der Kausalzusammenhänge.

Strukturwandel
Wandel der Wirtschaftsstruktur in einem Staat, in einer Region oder in einem Wirtschaftssektor. Damit verbunden ist auch der Wandel der Beschäftigtenstruktur.

Subduktion
(wörtlich: Hinunterführung); Abtauchen einer spezifisch schwereren ozeanischen Platte unter eine spezifisch leichtere kontinentale Platte bei der Kollision zweier tektonischer Platten. Da die Subduktion nicht reibungslos verläuft, verhaken sich die Platten ineinander und lösen sich irgendwann ruckartig: Dann entstehen → Erdbeben.

Suburbanisierung
(englisch *suburb*: Vorort) – Prozess der flächenhaften Expansion der Städte in ihr Umland. Er schließt die Dekonzentration sowohl von Bevölkerung und Produktion (Industrie-Suburbanisierung) als auch von Handel und Dienstleistungen (tertiäre Suburbanisierung) mit ein. Voraussetzung für die flächenhafte Suburbanisierung war die Massenmotorisierung. Suburbanisierung ist daher verbunden mit einem erhöhten Verkehrsaufkommen und einer hohen Umweltbelastung innerhalb einer Stadtregion. Die Abwanderung vor allem der Mittel- und Oberschicht in die Vororte kann zur → sozialen Erosion und den damit verbundenen Problemen (wie z.B. Arbeitslosigkeit und Armut) in der Kernstadt führen.

Suburbia-Syndrom
Bezeichnung für die weltweit zu beobachtende Fehlentwicklung des flächenhaften Ausuferns der großen Städte ins Umland mit hohem Flächenverbrauch (→ Bodenversiegelung) und hohem Verkehrsaufkommen (Umweltbelastung). Wird auch als Los-Angeles-Syndrom bezeichnet.

Subventionen
Staatliche Zuschüsse für nach rein wirtschaftlichen Gesichtspunkten unrentable Wirtschaftssektoren bzw. Branchen mit dem Ziel der Erhaltung von Arbeitsplätzen.

Sukzession
(wörtlich: Aufeinanderfolge) – Natürliche Entwicklungsstufen der Vegetation bis hin zur sogenannten Klimaxvegetation, bei der ein vielseitiges und produktives Biotop entstanden ist.

Sunbelt
Gebiet mit einem wintermilden, zumeist subtropischen Klima in den USA südlich von 37° Nord, das durch eine hohe Zuwanderung besonders von Rentnern, durch den Tourismus sowie durch die Ansiedlung von Wachstumsindustrien gekennzeichnet ist.

Sunbelt Europas
Gebiet mit Wachstumsindustrien, Tourismus und Zuwanderung im nordwestlichen Mittelmeerraum.

Sutur
(wörtlich: Schweißnaht) – Der Bereich, in dem zwei Platten der Erdkruste nach einer Kollision durch Gebirgsbildung fest miteinander verbunden werden. Ein bekanntes Beispiel ist der Ural, in dem die Europäische und die Sibirische Platte zur Eurasischen Platte verbunden wurden.

Syndrome des globalen Wandels
Krankheitsbilder der Erde, die durch menschliche Eingriffe in die natürlichen Ökosysteme entstehen.

Synthetische Karte
Thematische Karte, in der die wichtigsten räumlichen Strukturen und Entwicklungen in einem Staat bzw. in einem Großraum in anschaulicher Form zusammengefasst werden.

Tageszeitenklima
Klima der inneren Tropen, in dem die Temperaturunterschiede im Verlauf eines Tages größer sind als die Temperaturunterschiede im Verlauf eines Jahres.

Taiga
(aus dem Jakutischen); Bezeichnung für den → borealen Nadelwald Russlands.

Technologietransfer
Übertragung von technologischem Wissen von einem Land in ein anderes, z. B. von Industrieländern in Entwicklungsländer. Dazu ist nicht nur die Ausbildung von entsprechenden Fachkräften aus dem Zielland bzw. im Zielland erforderlich, sondern auch der freie Zugang zum Know-how.

Technologie- und Gründerzentren
Staatlich geförderte Einrichtungen, in denen zunächst Innovationen entstehen sollen, also neuartige oder verbesserte Produkte bzw. Produktionsverfahren und anschließend auch neue Unternehmen, in denen diese Innovationen wirtschaftlich genutzt werden.

Temperaturamplitude
Schwankungsbreite der Temperatur zwischen dem wärmsten und dem kältesten Monat. In maritimen Klimaten ist die Temperaturamplitude gering, in kontinentalen Klimaten dagegen sehr hoch (über 20° C, in Sibirien teilweise bis über 50° C).

Temperaturgradient
Das Absinken der Temperatur mit zunehmender Höhe, das bei feuchter Luft als feuchtadiabatischer Temperaturgradient bezeichnet wird und minus 0,5 °C pro 100 m beträgt und bei trockener Luft als trockenadiabatischer Temperaturgradient mit minus 1 °C pro 100 m.

Terms of Trade
Aus dem Englischen stammende Bezeichnung für den Begriff „Austauschverhältnisse". Gemeint ist die Entwicklung des Preisindex für Ausfuhrgüter zum Preisindex für Einfuhrgüter, ausgehend von einem bestimmten Basisjahr (= 100). Sind die Terms of Trade gestiegen (> 100), so haben sich die Preise der wichtigsten Exportgüter positiv entwickelt und es konnten mehr Importgüter bezahlt werden als zuvor. Sind die Terms of Trade dagegen gesunken (< 100), so haben sich die Preise für die wichtigsten Exportgüter negativ entwickelt und es konnten relativ weniger Importgüter bezahlt werden als zuvor. Die Theorie der Terms of Trade geht von einer langfristigen (säkularen) Verschlechterung der Terms of Trade für die Entwicklungsländer aus, die somit unter neokolonialen globalen Handelsstrukturen litten. Diese würden die Rohstoffe exportierenden Entwicklungsländer gegenüber den Fertigwaren exportierenden Industrieländern weiterhin benachteiligen. Gefordert werden daher gerechte Rohstoffpreise im Rahmen einer neuen Weltwirtschaftsordnung (NWWO).

Terrane
(Mehrzahl: Terranes) – Mikroplatten, z. B. Inselgruppen oder Kontinentalsplitter in Ozeanen, die bei der Kollision einer ozeanischen Platte mit einer kontinentalen Platte nicht mit abtauchen, sondern an den Kontinent angeschweißt werden.

Tertiärisierung
Bedeutungszunahme des tertiären Sektors in einer Volkswirtschaft, die gekennzeichnet ist durch den zunehmenden Anteil des tertiären Sektors am BNE bzw. am BIP sowie durch den zunehmenden Anteil der Beschäftigten im tertiären Sektor. Im Ergebnis entsteht eine sogenannte Dienstleistungsgesellschaft.

Thermoisoplethendiagramm
Sonderform eines Temperaturdiagramms und zugleich eines Flächendiagramms, in dem der Temperaturverlauf für alle Tageszeiten und Monate des Jahres gleichzeitig dargestellt wird.

Tigerstaaten-Syndrom
Krankheitsbild einer Region bzw. Großregion, das durch schnelles Wirtschaftswachstum ohne Rücksicht auf die natürliche Umwelt verursacht wird. Die Bezeichnung stammt von den ost- bzw. südostasiatischen Schwellenländern, den sogenannten „kleinen Tigern“, und kann auch auf das umweltschädliche Wirtschaftswachstum in der VR China übertragen werden.

Tornado
(Bezeichnung im amerikanischen Englisch: Twister) – Kleinräumiger, aber sehr energiereicher Wirbelsturm auf dem Festland. Er entsteht an der planetarischen Frontalzone bei hohen Temperaturgegensätzen zwischen tropisch-warmen und feuchten sowie trockenkalten Luftmassen vor allem in den Inneren Ebenen der USA im Lee der Rocky Mountains unterhalb des → Jetstreams. Dort prallen besonders im Frühjahr und Frühsommer Luftmassen vom Golf von Mexiko auf subarktische Luftmassen aus Kanada. Ein Tornado entwickelt sehr hohe Rotationsgeschwindigkeiten und einen extrem niedrigen Luftdruck im typischen Thermikschlauch („Rüssel“ des Tornados). Er hinterlässt bei seinem Durchzug eine Schneise der Verwüstung und ist als kleinräumiges Phänomen bislang nur schwer vorhersagbar.

Touristisches Potenzial einer Region
Es gliedert sich in das ursprüngliche Angebot (Natur und Kultur) sowie in das abgeleitete Angebot, das eigens für den Tourismus geschaffen wurde: Rad- und Wanderwege, Hotels und Pensionen, Gaststätten, Campingplätze, Festivals und so genannte Events (Großereignisse als Tourismusmagneten). Wichtig sind auch die Erreichbarkeit einer Region, ihr Image und das Marketing.

Toyotismus
Flexible und spezialisierte industrielle Produktion in Teamarbeit und mit geringer Fertigungstiefe (schlanke Produktion – Lean Production). Benannt nach einem japanischen Automobilkonzern.

Trabantenstadt
Eine zumeist geplante neue Stadt in der Außenzone einer Stadtregion, die aufgrund ihrer zahlreichen Arbeitsplätze im tertiären bzw. sekundären Sektor eine größere Eigenständigkeit besitzt als die → Satellitenstadt. Kennzeichnend ist ein eigener Pendlereinzugsbereich ebenso wie die weiterhin bestehende Abhängigkeit von der Kernstadt, in die weiterhin viele Bewohner einer Satellitenstadt als Arbeitskräfte auspendeln. Typische Beispiele für Trabantenstädte sind die „Villes Nouvelles“, die geplanten → Entlastungsstädte im Großraum Paris.

Tragfähigkeit
Bevölkerungszahl, die in einer Region bzw. in einem Staat auf einem bestimmten wirtschaftlich-technologischen Niveau und mit einem gewissen Lebensstandard existieren kann, ohne dass es Versorgungsprobleme oder gravierende Umweltschäden gibt.

Transformation
Wirtschaftlich schwieriger und sozial schmerzlicher Prozess der Umwandlung einer ehemaligen → Planwirtschaft bzw. Zentralverwaltungswirtschaft in eine Marktwirtschaft.

Transformationsbruch
Grenzlinie zwischen den ehemaligen Staaten mit → Planwirtschaft (O) und den Staaten mit Marktwirtschaft (W) in Europa – diese verläuft trotz aller bisherigen Anstrengungen weiterhin auch mitten durch Deutschland. Das daraus resultierende West-Ost-Gefälle konnte inzwischen aber deutlich verringert werden. Mittlerweile hat sich ein neues Wohlstandsgefälle zwischen den EU-Beitrittsländern von 2004 und den Staaten Osteuropas entwickelt, z. B. zwischen Polen und der Ukraine.

Transportkostenminimalpunkt
Rechnerisch ermittelter Standort mit den geringsten Transportkosten in einer bestimmten Industriebranche.

Treibhauseffekt
Vorgang der Erwärmung der Erdatmosphäre durch die sogenannten Treibhausgase, die eine Ausstrahlung langwelliger Wärmestrahlung vom Erdboden in den Weltraum verhindern. Die bekanntesten Treibhausgase sind Wasserdampf, Kohlendioxid und Methan. Während der natürliche Treibhauseffekt für die Existenz des Lebens auf der Erde entscheidend wichtig ist, bewirkt der anthropogene, also der vom Menschen verursachte Treibhauseffekt eine übermäßige Aufheizung der Atmosphäre und somit eine Zunahme von extremen Wetterlagen sowie von Naturkatastrophen.

Triade
Bezeichnung für die drei eng miteinander verflochtenen und zugleich in Konkurrenz zueinander stehenden wirtschaftlichen Kernräume der Erde: Nordamerika (→ NAFTA-Staaten), Westeuropa (EU) und Ostasien (Japan, Südkorea und die VR China).

Tropischer Regenwald
Komplexes Ökosystem der immerfeuchten inneren Tropen mit hoher Biodiversität, also einem großen Artenreichtum in Bezug auf Flora und Fauna. Die tropischen Regenwälder der Erde binden in ihrer Biomasse große Mengen des Treibhausgases Kohlendioxid, das beim Abbrennen freigesetzt wird und den → Treibhauseffekt verstärkt.

Tsunami
Zerstörerische Welle, die bei rund zehn Prozent aller Seebeben durch die Schwingung der Wassersäule über dem Epizentrum entstehen kann, sich in konzentrischen Ringen ausbreitet und in den flacheren Küstengewässern zu großer Höhe auflaufen kann.

Tundra
Baumlose, subpolare Vegetationszone zwischen dem Nordpolarmeer und dem nördlichen Rand der → Taiga im → Hohen Norden.

Tyranny of Distance
→ Raumschranke

Überalterung
Phänomen eines hohen Anteils älterer Bevölkerungsgruppen in einer Region mit der Folge hoher Sterbe- und geringer Geburtenraten. Überalterung lässt sich beschreiben durch den Anteil der über 65-Jährigen im Verhältnis zum Anteil der unter 15-Jährigen.

Upgrading-Programme
Programme zur gezielten Aufwertung von Marginalsiedlungen durch Rechtssicherheit der Bewohner, Maßnahmen zur Verbesserung der Infrastruktur und Hilfe bei der schrittweisen Verbesserung der Bausubstanz und der allgemeinen Lebensbedingungen.

Urban Sprawl
(wörtlich: Überschwappen der Städte) – Amerikanischer Begriff für den flächenextensiven, also mit einem hohen Flächenverbrauch verbundenen Prozess der → Suburbanisierung bzw. der → städtischen Explosion, der auf der Massenmotorisierung beruht.

Urstromtäler
Breite Schmelzwasserrinnen der Eiszeiten, die aber nur in den Sommermonaten bzw. gegen Ende der Eiszeiten ganz gefüllt waren und heute einen besonderen Landschaftstyp bilden. Beispiel: Elbe-Urstromtal.

Verdopplungszeit
Zeitspanne, innerhalb derer sich die Bevölkerung vom gegenwärtigen Stand aus verdoppelt. Zur Berechnung der voraussichtlichen Verdopplungszeit ist die Wachstumsrate erforderlich.

Verflechtungsbereich
Das mit einem zentralen Ort durch wirtschaftliche Beziehungen sowie durch Arbeits-, Bildungs- und Einkaufspendler verflochtene Umland, das auch als → Einzugsbereich bezeichnet wird.

Verkarstung
Endzustand eines Prozesses der Zerstörung der Vegetation im Mittelmeerraum, durch den die Böden abgetragen wurden. Der felsige Untergrund – meist Kalkstein mit Lösungsverwitterung – liegt in verkarsteten Landschaften oft frei.

Verkehrsachse
Wichtige Leitlinie des Verkehrs mit Autobahnen und schnellen Zugverbindungen sowie einem hohen Aufkommen im Personen- und Güterverkehr.

Verkehrsnetz
Die an Knotenpunkten miteinander verknüpften Verkehrslinien innerhalb einer Region, eines Staates bzw. auf einem Kontinent.

Versalzung
Durch den kapillaren Aufstieg von im Bodenwasser gelösten Salzen und die Bildung von Salzkrusten an der Oberfläche bei hoher Verdunstung in ariden und semiariden Räumen vor allem der Tropen und Subtropen mit Bewässerungslandwirtschaft kommt es zur unumkehrbaren (irreversiblen) Bodenschädigung und zum Verlust von Anbauflächen.

Verwitterung
Die Zerkleinerung bzw. Zersetzung von Gesteinen und Mineralien durch physikalische, chemische und biologische Prozesse.

Vorranggebiete
Gebiete, in denen einer bestimmten Nutzung Vorrang vor anderen möglichen Nutzungen eingeräumt wird.

Vulkanismus
In erster Linie an den Plattengrenzen, manchmal als sogenannte → Hot Spots auch innerhalb von Platten auftretende Förderung von Magma aus dem oberen Erdmantel bis direkt an die Erdoberfläche und die damit verbundenen Naturerscheinungen sowie Naturkatastrophen.

Währungsparitäten
Wechselkurse zwischen verschiedenen Währungen mit gravierenden Auswirkungen auf die wirtschaftliche Konkurrenzfähigkeit im globalen Rahmen. Ein hoher Wechselkurs einer Währung verbilligt zwar Importe, verteuert aber Exporte und erschwert sie damit. Auf die Weltwirtschaft haben vor allem die Wechselkurse von US-$, Euro, Yen (Japan), Yuan (VR China) sowie von britischem Pfund und Schweizer Franken einen erheblichen Einfluss.

Wanderarbeiter
Aus dem ländlichen Raum stammende Bevölkerungsgruppen in der VR China, die zwar in der Stadt leben und arbeiten, aber weiterhin statistisch als Landbevölkerung geführt werden. Fraglich ist die immer noch angenommene Rückkehr in den ländlichen Herkunftsort im Alter.

Wanderungssaldo
Zuwanderung minus Abwanderung in einer bestimmten Region oder in einem Staat.

Warmfront
Innerhalb einer → Zyklone ausgeprägte Grenzfläche eines auf kühlere Luftmassen aufgleitenden → Warmluftsektors.

Warmluftsektor
Ein Warmluftsektor bildet sich innerhalb einer → Zyklone heraus, wenn die Temperaturunterschiede an der → planetarischen Frontalzone zu groß werden und die thermische Energie in dynamische Energie umgewandelt wird. Durch die Verwirbelung der unterschiedlich temperierten Luftmassen wird der Temperaturunterschied allmählich abgebaut und die Zyklone löst sich auf.

Waterfront Approach
Strategie der Stadtentwicklung, die auf die Renovierung bzw. den Neubau von Büro- und Wohnvierteln sowie touristischen Einrichtungen am Wasser (Hafen-, Ufer- oder Küstenbereiche) setzt, um die Attraktivität eines Standortes zu verbessern und um verfallene ehemalige Hafen- und Industriegebiete aufzuwerten. Ein bekanntes Beispiel ist die Hafencity in Hamburg.

Wattenmeer
Flache Meeresküste mit einem einzigartigen Ökosystem, die durch die Gezeiten abwechseln überflutet wird bzw. trocken fällt. Die Gezeiten als um die Erde rotierendes Ansteigen bzw. Absinken des Meeresspiegels werden ihrerseits verursacht durch die Anziehungskraft des Mondes.

Weltkulturerbe der UNESCO
Auch touristisch relevante Stätten des Weltkulturerbes unter dem Schutz dieser UN-Organisation mit Sitz in Paris – im Internet unter www.unesco.org; Stichwort „world heritage“ (mit ausführlichen Karten und Beschreibungen).

Weltmacht
Staat mit subkontinentalen Ausmaßen, der in der Lage ist, seine wirtschaftlichen und politischen Interessen weltweit auch gegen die Interessen anderer Staaten durchzusetzen, gegebenenfalls auch mit militärischen Mitteln.

Wertschöpfungskette
Alle mit einem Produkt bzw. mit einer Dienstleistung verbundenen Möglichkeiten von Einnahmen (Vermarktung und Finanzierung). Bei Reisen sind dies Beratung, Hotelvermittlung, Flugreservierung, ggf. Reisekredite und die Ausflüge und Reiseführung vor Ort am Reiseziel.

Westseitenklima
Winterfeuchtes und sommertrockenes Klima der Subtropen an den Westseiten der Kontinente, die im Winter Niederschläge durch die wandernden Tiefdruckgebiete der Westwindzone erhalten, im Sommer dagegen durch subtropische Hochdruckgebiete beeinflusst werden. Das Westseitenklima wird nach seinem größten Verbreitungsgebiet auch als Mittelmeerklima bezeichnet.

Wilson-Zyklus
Wissenschaftliche Theorie der wiederholten Bildung und des anschließenden Zerfalls von sogenannten Superkontinenten im Abstand von rund 500 Millionen Jahren. Der jüngste Superkontinent war demnach Pangäa (griechisch: die „All-Erde“), der vor ca. 180 Millionen Jahren zerfiel. Das Auseinanderbrechen der Superkontinente wird durch einen gewaltigen Hitzestau der Erdwärme unter den zusammenhängenden dickeren kontinentalen Lithosphäreplatten erklärt, der nach jeweils 100 Millionen Jahren auftritt. Die zwischen den auseinander driftenden kontinentalen Platten entstehenden Ozeane erreichen nach rund 200 Millionen Jahren ihre größte Ausdehnung, wenn die äußeren Ränder der ozeanischen Kruste so stark abgekühlt sind und durch Sedimente belastet werden, dass sie wieder in die darunter liegende Asthenosphäre einsinken. Beim heutigen Atlantik dürfte dieser Zustand in 20 bis 30 Millionen Jahren erreicht sein. Dann kehrt sich der Vorgang allmählich wieder um und alle Kontinente bewegen sich wieder aufeinander zu. In etwa 220 Millionen Jahren ist somit wieder ein Superkontinent zu erwarten und – parallel dazu – ein Supermeer Panthalassa (griechisch – „All-Meer“). Beide haben wiederum rund 100 Millionen Jahre Bestand.

Windgürtel
Breitengradparalleler Gürtel der Erde, in dem ganzjährig oder aber mit jahreszeitlichen Verschiebungen ganz bestimmte Windströmungen vorherrschen.

Wirkungsgefüge
Schema, in dem Ursachen und Folgen einer Entwicklung oder eines menschlichen Eingriffs in den Naturhaushalt dargestellt werden.

Wirtschaftssektoren
Gängige Einteilung der gesamten Volkswirtschaft in drei bzw. vier Sektoren:
a) Primärer Sektor (Land- und Forstwirtschaft, Fischerei);
b) Sekundärer Sektor (Bergbau, Energie und v. a. Industrie);
c) Tertiärer Sektor (Handel und Dienstleistungen);
d) Quartärer Sektor (seltener gebraucht: hochwertige Dienstleistungen mit hohem Wissensstand und hoher Wertschöpfung).

Wüstungsprozesse
Verfall von Gebäuden und ganzen Siedlungen in Abwanderungsgebieten. Die zu den Siedlungen gehörenden, ehemals genutzten Ackerflächen verkrauten und verbuschen zunächst, später entwickeln sich Waldflächen mit der Folge des Überwucherns der ursprünglichen Kulturlandschaft.

Zenit
Gedachter Himmelsmittelpunkt, der sich genau senkrecht über einem Beobachter befindet. Nur innerhalb der mathematischen Tropen, also von 23,5° Nord bis 23,5° Süd, kann die Sonne über einem Beobachter im Zenit stehen.

Zentralismus
Geschichtlich bedingte Konzentration von wirtschaftlicher und politischer Entscheidungskompetenz sowie von Bevölkerung, Kultur- und Bildungsangeboten in einer übermächtigen Hauptstadtregion, in der sich die wichtigsten Verkehrsachsen des Landes bündeln.

Zentralität
Bedeutungsüberschuss einer Stadt, die über die eigene Bevölkerung hinaus auch die Bevölkerung ihres Umlandes, des sogenannten Einzugsbereichs, mit Gütern, Dienstleistungen und Arbeitsplätzen versorgt. Dazu kommen das Bildungs- und das Kulturangebot.

Zentralörtliche Hierarchie
Rangfolge aller zentralen Orte in einem Städtesystem, gestuft nach der Bedeutung. In der Regel wird unterschieden zwischen Global Cities, Städten mit internationaler bzw. nationaler Bedeutung, Oberzentren, Mittelzentren und Grundzentren sowie – an letzter Stelle – ländlichen Zentralorten.

Zentralverwaltungswirtschaft
Erläuterung siehe unter → Planwirtschaft.

Zentrifugale Kräfte
(wörtlich: Kräfte, die vom Zentrum fliehen) – Politische und / oder wirtschaftliche Bestrebungen, die die Autonomie oder sogar die Loslösung (Separatismus bzw. Sezessionsbestrebungen) einer oder sogar mehrerer Regionen aus einem Staatsverband betreiben.

Zentripetale Kräfte
(wörtlich: Kräfte, die zum Zentrum hinstreben) – Politische und / oder wirtschaftliche Faktoren, die den Zusammenhalt aller Regionen in einem Staatsverband sichern.

Zivilisation
Sozialer und kultureller, vor allem aber wirtschaftlicher und technologischer Entwicklungsstand einer bestimmten Gesellschaft.

Zungenbeckensee
See, der während der Eiszeiten im Bereich einer Gletscherzunge ausgetieft wurde und eine charakteristische, zumeist längliche Form in der ehemaligen Fließrichtung des Gletschers besitzt.

Zweischicht-Tonminerale
Tonminerale, die aus vielen Lagen von jeweils zwei zusammenhängenden Schichten von Silikaten (SiO_2-Verbindungen) bestehen. Sie besitzen nur eine geringe Kationenaustauschkapazität, können also nur wenige mineralische und organische Nährstoffe vorübergehend an sich binden und sind somit nur wenig fruchtbar.

Zyklone
Dynamisches Tiefdruckgebiet der Mittelbreiten mit konzentrischen Isobaren (Linien gleichen Luftdrucks) auf der Bodenwetterkarte. Eine Zyklone wandert mit der Westwindströmung unterhalb des → Jetstreams in der Regel nach Osten. Durch das Einströmen von Warm- und Kaltluft werden die Luftdruck- und Temperaturgegensätze an der → planetarischen Frontalzone abgebaut und die Zyklone „altert". Eine sogenannte Zyklonenfamilie zeigt in idealtypischer Weise alle Entwicklungsstadien einer Zyklone.

Stichwortverzeichnis

Alle blau gedruckten Seitenzahlen stehen für Einträge im Glossar.

A

B

C

D

E

Q

R

S

T

Bildquellenverzeichnis

alamy images, Abingdon/Oxfordshire: 155 (Janice Hazeldine);
Astrofoto, Sörth: 141;
Bricks, Wolfgang Dr., Erfurt: 203;
Corbis, Düsseldorf: 143;
Domke Grafik, Hannover: 93;
Folhapress, BRA-São Paulo: 194 (Tuca Vieira);
fotolia.com, New York: 256 (Alexander Raths);
Friedel, Michael, Dietramszell-Steingau: 214;
Grabowski, H., Münster: 148;
Güttler, Peter – Freier Redaktions-Dienst GmbH, Berlin: 17, 44, 54, 78, 79, 89, 97, 106, 108, 131, 139, 142, 170, 174, 175, 177, 196 (2);
Getty Images, München: Umschlagfoto (Cameron Davidson), 170 (Gavin Hellier);
Hanel, Walter , Bergisch Gladbach: 193;
Karto-Grafik Heidolph, München: 12, 20, 24, 29, 33 (2), 39, 46, 51, 64, 71 (2), 84, 162, 188, 191;
Mager, F.-G., Gengenbach: 165;
Mester, Gerhard, Wiesbaden: 184;
NASA, Houston/Texas: 7, 35, 143, 157;
Picture Press Bild- und Textagentur GmbH, Hamburg: 185 (MARCUS);
Schmidtke, Kurt-Dietmar, Melsdorf: 201;
Waldeck, Winfried, Dannenberg: 18, 20, 25, 26, 31, 60, 81, 82, 156;
Westermann, Technisch-Grafische Abteilung: 48, 85;
Wostok Verlag, Berlin: 135.

Trotz intensiver Recherchen ist es uns in einigen Fällen nicht gelungen,
die Inhaber der Bildrechte zu ermitteln.
Wir bitten diese, sich mit dem Verlag in Verbindung zu setzen.